Die Bonus-Seite

Ihr Vorteil als Käufer dieses Buches

Auf der Bonus-Webseite zu diesem Buch finden Sie zusätzliche Informationen und Services. Dazu gehört auch ein kostenloser **Testzugang** zur Online-Fassung Ihres Buches. Und der besondere Vorteil: Wenn Sie Ihr **Online-Buch** auch weiterhin nutzen wollen, erhalten Sie den vollen Zugang zum **Vorzugspreis**.

So nutzen Sie Ihren Vorteil

Halten Sie den unten abgedruckten Zugangscode bereit und gehen Sie auf **www.sap-press.de**. Dort finden Sie den Kasten **Die Bonus-Seite für Buchkäufer**. Klicken Sie auf **Zur Bonus-Seite/ Buch registrieren**, und geben Sie Ihren **Zugangscode** ein. Schon stehen Ihnen die Bonus-Angebote zur Verfügung.

Ihr persönlicher **Zugangscode** nv7c-g4qs-dbty-6x3j

SAP® Enterprise Support

PRESS

SAP PRESS ist eine gemeinschaftliche Initiative von SAP und Galileo Press. Ziel ist es, Anwendern qualifiziertes SAP-Wissen zur Verfügung zu stellen. SAP PRESS vereint das fachliche Know-how der SAP und die verlegerische Kompetenz von Galileo Press. Die Bücher bieten Expertenwissen zu technischen wie auch zu betriebswirtschaftlichen SAP-Themen.

Dinnus, Ettrich, Jansen, Lange
Run SAP – Das umfassende Handbuch
426 S., 2010, geb.
ISBN 978-3-8362-1432-2

Marc O. Schäfer, Matthias Melich
SAP Solution Manager Enterprise Edition
591 S., 2., aktualisierte und erweiterte Auflage 2009, geb.
ISBN 978-3-8362-1324-0

Corina Weidmann, Lars Teuber
Konzeption und Einrichtung des Systemmonitorings
mit dem SAP Solution Manager
206 S., 2., aktualisierte und erweiterte Auflage 2009, geb.
ISBN 978-3-8362-1323-3

Thomas Schröder
Business Process Monitoring mit dem
SAP Solution Manager
240 S., 2009, geb.
ISBN 978-3-8362-1335-6

Ginger Gatling et al.
Workflow-Management mit SAP
1035 S., 2., aktualisierte und erweiterte Auflage 2010, geb.
ISBN 978-3-8362-1473-5

Aktuelle Angaben zum gesamten SAP PRESS-Programm finden Sie unter *www.sap-press.de.*

Gerhard Oswald, Uwe Hommel

SAP® Enterprise Support

Mit ASAP zu Run SAP

Galileo Press

Bonn • Boston

Liebe Leserin, lieber Leser,

vielen Dank, dass Sie sich für ein Buch von SAP PRESS entschieden haben.

Als SAP im Jahr 2008 mit dem Enterprise Support ein neues Support-Modell vorstellte, brandete in der SAP-Community eine heftige Diskussion über Umfang und Inhalt sowie Für und Wider dieses Modells auf. Die Wogen haben sich zwischenzeitlich geglättet, aber der Informationsbedarf im Hinblick auf das Angebot SAP Enterprise Support besteht nach wie vor.

Mit diesem Buch können Sie sich selbst ein Bild davon machen, was der SAP Enterprise Support leistet und ob sich dieses Modell für Ihr Unternehmen eignet. Ausgehend von den Prozessen in der IT-Abteilung und zwischen IT und Geschäftsbereichen erläutern Ihnen die Autoren nun schon in der zweiten Auflage dieses Buches, wie Sie mit den Standards, Methoden, Werkzeugen und Services von SAP Enterprise Support Ihren Lösungsbetrieb absichern und Ihre Kosten senken.

Wir freuen uns stets über Lob, aber auch über kritische Anmerkungen, die uns helfen, unsere Bücher besser zu machen. Am Ende dieses Buches finden Sie daher eine Postkarte, mit der Sie uns Ihre Meinung mitteilen können. Als Dankeschön verlosen wir unter den Einsendern regelmäßig Gutscheine für SAP PRESS-Bücher.

Ihre Patricia Kremer
Lektorat SAP PRESS

Galileo Press
Rheinwerkallee 4
53227 Bonn

patricia.kremer@galileo-press.de

Auf einen Blick

Der Name Galileo Press geht auf den italienischen Mathematiker und Philosophen Galileo Galilei (1564–1642) zurück. Er gilt als Gründungsfigur der neuzeitlichen Wissenschaft und wurde berühmt als Verfechter des modernen, heliozentrischen Weltbilds. Legendär ist sein Ausspruch *Eppur se muove* (Und sie bewegt sich doch). Das Emblem von Galileo Press ist der Jupiter, umkreist von den vier Galileischen Monden. Galilei entdeckte die nach ihm benannten Monde 1610.

Lektorat Patricia Kremer
Korrektorat Petra Bromand, Düsseldorf
Einbandgestaltung Silke Braun
Titelbild Getty Images/Jan Greune
Typografie und Layout Vera Brauner
Herstellung Iris Warkus
Satz III-satz, Husby
Druck und Bindung Bercker Graphischer Betrieb, Kevelaer

Gerne stehen wir Ihnen mit Rat und Tat zur Seite:
patricia.kremer@galileo-press.de bei Fragen und Anmerkungen zum Inhalt des Buches
service@galileo-press.de für versandkostenfreie Bestellungen und Reklamationen
thomas.losch@galileo-press.de für Rezensionsexemplare

Bibliografische Information der Deutschen Nationalbibliothek
Die Deutsche Nationalbibliothek verzeichnet diese Publikation in der Deutschen Nationalbibliografie; detaillierte bibliografische Daten sind im Internet über http://dnb.d-nb.de abrufbar.

ISBN 978-3-8362-1684-5

2., aktualisierte Auflage 2010

Inhalt

Vorwort

Seit der SAP Enterprise Support im Juli 2008 eingeführt wurde, konnten viele SAP-Anwender Erfahrungen mit diesem Angebot machen und sich eine Meinung dazu bilden. Auch die Presse berichtete ausführlich. Im Zuge des konstruktiven Dialogs mit zahlreichen SAP-Anwendergruppen über die konkreten Inhalte des neuen Support-Angebots haben wir uns jetzt zu einer Änderung der Support-Strategie von SAP entschlossen. Auf unsere Kunden zu hören, ihre Problempunkte zu verstehen und entsprechend zu handeln, ist Teil unserer Orientierung an der Kundenzufriedenheit. Das Ergebnis ist ein neues, umfassendes und gestaffeltes Support-Modell, das unseren Kunden weltweit angeboten wird. Dieses Support-Angebot umfasst die Services des SAP Enterprise Supports sowie die SAP Standard Support-Option und ermöglicht allen Kunden, die für ihre Anforderungen am besten geeignete Option zu wählen. Wir möchten uns an dieser Stelle herzlich für die engagierten Diskussionen bedanken. Wir sind zuversichtlich, dass die neue Strategie Ihren Bedürfnissen entspricht.

Ein weiterer Schritt auf diesem Weg ist das vorliegende Buch, mit dem wir ein breites Verständnis für den SAP Enterprise Support und seine Bedeutung in der Praxis schaffen möchten. Der SAP Enterprise Support ist ein branchenweit führendes proaktives Support-Angebot. Er umfasst alle Funktionen des SAP Standard Supports und bietet darüber hinaus Geschäftskontinuität, eine Verbesserung der Geschäftsprozesse, Investitionsschutz sowie – da er den Kunden hilft, die Effizienz zu steigern und Systemausfälle zu minimieren – eine Reduzierung der Gesamtbetriebskosten.

Dieses Buch erläutert die Rolle des SAP Enterprise Supports im Rahmen des Application Lifecycle Managements einer SAP-orientierten Branchenlösung. SAP ist der einzige Anbieter einer umfassenden Application-Lifecycle-Management-Plattform, deren Prozesse die Integration von Partnerlösungen sowie von kundenspezifischen Erweiterungen in die SAP-Software ermöglichen und die einen durchgängigen Qualitätsmanagement-Prozess für die gesamte Lösung bietet. Basierend auf den Erfahrungen aus mehreren Jahrzehnten im Dienst unserer Kunden sind wir überzeugt, dass der SAP Enterprise Support für Sie viele Möglichkeiten bietet, Kosten und Risiken bei der Einführung, dem Betrieb und der kontinuierlichen Optimierung von IT-Lösungen zu senken, den Nutzen von Geschäftsprozessen zu optimieren und so, besonders in wirtschaftlich turbulenten Zeiten, Raum für beschleunigte Innovation zu schaffen.

Viele Experten aus dem SAP Active Global Support haben mit ihrem Wissen dazu beigetragen, in diesem Buch einen konkreten und praxisorientierten Überblick zu geben. Für ihren Einsatz neben der täglichen Arbeit möchten wir ihnen ausdrücklich danken!

Gerhard Oswald
Mitglied des Vorstands der SAP AG

Dr. Uwe Hommel
Executive Vice President SAP Active Global Support

Mit seinem ganzheitlichen Ansatz für das Application Lifecycle Management versetzt Sie SAP Enterprise Support in die Lage, Innovationen schneller umzusetzen, die Geschäftskontinuität zu verbessern und gleichzeitig die Risiken und Gesamtbetriebskosten zu senken.

1 Einführung

Zentraler Datenpool

Die Verwaltung einer SAP-Lösung setzt umfassende und aktuelle Informationen über die Lösung voraus. SAP bezeichnet diese Informationen bzw. das System, in dem sie enthalten sind, als *zentralen Datenpool* oder *Single Source of Truth*. Dabei handelt es sich um eine strukturierte, umfassende und zuverlässige Sammlung von Informationen über den Status all Ihrer aktuellen Projekte sowie der SAP-basierten Produktivprozesse. Diese Informationen dienen als Grundlage für fundierte, faktenbasierte Entscheidungen und Aktionen über den gesamten Lebenszyklus Ihrer Anwendungen.

Mit ASAP zu Run SAP

SAP Enterprise Support ist ein ganzheitliches Angebot, das Ihre Geschäftsprozesse umfassend unterstützt. Dies bedeutet nicht nur den Schutz Ihrer IT-Investitionen, sondern auch die Stabilität Ihrer IT-Lösung über den gesamten Lebenszyklus. Das Mission Statement *Mit ASAP zu Run SAP* spiegelt diesen Anspruch wider: Alle Phasen des Anwendungslebenszyklus sind abgedeckt, d.h., Sie können Geschäftsprozesse schnell implementieren und für die produktive Nutzung bereitstellen, den langfristigen Betrieb dieser Prozesse unterstützen und sie von der Implementierungsmethodik bis hin zu End-to-End Solution Operations flexibel anpassen und kontinuierlich optimieren. SAP Enterprise Support deckt hierbei nicht nur die SAP-Anwendungen und -Technologien ab. Das Service-Angebot gilt vielmehr für Ihre gesamte Plattform einschließlich eingesetzter Partnersoftware und eigenentwickelter Kundenlösungen.

SAP Enterprise Support erleichtert durch Kombination der in Abbildung 1.1 dargestellten Komponenten die Verwaltung von hochvernetzten IT-Lösungen und Wertschöpfungsnetzen mit einem durchgängigen Qualitätssicherungsprozess.

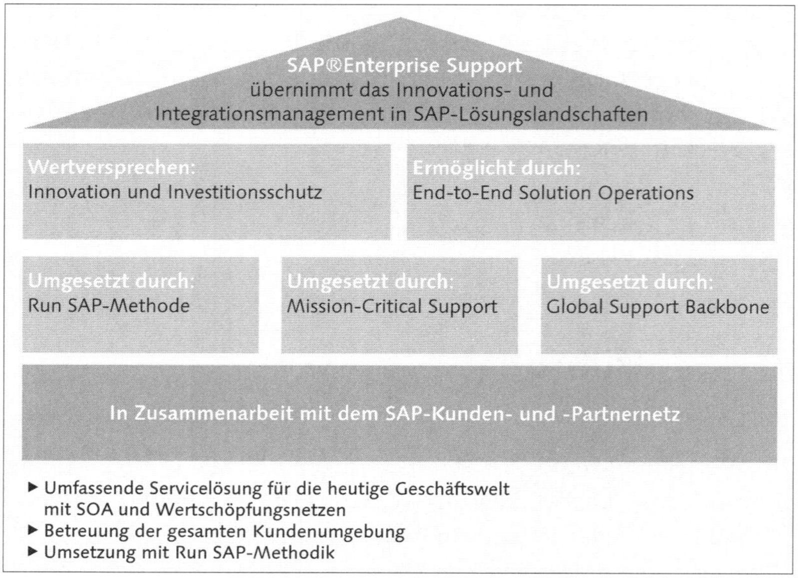

Abbildung 1.1 SAP Enterprise Support

1.1 Vorteile des SAP Enterprise Supports

Wertversprechen

Durch ständige Verbesserungen und eine Reduzierung der Komplexität ermöglicht der SAP Enterprise Support eine beschleunigte Innovation. Besonders wichtig ist auch der Schutz von Investitionen. Mit diesem Angebot möchte SAP Sie dabei unterstützen, SAP-zentrierte Lösungen zu möglichst geringen Gesamtbetriebskosten und mit minimalem Risiko zu betreiben. Dass der SAP Enterprise Support das Potenzial zur Reduzierung der Gesamtbetriebskosten besitzt, wird durch die Ergebnisse der KPI-Studie (Key Performance Indicator) bestätigt, die die Anwendervereinigung SUGEN (SAP User Group Executive Network) im Jahr 2009 im Rahmen des Kundenbeiratsprogramms von SAP Enterprise Support durchgeführt hat und auch im Jahr 2010 fortführt. Details zur zugrunde liegenden Measurement Platform werden in Kapitel 3, »Einführung in die Measurement Platform«, beschrieben.

Die ganzheitliche Wertschöpfung des SAP Enterprise Supports ist weder eine Theorie noch eine Marketingkampagne. Sie ist eine Realität, die durch die vom SAP Active Global Support (SAP AGS) im *Kundenzitate-Programm* gesammelten Erfolgsbeispiele klar belegt wird. Die Zitate unterstreichen den quantifizierbaren Wert, der durch SAP-Support-Engagements geschaffen wird. SAP-Kunden haben mehr als 1.000 Zitate eingesendet, die jetzt auf dem SAP Service Marketplace einsehbar sind. Die Zitate beschreiben den Wert des SAP Enterprise Supports in allen Phasen des Anwendungslebenszyklus. Sie finden die Zitate unter *http://service.sap.com/customerquotes*. Diese Äußerungen zeigen klar, welch hohes Maß an Vertrauen der SAP Enterprise Support bei den Kunden von SAP genießt.

End-to-End Solution Operations

SAP Enterprise Support erreicht diese Ziele durch die Anwendung von SAP-Standards für Solution Operations auf verschiedene Aufgaben, z.B. die Überwachung von Geschäftsprozessen, die Verwaltung von kundeneigenen Entwicklungen, die Sicherstellung von Remote-Support-Fähigkeit und den Einsatz von hoch entwickelten Diagnosefunktionen (siehe Abschnitt 1.2, »SAP-Standards für Solution Operations«). Jeder der Standards bietet Best Practices für einzelne Aufgaben, Empfehlungen zur Verwendung der verschiedenen Funktionen und Prozesse im SAP Solution Manager sowie Hinweise zu Schulungen und Services, die Sie bei der Implementierung des Standards unterstützen. So ziehen Sie den maximalen Nutzen aus dem SAP Enterprise Support.

Run SAP

Die Implementierung dieser standardisierten Prozesse im Rahmen von SAP Enterprise Support wird durch *Run SAP* noch effizienter. Run SAP (siehe Abschnitt 12.1, »Die Run SAP-Methode«) ist die Implementierungsmethodik für End-to-End Solution Operations. Sie enthält Standards für End-to-End Solution Operations, die auf dem SAP Solution Manager basieren. Diese Standards decken sowohl die Ansprüche der Geschäftsprozessexperten als auch der IT-Fachkräfte ab. Die Methodik wurde von SAP Consulting und vom SAP Active Global Support gemeinsam entwickelt.

Unterstützung geschäftskritischer Prozesse

Eine weitere Komponente zur Umsetzung von SAP Enterprise Support behandelt die Unterstützung geschäftskritischer Prozesse. Dieses Angebot bietet Continuous Quality Checks (CQCs), ausdrückliche Service-Level-Vereinbarungen (SLAs), klare Ansprechpartner (*Support Advisory Center*) sowie eine Ursachenanalyse, die auch kundeneigene Entwicklungen abdeckt – alles rund um die Uhr. Der Bericht des SAP Enterprise Supports ist darüber hinaus ein wertvolles Instrument für die Planung zukünftiger Investitionen, denn er gibt einen klaren Überblick über die Erfolge und über die Bereiche mit Verbesserungspotenzial.

Voraussetzungen für die Unterstützung geschäftskritischer Prozesse sind ein schneller Support, Remote-Diagnosen, Ratschläge und Wissenstransfer durch erfahrene Experten von SAP und darüber hinaus Services für die ständige Optimierung und Qualitätssicherung. All dies wird über die Funktionen für Zusammenarbeit im SAP Solution Manager organisiert.

SAP Global Support Backbone

Das *SAP Global Support Backbone* setzt sich zusammen aus der SAP Solution Manager Enterprise Edition, dem SAP Service Marketplace und der Infrastruktur des SAP Service und Support Backbones. Es ist das technische Fundament von SAP Enterprise Support. Dadurch, dass Ihnen rund um die Uhr SAP-Partner zur Verfügung stehen, die in das SAP Global Support Backbone integriert sind, erhalten Sie schnell Lösungen von SAP oder ihren Partnern. Gleichzeitig genießen Sie die Vorzüge einer zentralen Anlaufstelle (*Single Point of Contact*).

1.2 SAP-Standards für Solution Operations

Definition der Prozesse

Eine wesentliche Voraussetzung für die Schaffung eines zentralen Datenpools ist die klare Definition von Prozessen, Verantwortlichkeiten, Service-Level-Vereinbarungen (SLAs) und Kennzahlen (KPIs), mit denen die Erfüllung der Service-Levels gemessen werden kann. SAP hat Standards und Best Practices definiert, die Kunden dabei helfen, E2E Solution Operations für SAP-orientierte Lösungen einzurichten und auszuführen. Dazu gehören nicht nur Anwendungen von SAP oder Anwendungen, die von SAP unter der Marke des Anbieters vertrieben werden (Vendor-Branded Reselling Products, VBRs), sondern auch Anwendungen von unabhängigen Softwareanbietern (ISVs) oder Originalherstellern (OEMs) sowie Anwendungen mit benutzerdefiniertem Code, die in die Lösungslandschaft des Kunden integriert sind.

Die SAP-Standards ergänzen allgemein anerkannte Standards wie z.B. die IT Infrastructure Library (ITIL). Dadurch können Sie bis ins Detail nachvollziehen, wie sich die Prozesse für das Lifecycle Management in Ihre SAP-Lösung integrieren lassen. Die SAP-Standards enthalten die folgenden Komponenten:

- **Incident Management**
  Der Prozess zur Klärung von Vorfällen (Incidents).

- **Exception Handling sowie Geschäftsprozess- und Schnittstellen-Monitoring**
  Definiert Modelle und Verfahren für den Umgang mit Ausnahmen und Fehlersituationen im täglichen Geschäftsablauf. Definiert außerdem die Überwachung von zentralen Geschäftsprozessen.
- **Datenintegrität und Transaktionskonsistenz**
  Hilft in durchgängigen Lösungslandschaften beim Vermeiden von Dateninkonsistenzen und stellt in verteilten Systemlandschaften die Datensynchronisierung zwischen den Anwendungen sicher.
- **Änderungsmanagement**
  Ermöglicht die effiziente und zeitnahe Implementierung und minimiert die Risiken.
- **Upgrade**
  Führt Kunden und Technologiepartner durch Upgrade-Projekte.
- **Ursachenanalyse**
  Definiert, wie durchgängige Ursachenanalysen über verschiedene Support-Ebenen und Technologien hinweg auszuführen sind.
- **Verwaltung von benutzerdefiniertem Code**
  Gibt Regeln für das effektive Management von kundenspezifischen Entwicklungen und Funktionserweiterungen.
- **Lösungsdokumentation und Lösungsdokumentation für kundeneigene Entwicklungen**
  Definiert das erforderliche Maß an Dokumentation sowie die für Kundenlösungen benötigten Berichtsfunktionen.
- **Sicherheit**
  Bietet Best Practices für den sicheren Betrieb von SAP-zentrierten Lösungen.
- **Remote-Support-Fähigkeit**
  Enthält fünf grundsätzliche Anforderungen, die erfüllt sein müssen, damit die Support-Fähigkeit von Kundenlösungen optimiert werden kann.
- **Datenvolumenmanagement**
  Beschreibt, wie das Datenwachstum bewältigt werden kann.
- **Job Scheduling Management**
  Erläutert die Planung, Einplanung und Überwachung von Hintergrundjobs.

- **Systemverwaltung**
  Beschreibt, wie SAP-Technologie für den effizienten Betrieb einer Kundenlösung verwaltet werden muss.
- **System-Monitoring**
  Umfasst die Überwachung und Meldung des technischen Zustands von IT-Lösungen.
- **Testmanagement**
  Erläutert Methoden für das Testmanagement sowie Ansätze für das funktionale, szenariospezifische, integrative und technische Testen von SAP-zentrierten Lösungen.

Ein Standard enthält Best-Practice-Verfahren für die Ausführung einzelner Aufgaben, Beschreibungen der zu verwendenden Werkzeuge und Informationen über die Zuordnung von Aufgaben zu Rollen. Zudem werden verfügbare Schulungsangebote und mögliche Services genannt, die die Übernahme des Standards unterstützen.

Rollen und Standards

In einen Standardprozess können viele Rollen eingebunden sein, doch eine Rolle fungiert als Verantwortlicher für den Standard. Tabelle 1.1 zeigt, wie die Zuordnung in diesem Buch gehandhabt wird. Die Zuordnungen können jedoch je nach individueller Situation des Kunden variieren.

Verantwortlicher	Wichtige Standards/Practices
Endanwender, Key User	Incident Management
Business Process Champion	Ausnahmebehandlung Datenintegrität
Anwendungsmanagement	Ursachenanalyse Remote-Support-Fähigkeit
Betrieb der Geschäftsprozesse	Geschäftsprozess- und Schnittstellen-Monitoring Datenvolumenmanagement Job Scheduling Management Transaktionskonsistenz
Technischer Betrieb	Systemverwaltung System-Monitoring

Tabelle 1.1 Wichtige Standards und ihre zugeordneten Verantwortlichen

Customer Center of Expertise

Damit Sie Ihre IT weiterentwickeln können, ist eine Migration vom bisherigen SAP Customer Competence Center (SAP CCC) zum neuen

Customer Center of Expertise (Customer COE) erforderlich. Gleichzeitig sind vier entwicklungsfördernde Qualitätsmanager notwendig, die die folgenden Aspekte absichern:

- Integrationsvalidierung
- Geschäftskontinuität
- Verbesserung der Geschäftsprozesse
- Investitionsschutz

Informationen zum neuen Customer-COE-Modell und detaillierte Angaben zu den vier Qualitätsmanagern finden Sie in Kapitel 4, »Customer Center of Expertise«.

1.3 Grundlagen für einen zentralen Datenpool schaffen

Ziel beim Application Lifecycle Management (ALM) ist eine radikale Reduzierung der Implementierungskosten (TCI), der Gesamtbetriebskosten (TCO) sowie der Risiken für Ihre IT-Abteilung. Die Schlüsselelemente des Lebenszyklusmanagements sind:

- die ASAP-Methode (für die Implementierung) und die Run SAP-Methode (für den Betrieb)
- das Konzept eines zentralen Datenpools, wie im SAP Solution Manager implementiert
- Organisationsaspekte wie das Customer COE und die Rollen für das Qualitätsmanagement
- das Service-Portfolio des SAP Enterprise Supports

SAP Solution Manager Enterprise Edition unter SAP Enterprise Support

Die SAP Solution Manager Enterprise Edition unter SAP Enterprise Support ist für Kunden mit einem SAP Enterprise Support-Vertrag[1] verfügbar. Mit dem SAP Enterprise Support können Sie den SAP Solution Manager für die gesamte Kundenlösung verwenden. Die

1 Die Funktionen und Prozesse des SAP Solution Managers, die in diesem Buch beschrieben sind, beziehen sich immer auf die SAP Solution Manager Enterprise Edition unter SAP Enterprise Support, sofern nicht anders angegeben (SAP Solution Manager Enterprise Edition unter SAP Standard Support). Kunden mit PSLE-Vertrag (Product Support for Large Enterprises) können ebenfalls die SAP Solution Manager Enterprise Edition unter SAP Enterprise Support verwenden.

Kundenlösung in diesem Sinn umfasst die SAP-Software sowie die gesamten horizontalen und vertikalen IT-Anlagen und Softwarekomponenten, die gemäß der Lösungsdokumentation im SAP Solution Manager für die Ausführung der Geschäftsprozesse des Kunden erforderlich sind.

Beispiel: Application Incident Management

Diese wichtige Erweiterung der Verwendungsrechte des SAP Solution Managers unter SAP Enterprise Support kann durch ein einfaches Beispiel veranschaulicht werden. Ein Unternehmen verfügt über einen produktiven Geschäftsprozess, der in der Lösungsdokumentation der SAP Solution Manager Enterprise Edition dokumentiert ist. Innerhalb dieses Prozesses soll ein Drucker eine Quittung oder einen Gehaltsscheck ausdrucken. Wenn der Drucker nicht korrekt funktioniert, kann der Geschäftsprozess nicht ausgeführt werden. Ein Benutzer kann einen Vorfall für diesen Drucker anlegen – unabhängig davon, ob die Ursache für den Vorfall Tinten- oder Tonermangel, ein Hardwaredefekt, eine falsche Druckerkonfiguration im SAP-System oder ein Netzwerkfehler ist. Dieser Vorfall kann durchgängig mit dem Application Incident Management vom SAP Solution Manager verarbeitet werden. Dies zeigt, dass hinter dem SAP Enterprise Support eine ganzheitliche Sicht auf die Geschäftsprozesse des Kunden steht: Jeder Vorfall in der Kundenlösung kann angelegt, analysiert, verarbeitet und vollständig behoben werden.

SAP Solution Manager Enterprise Edition unter SAP Standard Support

Mit dem SAP Standard Support können die Kunden weiterhin SAP-Technologien und -Innovationen, Technologie-Updates und Legal Changes übernehmen. Außerdem bietet der SAP Standard Support die Plattform für reaktive Support-Funktionen und proaktive Remote-Services, wie z.B. SAP GoingLive Check und SAP EarlyWatch Check. Die SAP Solution Manager Enterprise Edition unter SAP Standard Support bietet Funktionen, um die Verwertung des SAP Standard Supports zu ermöglichen. Dies bedeutet insbesondere Folgendes:

- Die SAP Solution Manager Enterprise Edition unter SAP Standard Support ermöglicht die Übernahme von SAP-Innovationen, indem sie Installation, Wartung und Upgrade im SAP Solution Manager ermöglicht.
- Die Plattform unterstützt die Übernahme von SAP-Technologien mit Wartungsmanagement für Software-Updates, die der Fehlerbehebung dienen (SAP Support Packages, Erweiterungspakete (EHPs) und SAP Legal Change Packages).

- Reaktive Support-Angebote wie der Service Desk für SAP-Softwarekomponenten, SAP NetWeaver-basiertes System-Monitoring (z.B. CCMS) und Tools zur Ursachenanalyse für SAP-Technologie bleiben weiterhin verfügbar.
- Auch die proaktiven Remote-Services SAP EarlyWatch Check und SAP GoingLive Check sind Teil des SAP Standard Supports.

Funktionsbeschränkungen von SAP Solution Manager unter SAP Standard Support

Kunden mit SAP Standard Support können die SAP Solution Manager Enterprise Edition nur für SAP-Software verwenden, d.h. nicht für die oben erwähnten horizontalen und vertikalen IT-Anlagen und Softwarekomponenten. Im SAP Standard Support sind die Verwendungsrechte des SAP Solution Managers auf Wartungsaufgaben sowie auf Installation, Upgrade und Problem-Support von SAP-Anwendungen und -Technologien (einschließlich aller Tools für die Remote-Ursachenanalyse) beschränkt.

Dieses Buch möchte den SAP Enterprise Support vor allem aus Kundensicht und weniger aus der Perspektive von SAP erläutern. Das Anliegen ist nicht primär eine Funktionsbeschreibung der einzelnen Komponenten des SAP Enterprise Supports, sondern die Erklärung, wie Sie das Support-Angebot konkret für das Application Lifecycle Management in Ihrem Unternehmen einsetzen und die Beschränkungen des SAP Standard Supports weit hinter sich lassen können. Deshalb wird in den Kapiteln 3 bis 13 von einem SAP Enterprise Support-Engagement ausgegangen, ohne dass ausführlich auf die Unterschiede zwischen SAP Standard Support und SAP Enterprise Support eingegangen wird.

Nähere Informationen zu den jeweiligen Funktionsumfängen finden Sie auf der SAP Enterprise Support-Homepage unter *http://service.sap.com/enterprisesupport*.

Nachdem Sie dieses Buch durchgearbeitet haben, wissen Sie genau, welchen Wert und welche Auswirkungen die Einrichtung eines zentralen Datenpools für SAP-Lösungen in Ihrem Unternehmen haben wird, und Sie können sofort mit dem Application Lifecycle Management starten (siehe Abbildung 1.2).

Definition einer Roadmap

Der nächste logische Schritt ist die Definition einer Roadmap für eine Run SAP-Implementierung. Dabei sollten Sie Ihre Problempunkte in Bezug auf Implementierung und Betrieb identifizieren und diese dann den Verfahren und Werkzeugen zuordnen, die durch die Run SAP-Roadmap vorgeschlagen werden. Dies ist ein wichtiger Schritt zu einer ausgereiften IT-Landschaft. Ferner sollten Sie einen klaren Business Case mit Erwartungswerten für den Return on Investment (ROI) entwickeln, damit Sie die wirtschaftlichen Ergebnisse Ihrer IT-Weiterentwicklung bewerten können. Bei einer solchen Bewertung kann sich zum Beispiel herausstellen, dass die aktuelle Verwaltung von Änderungsanträgen in Ihrer Organisation zwar schon optimal ist, Sie aber vom Incident Management in der SAP Solution Manager Enterprise Edition stark profitieren könnten. Eine solche Bewertung durch die Run SAP-Methode wird von SAP Consulting oder zertifizierten SAP-Partnern durchgeführt (siehe Kapitel 12, »Run SAP-Programme für SAP-Partner«). Bestimmte Aspekte der Run SAP-Roadmap werden für die Zusammenarbeit mit SAP Consulting und SAP-Partnern vorausgesetzt. Diese Aspekte werden in Kapitel 5, besonders in Abschnitt 5.2, »Notwendigkeit der Business Continuity«, sowie in Kapitel 12 behandelt.

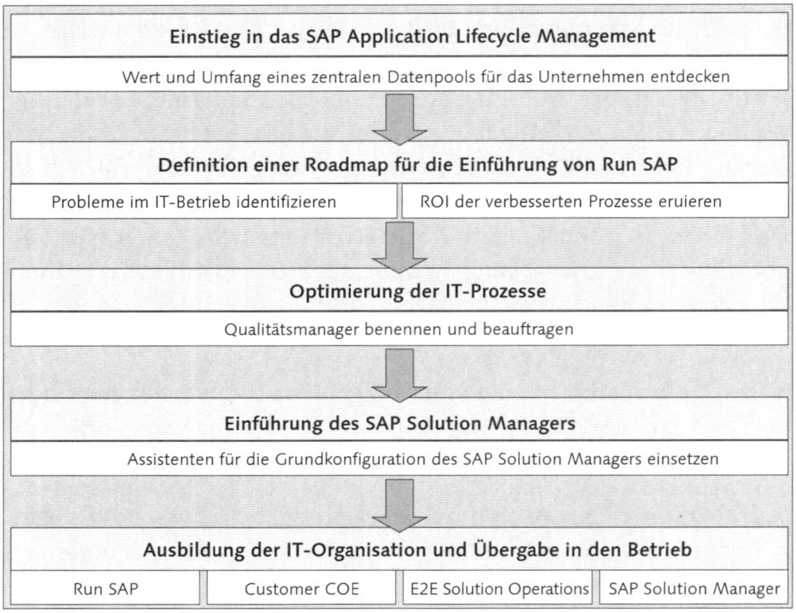

Abbildung 1.2 Nächste Schritte nach dem Lesen dieses Buchs

SAP Solution Manager Enterprise Edition

Die SAP Solution Manager Enterprise Edition ist die Grundlage für ein ganzheitliches ALM. Jede SAP Solution Manager-Implementierung benötigt eine technische Grundlage (siehe Abbildung 1.3). Um diese Grundlage zu schaffen, müssen Sie Ihre SAP Solution Manager-Implementierung planen, installieren oder erweitern und die Grundkonfiguration des SAP Solution Managers vornehmen. Dazu gehört, dass Sie Ihre Systemlandschaft an den SAP Solution Manager anbinden.

Wenn diese Grundlage vorhanden ist, können Sie die durchgängige Ursachenanalyse und damit die effiziente Fehlerbehebung in jeder technischen Architektur genauso für sich nutzen wie die Wartungsoptimierung, SAP EarlyWatch Alert-Services oder die Zusammenarbeit mit SAP Services, z.B. beim Incident Management. Zudem schafft die Grundkonfiguration die technischen Voraussetzungen für stetige Qualitätsprüfungen (Continuous Quality Checks, CQCs) und einen erfolgsentscheidenden Support durch Service-Level-Vereinbarungen (SLAs). Um Szenarien wie Systemverwaltung oder System-Monitoring hinzuzufügen, ist nur ein Minimum an zusätzlicher Konfiguration erforderlich.

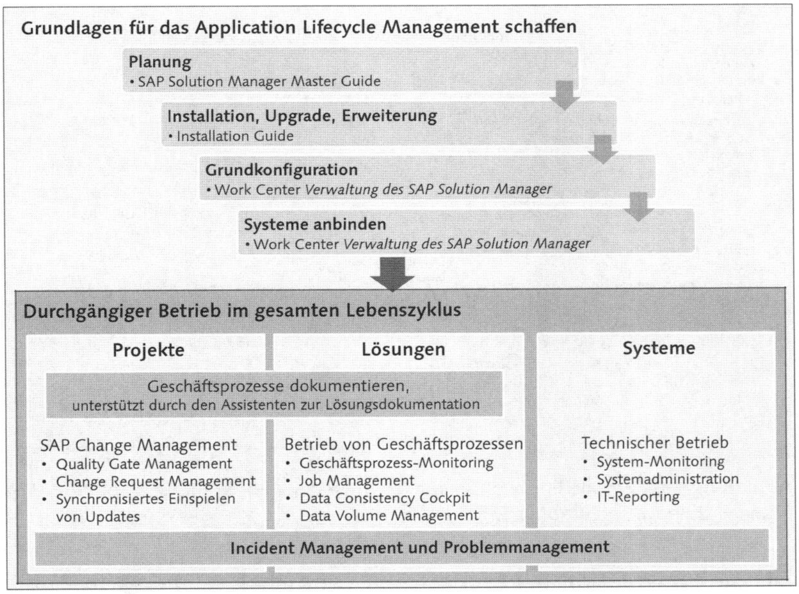

Abbildung 1.3 Übersicht über die Implementierung des SAP Solution Managers

Sie haben darüber hinaus die Möglichkeit, Ihre Geschäftsprozesse im SAP Solution Manager zu dokumentieren. Idealerweise geschieht dies im Rahmen eines Einführungsprojekts, aber Sie können Ihre vorhandenen Prozesse auch mithilfe des Assistenten zur Lösungsdokumentation dokumentieren. Nachdem Sie Ihre Geschäftsprozesse im SAP Solution Manager dokumentiert haben, können Sie Ihr Testmanagement im SAP Solution Manager abwickeln und zum Beispiel auch den neuen Business Process Change Analyzer (BPCA) nutzen. Dieser kann basierend auf geplanten Transporten in Produktivsysteme Testempfehlungen ermitteln. Schließlich können Sie auf der Grundlage der Geschäftsprozessdokumentation im SAP Solution Manager den automatisierten Betrieb von Geschäftsprozessen definieren.

Wert der Lösungsdokumentation

Je nach Art der Dokumentation, die Sie im SAP Solution Manager erstellen, können Sie für Implementierung, Betrieb und kontinuierliche Optimierung Ihrer Software von einer großen Palette von Anwendungsfällen profitieren. Abbildung 1.4 zeigt die drei grundlegenden Dokumentationstypen sowie die Funktionen, die sie ermöglichen.

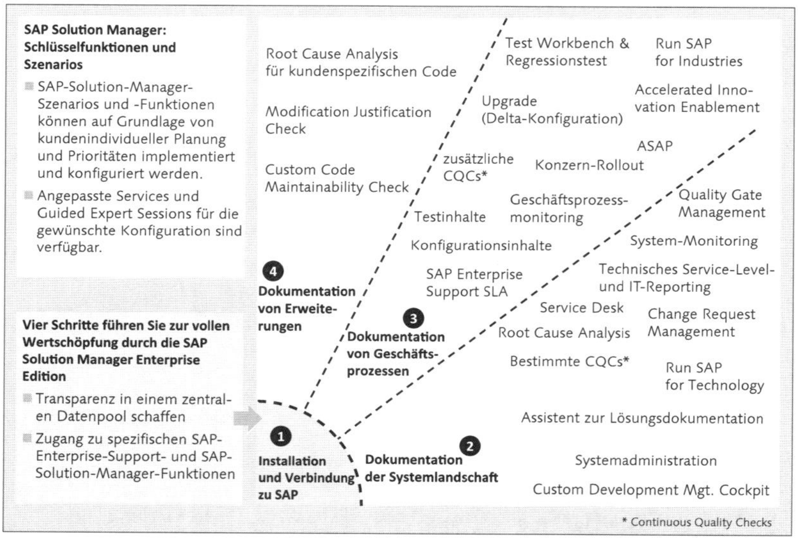

Abbildung 1.4 Zentrale Funktionen und Voraussetzungen für die SAP Solution Manager Enterprise Edition

Dokumentation der technischen Landschaft

Die Dokumentation der technischen Landschaft (siehe ❷ in Abbildung 1.4) ist auf einem Minimalniveau bereits von der Grundkonfiguration des SAP Solution Managers abgedeckt (siehe ❶ in Abbildung 1.4). Diese Dokumentation umfasst Folgendes:

- die Verfügbarkeit von Systemdaten zu allen Produktivsystemen im System Landscape Directory (SLD)
- die Verfügbarkeit mindestens einer Lösungslandschaft, die die Produktivsysteme als logische Komponenten enthält

Im Zuge der Grundkonfiguration implementieren Sie auch die Kommunikationsfunktionen zwischen den verwalteten Systemen und dem SAP Solution Manager sowie die Verbindung zwischen dem SAP Solution Manager und dem zentralen SAP-Support-System. Nach Einrichtung dieser Kommunikationskanäle können Sie den automatischen Datenaustausch für die wichtigsten technischen Daten (Systemdaten und SAP EarlyWatch Alert) aktivieren. Bei Verwendung von Nicht-ABAP-Programmen konfigurieren Sie auch die durchgängige Ursachenanalyse, da diese Funktionen für die Fehleranalyse unverzichtbar sind. Weitere Informationen zur Grundkonfiguration des SAP Solution Managers sowie zu den von ihm ermöglichten Funktionen finden Sie in Abschnitt 2.2.2, »Installation und Konfiguration des SAP Solution Managers«.

Wenn Sie zur Entlastung Ihrer IT-Abteilung ein Incident Management für das gesamte Unternehmen einrichten möchten, ist eine zusätzliche Konfiguration erforderlich, um die Service-Desk-Prozesse und die Service-Desk-Organisation in den SAP Solution Manager zu integrieren. Ein grundlegendes Incident Management für SAP-Software erfordert jedoch nur die Grundkonfiguration. Nach Abschluss der Grundkonfiguration können Vorfälle (Service-Desk-Meldungen) an den SAP Active Global Support (SAP AGS) gesendet werden.

Dokumentation der Geschäftsprozesse

Wenn Sie Ihre Kerngeschäftsprozesse (siehe ❸ in Abbildung 1.4) in einem Business Blueprint dokumentieren, können Sie diese Informationen nicht nur im Support-Fall, sondern über den gesamten Lebenszyklus der Software verwenden. Dies erhöht den Wert der internen Kommunikation, da ein Bezug zu den Kerngeschäftsprozessen immer gegeben ist. So ist die Relevanz einer Anforderung bzw. eines Problems immer sichtbar. Sie können die Dokumentation von Geschäftsprozessen beispielsweise mit den folgenden SAP Solution Manager-Prozessen wiederverwenden:

- Testmanagement
- Geschäftsprozess- und Schnittstellen-Monitoring
- Job Scheduling Management
- Upgrade- und Wartungsprojekte
- Issue- und Top-Issue-Management

Zu den Mindestanforderungen für die Dokumentation von Kerngeschäftsprozessen gehören eine vollständige Liste alle Prozessschritte, die Zuweisung der einzelnen Prozessschritte zu den Systemen, auf denen sie ausgeführt werden, eine Liste der Transaktionen (bzw. der URLs oder Hintergrundjobs), die über Aktionen aufgerufen werden, sowie die verwendeten Schnittstellen. Sie können im SAP Solution Manager auch weitere Informationen über Geschäftsprozesse dokumentieren, doch dies ist keine Voraussetzung für den SAP Enterprise Support.

Das Änderungsmanagement (Change Management) ist weniger von der Geschäftsprozessdokumentation als vielmehr von den Projekten und der Systemlandschaft abhängig, die im SAP Solution Manager definiert sind (Wartungsprojekte). Zu den möglichen Vorteilen gehören eindeutig dokumentierte Quality-Gates mit Standardprüfinhalten für jedes Quality-Gate. Zudem kann mit dem Änderungsmanagement die synchronisierte Bereitstellung von Updates über alle Transportschienen hinweg automatisiert werden.

Änderungsdokumentation

Die Dokumentation von Änderungen an der SAP-Software (siehe ❹ in Abbildung 1.4) ist besonders wichtig:

1. Änderungen sind nicht Gegenstand der stetigen Qualitätsprüfungen (CQCs) von SAP.
2. Bei nicht korrekt implementierten Änderungen besteht die Gefahr, dass sie bei einem Upgrade verlorengehen.
3. Nach einiger Zeit wird die tatsächliche Verwendung in vielen Fällen nicht mehr geprüft, und die Änderungen verursachen dann als nicht benötigter Code unnötige Wartungskosten und Leistungseinbußen.

Die Dokumentation umfasst eine kurze Beschreibung der Entwicklung sowie der zugehörigen Entwicklungsobjekte, z.B. der Programme im Namensraum des Kunden. Auf Grundlage dieser Dokumentation können Sie Ihren Code dann mithilfe des Custom Development Management Cockpits (CDMC) im SAP Solution Manager komfortabel verwalten. Sie können veraltete Dateien, Ordner, Berichte und Jobs regelmäßig automatisch löschen. Außerdem können Sie die mit dem SAP Enterprise Support angebotenen SAP-Services (Modification Justification Check und Custom Code Maintainability Check) sowie die durchgängige Ursachenanalyse für benutzerdefinierten Code verwenden.

1.4 Über dieses Buch

Das vorliegende Buch erläutert die Schritte, die erforderlich sind, um einen zentralen Datenpool aufzubauen und kontinuierlich aktuell zu halten. Es definiert den Standard, mit dem Sie eine solche Wissensdatenbank für SAP-orientierte Lösungen über den gesamten Lebenszyklus hinweg aufrechterhalten können. Das Buch beschreibt die Grundprinzipien und die grundlegenden Elemente eines Application Lifecycle Managements und legt dar, wie Sie die Erfahrung von SAP für sich nutzen können, um:

- Risiken und Kosten zu reduzieren
- den kontinuierlichen Geschäftsbetrieb sicherzustellen
- Verbesserungen und Innovationen schneller umzusetzen

Wenn Sie Ihre SAP-Lösung über den gesamten Lebenszyklus hinweg auf der Grundlage von solidem, aktuellem Wissen betreiben, können Sie die SAP Enterprise Support-Services optimal nutzen. Eine komplexe Problemanalyse ist an dieser Stelle ein gutes Beispiel. Das Problem kann verschiedene Gruppen betreffen: die IT-Abteilung, die Fachabteilung, u. U. Outsourcing- oder Outtasking-Partner, Anwendungs- oder Technologiepartner und auch SAP. Damit alle beteiligten Parteien effizient und effektiv am Lösungsprozess mitarbeiten können und so eine schnelle Behebung einer Störung möglich ist, müssen bestimmte Informationen allen zugänglich sein – z.B. die Kerngeschäftsprozesse des Kunden, die hierfür erforderlichen Anwendungen, die zuletzt vorgenommenen Änderungen oder die Probleme und Incidents, die in der Vergangenheit protokolliert und gelöst wurden. Indem Sie einen zentralen Datenpool aufbauen, sorgen Sie nicht nur dafür, dass unternehmensinterne Fachkräfte die SAP-Lösung effektiv verwalten können. Sie profitieren auch vom SAP-Expertennetzwerk und der gebündelten Kompetenz und Erfahrung, die SAP in mehr als 35 Jahren bei der Unterstützung von Kunden aufbauen konnte.

SAP Solution Manager Enterprise Edition

SAP Enterprise Support bietet mit der SAP Solution Manager Enterprise Edition eine Managementanwendung, mit der alle zu einem zentralen Datenpool gehörenden Informationen gespeichert, bereitgestellt, verwaltet und analysiert werden können. Die SAP Solution Manager Enterprise Edition sorgt für die Aufrechterhaltung des zentralen Datenpools und der Funktionen, mit denen sich diese Daten in allen Vorgängen und Phasen des Lösungslebenszyklus verwalten, aktualisieren und nutzen lassen.

Standardverfahren

Das vorliegende Buch gibt Ihnen einen Überblick über die Standardverfahren, die Sie über den gesamten Lösungslebenszyklus hinweg umsetzen sollten, um maximal vom SAP Enterprise Support zu profitieren. Der Schwerpunkt liegt hierbei auf Aktivitäten für die Konfiguration und Ausführung geschäftsprozessorientierter Änderungen – also für die Implementierung oder Verbesserung von Geschäftsprozessen, die durch eine SAP-Lösung unterstützt werden. Es wird ein Konfigurations- und Betriebsstandard festgelegt, der die bestmögliche Vorgehensweise von der Konzeption eines Geschäftsprozesses bis zu dessen Nutzung (und Verbesserung) vorgibt. Der Standard schließt IT-bezogene Aspekte ausdrücklich mit ein. Dies betrifft die Automatisierung von Prozessen ebenso wie die Dokumentation, das Testen und die technische Überwachung von Schnittstellen für Ihre Kerngeschäftsprozesse.

In **Kapitel 2, »Der SAP Solution Manager als konsolidierte Datenquelle in Ihrem Unternehmen«**, werden zunächst die Kernpunkte des Lebenszyklusmanagements vorgestellt. Neben der Definition des Lebenszyklus an sich umfasst dies auch die Erläuterung grundlegender Modelle des SAP Solution Managers, die die Umsetzung eines ganzheitlichen, standardisierten Lebenszyklusmanagements erleichtern. Darüber hinaus wird der integrierte Qualitätsmanagementprozess beschrieben, der sich durch den gesamten Lebenszyklus zieht. Anschließend erläutern wir, wie die Voraussetzungen für das Lebenszyklusmanagement geschaffen werden. Nach der Vorstellung der möglichen Verfahren erklären wir die Installation und Konfiguration des SAP Solution Managers.

Kapitel 3, »Einführung in die Measurement Platform«, bietet eine Einführung in die Measurement Platform, die ursprünglich für die KPI-Studie (Key Performance Indicator) der Anwendervereinigung SUGEN (SAP User Group Executive Network) entwickelt und dort auch schon erfolgreich eingesetzt wurde. Das grundlegende Ziel der im SAP Solution Manager implementierten Measurement Platform ist es, vollständige, zuverlässige und vergleichbare Benchmark-Daten bereitzustellen. Die KPIs und Metriken müssen messbar sein, in spezifischer Weise in die Gesamtbetriebskosten eingehen, über das SAP Enterprise Support-Angebot (Tools, Services) beeinflussbar sein, den Status in Bezug auf den SAP Enterprise Support-Bericht wiedergeben und die erreichten Erfolge widerspiegeln. Hervorzuheben ist, dass der Gesamtwert des SAP Enterprise Supports nicht direkt von diesen KPIs gemessen wird. Das zugrunde liegende Konzept des Lebenszyklusmanagements für Anwendungen geht weit über die gemessenen KPIs hinaus.

Kapitel 4, »Customer Center of Expertise«, beschreibt das Customer Center of Expertise (Customer COE). Mit dem Customer COE führt SAP ein neues Modell für den Aufbau und Umfang der Kunden-Support-Organisation ein. Das klassische SAP Customer Competence Center (SAP CCC) war hauptsächlich auf reaktive Support-Aufgaben ausgerichtet und intensiv mit der IT-Organisation des Kunden verflochten. Das Customer COE hingegen fördert aktiv die beschleunigte Innovation in den Geschäftseinheiten des Kunden – das heißt, im Mittelpunkt stehen Upgrades, die Implementierung neuer Software und die Verwendung von Erweiterungspaketen (EHPs). Voraussetzung für all dies ist, dass im SAP Solution Manager des Kunden ein zentraler Datenpool eingerichtet wurde.

Aufbauend auf dem in Kapitel 4 dargelegten Organisationsmodell des Customer COE beschreibt **Kapitel 5, »Sicherung des kontinuierlichen Geschäftsbetriebs«**, die Rolle des Qualitätsmanagers für den kontinuierlichen Geschäftsbetrieb. Das Kapitel erläutert im Detail die im Rahmen des SAP Enterprise Supports zur Verfügung stehenden Werkzeuge und Methoden, wie beispielsweise Datenvolumenmanagement, Ursachenanalyse und die Run SAP-Methode.

Kapitel 6, »Innovation beschleunigen«, widmet sich den Aufgaben des Qualitätsmanagers für die Integrationsvalidierung. Das zentrale Thema ist hier, wie das Testmanagement und die Integrationsvalidierung hochintegrierter IT-Lösungen dazu beitragen können, Innovation zu beschleunigen.

In **Kapitel 7, »Optimierung von Geschäftsprozessen«**, wird beschrieben, wie Sie Verbesserungspotenziale in Geschäftsprozessen entdecken können und durch die Rolle des Qualitätsmanagers für die Verbesserung von Geschäftsprozessen diese Potenziale durch den Einsatz von Werkzeugen wie z.B. dem Geschäftsprozess-Monitoring erschließen.

Der Schutz von IT-Investitionen steht im Mittelpunkt von **Kapitel 8, »Schutz der IT-Investitionen«**. Ein besonderes Augenmerk liegt hier auf dem Management kundeneigener Entwicklungen (Custom Code). Die Aufgaben und Ziele des Qualitätsmanagers für den Schutz der IT-Investitionen, z.B. die Vermeidung oder Verringerung kundeneigener Entwicklungen und das Erstellen eines IT-Masterplans, werden praxisnah beschrieben.

Kapitel 9, **»Innovation ohne Ausfallrisiken«**, erklärt, wie Sie durch die SAP-Releasestrategie Ausfallzeiten vermeiden und durch Erweiterungspakete (EHPs) Innovation vorantreiben können. Werkzeuge wie der Maintenance Optimizer und der SAP Enhancement Package Installer werden ebenso vorgestellt wie optimierte Upgrade-Verfahren.

Im Rahmen des SAP Enterprise Supports bietet SAP weitere Support-Modelle wie z.B. SAP MaxAttention und SAP Safeguarding an. Diese Modelle werden in **Kapitel 10**, **»SAP MaxAttention und SAP Safeguarding«**, im Kontext erklärt.

SAP Enterprise Support schließt Angebote von SAP-Partnern mit ein. **Kapitel 11**, **»Mission-Critical Support für Partneranwendungen und Partnertechnologien«**, präsentiert zentrale Konzepte für die Zusammenarbeit im SAP Global Support Backbone und erläutert, wie ein Mission-Critical Support von Partneranwendungen und -technologien möglich wird. Darüber hinaus behandelt das Kapitel, wie SAP-Vertriebspartner in das SAP-Ecosystem eingebunden sind.

Kapitel 12, **»Run SAP-Programme für SAP-Partner«**, erläutert die Run SAP-Einführungsinitiative und die Run SAP-Operations-Initiative für Partner. Diese Initiativen haben zum Ziel, Wissenstransfer an Partner zu leisten und sie durch umfassende Schulungsangebote und Zertifizierungen in die Lage zu versetzen, ihren Kunden hochwertige strategische Services zu liefern.

Einen kurzen Überblick über die verfügbaren Schulungen rund um das Thema SAP Enterprise Support bietet **Kapitel 13**, **»Kurs- und Zertifizierungsübersicht«**.

Im **Anhang** finden Sie weiterführende Informationen, wie beispielsweise zur Expert Guided Implementation für den SAP Solution Manager, und eine detaillierte Darstellung der Continuous Quality Checks, die SAP Active Global Support anbietet. Darüber hinaus finden Sie Informationen zu den SAP-internen Standards und darüber, wie Sie als Kunde mit SAP Enterprise Support von diesen Standards profitieren.

SAP Enterprise Support bietet ein breites Portfolio von Services an, mit dem Sie Ihre IT-Lösungen durchgängig und kostengünstig betreiben können. Grundlage für ein solches Betriebskonzept ist eine eindeutige und zentrale Datenbasis, die von allen Stakeholdern anerkannt wird.

2 Der SAP Solution Manager als konsolidierte Datenquelle in Ihrem Unternehmen

Um einen zentralen Datenpool zu erstellen, auf dessen Grundlage alle beteiligten Parteien über den gesamten Lebenszyklus der Anwendung hinweg effizienter und effektiver zusammenarbeiten können, ist es zunächst wichtig, die grundlegenden Konzepte des Application Lifecycle Managements (ALM) kennenzulernen. Eine Etablierung dieser Konzepte in Ihrem Unternehmen ist ein entscheidender Schritt in Richtung eines effektiven und effizienten ALM, welches wiederum Voraussetzung dafür ist, dass Sie optimal vom SAP Enterprise Support profitieren.

2.1 Grundlegende Konzepte

Der SAP Solution Manager ist die Standardplattform für ALM und damit eine der zentralen Komponenten des SAP Enterprise Supports. Eine detaillierte Beschreibung der SAP-Lösung für das Application Management und die Administration finden Sie im Buch *SAP Solution Manager Enterprise Edition*[1]. Die wichtigsten Konzepte für den Aufbau eines zentralen Datenpools werden in den folgenden Abschnitten im Überblick erläutert.

---

1 Marc O. Schäfer und Matthias Melich, *SAP Solution Manager Enterprise Edition*, 2. Aufl. (Bonn/Boston: SAP PRESS, 2009).

2.1.1 Application-Management-Lebenszyklus

Der mit Abstand wichtigste Grundbegriff des Application Managements ist der Lebenszyklus. Das vorliegende Buch verwendet den Application-Management-Lebenszyklus, der in Version 3 der IT Infrastructure Library (ITIL) dargelegt wird, als allgemein anerkanntes Modell. Application Management ist ein umfassender Support-Ansatz in der Anwendungsumgebung, der den gesamten Lebenszyklus von IT-Lösungen abdeckt – von der Planung bis zur Absetzung einer Lösung.

Phasen

Der Lebenszyklus umfasst sechs Phasen (siehe Abbildung 2.1):

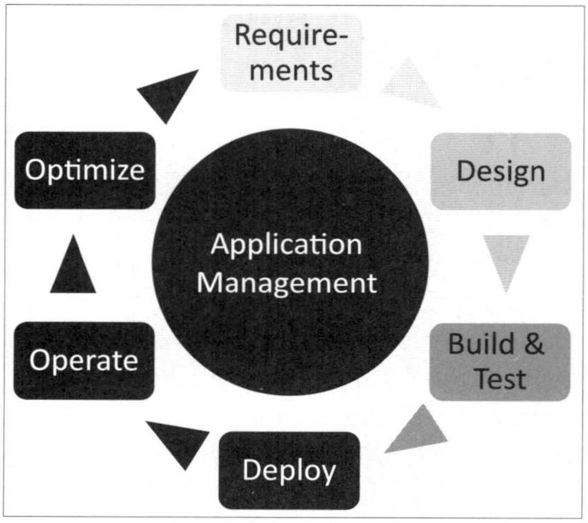

Abbildung 2.1 Application-Management-Lebenszyklus nach IT Infrastructure Library (ITIL)

- **Requirements**
  Erfassung der Anforderungen für neue Anwendungen oder für die Verbreitung bestehender Anwendungen
- **Design**
  Übersetzung der Anforderungen in detaillierte Spezifikationen
- **Build und Test**
  Anwendungskonfiguration und Erstellung eines Organisationsmodells gemäß den Spezifikationen
- **Deploy**
  Übertragung der Änderungen und des Organisationsmodells in die bestehende produktive IT-Landschaft

- **Operate**
  Bereitstellung von IT-Services, die für den fortlaufenden Betrieb erforderlich sind
- **Optimize**
  Analyse der Service-Level-Erfüllung und möglicher Start von Maßnahmen zur Verbesserung der Ergebnisse

Das vorliegende Buch beschreibt die wichtigsten Aufgaben, die im Rahmen des Lebenszyklus anfallen. In den Abschnitten 2.3, »Business Configuration«, und 2.4, »Business Continuity«[2], wird erläutert, wie sich diese Aufgaben umsetzen lassen.

2.1.2 Projekte im SAP Solution Manager

Im SAP Solution Manager besteht die Bedeutung von *Projekten* darin, bei der Implementierung von SAP-Software in einem Unternehmen Geschäftsaufgaben, technische Aufgaben und Organisationsaufgaben zu gruppieren und zu organisieren. Im Rahmen eines Einführungsprojekts führt das Projektteam Aufgaben aus, die nach einem allgemeinen Projektplan und einer Roadmap strukturiert sind. Im SAP Solution Manager werden Projekte nach der ASAP-Methode durchgeführt, die mit der Projektvorbereitung beginnt und das Projekt in der Produktivstartphase abschließt.

Bezogen auf die Perspektive des Lebenszyklus reicht ein Projekt von der Application-Management-Phase Requirements bis zur Build- und Test-Phase. Alle Informationen, die Sie im Laufe des Projekts gesammelt haben, werden am Ende der Deploy-Phase in eine Lösung übernommen. Unter anderem umfasst dies die Wissensvermittlung an die Endanwender über E-Learning oder die Implementierung der Support-Organisation.

---

2 In der Literatur wird der Begriff *»Business Continuity«* oft im Kontext von »Disaster Recovery« verwendet. Dort bezeichnet Business Continuity den fortlaufenden Betrieb in ausgelagerten Rechenzentren, nachdem das primäre Rechenzentrum durch eine Naturkatastrophe, Anschläge o.Ä. vollständig zerstört wurde. Aufgrund der Erfahrungen der SAP verwenden wir den Begriff etwas abweichend hiervon: Denn Systemausfälle treten weit häufiger durch fehlerhafte Transporte, Dateninkonsistenzen oder Fehler in der Systemverwaltung auf als durch Naturkatastrophen. Diese Risiken richtig einzuschätzen, zu vermeiden und den Betrieb sicherzustellen, ist die Aufgabe des Qualitätsmanagers für die Business Continuity.

Vorteile der Projektverwaltung des SAP Solution Managers

Die Vorteile, die sich aus der Verwendung des SAP Solution Managers für Projekte ergeben, sind vielfältig:

- strukturiertes, systematisches Verfahren, das sich durch das gesamte Projekt zieht
- strenge Einhaltung eines prozessorientierten Ansatzes, der unabhängig von einzelnen Anwendungen und Komponenten ist und eine umfassendere Sicht auf die Prozessabläufe in heterogenen Systemlandschaften ermöglicht
- zentrales Metadata Repository für Lösungen – Dokumentation, Testfälle und Konfigurationsinformationen
- kein Informationsverlust zwischen den Projektphasen – einmal erstellt, wird der Inhalt über den gesamten Softwarelebenszyklus hinweg wiederverwendet, wodurch Medienbrüche vermieden werden

Ein Solution Manager-Projekt deckt aus Sicht des Application-Management-Lebenszyklus den Bereich Business Configuration ab, also alle Phasen von der Requirements-Phase bis hin zur Vorbereitung des Produktivstarts (Deploy-Phase).

2.1.3 Lösungen im SAP Solution Manager

Informationen über Systeme, Softwarekomponenten und Geschäftsprozesse

Nach dem erfolgreichen Abschluss eines Projekts besteht die Herausforderung während des Betriebs darin, das im Laufe des Projekts angehäufte Wissen zu bewahren und aktuell zu halten. Genau hier setzt das Lösungskonzept im SAP Solution Manager an. Beim Einspielen für die produktive Verwendung werden alle in dem Projekt gesammelten Informationen in eine Lösung übertragen. Eine SAP Solution Manager-Lösung enthält alle Informationen über Systeme, Softwarekomponenten und Geschäftsprozesse (Szenarien), die beim Betrieb und bei der stetigen Optimierung Ihrer IT-Lösung benötigt werden. Dadurch ist sichergestellt, dass nach Abschluss eines Projekts alle Informationen verfügbar bleiben und konsolidiert werden können.

Eine Lösung erstreckt sich naturgemäß auf einen längeren Zeitraum als ein Projekt und kann somit die Informationen bereitstellen, die für den Betrieb und für die Vorbereitung von Optimierungsprojekten erforderlich sind. Ein erfolgreiches ALM steht und fällt daher mit der Integrität der Lösung.

Es werden zwei Dimensionen unterschieden, in denen die Lösung als Informationsquelle für das ALM dient:

- Horizontal kann jede Softwarekomponente, die gemäß der Lösungsdokumentation zur Ausführung der Geschäftsprozesse des Kunden erforderlich ist, mit den ALM-Prozessen verwaltet werden.
- Vertikal können diese Prozesse auch von jeder Schicht der Lösung verwendet werden, z. B. von Datenbanken und IT-Anlagen.

Das Solution Directory

Lösungen werden im Solution Directory verwaltet. Dies bietet unter anderem folgende Vorteile:

- **Alle Zuordnungen im Solution Manager-Projekt**
  - Szenario- und Geschäftsprozessstrukturen werden in die Lösung übertragen.
  - Konfigurationsobjektzuordnungen sind direkt verfügbar.
  - Mit Testfällen in der Struktur können vorgenommene Änderungen getestet werden.
  - E-Learning-Material aus Projekten in der Lösung kann wiederverwendet werden.
  - Die Lösung verfügt über dieselbe Systemlandschaft wie das Projekt – d. h., Sie können bei einem Upgrade die Struktur wiederverwenden.
- **Standarddarstellung von Lösungskomponenten wie Servern, Systemen, Geschäftsprozessen und Szenarien**
  - Grafiken und Diagramme werden optimiert dargestellt.
  - Sie können Grafiken nach Microsoft Office oder HTML exportieren.

Die Lösung im SAP Solution Manager deckt aus Sicht des Application-Management-Lebenszyklus den Bereich Business Continuity komplett ab, also von der Übergabe in den Betrieb (Deploy-Phase) bis hin zur Optimierungsphase.

Zentrale/Kerngeschäftsprozesse und kritische Geschäftsprozesse

Zu den Mindestanforderungen für den SAP Enterprise Support gehört, dass die zentralen oder Kerngeschäftsprozesse dokumentiert sind. In der Regel verfügt ein Unternehmen über sehr wenige Kerngeschäftsprozesse – nach unserer Erfahrung liegt die Anzahl zwischen eins und fünf. Kerngeschäftsprozesse sind die wichtigsten Prozesse, bei denen eine Unterbrechung das Geschäft des Unternehmens schwer beeinträchtigen würde.

Kritische Geschäftsprozesse sind neue oder technisch besonders anspruchsvolle Geschäftsprozesse, z. B. Prozesse mit Kundenentwicklungen oder SAP-fremden Komponenten, die ein hohes Maß an Aufmerksamkeit bzw. Überwachung benötigen.

Bei der Dokumentation im SAP Solution Manager ist nicht vorgesehen, dass jede Variante und jedes Detail eines Geschäftsprozessschritts modelliert wird. Vielmehr geht es darum, eine verständliche Struktur mit den für andere Teams und andere Application-Lifecycle-Funktionen relevanten Informationen bereitzustellen.

Beispiel Fertigungsbranche: Materialversorgung für die Produktion

Der Materialversorgungsprozesse ist ein kritischer Kernprozess, da das Unternehmen bei einer Unterbrechung dieses Prozesses finanzielle Einbußen hinnehmen muss:

- Bei einer Unterbrechung dieses Prozesses kommt es zu Materialausfällen, und die Produktion von Fertigteilen wird unmöglich. In einem solchen Fall muss das Unternehmen die Produktionspläne ändern, sodass es zu höheren Gesamtproduktionskosten kommt.
- Kundenaufträge können nicht pünktlich ausgeliefert werden, sodass die Kundenzufriedenheit abnimmt.

2.1.4 Prozesse für das Lebenszyklusmanagement

Damit sowohl Projekte als auch Lösungen (also Business Configuration und Business Continuity) über den gesamten Lebenszyklus hinweg unterstützt werden können, stellt SAP zehn Prozesse für das Lebenszyklusmanagement bereit (siehe Abbildung 2.2).

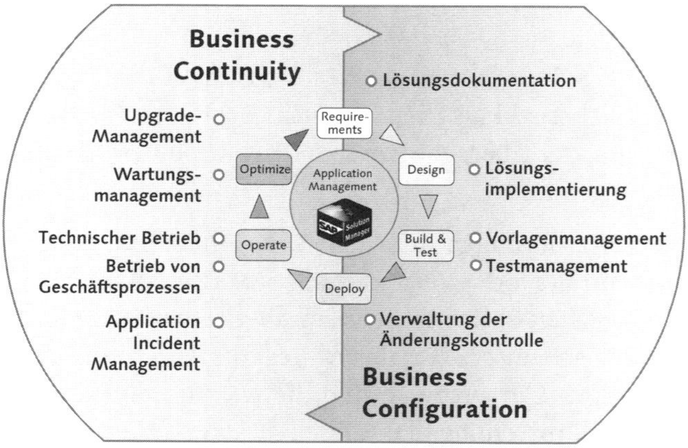

Abbildung 2.2 Überblick über die Prozesse im Application Lifecycle Management (ALM)

- **Lösungsdokumentation (Solution Documentation)**
  Die Lösungsdokumentation umfasst die Dokumentation der technischen Landschaft sowie die Geschäftsprozessdokumentation. Sie bildet die Grundlage für alle anderen Funktionen des SAP Solution Managers. Sie beschreibt die technischen Komponenten (sowohl von SAP als auch von anderen Anbietern), die Kerngeschäftsprozesse und die Schnittstellen eines Kunden. Die Dokumentation umfasst außerdem die Dokumentation von benutzerdefiniertem Code und von Änderungen sowie Verweise auf unterstützende technische Objekte, z.B. Transaktionen und Programme.

  Die korrekte Verwendung von Implementierungsprojekten führt automatisch zu einer ausreichenden Lösungsdokumentation in der Operate- und der Optimize-Phase. Wenn Sie in der Operate-Phase mit der Dokumentation starten, sollten Sie Ihre Kerngeschäftsprozesse im SAP Solution Manager erneut dokumentieren. In Bezug auf ein vollständiges Implementierungsprojekt ist dann nur ein Teil der Informationen erforderlich.

  Die Lösungsdokumentation kann in den Phasen des ALM-Lebenzyklus kontinuierlich erweitert werden (siehe Abbildung 2.3).

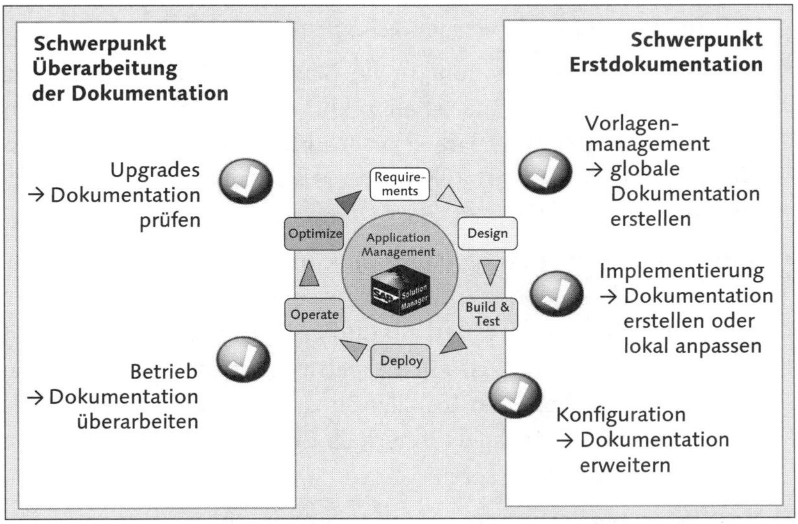

Abbildung 2.3 Die Lösungsdokumentation in den unterschiedlichen ALM-Phasen

- *Design*
  Es werden globale Geschäftsprozessvorlagen sowie Spezifikationen für das spätere Rollout von regionalen Implementierungsprojekten erstellt.
- *Design/Build*
  Im Zuge des regionalen Implementierungsprojekts wird die Geschäftsprozessstruktur erstellt oder lokal angepasst.
- *Build/Test*
  Während der Lösungskonfiguration wird die Geschäftsprozessdokumentation durch die Dokumentation von benutzerdefiniertem Code sowie durch Konfigurationsinformationen und Testfälle erweitert.
- *Operate*
  In der Operate-Phase wird die Geschäftsprozessdokumentation auf der Grundlage von Systeminformationen erneut durchgeführt oder angepasst. Außerdem wird nach dem Produktivstart die Prozessdokumentation angepasst.
- *Optimize*
  Vor Upgrades wird die Geschäftsprozessdokumentation geprüft. Veraltete Informationen und nicht verwendeter benutzerdefinierter Code werden gelöscht.

Die Lösungsdokumentation ist die Grundlage für den gesamten Application-Management-Lebenszyklus. Durch sie entsteht für den Kunden eine Transparenz im Hinblick auf seine IT-Lösungslandschaft und seine Geschäftsprozesse. Außerdem erlaubt sie ihm, optimal vom SAP Enterprise Support zu profitieren.

- **Lösungsimplementierung (Solution Implementation)**
  Darunter fallen die Ermittlung, Anpassung und Implementierung von neuen und verbesserten zukunftsorientierten Geschäfts- und Technikszenarien. Ziel ist es, die betriebswirtschaftliche Innovation von der technischen Installation zu entkoppeln und mithilfe des SAP Solution Managers innerhalb der Systemlandschaft Innovationen zu implementieren.
- **Vorlagenmanagement (Template Management)**
  Mithilfe dieses Prozesses können Kunden mit SAP-Installationen, die mehrere Standorte umfassen, ihre Geschäftsprozesse auch über große Distanzen hinweg effizient verwalten. Das Vorlagenmanagement ist Teil eines globalen Rollout-Ansatzes und umfasst

Vorlagendefinition, Vorlagenimplementierung und Vorlagenoptimierung.

- **Testmanagement**
  Hier definieren Sie, basierend auf einer Änderungseinfluss-Analyse, die Anforderungen für den Integrationstest sowie den Testumfang. Darüber hinaus entwickeln Sie automatische und manuelle Testfälle, verwalten die Tester und erstellen Berichte über den Testfortschritt und die Testergebnisse.
- **Verwaltung der Änderungskontrolle (Change Control Management)**
  Bietet eine auf Workflows basierende Verwaltung von Änderungen, mit denen die Lösung in betriebswirtschaftlicher oder technologischer Hinsicht verbessert werden soll. Integrierte Funktionen für Projektmanagement, Qualitätsmanagement und synchronisierte Bereitstellung unterstützen Sie dabei, die mit der Implementierung der Lösung verbundenen Risiken optimal zu verwalten und eine technische und funktionale Stabilität sicherzustellen.
- **Technischer Betrieb (Technical Operations)**
  Umfasst alle Funktionen für die Überwachung, Benachrichtigung, Analyse und Administration von SAP-Lösungen und ermöglicht Kunden über vordefinierte Inhalte und zentrale Werkzeuge für alle Aspekte des SAP Solution Manager-Betriebs eine Reduzierung der Gesamtbetriebskosten. Außerdem gehört zu diesem Prozess eine durchgängige Berichtsfunktionalität, die entweder mithilfe einer Fertiglösung (»out of the box«) realisiert oder vom Kunden individuell entwickelt wird.
- **Betrieb von Geschäftsprozessen (Business Process Operations)**
  Deckt die wichtigsten anwendungsbezogenen Aspekte des Betriebs ab. Eine Berücksichtigung dieser Aspekte ist erforderlich, um den reibungslosen und zuverlässigen Ablauf der Kerngeschäftsprozesse und damit eine Erfüllung der Geschäftsanforderungen sicherzustellen.
- **Application Incident Management**
  Ermöglicht die zentrale und gemeinsame Verarbeitung von Vorfalls- und Issue-Meldungen aus unterschiedlichen Organisationsebenen und bietet allen Beteiligten einen Kommunikationskanal. Der Prozess umfasst Anwender, SAP-Experten am Kundenstandort, den SAP Active Global Support (SAP AGS) sowie die Support-Mitarbeiter von Partnern. Er ist in alle ALM-Prozesse des SAP

Solution Managers und in alle Lösungen der SAP Business Suite integriert, kann mit einer SAP-fremden Help-Desk-Anwendung verbunden werden und umfasst Folgeaktivitäten wie Wissensrecherche, Ursachenanalyse und Änderungsmanagement.

- **Upgrade-Management**
  Umfasst die Ermittlung, Anpassung und Implementierung von neuen und verbesserten Geschäfts- und Technikszenarien und nutzt den SAP Solution Manager für eine ganzheitliche, effektive und durchgängige Verwaltung des Upgrade-Projekts. Mit diesem Prozess können SAP-Kunden die wesentlichen technischen Risiken und Herausforderungen bei einem Upgrade-Projekt besser verstehen und handhaben, damit Upgrade-Projekte für die geschäftliche Seite möglichst gar nicht spürbar sind.
- **Wartungsmanagement (Maintenance Management)**
  Umfasst Pakete für die Softwarekorrektur von der Identifizierung und Bereitstellung bis hin zur Optimierung des Testumfangs. Optional können diese Pakete automatisch in die Produktivumgebung eingespielt werden.

2.1.5 Quality-Gates im SAP Solution Manager

Qualitätsgesicherter Change-Management-Prozess

In Lösungslandschaften mit einem hohen Integrationsgrad muss ein kontrollierter, qualitätsgesicherter Change-Management-Prozess gegeben sein, damit die Lösungen zuverlässig und hochverfügbar sind. Bei näherer Betrachtung des Anwendungslebenszyklus SAP-orientierter Lösungen wird deutlich, dass die meisten Änderungen und Erweiterungen aufgrund von Änderungen in der Anwendungsschicht erforderlich werden. Kundenentwicklungen und Customizing-Änderungen werden über Projekte verwaltet und vom Entwicklungssystem über das Testsystem in die Produktivsysteme transportiert. Für diese Arten von Änderungen ist ein formaler Qualitätsmanagementprozess notwendig, der sich über alle Phasen des Application-Management-Lebenszyklus (siehe Abbildung 2.4) erstreckt – also bis zum Transport in die Produktivlandschaft.

Q-Gate

Ein Quality-Gate, auch Q-Gate genannt, ist ein spezieller Meilenstein im Projektmanagement des SAP Solution Managers. Es steuert den Import von Projektdaten in Folgesysteme. Daten können nur dann in Folgesystemen propagiert werden, wenn der Status eines Q-Gates »genehmigt« lautet.

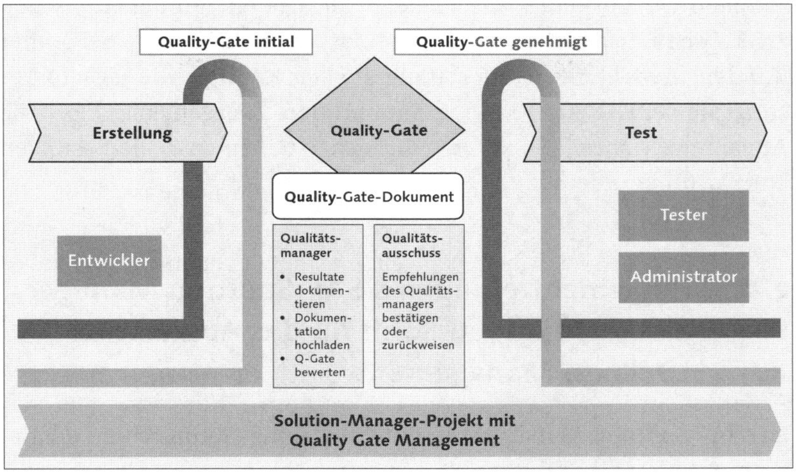

Abbildung 2.4 Übersicht über den Quality-Gate-Management-Prozess

Alle im Quality-Gate-Management-Prozess beschriebenen Aktivitäten werden von SAP Solution Manager 7.0 Erweiterungspaket 1 unterstützt. Zusätzlich zu den bisherigen Funktionen (z.B. Verwaltung von Änderungsanträgen, Testmanagement oder Incident Management) sind die folgenden neuen Funktionen verfügbar:

- **Quality Gate Management**
  Erreicht eine komplette Transparenz im Hinblick auf Änderungen und ermöglicht über Quality-Gates formale Übergänge von einer Phase in eine andere.
- **Synchrone Transportverwaltung**
  Sammelt Änderungen und Transportaufträge von allen Development Workbenches und für alle SAP-unterstützten Entwicklungsumgebungen (ABAP, Java, Microsoft .NET und C/C++). Transporte aus verschiedenen Systemen können synchronisiert werden, um die Verfügbarkeit aller abhängigen Entwicklungen und Änderungen in nachgelagerten Zielsystemlandschaften zu garantieren.
- **Work Center Change Management**
  Enthält Listen- und Kalendersichten für alle Quality-Gates, Änderungen und Transporte.

Neue Funktionen im Zusammenhang mit dem Testmanagement, wie der Business Process Change Analyzer, werden in Abschnitt 6.1, »Integrationstest«, näher beschrieben.

Quality-Gates mit integriertem Feedback durch SAP

An allen Quality-Gates (in der Regel am Übergangspunkt zwischen zwei Lebenszyklusphasen oder bei der Abnahme entscheidender Kundenentwicklungen oder individueller Konfigurationen) unterstützt Sie der SAP Active Global Support durch Feedback und formale Abnahmeverfahren. So können Sie sicherstellen, dass alle Lösungen korrekt funktionieren.

2.2 Implementierung des SAP Solution Managers als Standardplattform für das Application Lifecycle Management

Der SAP Solution Manager unterstützt Planung, Setup, Implementierung, Schulung und Betrieb über den gesamten Anwendungslebenszyklus. Dieser Abschnitt beschreibt den Ansatz für die Installation und Konfiguration des SAP Solution Managers. Erläutert werden außerdem die in die Plattform eingebetteten Werkzeuge und Methoden, mit denen schnell konkrete Ergebnisse erreicht werden können, sowie die Funktionen, die nach Durchführung eines einzelnen Schrittes verfügbar sind.

2.2.1 Planung

Run SAP-Roadmap

Die Run SAP-Roadmap-Funktion im SAP Solution Manager stellt die Run SAP-Roadmap als Referenzmaterial bereit. Sie erfahren, wie bestimmte durchgängige Standards implementiert werden, und Sie können in der Roadmap über Beschleuniger auf Best-Practice-Informationen zugreifen.

Die Roadmap in der Run SAP-Methode stellt Inhalte für SAP-Branchenlösungen bereit – wobei es hauptsächlich um den Betrieb von Geschäftsprozessen geht. Sie können die Roadmap-Inhalte mit Filtern und anderen Optionen eingrenzen. Die Run SAP-Roadmap kann zusammen mit der Projektmanagementfunktion verwendet werden, wenn ein Run SAP-Projekt für die Implementierung oder Optimierung von Betriebsprozessen definiert oder verwaltet werden soll.

SAP Solution Manager Master Guide

Der Master Guide zum SAP Solution Manager unterstützt Sie in allen relevanten Planungsschritten für eine SAP Solution Manager-Implementierung – z.B. bei der Architektur-, Sizing- und Agenten-Deployment-Strategie für die verwalteten Systeme.

2.2.2 Installation und Konfiguration des SAP Solution Managers

Der Aufwand für die Konfiguration hängt stark von der Nutzung des SAP Solution Managers sowie der Anzahl und Art der angeschlossenen Systeme ab.

Grundkonfiguration

Durch eine Guided Procedure ist die Grundkonfiguration jetzt sehr komfortabel und nimmt nur wenig Zeit in Anspruch. Danach können Sie bereits die meisten Szenarien des SAP Solution Managers verwenden, darunter auch alle Funktionen für den SAP Enterprise Support. Je nach Kundensituation gibt es drei Hauptnutzungsmöglichkeiten des SAP Solution Managers:

- die Nutzung im Rahmen eines Implementierungs- und Upgrade-Projekts
- die Unterstützung von Kerngeschäftsprozessen im laufenden Betrieb
- die Administration, Wartung und Überwachung Ihrer Systemlandschaft sowie das technische Service-Level-Reporting

Erweiterte Konfiguration

Wenn zusätzlicher Konfigurationsaufwand anfällt, ist dieser zumeist nicht in der technischen Konfiguration einer Funktion begründet, sondern in der Auswahl und Ausprägung der gewünschten Inhalte. Selektion und Ausprägung der Inhalte können insbesondere bei System-Monitoring, Service-Desk-Management und Jobverwaltung aufwendig sein. Die organisatorischen Absprachen fallen typischerweise beim Change Request Management und der Überwachung von Geschäftsprozessen (Business Process Monitoring) ins Gewicht.

Die folgenden Erläuterungen verdeutlichen Ihnen jedoch, welch großes Nutzungspotenzial sich schon nach der Grundkonfiguration des SAP Solution Managers erschließt. Bei der Installation des SAP Solution Managers wird das Standardverfahren angewendet. Außerdem gilt – hauptsächlich im Hinblick auf Fehlerbehebungsinformationen – der SAP Solution Manager-Installationsleitfaden für die jeweilige Kombination aus System und Datenbank.

Sie können den Assistenten für die Grundkonfiguration (Transaktion: SOLMAN_SETUP) verwenden, um den SAP Solution Manager vorzubereiten und verwaltete Systeme in der Entwicklungs-, Qualitätssicherungs- und Produktivschicht anzubinden (siehe Abbildungen 2.5 und 2.6). Die Nutzung des Assistenten vereinfacht und beschleunigt sowohl die Neuinstallation als auch das Upgrade des SAP Solution Managers erheblich, sodass eine durchschnittliche Systemlandschaft, bestehend aus wenigen Systemen, innerhalb eines oder weniger Tage konfiguriert werden kann.

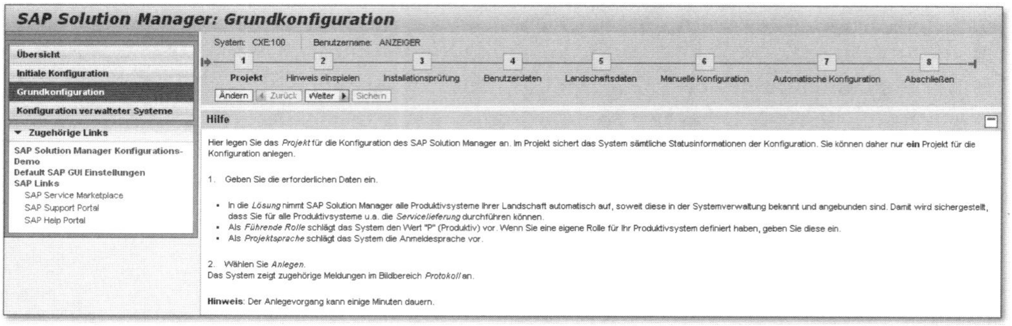

Abbildung 2.5 Guided Procedure für die Grundkonfiguration des SAP Solution Managers

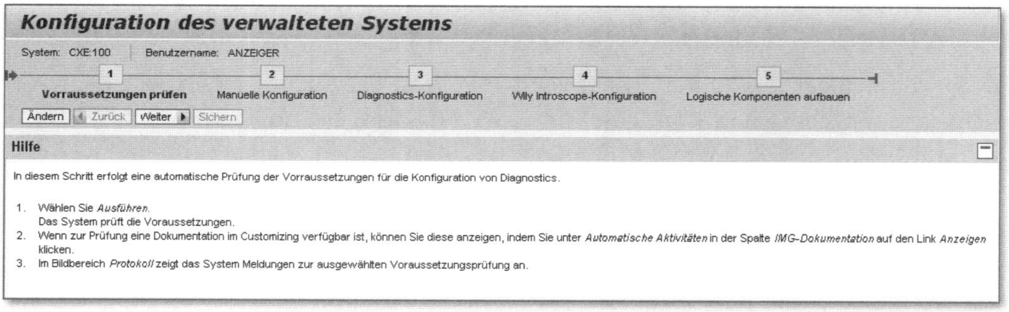

Abbildung 2.6 Guided Procedure für die Anbindung verwalteter Systeme an den SAP Solution Manager

Nachdem die Grundkonfiguration abgeschlossen wurde und die verwalteten Systeme an den SAP Solution Manager angebunden wurden, können Sie Projekte und Lösungen innerhalb von Lösungen erstellen.

Verwaltung angebundener Systeme

Bei allen angebundenen Systemen stehen Ihnen die folgenden Möglichkeiten offen:

- Anzeige aller angebundenen Systeme in einer Standardlösung mit der Bezeichnung SAP-Lösung
- Assistentengestützte Erstellung einer Lösungsdokumentation

- wöchentliche (automatisch geplante) SAP EarlyWatch Alert-Verarbeitung
- Download von SAP-Software mit dem Maintenance Optimizer
- Ausführung durchgängiger Ursachenanalysen (Root Cause Analysis)
- Zusammenarbeit mit SAP Services bei folgenden Aktivitäten:
  - Planung von Service-Lieferung und Engagement
  - stetige Qualitätsprüfungen (Continuous Quality Checks)
  - Anlegen von Incidents (Service-Desk-Meldungen) oder Issues und deren Übertragung an den SAP Active Global Support
  - Öffnen einer Verbindung für die Fernwartung durch SAP Services oder SAP-Partner
- Systemadministration anhand vorkonfigurierter Standardaufgaben inklusive Reporting
- technisches Service-Level-Reporting und IT-Reporting
- Echtzeit-System-Monitoring mit automatischem Alerting
- Nutzung von Self-Services wie der Datenvolumenoptimierung

Wenn Sie ein Wartungsprojekt angelegt haben, besteht darüber hinaus die Möglichkeit, begleitend zum Projektlebenszyklus Quality-Gates zu verwalten. Innerhalb von Projekten können Sie anhand der Geschäftsprozessstruktur (Blueprint) den Geschäftsprozess und benutzerdefinierten Code dokumentieren, die Business Configuration vornehmen, Tests verwalten und (nach einer zusätzlichen Konfiguration) Transporte synchron und über technische Architekturen hinweg ausführen. Wenn Sie formellere Dokumentationsanforderungen haben, kann die Verwaltung von Änderungsanträgen sehr nützlich für Sie sein (diese ist ebenfalls erst nach einer zusätzlichen Konfiguration verfügbar).

Kerngeschäftsprozesse dokumentieren

Innerhalb von Projekten und Lösungen können Sie Geschäftsprozesse modellieren und den angebundenen Systemen Geschäftsprozessschritte und Schnittstellen zuordnen. SAP empfiehlt, Ihre Kerngeschäftsprozesse (darunter auch benutzerdefinierten Code) im SAP Solution Manager zu dokumentieren, um folgende Vorteile zu erschließen:

- Modification Justification Check und Custom Code Maintainability Check (siehe Abschnitt 8.4.6, »SAP-Standard für Lösungsdokumentation zu Kundenentwicklungen«, und Abschnitt 8.4.7, »SAP-Standard für Custom Code Management«)
- Betrieb von Geschäftsprozessen (nach zusätzlicher Konfiguration):
  - Geschäftsprozess- und Schnittstellen-Monitoring
  - Jobantragsmanagement
  - Datenvolumenmanagement
  - Datenkonsistenz-Cockpit

SAP bietet ein umfassendes Schulungsangebot sowie Services wie die Expert Guided Implementation for SAP Solution Manager und stetige Qualitätsprüfungen (Continuous Quality Checks) an, die Sie bei den beschriebenen Aufgaben unterstützen. Sie finden eine nähere Beschreibung dazu in Kapitel 13, »Kurs- und Zertifizierungsübersicht«, sowie in Anhang A, »Weiterführende Informationen und Angebote«.

2.3 Business Configuration

Wie in den vorigen Abschnitten bereits erläutert, deckt Business Configuration aus Sicht des Application-Management-Lebenszyklus die Phasen Requirements, Build und Test sowie Deploy ab. In der Deploy-Phase wird ein Projekt an die Betriebsorganisation übergeben. Diese Phase stellt also den Übergang zwischen Projekt- und Lösungswelt im SAP Solution Manager dar und betrifft sowohl Business Configuration als auch Business Continuity.

2.3.1 Requirements-Phase

Szenarien evaluieren

In der Requirements-Phase geht es primär darum, Szenarien und die dazugehörigen Geschäftsprozesse zu evaluieren und zu prüfen, ob sie für Ihr Projekt realisierbar sind. In den Phasen Operate und Optimize werden Anträge für geplante Änderungen erstellt. Auf einen Antrag folgen Bewertungsprüfungen und Prüfungen der technischen Realisierbarkeit, um den anschließenden entscheidungsrelevanten Meilenstein vorzubereiten. Im SAP Solution Manager können Sie für die Wissensvermittlung und genauere Prozessanalysen *SAP Business Maps and Engagement Tools* nutzen. Dieser Inhalt befindet sich im

Business Process Repository (BPR), einer Content-Bibliothek mit Inhalten, die speziell für Implementierungen konzipiert sind und die Sie in Ihren Projekten verwenden können (siehe Abbildung 2.7). Der Zugriff auf das BPR erfolgt über den SAP Solution Manager oder die Online-Version unter *https://implementationcontent.sap.com/bpr*.

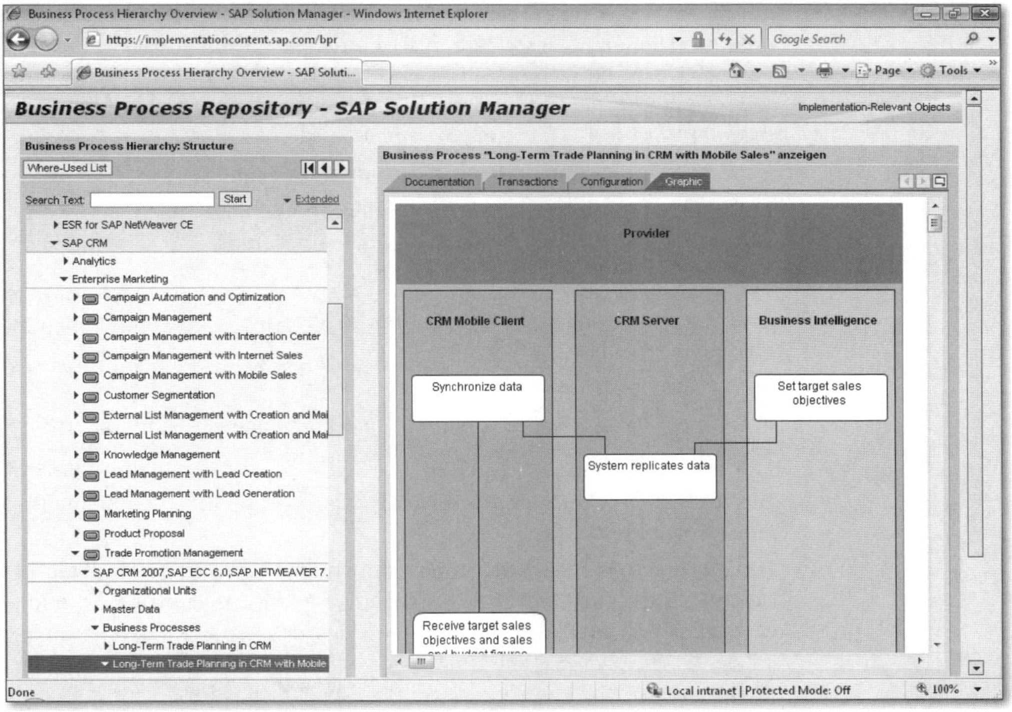

Abbildung 2.7 Online-Version des Business Process Repositorys

In Projekten profitieren Sie direkt vom SAP-internen Business-Configuration-Standard, der Software und Inhalte von SAP für Sie bereitstellt. Hieraus ergibt sich ein Vorsprung bei Einführungsprojekten: Sie müssen in Ihren Projekten nicht bei null anfangen, sondern können auf Best Practices und durchgängige Prozesse aufbauen, die sich an Ihre individuellen geschäftlichen Anforderungen anpassen lassen.

Assistent zur Lösungsdokumentation

In vielen Projekten müssen Sie zuerst analysieren, welche Transaktionen und Prozesse aktuell verwendet werden, damit Sie den Projektumfang festlegen können. SAP Solution Manager bietet deshalb eine Funktion zur automatisierten Analyse von Systemen und Geschäftsprozessen: den Assistenten zur Lösungsdokumentation.

Requirements-Phase: Vorteile des SAP Enterprise Supports

Anwendungsbeispiel: Integrierte Übernahme der neuesten Best Practices

In dieser Phase gehört die kontinuierliche Verbesserung zum Kern des SAP Enterprise Supports. Das letztendliche Ziel ist es, die von SAP bereitgestellten Innovationen optimal zu nutzen – und die ersten Schritte dorthin finden in der Requirements-Phase statt. Der SAP Enterprise Support erleichtert Ihnen insbesondere, die Übernahme aus einer durchgängigen Perspektive zu betrachten: Sie können die Software auswählen, die Ihre Anforderungen abdeckt, und den Installationsumfang genau so festlegen, dass der Wert Ihrer IT-Lösung maximiert wird.

- Vorteile für Kunden: größere Geschäftszufriedenheit
- Vorteile für Partner: größere Kundenzufriedenheit durch integrierte kontinuierliche Verbesserung und Standardisierung

Kernleistungen

Zu den Kernleistungen des SAP Enterprise Supports in der Requirements-Phase gehört Folgendes:

- SAP Business Maps and Engagement Tools
- Business Process Repository (BPR) und Konfigurationsleitfäden

SAP Enterprise Support-Services

Die SAP Enterprise Support Services beinhalten in der Requirements-Phase Folgendes:

Ermöglichen beschleunigter Innovationen: fünf Tage Remote-Support durch Solution Architects bzw. Technology Architects (aus dem Solution Management), um Sie bei der Bereitstellung des neuesten Erweiterungspakets (EHP) sowie bei der Ermittlung von Innovationen zu unterstützen, die für Ihre Geschäftsprozesse besonders förderlich wären

2.3.2 Design-Phase

Damit Sie schnell und effizient auf drohende Engpässe reagieren können, brauchen Sie professionelle, gut nachvollziehbare Projektmanagementverfahren und einen eindeutig festgelegten Projektumfang. Wenn diese Voraussetzungen gegeben sind, können Sie die Investitionen Ihres Unternehmens sichern, Ressourcen für bestimmte Ziele einsetzen, Prioritäten setzen und dafür sorgen, dass alle Beteiligten an einem Projekt klar miteinander kommunizieren können.

Verfahren für das Projektmanagement

In dieser Phase besteht die Rolle des SAP Solution Managers darin, Ihnen Roadmaps, also bewährte Verfahren für das Projektmanagement, zur Verfügung zu stellen. Außerdem sollen mithilfe von Werkzeugen wie Projektverwaltungsfunktionen die Projektmanagementaktivitäten klar strukturiert werden. Der SAP Solution Manager hilft Ihnen auch dabei, ein klares, umfassendes Soll-Konzept – einen Business Blueprint – für Ihr Projekt zu erstellen.

Business Blueprint

Ziel des Business Blueprints ist es, die aktuelle, in Workshops identifizierte Situation zusammenzufassen und den Zielzustand für die zu implementierende Lösung sowie die daraus resultierenden Anforderungen zu dokumentieren. Das vom Projektteam erstellte Soll-Konzept beschreibt die von Ihrem Unternehmen geplante Zuordnung zwischen den Geschäftsprozessen einerseits und der SAP- und Fremdsoftware andererseits.

Zu dieser Phase gehören die folgenden Schritte:

- Präzisieren der ursprünglichen Projektziele
- Abschließen des allgemeinen Projektzeitplans
- Implementieren von Organisations- und Change Management
- Definition funktionaler Standards für Kundenentwicklungen und Dokumentation dieser Entwicklungen
- Definition der Anforderungen für das Berechtigungs-, Sicherheits- und Benutzerschulungskonzept
- Planung der Systemumgebung für den Betrieb

Im SAP Solution Manager können Sie Ihr Soll-Konzept in der Business-Blueprint-Transaktion (SOLAR01) erstellen. Diese bietet hilfreiche Unterstützung, insbesondere bei der Zuordnung und Dokumentation der Prozesse für die Implementierung. Die Projektstruktur ordnet die Geschäftsprozesse technischen Objekten zu (siehe Abbildung 2.8).

Quality-Gate »Design-to-Build«

Die Entscheidung, ob geplante Änderungen in die Build-Phase übernommen werden können, ist den Mitgliedern des Quality-Gates *Design-to-Build* zugeordnet. Beim Quality-Gate-Meeting diskutieren die Mitglieder alle relevanten Aspekte. Hierzu gehören Begründungen für Anforderungen genauso wie Prioritäten, involvierte Risiken, betroffene erfolgsentscheidende Geschäftsprozesse und die Budgetverfügbarkeit. Die Entscheidung wird dokumentiert und von den Entscheidungsträgern abgezeichnet. Der SAP Enterprise Support bietet in dieser Phase auch eine Fit-Gap-Analyse für den Blueprint sowie die Abzeichnung dieser Analyse durch SAP. Beides erfolgt auf Grundlage des Quality-Gates *Design-to-Build*.

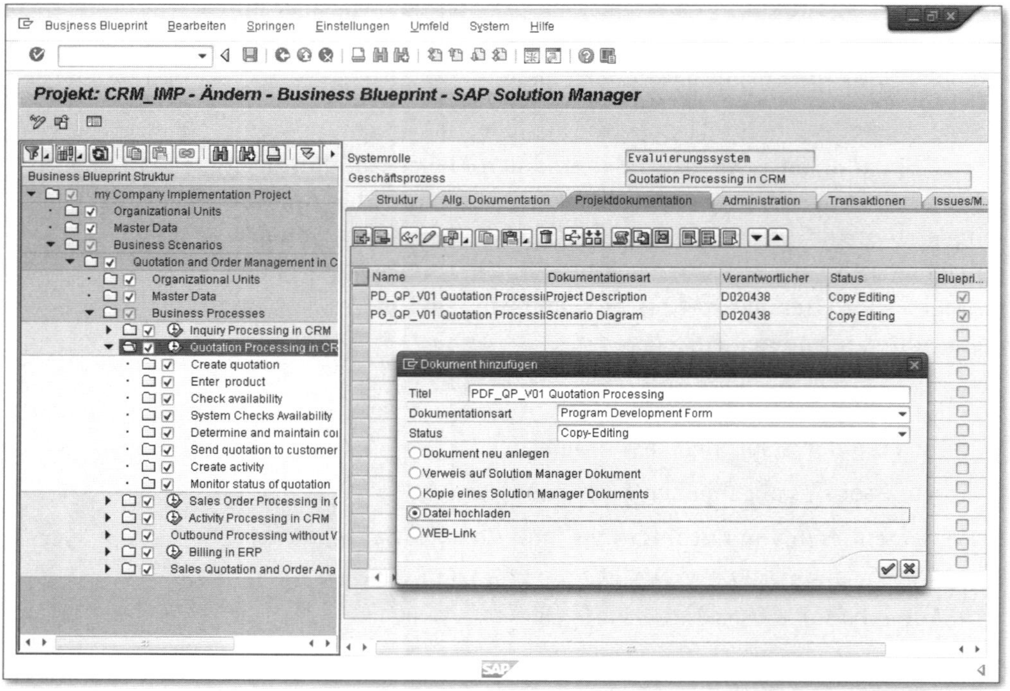

Abbildung 2.8 Detailzuordnung der Projektstruktur im SAP Solution Manager

Relevanter SAP-Standard für Solution Operations	Unterstützendes Work Center im SAP Solution Manager
Lösungsdokumentation	*Einführung/Upgrade*
Lösungsdokumentation für Kundenentwicklungen	*Assistent zur Lösungsdokumentation*

Design-Phase: Vorteile des SAP Enterprise Supports

Anwendungsbeispiel: Die Konfigurationsinhalte werden wie Code gepflegt

In dieser Phase bietet der SAP Enterprise Support Funktionen, die den Arbeitsaufwand für das Entwerfen und die Integration von Geschäftsprozessen sowie für das Entwerfen von Schnittstellen reduzieren. Durch die stufenweise Implementierung und die vorkonfigurierten Inhalte treten weniger Probleme auf, und der Spezifizierungsaufwand ist geringer, sodass die Entwicklung von Prototypen besonders schnell geht.

- Vorteile für Kunden: bis zu 30 % geringere Entwurfskosten
- Vorteile für Partner: geringeres Risiko von Entwurfsfehlern dank Abzeichnung durch SAP

Kernleistungen

Zu den Kernleistungen des SAP Enterprise Supports in der Design-Phase gehört Folgendes:

- SAP Business Maps and Engagement Tools
- Business Process Repository (BPR) und Konfigurationsleitfäden
- Issue Management
- Best Practices (unter anderem Optimierungsleitfäden mit jedem EHP)
- Fit-Gap-Analyse mit Abzeichnung durch SAP (Quality-Gate *Design-to-Build*)

SAP Enterprise Support-Services

Die SAP Enterprise Support Services beinhalten in der Design-Phase Folgendes:

Ermöglichen beschleunigter Innovationen: fünf Tage Remote-Support durch Solution Architects bzw. Technology Architects (aus dem Solution Management), um Sie bei der Bereitstellung des neuesten Erweiterungspakets (EHP) zu unterstützen

2.3.3 Build- und Test-Phase

Die Ziele der Build- und Test-Phase bestehen darin, die Software zu entwickeln, sie umfassend zu testen und sie dann in Vorbereitung auf den Produktivbetrieb freizugeben.

Lösungsimplementierung

Um die Szenarien und Prozesse, die Sie in der Design-Phase definiert haben, zu implementieren, müssen Sie in der Build-Phase die Systemlandschaft für die Szenario- und Geschäftsprozessunterstützung einrichten. Danach können Sie die im Business Blueprint verwendete Struktur übernehmen. Dies hilft Ihnen einerseits bei der Konfiguration Ihrer Lösung im Hinblick auf Ihre Geschäftsprozesse und andererseits bei den nachfolgenden Testaktivitäten.

Schritte der Konfigurationsimplementierung

Die Konfigurationsimplementierung umfasst die folgenden Schritte:

- stetige Überwachung von Projektzielen, insbesondere der Kosten, Termine und Ressourcen
- aktive Implementierung von Organisations- und Change Management
- Optimierung von Lernmaterial und Benutzerdokumentation

- Anlegen von Endanwenderrollen und Implementierung Ihres Berechtigungs- und Sicherheitskonzepts
- Implementierung und Abschließen von Realisierungsspezifikationen für Kundenentwicklungen

Repository für die Projektdokumentation

Der SAP Solution Manager dient als zentrales Repository für die gesamte Projektdokumentation, die unter anderem den Business Blueprint, die technischen Spezifikationen und die Testfälle umfasst. Die Dokumentation wird auf die betreffende Prozessstruktur hochgeladen. Innerhalb des SAP Solution Managers ist auch ein Genehmigungsprozess für Dokumentationen verfügbar.

Der SAP Solution Manager hilft Ihnen bei der prozessorientierten Konfiguration Ihrer Systeme. Sie können in den einzelnen Systemen der Entwicklungskomponenten direkt zum SAP-Einführungsleitfaden (IMG) navigieren und diese Systeme zentral vom SAP Solution Manager aus einrichten. Außerdem lassen sich Konfigurationseinstellungen zentral dokumentieren. Alle relevanten Customizing-Objekte werden im SAP Solution Manager auf Projektebene erfasst, und im SAP Solution Manager können Sie über die Verknüpfung zum Einführungsleitfaden direkt auf diese Objekte zugreifen.

Test Organizer

Der SAP Solution Manager unterstützt Sie durch das integrierte Testwerkzeug (Test Organizer) bei der Organisation und Dokumentation der unterschiedlichen Testaktivitäten – von Funktionstests bis hin zu Integrationstests. Der SAP Solution Manager verfügt auch über eine eigene Autorenumgebung für die Erstellung kundenspezifischer Learning Maps, in der Sie Schulungsmaterialien für Rollen vorbereiten und verteilen können.

In die Build-Phase fällt auch die Implementierung von Änderungen, wie z.B. Lösungserweiterungen durch Kundenentwicklungsaktivitäten, Customizing-Änderungen, Schnittstellenänderungen oder die Integration von Partner- oder Drittanwendungen. Die Entwickler führen Funktionstests durch. Die Qualitätssicherungsabteilung übernimmt die Vorbereitung funktionaler Tests und Benutzertests für die nächste Phase. Mit einer Änderungseinfluss-Analyse (Change Impact Analysis) sollte überprüft werden, ob erfolgsentscheidende Prozesse von den Änderungen beeinflusst werden. Zudem empfehlen wir Ihnen, eine Lösungsdokumentation für den Lösungsbetrieb vorzubereiten.

Quality-Gate »Build-to-Test«

Beim Q-Gate-Meeting *Build-to-Test* entscheiden die Mitglieder, ob die Entwicklungsaktivitäten und andere Änderungsaktivitäten ausgereift genug sind, um von der Entwicklung in die Testsystemlandschaft transportiert zu werden. Die Entscheidung und die Begründungen werden von den entsprechenden Q-Gate-Mitgliedern dokumentiert und abgezeichnet. Nur wenn das Q-Gate erfolgreich durchlaufen wurde, können Daten in die Folgesysteme importiert werden.

Verwaltung der Änderungskontrolle

Moderne Softwarelösungen benötigen mehrere Development Workbenches und legen unterschiedliche Dateitypen oder Transportobjekte an. Darüber hinaus sind bei vielen Geschäftsprozessen mehrere Anwendungen und Komponenten für die Ausführung erforderlich. Beispielsweise erfordert das *Trade Promotion Management* (Verwaltung der Handelsförderung) in der Konsumgüterindustrie SAP NetWeaver Portal, SAP ERP und SAP CRM.

Transporte aus den betreffenden Development Workbenches in den Entwicklungssystemen, die Änderungen an der Benutzeroberfläche und der Geschäftslogik enthalten, können mit standardisierten Verfahren synchronisiert werden. Nur so ist ein reibungsloser Test in der nachfolgenden Testlandschaft gewährleistet. Bei nicht synchronisierten Transporten besteht immer die Gefahr von Fehlern aufgrund von Inkonsistenzen zwischen den Änderungen.

Relevanter SAP-Standard für Solution Operations	Unterstützendes Work Center im SAP Solution Manager
Change Management	*Change Management*

Testmanagement

In der Testphase werden alle relevanten Testtypen ausgeführt:

- Regressionstests
- Integrationstests
- Szenariotests
- Benutzertests
- Performancetests

Während der Verarbeitung der Geschäftslogik sollten Sie Tests durchführen, die proaktiv Datenkonsistenz, Reaktionszeiten und Ausnahmen überprüfen (siehe dazu Kapitel 5, »Sicherung des kontinuierlichen Geschäftsbetriebs«).

Dokumentation von Problemen und Fehlern

Probleme und Fehler werden von Testern oder automatischen Testwerkzeugen über den Incident-Management-Prozess dokumentiert. Zur Beurteilung komplexer Probleme kann eine Ursachenanalyse durchgeführt werden. Probleme, die behoben werden müssen, erfordern zusätzliche Aktivitäten im Entwicklungssystem mit anschließenden Transporten in die Testsystemlandschaft.

Testkoordinatoren überwachen Testaktivitäten, den Status offener Probleme mit sehr hoher Priorität und Nachtest-Aktivitäten nach der Problemlösung.

Es müssen Testbeendigungskriterien vorhanden sein, die mindestens die folgenden Bedingungen verifizieren:

- Benutzertests bestätigen, dass die Fachabteilungen mit den geplanten Änderungen einverstanden sind.
- Integrationstests verifizieren, dass Transaktionen, die mehrere Instanzen umfassen, korrekt ausgeführt wurden.
- Regressionstests validieren, dass alle zentralen Geschäftsprozesse mit ordnungsgemäßem Systemverhalten und korrekten Ergebnissen ausgeführt werden können.
- Performancetests demonstrieren, dass die geänderten Lösungen eine akzeptable Reaktionszeit aufweisen.

Zu den abschließenden Aktivitäten am Ende dieser Phase und vor dem Produktivstart gehört die Aktualisierung der Benutzerdokumentation.

Testmanagement-Prozess

Der Testmanagement-Prozess gliedert sich in die folgenden Schritte:

- Anlegen eines Testplans
- Anlegen von Testpaketen
- Zuordnung der Testpakete zu Testern
- Ausführung der Tests und Protokollierung der Ergebnisse
- Überprüfung der Ergebnisse

Sie können bei der Generierung von Testplänen und Testpaketen von der SAP Solution Manager-Projektstruktur ausgehend beginnen. Testpakete können manuelle und automatische Testfälle enthalten. Zur Automatisierung des Testprozesses und zum Anlegen von Testdaten für Benutzertests steht im SAP Solution Manager ein spezielles Werkzeug, das sogenannte *Extended Computer Aided Test Tool* (eCATT), zur Verfügung. Außerdem können Sie mit dem SAP Solution Manager Testpakete zu Testern zuordnen und den Fortschritt Ihrer Testaktivitäten verfolgen.

Business Process Change Analyzer

Nachdem eine geplante Änderung genehmigt wurde, wird eine Risikobewertung durchgeführt, um die Auswirkungen dieser Änderung auf die zentralen Geschäftsprozesse zu ermitteln. Diese Art von Bewertung ermöglicht eine risikobezogene Ermittlung des Testumfangs, d.h., die Testaktivitäten können sich auf die Änderungen konzentrieren, die sich auf die zentralen Geschäftsprozesse auswirken. Dadurch wird der potenzielle Testumfang reduziert, und die mit dem Test betrauten Mitarbeiter können sich verstärkt den Risikobereichen widmen. Für eine allgemeine Änderungseinfluss-Analyse, bei der die Auswirkungen von Softwareänderungen auf die Geschäftsprozesse ermittelt werden, steht Ihnen der Business Process Change Analyzer (BPCA) zur Verfügung (siehe Abschnitt 6.1.3, »Ermittlung des Testumfangs«, sowie Abschnitt 6.1.4, »Business Process Change Analyzer und EHP Business Functions«).

Während des Testens können Sie die Zusammenarbeit zwischen den Anwendern und dem Entwicklungsteam steuern, indem Sie interne Nachrichten erstellen, Tests protokollieren und den Teststatus überwachen. Am Ende eines Testzyklus lassen sich die Ergebnisse des Tests überprüfen.

Quality-Gate »Test-to-Deploy«

Das wichtigste Q-Gate befindet sich am Ende der Testphase. Hier diskutieren die Entscheidungsträger darüber, wie ausgereift die getesteten Änderungen sind. Grundlage für die Entscheidung, ob eine Änderung in die Produktivsystemlandschaft transportiert werden darf, sind unter anderem Teststatusberichte, das Erreichen vordefinierter Qualitätsziele und Testbeendungskriterien. Wie bei den anderen Q-Gates muss auch hier die abschließende Entscheidung einschließlich des zu diesem Zeitpunkt vorliegenden Informationsstands dokumentiert werden.

Relevanter SAP-Standard für Solution Operations	Unterstützendes Work Center im SAP Solution Manager
Test Management	*Test Management*

Integrationsvalidierung

Zentrale Geschäftsprozesse überwachen

SAP empfiehlt, im Anschluss an die funktionale Qualitätssicherung zentrale Geschäftsprozesse (z.B. das Anlegen eines Kundenauftrags) im Einzelbenutzerbetrieb zu überwachen. So können Probleme in den Bereichen Performance, Datenkonsistenz und technische Compliance identifiziert werden, bevor diese sich beim Testen der Arbeitslast oder im Produktivbetrieb bemerkbar machen. Mit einer durchgängigen Trace-Analyse können Sie Performanceprobleme im Voraus erkennen, die im Mehrbenutzerbetrieb auftreten könnten. Zudem lassen sich Datenkonsistenzprobleme vermeiden, indem in einer Trace-Analyse das Commit-Verhalten (SQL-Verhalten) analysiert wird. So können Sie technische Ausnahmen vermeiden, die zwar nicht in der Benutzeroberfläche der Anwendung zu sehen sind, aber in der Produktivumgebung bedeutende Probleme verursachen können.

Durchgängige Trace-Analyse

Wenn Sie den Programmablauf mit einer durchgängigen Trace-Analyse detailliert überwachen, können Sie sogar erreichen, dass Arbeitslasttests reduziert werden oder sich erübrigen und dass sich die Stabilität von Prozessen nach Änderungen verbessert. Um in Arbeitslasttests eine parallele Ausführung zu simulieren, muss für das Skriptmanagement und die Bereitstellung von Testdaten ein großer Aufwand betrieben werden. Jede Reduzierung des Aufwands für solche Tests wirkt sich daher erheblich auf die Gesamtbetriebskosten aus. Eventuell noch erforderliche Arbeitslasttests können mit der Workload-Analyse und der Exception-Analyse überwacht und statistisch analysiert werden. Bei der Analyse von Arbeitslasttests dient der SAP Solution Manager als zentraler Zugangspunkt, sodass Sie sich nicht an jedem System einzeln anmelden müssen.

Dieses Verfahren, bei dem nach dem funktionalen Integrationstest Performance, Datenkonsistenz und technische Compliance systematisch analysiert werden, wird *Integrationsvalidierung* genannt. SAP erweitert das Qualitätsmanagement durch Best Practices und die Validierung integrierter, technologie- und komponentenübergreifender Lösungen.

Build- und Test-Phase: Vorteile des SAP Enterprise Supports

Anwendungsbeispiel: Die Konfigurationsinhalte werden wie Code gepflegt

Der Schwerpunkt des SAP Enterprise Supports liegt in dieser Phase auf einer Reduzierung des Konfigurations- und Testaufwands für die Kundenlösung, wobei dazu nicht nur die SAP-Software, sondern auch die horizontal bzw. vertikal verbundenen Softwarekomponenten und IT-Anlagen zählen. Ziel ist es, die Arbeitskosten in den Bereichen Konfiguration und Testen so weit als möglich zu reduzieren. Dazu gehört auch eine Reduzierung nicht erforderlicher Änderungen, die sonst eine potenzielle Quelle für Konflikte mit SAP Support Packages und EHPs darstellen.

- Vorteile für Kunden: bis zu 30 % geringere Konfigurationskosten
- Vorteile für Partner: geringere Implementierungskosten, Support durch SAP

Kernleistungen

Zu den Kernleistungen des SAP Enterprise Supports in der Build- und Test-Phase gehört Folgendes:

- Konfigurationsinhalte und Konfigurationsleitfäden, User Exits und Services (SOA)
- Test Workbench
- Business Process Change Analyzer
- Unterstützung für automatisiertes Testen

SAP Enterprise Support-Services

Die SAP Enterprise Support Services beinhalten in der Test-Phase Folgendes:

- Modification Justification Check
- Modification Maintainability Check
- Ermöglichen beschleunigter Innovationen: fünf Tage Remote-Support durch Solution Architects bzw. Technology Architects (aus dem Solution Management), um Sie bei der Bereitstellung des neuesten Erweiterungspakets (EHP) zu unterstützen

2.3.4 Deploy-Phase

Die letzte Vorbereitung (Deploy-Phase) betrifft die Überführung der Ergebnisse aus der Build- und Test-Phase in die produktive Lösung. In dieser Phase klären Sie alle offenen Issues in Bezug auf den Produktivstart, und nach Abschluss dieser Phase sind Ihre Geschäftsprozesse bereit dafür, in Ihrer Lösung ausgeführt zu werden.

Wie zuvor in der Build- und Test-Phase ist das Testmanagement des SAP Solution Managers auch in der Deploy-Phase von zentraler

Bedeutung. Sie verwenden in dieser Phase dieselben Ressourcen und Werkzeuge, um eine breite Palette an Systemtests zu Aspekten wie Performance, Arbeitslast oder Schnittstellen auszuführen und zu dokumentieren.

In dieser Phase werden auch die im SAP Solution Manager erstellten Learning Maps an die betreffenden Endanwender verteilt. Benutzer können mit den Maps die für ihre Aufgaben relevanten neuen Funktionen kennenlernen. Außerdem haben sie die Möglichkeit, Feedback über einzelne Lerneinheiten oder die gesamte Learning Map zu geben. Dieses Feedback können Sie evaluieren und verwenden, um das Lernmaterial zu verbessern.

Übergang zum Produktivbetrieb

Kern der Deploy-Phase ist der Übergang von einer Vorproduktivumgebung zu einer Produktivumgebung. Wichtig ist, dass für Endanwender Support-Strukturen geschaffen werden, die langfristig verfügbar sind – nicht nur in dem kritischen Zeitraum unmittelbar nach dem Produktivstart. Zu diesem Zweck können Sie den integrierten Service Desk im SAP Solution Manager nutzen.

Eine Voraussetzung für den Produktivstart besteht darin, dass die in der Build- und Test-Phase verifizierten Daten vom Altsystem in das Produktivsystem übertragen wurden. Dieser Vorgang wird als Cutover bezeichnet. Getestete Konfigurationseinstellungen, Modifikationen und Kundenentwicklungen werden ebenfalls in das Produktivsystem transportiert.

SAP GoingLive Check

Ungefähr zwei Monate vor dem anvisierten Produktivstart sollten Sie den SAP GoingLive Check-Service in Anspruch nehmen. Dieser Service reduziert die mit der Implementierung einhergehenden Risiken durch die Ermittlung potenzieller Probleme in den Bereichen Performance, Verfügbarkeit und Wartung. Bei Bedarf können Sie somit rechtzeitig Korrekturmaßnahmen einleiten.

In der Produktivstart- und Support-Phase können die Benutzer praktische Erfahrungen in der Arbeit mit einer Lösung sammeln. Diese Phase erfordert einen gut organisierten Benutzer-Support, auf den alle Mitarbeiter komfortabel zugreifen können. Zu dieser Phase gehören auch die Überwachung von Systemtransaktionen und die Optimierung der allgemeinen Systemperformance. Der SAP Solution Manager bietet eine Vielzahl an Ressourcen und Werkzeugen, die Ihnen bei der Ausführung der Lösung helfen. Beispielsweise können Sie die implementierten Prozesse über alle Systeme hinweg überwachen. Insbesondere dann, wenn ein System noch nicht lange in Betrieb ist, sollten Sie es vorausschauend analysieren, um potenzielle Probleme zu erkennen und Engpässe zu vermeiden, und Sie sollten die Systemperformance regelmäßig und automatisch überwachen. Für diese Aufgaben steht Ihnen im SAP Solution Manager der SAP EarlyWatch Alert-Service zur Verfügung. Dieses Werkzeug ist auch sehr effektiv bei der Überprüfung der zentralen Geschäftsprozesse und Systeme.

SAP EarlyWatch Check

Der SAP EarlyWatch Check-Service zielt auf die Optimierung der Performance ab und analysiert hierfür vorausschauend Ihr Betriebssystem, Ihre Datenbank und Ihre SAP-Software. Zudem unterbreitet er Empfehlungen und Vorschläge für das weitere Vorgehen.

Nachdem das Quality-Gate *Test-to-Deploy* durchlaufen wurde, darf die Transportsperre aufgehoben werden, und der endgültige synchrone Transport kann stattfinden. Das Projekt endet, wenn die geänderte Lösung an die Support-Organisation übergeben werden kann.

Relevante SAP-Standards für Solution Operations	Unterstützende Work Center im SAP Solution Manager
Lösungsdokumentation	*Einführung/Upgrade*
Lösungsdokumentation für Kundenentwicklungen	*Assistent zur Lösungsdokumentation*
Change Management	*Change Management*

Darüber hinaus bietet SAP stetige Qualitätsprüfungen (Continuous Quality Checks) für die Implementierung an. Nähere Informationen hierzu finden Sie in Anhang A, »Weiterführende Informationen und Angebote«.

Deploy-Phase: Vorteile des SAP Enterprise Supports

Anwendungsbeispiel: Pünktlicher und budgetgerechter Produktivstart

Der SAP Enterprise Support reduziert den Testaufwand für Integrations- und Volumentests und verbessert das Qualitätsmanagement bei der Bereitstellung. So wird die Verfügbarkeit der Geschäftsprozesse gesteigert. Das Quality Gate Management reduziert den Stabilisierungsaufwand, und die Funktionen zur Ursachenanalyse optimieren Leistung und Lastverteilung. SAP unterstützt diese Phase durch spezielle Continuous Quality Checks.

- Vorteile für Kunden: bis zu 30 % geringere Integrationskosten
- Vorteile für Partner: geringeres eigenes Risiko dank Abzeichnung des Produktivstarts durch SAP

Kernleistungen
Zu den Kernleistungen des SAP Enterprise Supports in der Deploy-Phase gehört Folgendes:

- Werkzeuge für die Ursachenanalyse (durchgängige Trace-Analyse, SQL-Trace-Analyse) sowie Nutzungs- und Performancestatistiken
- Best Practices und Werkzeuge für Integrationsvalidierung, Leistungs- und Datenkonsistenzprüfung nach Geschäftsprozess
- Best Practices und Werkzeuge für Sizing und Lastverteilung, SAP Quick Sizer
- Migrations-Workbench
- Modification Justification Check

SAP Enterprise Support-Services
Die SAP Enterprise Support Services beinhalten in der Deploy-Phase Folgendes:

- SAP Continuous Quality Checks für die Implementierung (GoingLive Check für Lösungen, Integrationsvalidierung, Support GoingLive)
- System-Sizing und Konfigurationsinhalte

2.4 Business Continuity

Durch die Einführung von SAP NetWeaver und einer serviceorientierten Architektur (SOA) hat SAP das Potenzial der IT, die geschäftlichen Anforderungen abzubilden, deutlich erweitert. Allerdings sind auch die Systemlandschaften weitaus anspruchsvoller geworden. Auf Kundenseite besteht beim IT Service and Application Management die größte Herausforderung darin, Verfügbarkeit, Stabilität und Integration der IT-Lösung mit der Softwarelandschaft sicherzustellen. Die IT muss mit der gleichen Anzahl an Mitarbeitern eine immer größere Zahl von Systemen betreiben. Dazu kommt, dass sich das IT-Personal fortbilden muss, um die zunehmende Vielfalt an Technologien und Software unterstützen zu können, wie sie in der Folge von Übernahmen oder durch die Implementierung von Fremdlösungen (Lösungen von Partnern oder Drittanbietern) entsteht.

Ausnahmeprinzip

Die Aufgabe im IT Service and Application Management besteht darin, in verteilten, heterogenen Umgebungen die Business Continuity sicherzustellen und gleichzeitig die Gesamtbetriebskosten zu reduzieren. Für die meisten IT-Organisationen besteht die einzige Möglichkeit, dieser Herausforderung zu begegnen, in der Steuerung des Betriebs nach dem Ausnahmeprinzip. Bei diesem Ansatz müssen Routineaufgaben so weit wie möglich automatisiert werden. Anstatt auf die Überwachung am Bildschirm angewiesen zu sein, sollten die IT-Mitarbeiter nur dann alarmiert werden, wenn ein System einen kritischen Zustand erreicht, ein Geschäftsprozess beeinflusst wird und somit die Business Continuity gefährdet ist. Die Berichte, mit denen die Business Continuity und der Wert der IT für das Unternehmen nachgewiesen werden, sollten so weit wie möglich automatisiert sein.

2.4.1 Operate-Phase

Mit dem SAP Solution Manager können Prozesse in vielen verschiedenen Bereichen automatisch abgewickelt werden. Unter anderem zählen dazu das automatische System-Monitoring und die automatische Fehlerbenachrichtigung (Alert Management), die Sammlung technischer Daten und die Meldung von Zusammenfassungen, basierend auf SAP EarlyWatch Alert und Service-Level-Reporting. Das aktuelle Know-how und die Aufgaben- und Workflow-Dokumentation sind in viele Bereiche eingebunden, die administrative und andere Aufgaben erfüllen (z.B. in die zentrale Systemverwaltung, das Solution Reporting oder das Geschäftsprozess-Monitoring). Durch Automatisierung und effiziente Wissensvermittlung sparen Experten Zeit, sodass sie sich auf ihre Kernkompetenzen konzentrieren können. Dies wiederum gibt kleinen Teams die Möglichkeit, komplexe Systemlandschaften zu überwachen und zu verwalten und gleichzeitig den Erfolg der von ihnen angebotenen Services für den Endanwender sichtbar zu machen. So können Sie mit dem SAP Solution Manager erreichen, dass Ihr IT-Know-how im Unternehmen stets verfügbar ist – und falls Sie es doch auslagern, können Sie die erbrachten Services jederzeit nachvollziehen und den Erfolg der Maßnahmen überwachen.

Ein zentraler Prozess im Bereich des Lösungsbetriebs ist das Application Incident Management (siehe Abschnitt 5.3.1, »Enge Kooperation zwischen dem Qualitätsmanager und den Teams«).

Aktionsplan

Für jeden Incident und jedes Problem wird zusammen mit der Problemmeldung ein Aktionsplan dokumentiert. Seine Implementierung muss überwacht werden, was eventuell auch Systemverwaltungsaktivitäten (z.B. Implementierung eines Patches, Änderung einer Konfiguration) einschließt.

Das Solution Monitoring gliedert sich in zwei Aufgaben, für die jeweils ein Team der Kunden-IT zuständig ist:

- Geschäftsprozess-Monitoring (Business-Process-Operations-Team)
- System-Monitoring (Technical-Operations-Team)

Solution-Monitoring-Prozess

Der Solution-Monitoring-Prozess wird sowohl auf der Ebene der Geschäftsprozesse als auch auf der technischen (systembezogenen) Ebene ausgeführt:

- Die Solution-Monitoring-Werkzeuge im SAP Solution Manager generieren Alerts.
- Bei der Alert-Lösung werden die Prozesse Business Process Operations oder Technical Operations einbezogen. Zu jedem Alert gibt es eine Beschreibung, die die Alert-Abwicklung erläutert. Wenn die Lösung nicht klar ist, erhält der Alert den Status eines Problems und wird einer Ursachenanalyse unterzogen.

Die folgenden Abschnitte erläutern den Umfang des technischen Betriebs, des Betriebs von Geschäftsprozessen und des Application Managements.

Technischer Betrieb

Technical Operations umfasst die Überwachung des Systems und der Zufriedenheit der Anwender (End-User Experience Monitoring, siehe auch Abschnitt 5.3, »Die Aufrechterhaltung der Business Continuity aus Sicht des Qualitätsmanagers«) sowie die Routineaufgaben der Systemverwaltung.

Überwachung des Systems und der End-User Experience

Die Geschäftsbereiche erwarten, dass Performanceprobleme und Fehler vorausschauend erkannt und so schnell behoben werden, dass sie sich nicht auf die Business Continuity auswirken. Das System-Monitoring deckt mit seinen Überwachungsfunktionen SAP NetWeaver, das Betriebssystem und die Datenbank ab. Ziel ist es, einen reibungslosen technischen Betrieb sicherzustellen. Während des Betriebs können Probleme auftreten, die durch SAP NetWeaver oder zugrunde liegende Technologien bedingt sind. Eine effektive und effiziente Handhabung dieser Ausnahmen ist wesentlich für die Stabilität des technischen Betriebs. Während die Ursachenanalyse auf die Problemlösung ausgerichtet ist, erkennt das System-Monitoring Incidents automatisch. Wenn Agenten Diagnosedaten melden, die über einem in einer zentralen Alert-Definition festgelegten Schwellenwert liegen, werden Alerts erstellt, und die zuständigen IT-Experten werden benachrichtigt, damit sie Korrekturmaßnahmen einleiten können. Ist die erforderliche Korrekturmaßnahme nicht eindeutig, wird eine Ursachenanalyse durchgeführt, um den Incident zu klären.

Arten der Überwachung

Der SAP Solution Manager bietet sowohl eine Echtzeitüberwachung als auch eine historische Überwachung. Die Echtzeitüberwachung kann auf eine Auflösung von bis zu 15 Sekunden verfeinert werden. Die historische Überwachung beginnt auf der Ebene einer Stunde und kann im SAP Solution Manager mithilfe der Komponente SAP NetWeaver Business Warehouse (SAP NetWeaver BW) auf Tages-, Wochen- oder Jahresebene aggregiert werden.

Dashboards

Die Echtzeitüberwachung wird mit der Dashboard-Technologie in CA Wily Introscope geliefert. Alle Dashboards sind bei ihrer Auslieferung von SAP vorkonfiguriert und gehören zum SAP Solution Manager. Wenn Sie eigene Dashboards erstellen möchten (z. B. für benutzerdefinierten Code oder Altanwendungen), können Sie die Anwendung SAP Extended Diagnostics von CA Wily erwerben. Hierbei handelt es sich um ein Partnerprodukt auf der SAP-Preisliste, das Sie berechtigt, die Vollversion einschließlich aller vorkonfigurierten Instrumentierungs- und Dashboard-Funktionen für Nicht-SAP-Anwendungen zu verwenden.

Ausgehend von der Triage-Sicht der SAP NetWeaver Portal-Komponente können Ihre IT-Mitarbeiter genauer auf die Überwachung detaillierter Kennzahlen eingehen, die im 15-Sekunden-Takt aktualisiert werden.

Workload- und Exception-Analyse

Um Ihre IT-Mitarbeiter bei der Analyse von Trends in den Bereichen Performance und Ausnahmeentwicklung zu unterstützen, bietet der SAP Solution Manager eine durchgängige Workload- und Exception-Analyse. Beide Analysen basieren auf SAP NetWeaver BW im SAP Solution Manager. Sämtliche erforderlichen Extraktoren und Agenten werden mit dem SAP Solution Manager bereitgestellt. Sie müssen diese nicht selbst entwickeln.

Eine reibungslos ausgeführte Serverumgebung ist kein Garant dafür, dass Reaktionszeit und Verfügbarkeit aus der Sicht der Benutzer immer wie gewünscht ausfallen. Denn auf den Clients oder im Netzwerk von der Client- zur Serverumgebung können Ausnahmen auftreten. Bei der Überwachung der End-User Experience werden die tatsächlichen Reaktionszeiten von einem Client zu einem Server periodisch erfasst, indem Skripte Klicksequenzen von Endanwendern simulieren.

Abbildung 2.9 zeigt eine Self-Service-Anwendung für Arbeitszeitblätter, für die ein Kunde die Performance und Verfügbarkeit an acht Standorten anzeigen möchte. An jedem Standort wurden Mechanismen implementiert, die die End-User Experience stetig überwachen. Im Gegensatz zu anderen derzeit erhältlichen Infrastrukturen für das End-User Experience Monitoring misst der SAP Solution Manager nicht nur das Verhalten auf dem Client, sondern erfasst auch Statistiken und Traces, mit denen sich die Korrelation mit der Serverumgebung analysieren lässt.

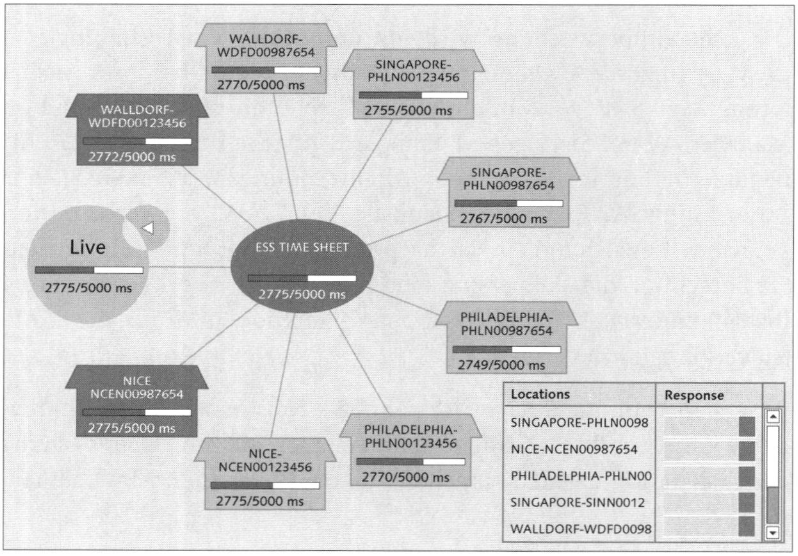

Abbildung 2.9 Überwachung der End-User Experience bei einer Self-Service-Anwendung für Arbeitszeitblätter

Durchgängige Benachrichtigung

Das System-Monitoring und die Überwachung der End-User Experience können mit einer durchgängigen Benachrichtigung automatisiert werden. Für wichtige Kennzahlen werden Schwellenwerte definiert, und die Alerts werden automatisch von der Benachrichtigungsinfrastruktur ausgelöst. Wenn Sie die Überwachung mit der durchgängigen Benachrichtigung automatisieren, können Sie mit demselben Betriebspersonal eine größere Zahl von Systemen ausführen.

Die neue Benachrichtigungsinfrastruktur bietet über SAP NetWeaver eine offene, konfigurierbare Nutzung von Alerts – z.B. eine Verbindung mit Application-Management-Lösungen von Drittanbietern oder den Empfang von Alerts per E-Mail oder SMS – sowie einen einheitlichen Alert-Eingang, der zum Work Center *System-Monitoring* des SAP Solution Managers gehört.

Relevanter SAP-Standard für Solution Operations	Unterstützendes Work Center im SAP Solution Manager
System-Monitoring	*System-Monitoring*

Systemverwaltung

Regelmäßige Routineaufgaben gehören zum technischen Betriebshandbuch eines Kunden. Sie umfassen die Durchführung von Sicherungen und Neustarts, die Verwaltung von Druckern oder die Ausführung von Aufgaben des Identitätsmanagements.

Relevanter SAP-Standard für Solution Operations	Unterstützendes Work Center im SAP Solution Manager
SAP System Administration	*Systemverwaltung*

Betrieb von Geschäftsprozessen

Für ein zukunftsfähiges Konzept beim Betrieb von Geschäftsprozessen müssen vier grundlegende Aspekte beachtet und eingebunden werden:

- Geschäftsprozess- und Schnittstellen-Monitoring
- Job Scheduling Management
- Datenkonsistenzmanagement
- Datenvolumenmanagement

Im Folgenden gehen wir auf diese Aspekte näher ein und weisen Sie auf SAP-Standards für Solution Operations hin, die die operativen Prozesse und die unterstützenden Werkzeuge für deren Einrichtung, Support und Ausführung beschreiben.

Geschäftsprozess- und Schnittstellen-Monitoring

Die Überwachung der Geschäftsprozesse und der dazugehörigen Schnittstellen gehört zu den wichtigsten Aspekten eines Betriebskonzepts (siehe Abbildung 2.10). Ziel ist es, unter Einhaltung definierter geschäftlicher Anforderungen einen fehlerfreien Betrieb und einen stabilen Informationsfluss sicherzustellen. Während des Betriebs können aus Geschäftsanwendungen heraus Ausnahmen auftreten. Die effektive, effiziente Handhabung dieser Ausnahmen ist eine wesentliche Voraussetzung für die Optimierung der Gesamtbetriebskosten und die reibungslose Geschäftsabwicklung.

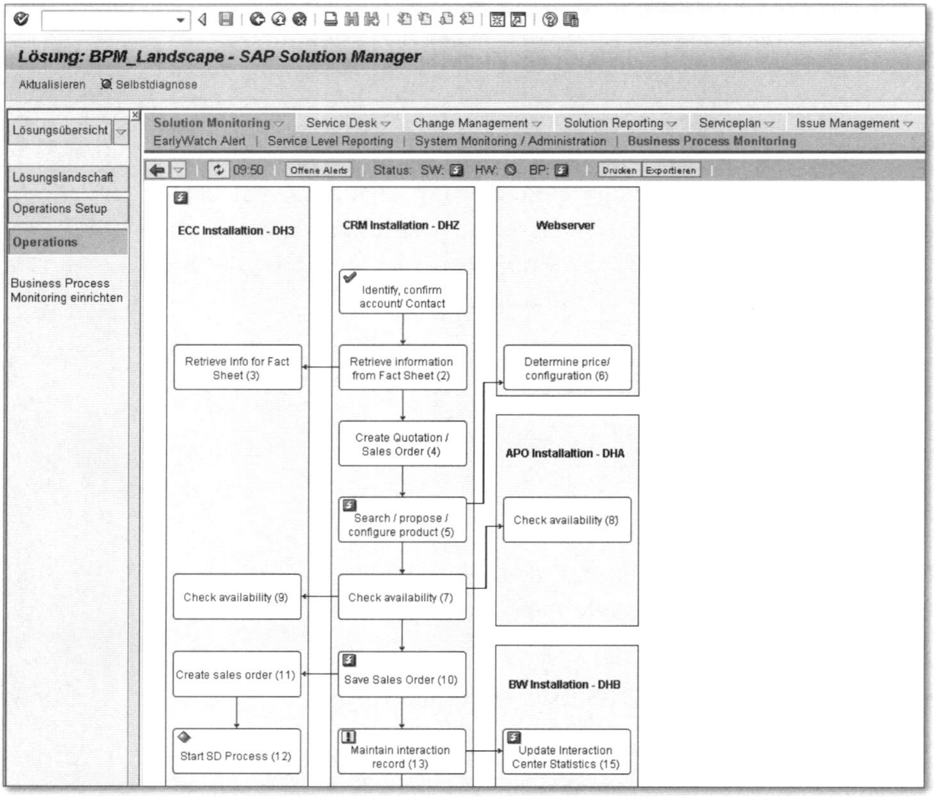

Abbildung 2.10 Geschäftsprozess-Monitoring

Relevanter SAP-Standard für Solution Operations	Unterstützendes Work Center im SAP Solution Manager
Exception Handling and Business Process and Interface Monitoring	*Betrieb von Geschäftsprozessen*

Weitere Quellen, die zur Überwachung von Prozessen hinzugezogen werden können, sind Best-Practice-Dokumente für den Betrieb von Geschäftsprozessen. Basierend auf Standardprozessen beschreiben diese Dokumente typische Überwachungsaspekte oder Fehlersituationen, geben relevante Informationen über die Ausführung von Geschäftsprozessschritten und erwähnen typische Hintergrundverarbeitungsszenarien oder kritische Integrationsszenarien und ihre Schnittstellen mit den betreffenden Softwarekomponenten. Die Dokumente sind über den SAP Solution Manager verfügbar.

Jobverwaltung für ein erfolgreiches Automatisierungsmanagement

In sehr umfangreichen und verteilten Systemlandschaften spielt die Jobverwaltung für das Datenmanagement und die Datenverarbeitung eine wichtige Rolle. Selbst in den auf Echtzeitverarbeitung ausgelegten Umgebungen von heute müssen viele Jobs im Hintergrund ausgeführt werden.

Jobketten

Jobs sind in Form von Jobketten miteinander verbunden, und aus der Jobreihenfolge resultieren in der Regel zahlreiche Abhängigkeiten. Werden Jobs abgebrochen und storniert, muss der Alert-Mechanismus die betreffende Support-Ebene informieren oder in der Lage sein, eine automatische Fehlerbehandlung zu starten und einen Neustart der Jobs vorzunehmen.

Ein weiterer Aspekt in der Jobverwaltung betrifft die effiziente Nutzung verfügbarer Systemressourcen (z.B. die CPU- und Speichernutzung). Eine typische Anforderung ist hier die Koordination von Aktivitäten zeitgleich aktiver Online-Benutzer und Hintergrundjobs, die dasselbe Zeitfenster und dieselbe Systemumgebung benötigen. Diese Anforderung muss verwaltet werden, um System- oder Performanceengpässe oder Verzögerungen in der Datenverarbeitung zu vermeiden.

Relevanter SAP-Standard für Solution Operations	Unterstützendes Work Center im SAP Solution Manager
Job Scheduling Management	*Betrieb von Geschäftsprozessen*

Landschaftsübergreifendes Datenkonsistenzmanagement

Korrekte Transaktionen und konsistente Daten sind wichtige Voraussetzungen für den Erfolg einer SAP-Lösung. Ob bei Endanwendertransaktionen oder Managemententscheidungen: Ihr täglicher Geschäftsablauf ist darauf angewiesen, dass zur richtigen Zeit korrekte und aktuelle Daten verfügbar sind. Aus diesem Grund können Dateninkonsistenzen hohe Kosten verursachen, die z.B. entstehen, weil Ihnen Geschäftsabschlüsse entgehen oder Ihre Lösung nicht verfügbar ist.

Die Korrektheit der Transaktionen ist eine Anforderung an die Konfiguration der Lösung. Die wesentlichen Parameter sind hier die Softwarefunktionalität und die zugrunde liegende technische Infrastruktur. Die Korrektheit der Transaktionen muss überprüft werden, und diese Prüfungen müssen Teil des Integrationstests sein, bevor eine neue Lösung oder Änderungen an einer bestehenden Lösung produktiv eingesetzt werden. Die Korrektheit der Transaktionen entspricht der Datenkonsistenz.

Ursache für Dateninkonsistenz

Dateninkonsistenzen in einer Lösungslandschaft haben in der Regel eine der folgenden Ursachen:

- Endanwender oder Key User wissen nicht, dass sie bestimmte manuelle Aktivitäten ausführen müssen, um die Datenkonsistenz zu gewährleisten. Ein Beispiel wäre hier, dass ein Key User Stammdaten in einer Komponente ändert, ohne zu wissen, dass er diese Aktualisierung manuell an andere Systeme senden muss.
- Eine Schnittstelle funktioniert nicht ordnungsgemäß. Dies wird auf einer Seite der Schnittstelle in einem Fehlerprotokoll erfasst, doch es ist nicht sicher, dass dadurch automatisch ein Workflow-Item an eine Person gesendet wird, die dann für die Lösung des Problems verantwortlich ist.
- Jobs werden nicht korrekt ausgeführt oder wurden aus Zeitmangel gar nicht erst gestartet. Wenn es sich bei diesen Jobs beispielsweise um das Laden von Daten in eine Data-Warehousing-Lösung handelt, sind die Geschäftsberichte nicht korrekt. Dies kann zu falschen Geschäftsentscheidungen führen.

Die Datenkonsistenz ist ein wichtiger Aspekt beim Betrieb von Geschäftsprozessen. Für einen reibungslosen Betrieb ist eine 100-prozentige Transparenz im Hinblick auf alle Aspekte der Datenkonsistenz entscheidend.

Relevanter SAP-Standard für Solution Operations	Unterstützendes Work Center im SAP Solution Manager
Data Integrity and Transactional Consistency	Sicht »Datenkonsistenzmanagement« im Work Center *Betrieb von Geschäftsprozessen*

Datenvolumenmanagement zur Bewältigung der wachsenden Menge an Geschäftsdaten

Ein anderer wichtiger Aspekt beim Betrieb von Geschäftsprozessen besteht im optimalen Management von Geschäftsdaten. Für das Datenvolumenmanagement müssen technische Überlegungen angestellt werden, wie eine optimale Speicherverwaltung für Geschäftsdaten möglich ist. Lediglich weitere Festplatten zu Storage Area Networks (SANs) und Speichersubsystemen hinzuzufügen, führt nicht unbedingt zu einer Verbesserung der Situation. Beispielsweise kann dadurch auch die Systemverwaltung erschwert werden oder die Performance abnehmen.

Auf der anderen Seite beeinflussen Ihre geschäftlichen Anforderungen und die Anforderungen an die Geschäftsanwendungen das Management von Geschäftsdaten. Beispielsweise schreiben geschäftliche Anforderungen und gesetzliche Bestimmungen die Aufbewahrungsfrist für entscheidende Finanzdaten vor.

Das Datenvolumenmanagement besteht aus folgenden Phasen:

- **Festlegung des Datenvolumenumfangs**
  Dies ist der Ausgangspunkt des Datenvolumenmanagements. Bei der Implementierung einer Strategie für das Datenvolumenmanagement werden zunächst durch eine genaue Untersuchung der Lösungslandschaft die wichtigsten Problempunkte identifiziert und die wichtigsten zu ergreifenden Maßnahmen (z.B. Löschen oder Archivieren von Daten) ermittelt.
- **Strategie für das Datenvolumenmanagement**
  Hier liegt der Schwerpunkt auf der Implementierung der Methoden, mit denen sich die Daten (je nach Art und Typ) vermeiden, zusammenfassen, löschen und archivieren lassen, sowie auf der Analyse der geschäftlichen und externen Anforderungen (z.B. Compliance-Anforderungen).
- **Datenvolumenreporting**
  Das Datenvolumenreporting listet Archivierungsaktivitäten auf, die bereits ausgeführt werden, und erkennt weiteres Reduzierungspotenzial, das durch Änderungen in Geschäftsprozessen ausgeschöpft werden könnte. Die Einplanung dieser Aktivität in regelmäßigen Abständen kann – auf Business-Objekt-Ebene – das Wachstum der Datenbank zeigen und identifizieren, wie sich dieses minimieren lässt.

Das Erreichen eines stabilen Zustands, also eines Gleichgewichts zwischen zusätzlichen neuen Daten und archivierten Daten, ist ein SAP-Standard. Er ist erforderlich, um SAP-Lösungen unter Einhaltung bestimmter Service-Level-Vereinbarungen langfristig ausführen zu können.

Relevanter SAP-Standard für Solution Operations	Unterstützendes Work Center im SAP Solution Manager
Data Volume Management	Sicht »Datenvolumenmanagement« im Work Center *Betrieb von Geschäftsprozessen*

Application Incident Management

Das Application Incident Management wird während der Testphase zum Sammeln aller Fehler verwendet und kommt auch nach dem Produktivstart als zentrale Incident-Management-Funktion zum Einsatz. Die Meldungen können bei Bedarf an SAP weitergeleitet und mit dem SAP Solution Manager nachverfolgt werden, bis das jeweilige Problem gelöst ist.

Service Desk

Der Service Desk ist als Werkzeug für Störungsmeldungen in alle wichtigen Funktionen des SAP Solution Managers und in die damit verbundenen verwalteten Systeme integriert. Wenn während des Betriebs Probleme auftreten, werden von den Endanwendern (manuell) oder durch das Geschäftsprozess-Monitoring (automatisch) Service-Desk-Meldungen angelegt. Diese Meldungen werden dann vom Service Desk automatisch an die richtige Stelle der Support-Organisation des Kunden weitergeleitet. Hier werden die Probleme in enger Zusammenarbeit mit dem SAP Active Global Support verarbeitet und gelöst. Über den Service Desk haben alle am Incident-Management-Prozess beteiligten Personen jederzeit zentralen Zugriff auf die relevanten Informationen, einschließlich der Systeminformationen. Der Service Desk vereinfacht die Verwaltung von Fehlermeldungen und sorgt für erhebliche Zeiteinsparungen sowohl beim Incident Management als auch beim Problem Management.

Folgende Szenarien können mit dem Service Desk gekoppelt werden:

- eine globale Gruppe und eine globale Support-Organisation
- mehrere Segmente einer Gruppe und eine gemeinsame Support-Organisation
- ein Dienstleister, der verschiedene Unternehmen verwaltet

Die Ursachenanalyse ist eng in das Incident Management integriert. Sie wird entweder durch Incident Management (Benutzerinteraktion) oder Solution Monitoring (System-Monitoring oder Geschäftsprozess-Monitoring) ausgelöst.

Auslösung durch Incident Management

Wenn ein IT-Problem auftritt, kann es im Service Desk des SAP Solution Managers durch einen Endanwender oder einen IT-Mitarbeiter erfasst, kategorisiert und priorisiert werden. Die Service-Desk-Meldung wird zum First-Level-Support gesendet, der das Problem analysiert und die Lösungsdatenbank des Kunden und die Service-Datenbank mit den SAP-Hinweisen durchsucht. Wenn dort keine Lösung zu finden ist, beginnt das Application Management (zweite Ebene der Kundenbetreuung) mit der Ursachenanalyse.

Auslösung durch Solution Monitoring

SAP bietet Monitoring sowohl für das Technical-Operations-Team (im Standard für System-Monitoring beschrieben) als auch für das Business–Process-Operations-Team (im Standard für Geschäftsprozess- und Schnittstellen-Monitoring beschrieben) an. Der einzige Zweck der Teams besteht darin, Fehler und Performanceengpässe frühzeitig zu erkennen, bevor die Business Continuity dadurch beeinträchtigt wird. Anhand von Schwellenwerten werden Alerts ausgelöst, die das jeweils verantwortliche IT-Team benachrichtigen.

Beim Solution Monitoring ist das Ziel das frühzeitige Erkennen von Incidents. Bei der Ursachenanalyse hingegen geht es um eine Klärung der Incidents. Ein Beispiel: Ein speicherintensiver Vorgang in einem bestimmten System löst einen Alert im System-Monitoring aus. Die Ursache für dieses ungewöhnliche Wachstum der Speicherlast ist nicht klar. Die Ursachenanalyse deutet auf ein Speicherleck in der eigenentwickelten Software hin.

Relevanter SAP-Standard für Solution Operations	Unterstützendes Work Center im SAP Solution Manager
Incident Management	*Incident Management* *Betrieb von Geschäftsprozessen*

Durchgängige Ursachenanalyse

Wenn ein Endanwender ein Problem mit der Browserperformance hat, liegt die Ursache der Performanceverluste möglicherweise im Client, im Netzwerk oder irgendwo in der Serverumgebung, die selbst aus verschiedenen Instanzen unterschiedlicher Technologien besteht. Die serverseitige Verarbeitung findet möglicherweise auf dem SAP NetWeaver Portal (Java-basiert) statt, wird dann am Backend mit SAP ERP (ABAP-basiert) fortgesetzt und mündet schließlich in einen Datenabruf, im Rahmen dessen die Datenbank und das Speichersubsystem aufgerufen werden. Die Performanceprobleme oder Funktionsstörungen können also in einer bestimmten Phase oder in allen Phasen dieser Roundtrip-Aktivität auftreten, die vom Endanwender über den Browser gestartet wurde. Die durchgängige Ursachenanalyse trägt dazu bei, die Komponenten zu identifizieren, von denen die Performanceengpässe ausgehen.

Wenn der Service Desk innerhalb des Geschäftsfeldes den Incident nicht lösen kann, führt das Application-Management-Team eine durchgängige Ursachenanalyse durch, um die für die Funktionsstörungen oder Performanceprobleme zuständige Komponente zu isolieren: Client, Netzwerk, verschiedene SAP-Anwendungen (z.B. SAP NetWeaver Portal, SAP CRM und SAP ERP), Datenbank oder Speichersystem.

Ursachenanalyse

Der SAP Solution Manager unterstützt die durchgängige Ursachenanalyse zur Identifizierung der für den Fehler zuständigen Komponente. Die Top-down-Methode der Ursachenanalyse sorgt für eine systematische, zielgerichtete Ermittlung der Fehlerursache. Eine intuitive Herangehensweise unter Zuhilfenahme der für die einzelnen Komponenten zuständigen Experten ist nicht mehr erforderlich. Sie wäre auch wesentlich zeit- und kostenintensiver.

Sie können sich die durchgängige Ursachenanalyse als eine Art Rasterfahndung vorstellen, die systematisch zur Lösung führt.

Die durchgängige Ursachenanalyse wird durch folgende Vorgänge unterstützt:

- **Durchgängige Änderungsanalyse (E2E Change Analysis)**
  Macht die Änderungen (an Code, Business Configuration und Inhalten) transparent, die in letzter Zeit an der Produktivanwendung ausgeführt wurden. Diese Analyse ist besonders wichtig, wenn einige Ad-hoc-Änderungen nach der Ausführung zu Störungen führen.
- **Durchgängige Workload-Analyse (E2E Workload Analysis)**
  Bietet einen einheitlichen Zugriff auf die serverseitige Systemlaststatistik.
- **Durchgängige Exception-Analyse (E2E Exception Analysis)**
  Bietet einen einheitlichen Zugriff auf Ausnahmen, die in Severity-

Einträgen und Dumps wiedergegeben werden. Der Zugriff auf komponentenspezifische Protokoll- und Dump-Viewer kann direkt von dieser Analyse aus erfolgen.

- **Durchgängige Trace-Analyse (E2E Trace Analysis)**
  Erfasst die Performance- und Funktionsstörungen in einer einzelnen Aktivität eines einzelnen Benutzers oder Prozesses – vom Browser bis zur Festplatte. Die Messung wird auf der Benutzeroberfläche des Endanwenders gestartet. Der Trace-Level für den Roundtrip wird ausgewählt. Wenn die Anforderung nachgelagerte Server erreicht, schalten alle Komponenten ihre Traces ein oder ändern den Protokoll-Level entsprechend dem ausgewählten Trace-Level.

Das Beispiel in Abbildung 2.11 zeigt eine durchgängige Trace-Analyse. Im Rahmen dieser Analyse wird ein komplettes Ablaufprotokoll der Endanwenderaktivität aufgezeichnet, das beim Browser beginnt und bei der Festplatte endet. In diesem Fall verlässt die Anforderung den Browser, passiert SAP NetWeaver Composition Environment (SAP NetWeaver CE) und erreicht dann eine Backend-Anwendung. In dem Beispiel wurde die meiste Zeit in SAP NetWeaver CE verbracht. Die durchgängige Trace-Analyse ermöglicht den Drilldown bis zu der Codeebene, die für den Performanceengpass verantwortlich ist.

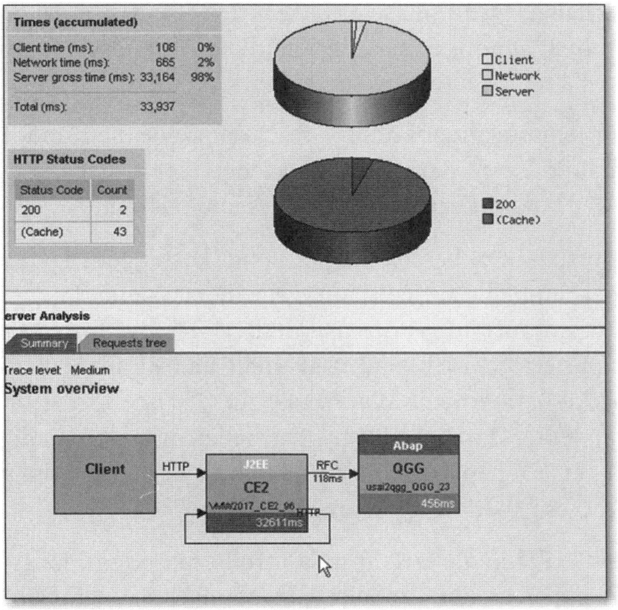

Abbildung 2.11 Durchgängige Trace-Analyse im Work Center »Root Cause Analysis«

Ursachenanalyse für Komponenten

Nachdem das Application-Management-Team eine durchgängige Ursachenanalyse durchgeführt und die problematische Komponente ermittelt hat, sorgt das Incident Management dafür, dass das Problem an den richtigen Experten im Bereich Custom Development, Business Process Operations, Technical Operations oder IT-Infrastruktur weitergeleitet wird.

Für die unterschiedlichen Aufgaben in der Ursachenanalyse für Komponenten werden verschiedene Werkzeuge benötigt. In einer verteilten Kundenlösung sind diese Werkzeuge möglicherweise in verschiedenen Systemen untergebracht. Der SAP Solution Manager bietet einen zentralen Zugangspunkt zu den Systemlandschaften und vereinfacht den Zugriff auf die erforderlichen Werkzeuge.

Analyse durch SAP oder SAP-Partner

Die Vorbereitung und durchgängige Ursachenanalyse eines Problems werden von jedem Kunden selbst durchgeführt. Viele IT-Organisationen sind jedoch nicht in der Lage, alle Probleme selbst zu lösen, da für bestimmte SAP-Komponenten Spezialwissen erforderlich ist. Deshalb werden bei Bedarf auch Experten von SAP oder von SAP-Partnern eingeschaltet. Damit diese Experten den Kunden effizient unterstützen können, benötigen sie Zugriff auf die IT-Landschaft des Kunden.

Remote Supportability

Der Standard für Remote Supportability beschreibt, wie die Kunden den Fernzugriff auf die erforderlichen Werkzeuge bereitstellen können und wie SAP die damit verbundenen Risiken eindämmt.

Kunden können zu einer beschleunigten und kostengünstigeren Bereitstellung der Support-Services beitragen, indem sie den externen Experten Zugriff auf die Werkzeuge und Daten gewähren, die zur Problemlösung erforderlich sind. SAP stellt den Kunden, Partnern, ISVs und SAP-Beratern alle Werkzeuge zur Verfügung, die für die Durchführung einer durchgängigen Ursachenanalyse notwendig sind. Die Beteiligten können dann über eine sichere Fernverbindung zum Kunden auf diese Werkzeuge zugreifen.

Was unternimmt SAP, um die Gefahr unkontrollierter oder unbeabsichtigter Änderungen in der Produktivumgebung einzudämmen? Für die einzelnen Anwendungen der Ursachenanalyse werden ausschließlich Leseberechtigungen erteilt. Der Zugriff auf die Betriebssystemebene der Produktivserver sollte nur in Ausnahmefällen gewährt werden. Ein derartiger Systemzugriff lässt sich durch ständiges Aufzeichnen der Betriebssystemstatistik im SAP Solution Manager sowie durch die Verwendung der Betriebssystem-Befehlskonsole vermeiden, die nur eine schreibgeschützte Ausführung der Betriebssystembefehle zulässt. Diese Werkzeuge auf Betriebssystemebene sind auch für das Application-Management-Team des Kunden hilfreich, da das IT-Infrastruktur-Team häufig keinerlei Zugriff auf das Betriebssystem seiner Produktivserver zulässt.

Relevanter SAP-Standard für Solution Operations	Unterstützendes Work Center im SAP Solution Manager
Root Cause Analysis	*Root Cause Analysis*

IT-Reporting

Damit der Wert der IT für das Unternehmen deutlich wird, werden Service-Level-Vereinbarungen zwischen den Geschäftseinheiten und der IT getroffen. Deren Einhaltung wird über IT-Berichte belegt, die von SAP zur Verfügung gestellt werden und die Sie an Ihre Bedürfnisse bzw. an die relevante Service-Level-Vereinbarung anpassen können. Nach dem Konfigurieren lassen sich diese Berichte automatisch generieren und an vorgegebene Empfänger in Ihrer Geschäfts- oder IT-Organisation verschicken.

SAP EarlyWatch Alert

SAP EarlyWatch Alert ist ein standardisierter IT-Maßstab, der nicht von Kunden verändert werden kann. Daher sind die von SAP bereitgestellten Service-Level-Berichte nur begrenzt flexibel, um auf der Grundlage der Berichtsinhalte von SAP EarlyWatch Alert benutzerdefinierte IT-Berichte zusammenzustellen.

Kundenspezifisches Reporting

Wenn Sie beim Zusammenstellen und Senden von IT-Berichten volle Flexibilität benötigen, empfiehlt SAP ein kundenspezifisches Reporting. Technisch gesehen, besteht die Diagnosedatensammlung im kontinuierlichen Erfassen der relevanten KPIs sowie im regelmäßigen Exportieren dieser KPIs in den SAP NetWeaver BW-Layer des SAP Solution Managers. Dies geschieht nach Abschluss der Grundkonfiguration des SAP Solution Managers.

Diese Daten werden bereits bei der durchgängigen Ursachenanalyse und beim durchgängigen Monitoring genutzt. Sie können jedoch auch für automatisches, kundenspezifisches IT-Reporting verwendet werden. Mit SAP NetWeaver BW wird kontinuierlich eine systematische Aggregation von Stunden-Cubes zu Tages-Cubes oder sogar noch weiter aggregierten Cubes ausgeführt. Hiermit haben Sie die Möglichkeit, Ihre eigenen Web Templates und eingebetteten Abfragen zu erstellen, wodurch vollständig kundenspezifische IT-Berichte und Übertragungsfunktionen verfügbar werden. Sie brauchen die Datensammlung, die Extraktionsinfrastruktur und Inhalte nicht selbst anzulegen. Darüber hinaus ist keine Programmierung für die Zusammenstellung der kundenspezifischen IT-Berichte erforderlich. Die IT-Berichte und ihre Übertragung können mit einem grafischen Berichtsersteller im SAP NetWeaver BW-Layer des SAP Solution Managers konfiguriert werden. Die Inhalte der Cubes werden von der durchgängigen Diagnoseinfrastruktur automatisch eingesetzt.

Auch für diese Phase bietet SAP stetige Qualitätsprüfungen (Continuous Quality Checks) an, die in Anhang A, »Weiterführende Informationen und Angebote«, näher beschrieben sind.

Operate-Phase: Vorteile des SAP Enterprise Supports

Anwendungsbeispiel: Die operativen Inhalte werden wie Code gepflegt

Da die Operate-Phase die längste Phase im Lebenszyklus darstellt, bietet der SAP Enterprise Support Prozesse und Services, um geplante und ungeplante Ausfallzeiten zu minimieren. Um die Business Continuity sicherzustellen, umfasst das Support-Angebot den Schutz der Investitionen durch Innovation ohne Upgrade, integriertes Geschäftsprozess-Monitoring, Prozesse für das System- und Schnittstellen-Monitoring sowie Funktionen für Datenkonsistenzmanagement und Datenvolumenmanagement.

- Vorteile für Kunden: optimierte Verfügbarkeit der Geschäftsprozesse (> 99 %)
- Vorteile für Partner: geringeres eigenes Risiko dank Mission-Critical Support durch SAP

Kernleistungen

Zu den Kernleistungen des SAP Enterprise Supports in der Operate-Phase gehört Folgendes:

- Best Practices für das Geschäftsprozess-Monitoring
- Best Practices für das System-Monitoring
- Application Incident Management für die Kundenlösung und Incident-Wissensdatenbank (SAP Notes)
- Best Practice für Erstellung und Pflege des Betriebshandbuchs
- Dedizierter Support für Produktionsausfälle (rund um die Uhr)

SAP Enterprise Support-Services

SAP Continuous Quality Checks (z.B. EarlyWatch Check, Remote Performance Optimization, Business Process Performance Optimization, Data Volume Management, Security Optimization Check, Business Process Management, Business Process Analysis, Solution Transition Assessment)

Prio-1- und Prio-2-SLAs für Ursachenanalyse und Empfehlungen zum Lösen von Issues

2.4.2 Optimierungsphase

In der Optimierungsphase wird sichergestellt, dass Softwareänderungen konsistent geplant und implementiert werden, wenn Ihre Software in Betrieb ist. Der SAP Solution Manager unterstützt Sie bei dieser Aufgabe mit den Funktionen zur Verwaltung von Änderungsanträgen (Change Request Management). Bei grundlegenden Änderungen (z.B. Upgrades von Softwarekomponenten Ihrer Lösung) bietet Ihnen dieses Werkzeug einen professionellen Ansatz mit erprobten Verfahren. Während der Optimierungsphase kommt es auch vor, dass Vorlagen von der Ebene der Zentrale an die Filialen des Unternehmens verteilt werden müssen. SAP Solution Manager löst diese Aufgabe mit der Konzern-Rollout-Funktion.

Arten von Softwareänderungen

Um die Softwarelandschaft auf dem aktuellen Stand zu halten, müssen drei Arten von Softwareänderungen berücksichtigt werden:

- Support-Package-Aktualisierungen
- Software-Upgrades
- Erweiterungspakets (EHP)

Support-Package-Aktualisierungen

Das Installieren von Support-Package-Aktualisierungen ist eine fortlaufende Aufgabe. Die Implementierung von Support Packages erfolgt planmäßig einmal pro Jahr. SAP empfiehlt dringend, stets die neuesten Support Packages zu implementieren. Auf diese Weise ist gewährleistet, dass die Software Ihres Unternehmens immer auf dem aktuellen Releasestand ist, d.h. mit allen verfügbaren Korrekturen und Verbesserungen ausgestattet ist. Davon profitieren sowohl Ihre Support- und Entwicklungsteams als auch die von SAP. Wenn Sie den genauen Status Ihrer Software kennen, lässt sich der Zeitaufwand für den Software-Support bedeutend verringern. Darüber hinaus werden Stabilität und Verfügbarkeit der Software unter Umständen wesentlich verbessert.

Maintenance Optimizer

Mit dem Maintenance Optimizer ermöglicht der SAP Solution Manager einen ganzheitlichen Aktualisierungsprozess. Der Maintenance Optimizer bietet folgende Funktionen:

- Er listet verfügbare Support Packages für alle installierten SAP-Anwendungen auf.
- Er ermöglicht den direkten Download und die direkte Installation von Patches.
- Er überprüft die Kompatibilität von Patches durch Berücksichtigung der Abhängigkeiten zwischen verschiedenen Systemen.

Die Upgrade-Management-Funktion bietet Ihnen einen zentralen Überblick über die Support-Package-Ebene aller SAP-Anwendungen. Sie sucht nach neuen Patches für Ihre installierte SAP-Landschaft und berücksichtigt dabei mögliche Abhängigkeiten zwischen verschiedenen Systemen.

Relevanter SAP-Standard für Solution Operations	Unterstützendes Work Center im SAP Solution Manager
Change Management	*Change Management*

Software-Upgrades

Wenn sich die Geschäftsbedingungen ändern, sind andere IT-Lösungen gefragt, und die sich weiterentwickelnden Unternehmen müssen ihre IT-Umgebung entsprechend anpassen. Häufig wird dadurch ein Upgrade der SAP-Software erforderlich. Nach dem Upgrade können Sie von den neuesten Funktionen profitieren. Die neuen Technologien fördern die Innovation und erhalten langfristig den Wert Ihrer bisherigen IT-Investitionen.

Die Einzelheiten zu den Aufgaben, die im Rahmen des Upgrades erforderlich sind, und die Informationen zur technischen Ausführung des Upgrades sind vom jeweiligen Produkt, dem Release, der Plattform und der Schnittstellenkonstellation abhängig. Folgende Aufgaben müssen jedoch in jedem Fall mit großer Sorgfalt umgesetzt werden:

- Abstimmen des Upgrade-Programms auf die Geschäfts- und IT-Strategien des Unternehmens

- Planen der IT-Infrastruktur
- Anpassen der Anwendungen und Kundenentwicklungen
- Verwalten der parallelen Änderungen während des Upgrade-Projekts
- Verwalten der Unicode-Konvertierungen und anderer Datenänderungen
- Minimieren der Geschäftsausfallzeiten
- Sicherstellen der Business Continuity

Abstimmen des Upgrade-Programms

Große Unternehmen betreiben in der Regel eine Reihe komplexer Lösungen. Die verwendete Software stammt meist von verschiedenen Anbietern und setzt sich aus verschiedenen Releases desselben Softwareprodukts oder aus Software desselben Releases mit verschiedenen Support-Package-Levels zusammen. Außerdem hat sich zumeist aufgrund organisatorischer Faktoren wie des Konzepts des IT-Anbieters, des Rechenzentrums oder der Serverarchitektur eine hochkomplexe Struktur herausgebildet.

Abhängigkeiten zwischen Systemen

In derartigen Umgebungen sind die Systeme immer voneinander abhängig. Deshalb zieht das Upgrade eines SAP-Releases fast immer Änderungen auf allen Ebenen der Lösungslandschaft nach sich und erfordert möglicherweise zusätzliche Hardwareressourcen. Derartige Änderungen müssen Sie bei der Planung eines einzelnen Upgrades mit bedenken, und überhaupt bietet es sich an, IT-Änderungen im Zuge des Upgrades durchzuführen. Dadurch können Aufwand und Kosten für das einzelne Projekt eingespart werden. Daher ist es sehr wichtig, dass Sie vor dem Start des ersten Einzelprojekts die globale IT-Definition Ihres Unternehmens im spezifischen Kontext des Upgrades aktualisieren.

Grundlage für die Aktualisierung Ihrer Unternehmensstrategie ist ein vollständiger Überblick über den gegenwärtigen Status. Für die Planung und Ausführung eines Upgrade-Projekts sind daher eine komplette und zuverlässige Dokumentation aller Lösungskomponenten im Lösungsverzeichnis des SAP Solution Managers und ein Überblick aller im SAP Solution Manager dokumentierten IT-Projekte unbedingt erforderlich.

Planen der IT-Infrastruktur

Die richtige Infrastrukturplanung ist Voraussetzung für ein erfolgreiches Upgrade und eine zuverlässige und leistungsfähige Lösung. Zwei zentrale Anforderungen müssen hierbei unbedingt erfüllt sein: die Kompatibilität aller beteiligten Softwarekomponenten und die korrekte Dimensionierung der Hardware für die zukünftige Lösung.

Kompatibilität der Software

Generell sind bei komplexen Lösungen zwei Dimensionen der Kompatibilität zu berücksichtigen. Zunächst muss die vertikale Architektur, die aus SAP-Softwarekomponenten, Betriebssystem und Datenbank besteht, auf kompatible Kombinationen und Einschränkungen bei den aufgerüsteten Versionen hin überprüft werden.

Aus der *Product Availability Matrix* (PAM) auf dem SAP Service Marketplace (*http://service.sap.com/pam*) können Sie die freigegebenen Kombinationen abrufen. Bei den Add-ons sollten Sie auch die entsprechenden Hinweise zu den Freigabeeinschränkungen und zur Releasestrategie des jeweiligen Add-ons lesen. Auch diese Informationen finden Sie auf dem SAP Service Marketplace. Geben Sie im Suchfeld der SAP-Hinweissuche den Namen des Add-ons und den Suchbegriff »Releasestrategie« (bzw. »Release Strategy«) ein.

Vor einem Upgrade von SAP- und Nicht-SAP-Anwendungen muss die Kompatibilität dieses Upgrades zu den übrigen Anwendungen überprüft werden. Beim Upgrade von technischen Komponenten Ihrer Systemlandschaft hilft Ihnen der *Upgrade Dependency Analyzer* (UDA) dabei, bekannte Abhängigkeiten zu analysieren. Sie finden dieses Werkzeug auf dem SAP Service Marketplace unter *http://service.sap.com/uda*. Das Werkzeug bietet Informationen über Abhängigkeiten, die Sie bei der Planung von Upgrade-Projekten unterstützen. Es vergleicht zwei Anwendungen miteinander: die Anwendung für das Upgrade und die entsprechende Anwendung in der Lösungslandschaft. Die Angaben zu den Abhängigkeiten und ein eventueller Verweis auf bestimmte SAP-Hinweise werden online ausgegeben.

Der Upgrade Dependency Analyzer ist ein übergeordnetes Werkzeug für die Upgrade-Planung. Er erfasst daher nicht alle Abhängigkeiten, die für die Planung eines Upgrades erforderlich sind. Nähere Informationen, insbesondere im Hinblick auf Prozesse oder Szenarien, finden Sie in den Listen der Szenarien und Prozesskomponenten unter *http://service.sap.com/scl*.

In jedem Fall sollten Sie den SAP Master Guide und den SAP Upgrade Guide zurate ziehen. Diese Guides beziehen sich auf bestimmte standardmäßige SAP-Hinweise, die immer den aktuellen Status der Releasebeschränkungen wiedergeben.

Kapazitätsplanung

Ein entscheidender Aspekt bei der Upgrade-Planung ist die richtige Dimensionierung der maßgeblichen Systemressourcen. Schließlich soll nach dem Upgrade eine vernünftige Systemleistung ohne Engpässe bereitstehen und gleichzeitig nur ein angemessener Anteil des Upgrade-Budgets dafür ausgegeben werden.

Als Erstes verschaffen Sie sich einen klaren Überblick über die aktuelle Situation. Verwenden Sie dazu den SAP EarlyWatch Alert des SAP Solution Managers. Damit können Sie die aktuelle Auslastung der maßgeblichen Systemressourcen und die verfügbaren Puffer für zukünftiges Wachstum ermitteln. Mit dem Quick-Sizer-Werkzeug, das Sie im SAP Service Marketplace finden, erhalten Sie eine erste Schätzung der zusätzlich benötigten Hardwareressourcen. Gemeinsam mit Ihrem Hardwarepartner können Sie die Dimensionierung aller wichtigen Systemressourcen für das zukünftige Szenario verfeinern.

Zusätzlich stellt SAP den Service *SAP GoingLive Functional Upgrade Check* zur Verfügung, mit dem die geplante Kapazität des Zielsystems einer Plausibilitätsprüfung unterzogen wird. Diese Prüfung kann sowohl das Upgrade- als auch das Unicode-Sizing umfassen.

Anpassen der Anwendungen

Custom Development Management Cockpit

Wichtige Kostentreiber während der Software-Upgrades sind der benutzerdefinierte Code und die Änderungen an der Standardsoftware. Die von SAP empfohlene Methode zur Analyse des benutzerdefinierten Codes in der Softwarelandschaft und zur Optimierung der Upgrades für diese Entwicklung wird als *Custom Development Management Cockpit* (CDMC, siehe Abschnitt 8.4.4, »Custom Development Management Cockpit«) bezeichnet.

Neben den Kundenentwicklungen müssen auch die Anwendungen angepasst werden, damit sie zu Ihrer Lösung mit den veränderten SAP-Standardfunktionen passen. Der SAP Solution Manager hilft Ihnen bei dieser Aufgabe mit einer automatischen Darstellung von Upgrade- und Delta-Sichten des Einführungsleitfadens für die einzelnen zum Upgrade vorgesehenen Komponenten.

Verwalten der parallelen Änderungen

Während des Upgrades müssen unbedingt die verschiedenen Regeln bei der Verwaltung von Änderungsanträgen eingehalten werden. Die Versuchung, zahlreiche Ausnahmen zuzulassen, kann sehr groß sein. Normalerweise müssen Sie in kürzester Zeit zahlreiche Änderungen implementieren. Möglicherweise haben Sie das Gefühl, dass nicht genügend Zeit zur Verfügung steht, um gründlich zu analysieren, ob eine Änderung wirklich erforderlich ist. Dieser Versuchung nachzugeben ist äußerst riskant.

Zuverlässiger Change-Management-Prozess

Deshalb muss die Zuverlässigkeit des Change-Management-Prozesses oberste Priorität haben. Der SAP Solution Manager bietet leistungsstarke Werkzeuge für die Verwaltung von Änderungsanträgen. Vermeiden Sie hierbei, Rollen neu zuzuweisen, die Reihenfolge von Abläufen zu ändern oder neue Werkzeuge zu implementieren. Wenn dies unbedingt erforderlich ist, um z.B. das Upgrade-Verfahren zu erleichtern, sollten Sie den Prozess so früh wie möglich anpassen und das neue Szenario bereits eine gewisse Zeit vor dem Ausführen des Upgrades in das Tagesgeschäft einführen.

Um den Betrieb der aktuellen Produktionsumgebung aufrechtzuerhalten, empfehlen wir Ihnen dringend, für Korrekturen am alten Release parallel zur Projektlandschaft eine Wartungslandschaft einzurichten. In dieser Phase müssen dringende Korrekturen am Produktivsystem *doppelt* ausgeführt werden: im Entwicklungssystem der Wartungslandschaft und im Entwicklungssystem der (Upgrade-)Projektlandschaft. Um den Aufwand bei einem solchen Projekt zu minimieren, sollten Sie sofort nach dem Upgrade des Entwicklungssystems konsequent einen Zeitraum ohne Codeänderungen (Code-Freeze) einhalten.

Konvertieren der Daten

SAP ist immer bemüht, abwärtskompatible Software herzustellen, damit Sie in dem neuen Release die alten Funktionen und die alte Software weiterhin ausführen können. Die ständigen Produkterweiterungen machen möglicherweise dennoch eine Datenkonvertierung erforderlich, deren Vorbereitung und Umsetzung sehr aufwendig sein kann. Die häufigste Aufgabe ist sicherlich die Konvertierung in den Unicode-Standard. Vom technischen Standpunkt aus betrachtet, muss dieser Vorgang nicht unbedingt bei einem Upgrade ausgeführt werden. Viele Produkt-Upgrades basieren jedoch auf SAP NetWeaver 7.0 (insbesondere SAP ERP 6.0). Da SAP in diesen Releases höchstens eine installierte Codepage unterstützt, ist hier eine Unicode-Konvertierung erforderlich. Single-Codepage-Systeme müssen zwar nicht zu Unicode konvertiert werden, jedoch ist die Produktstrategie der SAP auf Unicode ausgerichtet. Aus diesem Grund ist eine Konvertierung langfristig unvermeidbar.

ASU-Toolbox

Neben der Unicode-Konvertierung werden bei Änderungen in den ASU-Toolbox-Datenmodellen der Anwendungen möglicherweise auch andere anwendungsspezifische Datenkonvertierungen erforderlich. Zum Analysieren der Änderungen in den Anwendungsbereichen können Sie die Toolbox *SAP Application-Specific Upgrade* (ASU) verwenden. Mit der ASU-Toolbox können Sie – über das technische Upgrade hinaus – zusätzliche, anwendungsspezifische Schritte ermitteln, die vor und nach dem Upgrade stattfinden sollen.

Die Analyse umfasst folgende Hauptbereiche von Änderungen in Anwendungen:

- Prüfung nach Vorhandensein und Verwendbarkeit kundenspezifischer Daten (z.B. Berichts- und Anzeigevarianten)
- Informationen über erforderliche Customizing-Einstellungen für neue Funktionen
- Starten von Berichten, die nicht Teil von XPRA-Berichten (*Execution of Programs after Import*) sind, um Ihre Daten an das neue Release anzupassen. (XPRA-Berichte werden beim Upgrade automatisch gestartet.)

Die ASU-Toolbox kann in Standard-Upgrade-Verfahren integriert werden. Dies geschieht über automatisch erzeugte Aufgabenlisten, die alle erforderlichen Aufgaben in der optimalen Reihenfolge enthalten. Die ASU-Toolbox ist auch in die Upgrade-Projektverwaltung des SAP Solution Managers integriert. Die Toolbox führt Sie durch alle manuellen Vorgänge vor und nach dem Upgrade. Dazu gehört z.B. die direkte Anzeige entsprechender SAP-Hinweise.

Minimieren der Geschäftsausfallzeiten

Für Kunden, die eine extrem hohe Systemverfügbarkeit fordern, bietet SAP ein Verfahren mit minimalem Systemstillstand (*Near Zero Downtime*) an. Mit diesem Verfahren lassen sich die Geschäftsausfallzeiten bei einem Release-Upgrade auf drei bis vier Stunden verkürzen. Unter der Geschäftsausfallzeit versteht man den Gesamtsystemstillstand für Business User. Dazu zählen auch die Ausfallzeiten für technische Upgrades und Datenübernahmen, die Implementierung von Kundentransporten und die Überprüfung des Systems einschließlich Abzeichnung durch Business User. Nähere Informationen zu diesem Verfahren finden Sie in Abschnitt 8.4.3, »Assistent zur Lösungsdokumentation«.

Sicherstellen der Business Continuity

Bei allen Upgrade-Projekten muss nach Abschluss des technischen Upgrades die größtmögliche Stetigkeit der Geschäftsvorgänge sichergestellt werden. Es muss gewährleistet sein, dass die Software denselben Grad an Verfügbarkeit, Kontinuität, Stabilität und Leistungsfähigkeit besitzt wie vor dem Upgrade. Um die Risiken zu minimieren und die Geschäftstätigkeit so wenig wie möglich zu beeinträchtigen, müssen geeignete Maßnahmen eingeleitet werden. Dazu gehören eine effiziente Prüfung der Kerngeschäftsprozesse, eine ausreichende Schulung der Endanwender und eine entsprechende Aktualisierung der Solution-Operations-Prozesse.

Test Workbench

Nach dem Ausführen der Delta-Änderungen und Einstellungen hilft Ihnen die Test-Workbench-Funktion im SAP Solution Manager beim Planen, Ausführen und Überwachen der integrierten Prüfungen. Dies erfolgt auf Grundlage der Geschäftsprozessdokumentation und der Delta-Änderungen, die Sie für die Implementierung ausgewählt haben. Nähere Informationen dazu finden Sie in diesem Kapitel im Abschnitt »Application Incident Management«.

Learning Maps

Im SAP Solution Manager können Sie aus den im Upgrade-Projekt angelegten Dokumenten rollenspezifische Learning Maps erstellen. Dazu werden in der Verwaltung für Learning Maps die entsprechenden Dokumente ausgewählt, die für die Lernprozesse der Endanwender relevant sind.

Schließlich müssen die Betriebsverfahren auf ihre Aktualität hin überprüft und entsprechend aktualisiert werden. Das Betriebspersonal muss geschult werden. Dazu können folgende Aufgaben gehören:

- Wenn im Rahmen eines Functional-Upgrade-Projekts neue Geschäftsprozesse, Anwendungskomponenten oder Technologien implementiert werden, müssen die neuen Teile der Lösung in das vorhandene Betriebskonzept einbezogen werden.

- Bei der Migration von Hardware, Betriebssystem oder Datenbanksoftware auf eine andere Plattform müssen die Systemverwaltungs- und System-Monitoring-Verfahren analysiert und aktualisiert werden.
- Wenn Schnittstellentechnologien verändert oder neue Schnittstellen hinzugefügt werden, müssen die Konzepte und Verfahren für das Schnittstellenmanagement überprüft und angepasst werden, damit Performance und Stabilität der Geschäftsprozesse gewährleistet sind.
- Normalerweise ist eine Revision des allgemeinen Sicherheitskonzepts erforderlich.

Relevante SAP-Standards für Solution Operations	Unterstützende Work Center im SAP Solution Manager
Upgrade	*Einführung/Upgrade*
Change Management	*Change Management*
Data Volume Management	Sicht »Datenvolumenmanagement« im Work Center *Betrieb von Geschäftsprozessen*

Erweiterungspakete

Seit SAP Business Suite 2005 basiert die Releasestrategie von SAP auf optionalen Erweiterungspaketen. Dieses Konzept war erstmalig bei SAP ERP 6.0 verfügbar und wurde bzw. wird auf alle Anwendungen der SAP Business Suite und von SAP NetWeaver erweitert. Mit Erweiterungspaketen werden den Softwarereleases von SAP-Anwendungen neue Funktionen und wichtige Innovationen hinzugefügt, sodass ein Upgrade des aktuellen Releases nicht mehr erforderlich ist. Erweiterungspakete enthalten Funktionserweiterungen, industriespezifische Erweiterungen und Vereinfachungen. Die Packages haben dieselbe Wartungsdauer wie die zugrunde liegende Anwendung. Mit dem *Switch Framework* können Sie die neuen betriebswirtschaftlichen Funktionen eines Erweiterungspakets zum gewünschten Zeitpunkt aktivieren. Bis dahin hat die technische Installation eines Erweiterungspakets keinerlei Auswirkungen auf die vorhandenen Geschäftsprozesse oder Benutzeroberflächen.

SAP Enhancement Package Installer

Möglicherweise entdecken Sie auf dem SAP Service Marketplace neue Erweiterungspakete, die für die Geschäftsprozesse Ihres Unternehmens relevant sind. Die technische Installation ist völlig unabhängig von der Innovation Ihrer Geschäftsvorgänge. Sie hat keinerlei Auswirkungen auf die Benutzeroberfläche und die vorhandenen Geschäftsprozesse.

Die technische Installation wird vom Maintenance Optimizer und dem SAP Enhancement Package Installer über Guided Procedures unterstützt. Eine detaillierte Beschreibung des Verfahrens finden Sie in Abschnitt 9.4, »Werkzeuge zur Implementierung von Erweiterungspaketen (EHPs)«.

Der SAP Enhancement Package Installer bietet u. a. folgende Vorteile:

- benutzerfreundliche Oberfläche durch intuitive Guided Procedure
- vereinfachtes Installationsverfahren
- verkürzte Ausfallzeiten
- einfacheres Hinzufügen von Support Packages
- geringeres Risiko durch getrenntes Schattensystem

Relevante SAP-Standards für Solution Operations	Unterstützende Work Center im SAP Solution Manager
Upgrade	*Einführung/Upgrade*
Change Management	*Change Management*

Auch für Upgrade-Projekte bietet SAP stetige Qualitätsprüfungen (Continuous Quality Checks) an. Eine detaillierte Liste der verfügbaren Continuous Quality Checks finden Sie in Anhang A, »Weiterführende Informationen und Angebote«.

Optimierungsphase: Vorteile des SAP Enterprise Supports

Anwendungsbeispiel: Integrierter Investitionsschutz
Damit Ihre Investitionen geschützt sind, bietet der SAP Enterprise Support Technologie-Upgrades (SAP Support Packages, SAP Legal Change Packages) sowie – in Form der 7-2-Wartungsstrategie – eine maximale Zeitspanne für den Return on Investment und die Bereitstellung. Es sind spezielle Services und Funktionen verfügbar, um die geplanten Ausfallzeiten

und damit auch die Kosten und Risiken von Upgrades zu minimieren. Außerdem unterstützt der SAP Enterprise Support die Virtualisierung von Systemressourcen und bietet ein ganzheitliches Qualitätsmanagement für die Optimierungsphase. Durch Innovationen ohne Upgrade werden Ihre Investitionen insgesamt geschützt.

- Vorteile für Kunden: bis zu 20 % geringere Betriebskosten
- Vorteile für Partner: geringere Betriebskosten durch SAP-Support, und weniger als 30 % Datenwachstum; durch SAP garantierte Compliance

Kernleistungen

Zu den Kernleistungen des SAP Enterprise Supports in der Optimierungsphase gehört Folgendes:

- Maintenance Optimizer
- Best Practices für das Solution Management Assessment
- Best Practices für Datenwachstumsmanagement und Archivierung
- integrierte Archivierung
- SAP-Hinweise mit Codeänderungen und SAP Notes Assistant
- SAP Support Packages, SAP Legal Change Packages
- Technologie-Updates
- Best Practices für das Tuning
- 7-2-Support-Strategie

SAP Enterprise Support-Services

Die SAP Enterprise Support Services beinhalten in der Optimierungsphase Folgendes:

- Prüfung der Statusberichte durch SAP Enterprise Support
- Modification Justification Check
- Modification Maintainability Check
- SAP Continuous Quality Checks (Downtime Assessment, Upgrade Assessment, GoingLive Functional Upgrade Check)

Zusammenfassung

Der SAP Enterprise Support bietet einen proaktiven Lösungs-Support-Ansatz und stellt die Grundlagen für ein erfolgreiches Application Lifecycle Management bereit. Dies wird durch ein integriertes Qualitätsmanagement erreicht, das den gesamten Lebenszyklus einer Lösung umfasst. Das Engagement bezieht neben der SAP-Software auch die gesamten horizontalen und vertikalen IT-Anlagen und Softwarekomponenten mit ein, die gemäß der Lösungsdokumentation im SAP Solution Manager für die Ausführung der Geschäftsprozesse des Kunden erforderlich sind.

SAP Enterprise Support unterstützt die Kunden bei der kontinuierlichen Verbesserung ihrer Softwarelösungen. Mit der Übernahme von Industriestandards wie Six Sigma können Kunden und SAP ihre Abläufe effektiv verbessern. Die zentralen Elemente dafür sind die Key Performance Indicators (KPIs) für das Application Lifecycle Management und der SAP Solution Manager als Measurement Platform.

3 Einführung in die Measurement Platform

Application Lifecycle Management (ALM) ist ein stringenter Standardisierungsansatz zur Verbesserung der Qualität und Effizienz in den Prozessen einer IT-Organisation. Der aktuelle ALM-Status eines Unternehmens und die Methoden zur Bewertung der erreichten Verbesserungen sind nicht immer klar. Die Hindernisse auf dem Weg zur Standardisierung lassen sich vor allem in der folgenden Frage zusammenfassen: Wo fangen wir an, und wie lassen sich die Investitionen rechtfertigen, mit denen die erforderlichen Änderungen umgesetzt werden?

Mit dem Konzept der *Measurement Platform* hat SAP eine Methode eingeführt, mit der die Transparenz und Kontrolle über erreichte Verbesserungen und notwendige Aktionen in ALM optimiert werden kann. Ziel der im SAP Solution Manager implementierten Measurement Platform ist es, vollständige, zuverlässige und vergleichbare Benchmark-Daten bereitzustellen. Wie dies funktioniert, erfahren Sie im Folgenden.

Key Performance Indicators

Die *Key Performance Indicators* (KPIs) sind definiert worden, um wichtige Statusinformationen für ausgewählte ALM-Prozesse bereitzustellen. Anhand komplexer Formeln werden statistische Daten aus verschiedenen Quellen zu einem Ergebnis zusammengetragen, das Vergleiche auf hohem Niveau ermöglicht. KPIs können daher als einfache Alerts verwendet werden, die in durchgängigen Abläufen ein ausnahmenbasiertes Prozessmanagement ermöglichen.

Jede Änderung eines KPI-Werts ist ein Ereignis im IT-Service-Management, das eine Bewertung auslöst. Diese Bewertung kann zu zwei Ergebnissen führen: Entweder liegt ein neues Issue vor, das nach bestimmten Maßnahmen bzw. Änderungen in ALM verlangt, oder es wird ein Erfolg aufgrund vorausgegangener Aktivitäten festgestellt.

Obwohl dieses Konzept generell in *allen* IT-Service-Konstellationen relevant ist, hat es im Kontext von SAP Enterprise Support-Einsätzen besondere Bedeutung: Die Measurement Platform dient als technisches Toolset, mit dem Sie betriebswirtschaftlichen Nutzen besser planen und deutlicher erkennen können.

Zunächst hilft sie in einer gemeinsamen Bewertung dabei, für den Kunden den idealen Ansatz zur Implementierung von ALM mit kundenspezifischer Roadmap zu ermitteln. Durch diese Einsicht werden die erforderlichen Aktionen in Bezug auf Issues und Opportunitys sichtbar. So können die am besten geeigneten Aktivitäten des SAP Enterprise Supports, die dem Kunden beim Erreichen seiner Ziele helfen, ausgewählt und im Aktions- und Service-Plan dokumentiert werden.

Die SAP Enterprise Support-Einsätze, in denen dieses Konzept als Erstes angewandt wurde, zeigten einen deutlichen Anstieg an messbaren Ergebnissen. Alle Beteiligten sind sich bewusst, dass die Diskussionen über Issues und Erfolge auf echten Fakten basieren und nicht auf einem Gemenge aus Mutmaßungen und Interpretationen. Deshalb stellt die Measurement Platform einen Ansatz dar, mit dem der Nutzen von SAP Enterprise Support-Einsätzen optimiert und die Wahrnehmung der Ergebnisse verbessert wird. ALM ermöglicht den IT-Organisationen eine stufenweise Implementierung, die auf einer Reihe von Erfolgsfällen basiert.

3.1 SAP Solution Manager als Measurement Platform von SAP

Da der SAP Solution Manager die offizielle Measurement Platform von SAP Enterprise Support ist, werden im Folgenden die Kriterien für die Messung erläutert.

Standards für die Messung

Zunächst wird kurz erläutert, was unter Messstandards zu verstehen ist und wie die Standards ermittelt werden.

Der SAP Solution Manager bietet ein Framework für die Definition von KPIs auf der Grundlage der Ursprungsdaten, einer Berechnungsformel und einer Sekundärmetrik, die in einer ersten Bewertung nach Änderung des KPI-Werts zum Einsatz kommen. Dieses Framework stellt die erforderlichen Verbindungen zu allen relevanten Primärdatenquellen in der Lösungslandschaft bereit: SAP Solution Manager und alle verwalteten Systeme.

Das Framework dient als physischer Datenspeicher und Informationsquelle für interaktive Drilldown-Auswertungen und ermöglicht daher während der KPI-Ausfallanalyse ein mehrstufiges Drilldown in die Ursprungsdaten (Guided Procedure). Durch Integration von Metriken in die entsprechenden ALM-Prozesse kann das Framework auch als eingebetteter Prozess-Alert verwendet werden.

Standardisierung

Als Nächstes werden die wichtigsten Plattformeigenschaften wie Standardisierung, Integration und Automation betrachtet. Die Implementierung der erforderlichen technischen Funktionen im SAP Solution Manager ist vollständig standardisiert. Nach der Implementierung ist der Datenstrom ebenfalls durchgängig standardisiert. Datenbeschaffung und Verarbeitung sind voll automatisiert. Die Datensets sind daher zuverlässig und vergleichbar. Die Implementierung der Measurement Platform erleichtert die Integration mehrerer technischer SAP Solution Manager-Anwendungsfälle in einem gemeinsamen, ganzheitlichen Szenario. Da alles auf Standardfunktionen des SAP Solution Managers basiert, ist die Plattform durch Integration weiterer KPIs komplett erweiterbar.

3.2 Architektur und Definition der Measurement Platform

Die KPIs, die ursprünglich 2009 für ausgewählte SAP Enterprise Support-Einsätze eingeführt wurden, erfüllen zwei Kriterien: Erstens müssen sie – um für Kunden relevant zu sein – zentrale Aspekte verkörpern, die den Zustand der IT-Organisation des Kunden wiedergeben. Zweitens müssen sie Verbesserungen erkennbar machen, die durch bestimmte Elemente des SAP Enterprise Supports (z.B. Werkzeuge, Best Practices und Support-Services) veranlasst wurden.

Herausforderungen für IT-Vorstände

Konsequenterweise werden die aus SAP Enterprise Support-Einsätzen hervorgehenden Kundenvorteile nach den vier *Herausforderungen für IT-Vorstände* in den durchgängigen Prozessen von SAP-orientierten Softwarelösungen eingeteilt (siehe Tabelle 3.1):

- kontinuierlicher Geschäftsbetrieb
- Verbesserung der Geschäftsprozesse
- Innovation und Investitionsschutz
- Gesamtbetriebskosten

KPI-Gruppe

Herausforderung	KPI	Verbesserungsbereich
Kontinuierlicher Geschäftsbetrieb	Anzahl der Tage ohne Ausfall	Geschäftsverluste wegen Nichtverfügbarkeit von IT-Services
	Durchschnittliche Bearbeitungszeit	Geringere Geschäftseffizienz bei ernsten Vorfällen
	Aufwand für Vorfälle	Aufwand in Prozessen zur Wiedererlangung des kontinuierlichen Geschäftsbetriebs
Verbesserung der Geschäftsprozesse	Notfalländerungen	Regressive Effekte wegen eingeschränkter Tests
	Änderungseinfluss	Höherer Supportaufwand nach Produktivstart neuer Funktionen oder Lösungsumfänge
	Fehlgeschlagene Änderungen	Unnötige Aufgaben wegen wiederholter Änderungen
Innovation und Investitionsschutz	Aktueller Technologiestau	Ineffizienz durch veraltete Software
	Redundanter benutzerdefinierter Code	Ausführungs- und Wartungsaufwand für benutzerspezifische Anpassung
Gesamtbetriebskosten	CPU-Auslastung	Hardwareinvestitionen
	Festspeicherbedarf	Hardwareinvestitionen
	Aufwand für Implementierung	Aktualisierungsaufwand für Systeme

Tabelle 3.1 KPI-Gruppe für SAP Enterprise Support

Abbildung 3.1 zeigt, wie die KPIs eingebettet sind und welche ALM-Funktionen im SAP Solution Manager implementiert werden müssen, um sie nutzen zu können. Der *Situationsbericht* dient als zentraler Knotenpunkt für die Datensammlung auf der Measurement Platform. Er ist technisch als Self-Service-Sitzung für Kunden implementiert und enthält für jeden KPI einen Abschnitt. In diesem Abschnitt ist die Integration der entsprechenden Datenquellen für die KPI-Berechnung mit der Auswertung von KPI-Änderungen kombiniert. Wenn der Bericht regelmäßig zusammengestellt wird, bietet er aktuelle Momentaufnahmen der Erfolge und der Aktionsbereiche und im Laufe der Zeit einen umfassenden Überblick über die Effektivität des SAP Enterprise Supports. Alle quantitativen Informationen dieser Momentaufnahmen werden im lokalen Business Warehouse im SAP Solution Manager des Kunden abgelegt. Dort sind sie für die Berichterstellung über Management- oder Betriebs-Dashboards und für die Datenreplikation im zentralen KPI-Data-Warehouse von SAP verfügbar. Für die Bereitstellung der Daten zur KPI-Berechnung müssen die folgenden technischen Szenarien im SAP Solution Manager des Kunden implementiert sein: Testmanagement, Service Desk, Service-Level-Reporting, Business Process Monitoring, Datenvolumenmanagement und Extended Change and Transport Management (CTS+). Eine weitere wichtige technische Voraussetzung ist die aktuelle Integration in die produktiv verwalteten Systeme.

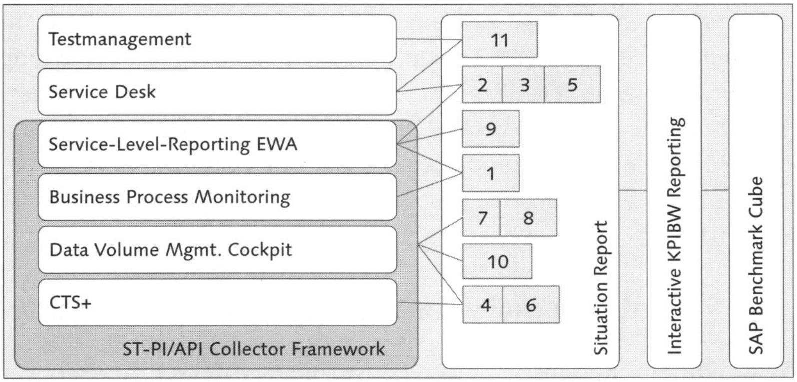

Abbildung 3.1 Architektur der Measurement Platform im SAP Solution Manager

Ein sehr wichtiger Aspekt für die Einführung der Measurement Platform und des kontinuierlichen Verbesserungszyklus ist die Einbindung der drei Hauptplattform-Szenarien in ein einheitliches Szenario. Abbildung 3.2 zeigt, wie der SAP Solution Manager die KPI-Measurement Platform, die Service-Lieferplattform, die Kooperationsplattform und die ALM-Plattform einbindet.

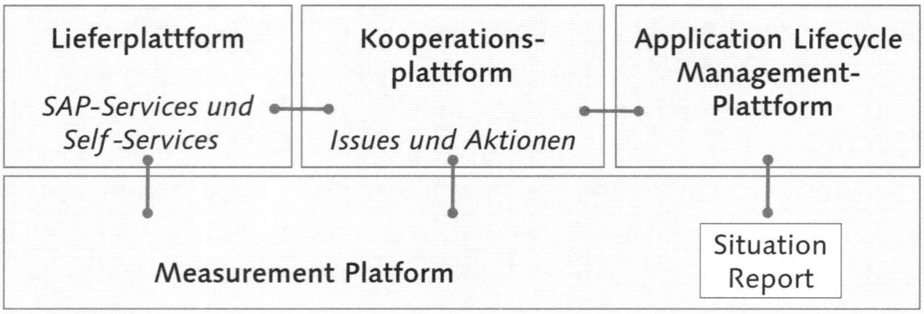

Abbildung 3.2 Einbindung aller Plattformkonzepte im SAP Solution Manager

Situationsbericht Wie bereits erwähnt, spielt der Situationsbericht eine zentrale Rolle auf der Measurement Platform. Wenn der Bericht ausgeführt wird, kombiniert er die zur KPI-Berechnung gesammelten Daten mit allen relevanten Informationen, die die Situation der IT-Organisation beschreiben.

Ein besonderer Schwerpunkt wird auf Statusänderungen im Issue Management gelegt: Welche Erfolge konnten bei früheren Issues erzielt werden? Wo liegen heute die Prioritäten von Teilaufgaben? Welche anderen Issues wurden gemeldet? Die KPI-Metrikdaten werden im lokalen SAP NetWeaver Business Warehouse für weitere Zeitreihenanalysen abgelegt, und ein umfassender Beleg mit allen quantitativen und qualitativen Ergebnissen wird zur weiteren Verteilung und Prüfung generiert. Der Situationsbericht bietet eine kontinuierliche und integrierte Übersicht über den Status und die Aktivitäten sowie über die Erfolge und Issues des SAP Enterprise Support-Einsatzes.

3.3 Kontinuierliche Bewertung und Verbesserung

Wie sieht ein inkrementeller und ausnahmengesteuerter Ansatz zur ständigen Verbesserung einer IT-Organisation aus? Anstatt das Rad neu zu erfinden, wurde ein bewährter Standard für die kontinuierliche Qualitätsverbesserung angewandt (siehe Abbildung 3.3): der DMAIC-Prozess (Define-Measure-Analyze-Improve-Control). Er ist Bestandteil der Six-Sigma-Methode.

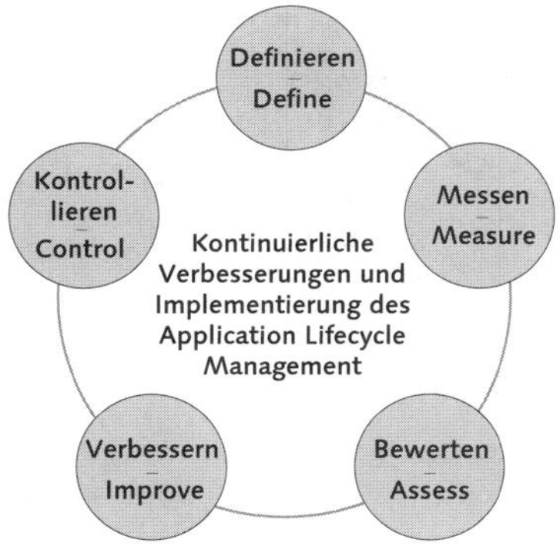

Abbildung 3.3 DMAIC-Zyklus für ständige Verbesserung

Der Aufbau eines solchen auf der Measurement Platform basierenden Zyklus erfüllt einen doppelten Zweck: Erstens wird sichergestellt, dass das richtige Problem gelöst wird, und zweitens wird durch die kontinuierliche Erzeugung von messbarem Nutzen die Nachhaltigkeit des Prozesses gesichert.

DMAIC-Phasen

Wie lassen sich die fünf DMAIC-Phasen auf das IT-Service-Management im Rahmen eines SAP Enterprise Support-Einsatzes anwenden?

- **Define**
  In der ersten Phase aller Verbesserungsaktivitäten werden Ziel, Umfang und erwarteter Nutzen einschließlich der klaren Prioritäten und Rollen festgelegt. Im Rahmen der ständigen SAP-Support-Einsätze (z.B. SAP Enterprise Support) muss diese Definition vom SAP-Projektleiter und dem entsprechenden Gegenüber in der Kundenorganisation aufgestellt werden. Schließlich unterzeichnen alle Beteiligten den allgemeinen Ansatz und den spezifischen Plan für die nächsten Schritte. Diskussion und Auswahl der KPIs für die Measurement Platform fördern diesen Prozess.
- **Measure**
  Nach der Abnahme kann damit begonnen werden, statistische und qualitative Daten über Issues und Herausforderungen in die anfängliche Datensammlung der Measurement Platform zu übernehmen.
- **Assess**
  Die Assess-Phase ist zweigeteilt: Eine Erstbewertung ist bereits in der Datensammlung enthalten. Sie muss in Einzelheiten ermitteln, welche Folgeschritte effektiv auf die Situation eingehen. Diese Erstbewertung besteht aus der Auswertung der KPI-Werte, aus

Sekundärdaten und zusätzlichen Beobachtungen anhand von Guided Procedures. Sämtliche Ergebnisse zur Definition, Messung, Erstbewertung und zu den Folgeschritten werden im ersten Situationsbericht festgehalten. Die zweite Assess-Phase ist Bestandteil der Maßnahme, die in der Improve-Phase ausgeführt wird.

- **Improve**
  Wichtigster Bestandteil der Improve-Phase ist die Reaktion auf die Issues, die in der Analyse ermittelt wurden. Dabei werden SAP und dem Kunden bzw. Partner entsprechende Maßnahmen zugewiesen. Wenn eine Maßnahme einem SAP Enterprise Support-Service entspricht, beginnt diese Maßnahme mit der gründlichen Analyse aller verfügbaren Daten, bevor Leitlinien bereitgestellt werden.
- **Control**
  In dieser Phase wird die Übernahme aller relevanten Änderungen aus der Improve-Phase überwacht. Die weitere Übernahme von Application-Lifecycle-Prozessen – zur Unterstützung der Maßnahmen, die in der Improve-Phase ermittelt wurden, oder zur Erweiterung der Measurement Platform für den nächsten Verbesserungszyklus – wird hier als Vorbereitung für die nächste Define-Phase angesehen.

Das Gesamtziel ist die Maximierung des Nutzens, den die Kunden durch SAP Enterprise Support erhalten. DMAIC-Ansatz und Measurement Platform sollen verhindern, dass die Investitionen in Ressourcen und Aufwand nur auf allgemeinen Optimierungsmustern basieren und der Nutzen allein auf dem Prinzip »Hoffnung« beruht. Der DMAIC-Ansatz soll sicherstellen, dass keine Investitionen ohne klare Prognose der erwarteten Verbesserungen erfolgen. Die Measurement Platform verschafft Klarheit darüber, welche Optimierungsmaßnahmen am besten geeignet sind – was bei der Komplexität auch dringend erforderlich ist. Denn es gibt wesentlich mehr Optionen für mögliche Verbesserungsinitiativen, als ein IT-Budget erlauben würde. Zu guter Letzt hilft das Messen und Quantifizieren einer Änderungswirkung dabei, den Erfolg der Verbesserung angemessen zu bewerten.

3.4 Ausblick auf anstehende Verbesserungen der Measurement Platform

Betrieb von Geschäftsprozessen

Einige Monate nach der Implementierung des KPI-Konzepts bei ausgewählten Kunden von SAP Enterprise Support im Jahr 2009 wurden die ersten Ergebnisse überprüft. Das wichtigste Ergebnis war, dass ein Schwerpunktbereich von keinem der ursprünglichen elf KPIs abgedeckt war: der *Betrieb von Geschäftsprozessen*. Andererseits wird dieser Bereich bereits durch bestimmte SAP Enterprise Support-Services wie SAP Business Process Analysis effektiv behandelt – mit guten Ergebnissen und positivem Kunden-Feedback. In diesem Sinne wurden die von der Measurement Platform abgedeckten Bereiche erweitert. Es werden zusätzliche KPIs eingeführt, die wichtige Aspekte für den Betrieb von Geschäftsprozessen ansprechen: Kontinuität der betriebswirtschaftlichen Aufgaben, Performance des Geschäftsbetriebs, Automatisierungsgrad im Geschäft und effektive Verwaltung von Geschäftsausnahmen. Nicht alle Elemente des kompletten DMAIC-Zyklus für diesen neuen Schwerpunktbereich waren bereits im Frühjahr 2010 verfügbar. SAP wird jedoch gemeinsam mit den Kunden alle erforderlichen Innovationen einführen, mit denen die Measurement Platform, der SAP Enterprise Support und alle Leistungsfälle bei Kunden von SAP Enterprise Support verbessert werden können.

Abbildung 3.4 zeigt alle Schwerpunktbereiche der zukünftigen Measurement Platform.

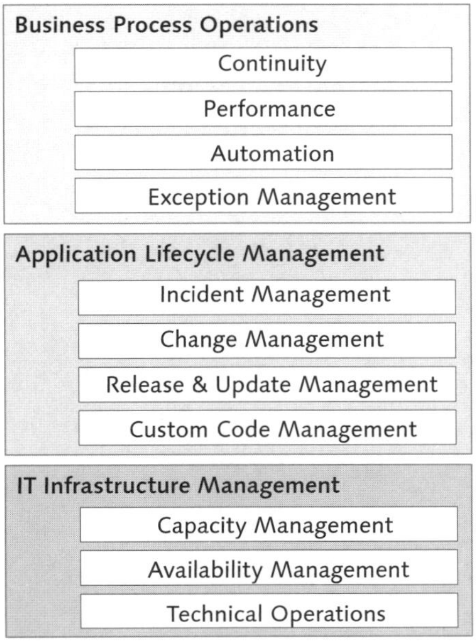

Abbildung 3.4 Schwerpunktbereiche der zukünftigen Measurement Platform

Jeder Schwerpunktbereich kann mit einem oder mehreren KPIs vom Management optimiert werden. Alle früher eingeführten KPIs bleiben im Leistungsumfang erhalten.

Kundenspezifische KPIs

Mit minimalem zusätzlichem Aufwand können weitere KPIs implementiert werden. Dazu werden überwiegend Funktionen des SAP Solution Managers verwendet, die bereits verfügbar sind. Die Kunden von SAP Enterprise Support werden diesbezüglich eng in die Weiterentwicklung von Konzepten und Inhalten einbezogen, um sicherzustellen, dass alle Kundenbedürfnisse angemessen abgedeckt und die angebotenen Lösungen wertschöpfend sind.

Das Customer Center of Expertise verwaltet als zentrale Organisationseinheit die Prozesse und Werkzeuge, die der SAP Enterprise Support für Unternehmen bereitstellt.

4 Customer Center of Expertise

IT-Vorstände und -Mitarbeiter stehen heute mehr denn je unter Druck (siehe Abbildung 4.1). Zum einen werden die IT-Lösungen immer komplexer, und die Anzahl der Benutzer steigt. Gleichzeitig lassen sich die Forderungen nach garantierter Business Continuity sowie nach Innovationsförderung, Kostensenkung und Risikoverringerung schwer miteinander vereinen. Um den Druck zu verringern und die Situation zu vereinfachen, muss ein integrierter, übergreifender Qualitätsmanagementprozess geschaffen werden, der alle Geschäfts- und IT-Einheiten umfasst und den Aufbau eines zentralen Datenpools ermöglicht.

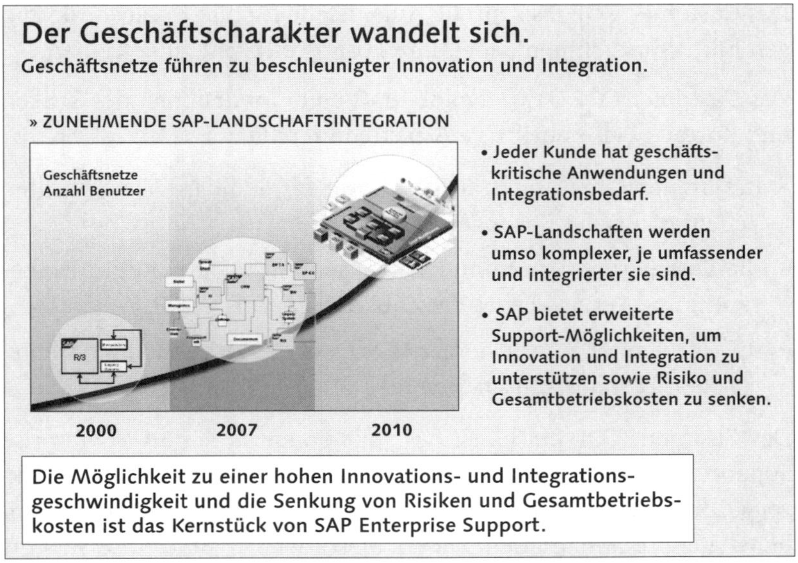

Abbildung 4.1 Die Landschaftsintegration wird immer komplexer.

Zu diesem Zweck müssen verschiedene Rollen für technische Integrationsvalidierung, Einführungsprojekte, Business Continuity, Optimierung der Geschäftsprozesse und Investitionsschutz eingerichtet werden. Die Application-Management-Lösung SAP Solution Manager stellt die Grundlage für geschäftskritische Abläufe zur Verfügung. Sie besteht aus zwei Komponenten: der vom SAP Solution Manager zur Verfügung gestellten Systemüberwachung und den Methoden zur Informationsverteilung. Das Customer Center of Expertise (Customer COE) ist ein Instrument, das genau diese Methoden nutzt, über sie berichtet und ihre Einhaltung durchsetzt. Zugleich regt es Innovationen an: Es unterstützt Prozesse, die einem Unternehmen dabei helfen,

- mit geänderten Anforderungen Schritt zu halten, z.B. durch die Verteilung von Erweiterungspaketen (EHPs)
- die gängigen Methoden ASAP und Run SAP unternehmensweit und allgemein einzusetzen
- durch Change Management und Qualitätsprüfungen Implementierungen zu vereinfachen
- mit der Einführung einer serviceorientierten Architektur (SOA) und einer verbesserten betriebsbereiten Integration von Drittanbieterlösungen flexibler zu werden

Das Customer COE als zentrale Anlaufstelle für alle Herausforderungen hilft Unternehmen dabei, ihre Lösung effizient zu betreiben.

Risiken und Kosten reduzieren

Das Customer COE ist treibende Kraft beim Eindämmen der Risiken und Kosten, weil es mehrere Aspekte unterstützt:

- die Implementierung branchenführender Standards im gesamten Lebenszyklus der Lösungen
- die Zusicherung von minimalen Ausfallzeiten (»Near Zero Downtime«) und Service-Level-Vereinbarungen durch SAP
- die Verwendung konsistenter Werkzeuge und Methoden in heterogenen Lösungslandschaften

Das Customer COE erschließt das volle Potenzial der SAP Enterprise Support Services. Kunden erhalten Zugriff auf Methoden und Werkzeuge, die es erlauben, die Support-Organisation mit den höchsten Qualitätsstandards auszustatten. Zudem bietet der SAP Enterprise Support Werkzeuge und bewährte Geschäftsverfahren für integriertes Qualitätsmanagement und Application Lifecycle Management (ALM).

Der SAP Enterprise Support umfasst auch eine Service-Level-Vereinbarung, die Rund-um-die-Uhr-Support bei Incidents der ersten und zweiten Priorität garantiert. Continuous Quality Checks (CQCs), Rund-um-die-Uhr-Zugang zum Support Advisory Center, Zugriff auf Mission-Critical Support Center beim Ausfall geschäftskritischer Prozesse und erweiterte Unterstützung bei der Implementierung von Erweiterungspaketen und SAP Support Packages sind ebenfalls enthalten. Der SAP Solution Manager sorgt für eine ganzheitliche Application-Management-Lösung, die Risiken proaktiv verringert und SAP-Lösungen noch vorteilhafter nutzt.

Die Run SAP-Methode ist ebenfalls Teil des SAP Enterprise Supports. Sie hilft bei der erfolgreichen Implementierung von End-to-End Solution Operations, indem sie den SAP Solution Manager effektiv einsetzt und sich auf Application Management und den Betrieb von Geschäftsprozessen konzentriert. Neben den Standards für End-to-End Solution Operations und der Run SAP-Methode bietet der SAP Enterprise Support auch Unterstützung bei der Lösungseinrichtung und Administration einzelner Bereiche der Support-Organisation, indem er Rollenbeschreibungen für das Qualitäts- und Application Management zur Verfügung stellt.

SAP-Standards für Solution Operations

Das Customer COE ist die Einheit im Unternehmen, die alle vom SAP Enterprise Support bereitgestellten Prozesse und Werkzeuge unterstützt, ausführt und verwaltet, damit Ihr IT-Team das SAP Application Management bestmöglich umsetzen kann.

4.1 Herausforderungen für IT-Vorstände

Kommt Ihnen folgendes Szenario bekannt vor? In einer ganz normalen Arbeitswoche erhält der IT-Vorstand die folgende Nachricht vom Leiter des unternehmensweit wichtigsten Softwareimplementierungsprojekts: »Der Zeitplan kann nicht eingehalten werden. Der erfolgreiche Abschluss des Projekts ist gefährdet.« Wenige Tage später erreicht den IT-Vorstand eine E-Mail vom Finanzvorstand: »Aufgrund von Sparmaßnahmen wird das IT-Budget für das kommende Geschäftsjahr um 10 % gekürzt.« Fast zeitgleich beschwert sich auch noch der Einkaufsleiter über die schlechte Performance des Systems für die Rechnungserstellung und weist darauf hin, dass seine Mitarbeiter nicht mehr bereit sind, die so entstehenden Verzögerungen tagtäglich hinzunehmen. Am Samstag schließlich – die Arbeitswoche ist für die meisten eigentlich schon vorbei – beklagt sich ein neuer Geschäftsbereich, der für Innovationen zuständig ist, über mangelnden IT-Support für seine strategischen Projekte.

Diese vier Beispiele zeigen einige der größten Herausforderungen, mit denen IT-Vorstände heute zu kämpfen haben. Jeder, der diese oder ähnliche Erfahrungen bereits gemacht hat, stellt sich wahrscheinlich folgende Fragen: Wie kann ich solche Situationen vermeiden? Wie können wir effizienter und entspannter arbeiten und dabei den Erfolg unseres Unternehmens und die Zufriedenheit unserer Kunden steigern?

Aufgaben des Customer COE

Das Customer COE verwaltet die geschäftskritischen Abläufe und führt alle Informationen über das Lifecycle Management und das Application Management zusammen. Zu den Aufgaben des Customer COE gehören unter anderem:

- Einrichtung eines zentralen Datenpools im SAP Solution Manager
- Verwaltung von geschäftskritischen Situationen mithilfe des Situation-Room-Ansatzes
- Sicherstellung der Business Continuity und Reduzierung der Gesamtbetriebskosten
- Beschleunigung von Innovation und Implementierung
- einfachere Optimierung der Geschäftsprozesse
- Schutz der IT-Investitionen
- durchgängiges Change Management durch Quality-Gates

4.1.1 Sicherstellen der Business Continuity

Die Frage nach der größten Herausforderung beantwortete der IT-Vorstand eines großen Unternehmens kurz und knapp: »Business Continuity. Wenn sie nicht gewährleistet ist, brauchen wir über den Rest gar nicht mehr zu reden.« Verglichen mit früheren Jahren hat sich die Zahl der Anwender pro System drastisch erhöht, besonders in großen Unternehmen. Außerdem nutzen viele Firmen zur Unterstützung ihrer Kerngeschäftsprozesse im normalen Tagesgeschäft komplexe Prozesse, die heterogene Plattformen und verschiedene integrierte Geschäftsanwendungen umfassen. Die Anwendungen stammen von SAP oder SAP-Partnern, von unabhängigen Softwareherstellern oder umfassen unternehmensintern entwickelte Funktionen und Lösungen. Vor diesem Hintergrund unterscheidet sich der durchgängige Betrieb derartiger Landschaften (siehe Abbildung 4.2) deutlich von den einfachen Lösungen, die in der Vergangenheit üblich waren. End-to-End Solution Operations deckt alle Methoden, Werkzeuge, Prozesse und Standards ab, die von der IT-Abteilung bereitgestellt werden müssen, damit die Business Continuity Ihrer Softwarelandschaft sichergestellt werden kann.

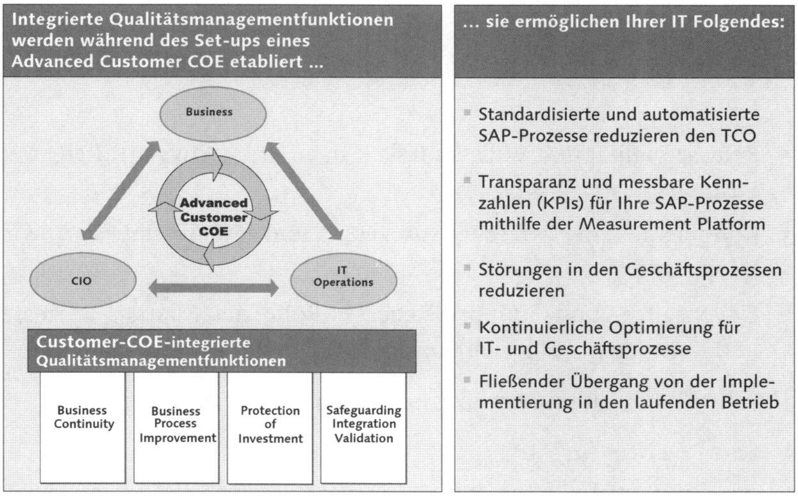

Abbildung 4.2 Das Customer COE

Run SAP

Mit Run SAP bietet SAP eine Methode zur Implementierung von End-to-End Solution Operations an. Sie umfasst:

- SAP-Standards für Solution Operations
- die Roadmap von Run SAP für die Implementierung von End-to-End Solution Operations
- ein Schulungs- und Zertifizierungsprogramm
- Werkzeuge, z.B. den SAP Solution Manager
- Support-Services

Das Customer COE definiert die zur Sicherstellung der Business Continuity erforderlichen Standards und Prozesse sowie die entsprechende Betriebsplattform. Dazu gehört zum Beispiel auch die Identifikation der Anforderungen für das technische Monitoring und die Definition der benötigten Verfahren und Werkzeuge.

Außerdem sorgt das Customer COE für Definition, Messung und Berichtswesen in Zusammenhang mit Business-Continuity-bezogenen KPIs wie der *mittleren störungsfreien Zeit*.

4.1.2 Kosten senken

Viele Unternehmen unterschätzen die Höhe der Betriebskosten von Unternehmenssoftware: Die langjährige Erfahrung zeigt, dass ein Großteil des IT-Budgets in den Betrieb fließt, während für Innovationen und Lösungsoptimierungen zu wenig Mittel vorhanden sind.

Betriebskosten

Die Betriebskosten hängen unter anderem von den folgenden Faktoren ab:

- Releasequalität und Vollständigkeit beim Produktivstart (Reife der Lösung)
- Komplexität der Geschäftsprozesse und Schnittstellen sowie Daten-Issues
- Governance- und Support-Prozesse (Reife der Support-Prozesse und Kompetenzen der Organisation)

Um die Kosten zu senken, müssen Sie Folgendes integrieren:

- Best Practices für ALM
- unterschiedliche Entwicklungswerkzeuge und -teams (in einen End-to-End-Solution-Lebenszyklus und Qualitätssicherungsprozess)
- Expertenwissen der Anwendungs- und Technologielieferanten, das auf Abruf zur Verfügung steht

Darüber hinaus müssen Sie Folgendes standardisieren:

- Werkzeuge und Prozesse für Fehlerdiagnose und Lifecycle Management
- Funktions- und Integrationstests, einschließlich der Validierung der Datenintegrität
- Monitoring und Management von Geschäftsprozessen
- Verfahren zur Prüfung der Datenkonsistenz

Das Customer COE hat die Aufgabe, Kostentreiber des Betriebs proaktiv zu analysieren und einen entsprechenden Plan für deren Eindämmung festzulegen. Beispielsweise können teure Testverfahren ein Zeichen dafür sein, dass das Unternehmen seine Integrations- und Regressionstests nicht automatisiert hat. Das Customer COE identifiziert diesen Kostentreiber, erkennt die Notwendigkeit der Automatisierung und definiert die Verfahren und Werkzeuge, die für die Testoptimierung und Kostensenkung erforderlich sind.

4.1.3 Geschäftsprozesse optimieren

Je schneller Ihre Lösungslandschaft optimiert wird, desto eher sinken die Kosten und desto sicherer ist die Business Continuity. Deshalb hilft SAP mit verschiedenen Services, Werkzeugen, Standards und Methoden, Lösungen stabiler und besser zu machen und letztendlich deren Wert zu erhöhen. Die Verbesserungen müssen im Bereich Geschäftsprozessautomatisierung und Betrieb sowie in technischen Bereichen vorgenommen werden.

Unterstützung durch SAP

Zu den typischen technischen Verbesserungsbereichen, die SAP unterstützt, gehören die Bereiche Systemlandschaft und -verwaltung, Performance, Anwendungsintegration, Datenvolumen bzw. -konsistenz und Testverfahren. Die Erfahrung hat gezeigt, dass nach der Implementierung das Verbesserungspotenzial in Bezug auf Datenwachstum, Reaktionszeit und Geschäftsprozessausführung oft mehr als 30 % beträgt. Diese Zahl macht deutlich, wie wichtig es ist, entsprechende Maßnahmen zu ergreifen.

Die signifikantesten Verbesserungen ergeben sich jedoch aus der Optimierung des Betriebs und der Geschäftsprozessautomatisierung. SAP stellt Werkzeuge und Methoden bereit, die die Endanwenderproduktivität analysieren und erhöhen, den Automatisierungsgrad der Geschäftsprozesse steigern und den Umgang mit Geschäftsprozessausnahmen bzw. das Geschäftsprozess-Monitoring verbessern. Oberstes Ziel ist eine vollständig transparente Geschäftsprozessausführung und ein lückenloses Management von Geschäftsprozessausnahmen.

Das Customer COE muss verbesserungsbedürftige Geschäftsprozesse und Anwendungsbereiche proaktiv erkennen. Zu diesem Zweck arbeitet es mit dem Unternehmen zusammen, um Prozessausnahmetrends von Kerngeschäftsprozessen zu analysieren, Ursachen zu erforschen und entsprechend zu reagieren. Eine weitere Aufgabe des Customer COE besteht darin, die zugehörigen Verfahren festzulegen und für ein vorausschauendes End-to-End-Monitoring der Geschäftsprozesse zu sorgen.

4.1.4 Innovation beschleunigen

Viele Unternehmen betrachten die IT als treibende Kraft für Prozessinnovation und damit als Schlüssel für eine bessere Wettbewerbsposition und mehr Flexibilität. Diese Erwartungen kann sie jedoch nur erfüllen, wenn die Systeme leicht anpassbar sind, sodass neue Marktbedingungen im Geschäftsmodell berücksichtigt werden.

SAP unterstützt Sie dabei vielseitig durch:

- die Bereitstellung von Innovationen durch Erweiterungspakete, ohne dass ein Upgrade durchgeführt werden muss
- eine breite Palette an Integrations- und Entwicklungswerkzeugen
- einen schnelleren und sichereren Importprozess für SAP Support Packages
- technische Upgrades zwischen SAP-Releases (falls erforderlich)

Zur Beschleunigung der Innovation definiert das Customer COE Prozesse, die für eine maximale Nutzung von SAP-Standardfunktionen sorgen. Kostspielige Modifikationen werden vermieden, und die Endanwender profitieren von zusätzlichen Funktionen. Außerdem muss das Customer COE sicherstellen, dass die SAP-Lösung auf einer aktualisierten technischen Plattform ausgeführt wird. Dies bezieht sich nicht nur auf die SAP-Releases, sondern auch auf die Datenbank, das Betriebssystem, die Schnittstellen und die Nicht-SAP-Produkte.

4.2 Organisationsmodell für den Lösungsbetrieb in Unternehmen

SAP-Kunden legen besonderen Wert auf eine effiziente Verwaltung ihrer SAP-Lösungen und verlassen sich auf deren hohe Verfügbarkeit. Sie erwarten, dass sich neue Anforderungen schnell umsetzen lassen und die Gesamtbetriebskosten überschaubar bleiben. Diese Erwartungen zu erfüllen, ist angesichts des technischen Fortschritts keine leichte Aufgabe. Beispielsweise erhöhen neue Technologien und die SOA zwar die Flexibilität von Unternehmen, aber damit steigt auch die Komplexität im Application Management. Ebenso erfordert die zunehmende Auslagerung von Aufgaben und Prozessen gleichzeitig auch eine engere Zusammenarbeit mit den Dienstleistern. Vor diesem Hintergrund wird es immer wichtiger, dass SAP-

Lösungen effizient verwaltet werden und alle Beteiligten reibungslos zusammenarbeiten.

Spezialisierung

Der erste Schritt auf dem Weg zu einer effizienten Implementierung von End-to-End Solution Operations besteht in der Spezialisierung. Spezialisierung heißt, einzelne Beteiligte (z.B. Organisationseinheiten eines Unternehmens, Dienstleister oder SAP-Berater) sind für verschiedene Ziele verantwortlich. Mithilfe eines Organisationsmodells können Sie diese Beteiligten unterschiedlichen Rollen zuordnen. Dabei gibt es in der Regel zwei Kategorien: Geschäftsbereich und IT (siehe Abbildung 4.3). Obwohl die Organisationsbezeichnungen in jedem Unternehmen anders sein können, unterscheiden sich die jeweiligen Funktionen kaum. Jede Organisation arbeitet in Einklang mit der Unternehmensstrategie, den Unternehmensrichtlinien (z.B. in Bezug auf Corporate Governance, Compliance und Sicherheit) und ihren eigenen Zielen.

Rollen im Geschäftsbereich

Im Geschäftsbereich sind die meisten Beteiligten Endanwender, die bei ihrer täglichen Arbeit auf die implementierten Funktionen angewiesen sind. Einige Endanwender sind mit den Geschäftsanwendungen besonders gut vertraut. Diese so genannten *Key User* sorgen für den First-Level-Support ihrer Kollegen. Eine weitere wichtige Rolle kommt den *Business Process Champions* zu. Sie übernehmen die Führung innerhalb der Geschäftseinheiten, das heißt, sie legen fest, wie Geschäftsprozesse auszuführen sind. Ein *Program Management Office* (PMO) leitet diese Anforderungen an die IT-Organisation weiter, entscheidet über die Finanzierung von Entwicklung und Betrieb und stellt sicher, dass die Anforderungen umgesetzt werden.

Rollen in der IT

Auf der technischen Seite muss die IT-Organisation des Kunden dafür sorgen, dass die von der durchgängigen Lösung bereitgestellten Services für die Geschäftseinheiten verfügbar sind. Das *Application-Management-Team* hat direkten Kontakt zu diesen Geschäftseinheiten und ist für die Implementierung der Geschäftsanforderungen und den Endanwender-Support verantwortlich. Hierfür wird es von anderen Organisationen innerhalb der IT unterstützt. Die Gruppe *Business Process Operations* ist für das Monitoring, den Support und die Integration der Geschäftsanwendungen und für die Automatisierung von Aufgaben zuständig. Das *Custom-Development-Team* passt die Lösung mithilfe spezieller interner Entwicklungen an kundenspezifische Anforderungen an. Das *SAP Technical Operations Team* ist für die allgemeine Administration der Software und die detaillierte Softwarediagnose verantwortlich. Schließlich stellt das *IT-Infrastructure-Team* die zugrunde liegende IT-Infrastruktur (z. B. das Netzwerk oder Datenbanken) bereit. Weitere Spezialisierungen innerhalb dieser Organisationen sind denkbar – z. B. könnte es innerhalb von SAP Technical Operations einzelne Experten für bestimmte Anwendungen geben.

Zusammenarbeit über Organisationsgrenzen hinweg

Abbildung 4.3 zeigt die Organisation. Die Prozesse für den Betrieb und Support von Kundenlösungen sind nie auf nur eine Organisation beschränkt.

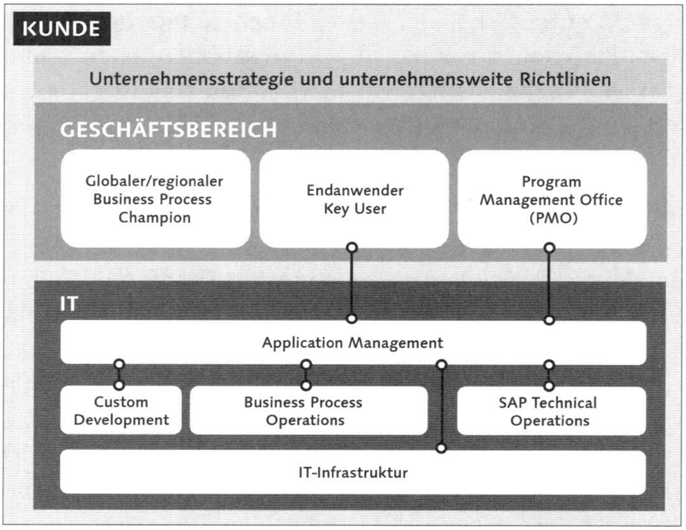

Abbildung 4.3 Organisationsmodell für den Lösungsbetrieb in Unternehmen

Wenn zum Beispiel das Business-Process-Operations-Team einen Alert meldet, muss vielleicht das SAP Technical Operations Team oder das IT-Infrastructure-Team zur Lösung des Problems aktiv werden. Ebenso kann eine Geschäftsprozessänderung das PMO oder den Business Process Champion, die Teams für Application Management, Custom Development oder Business Process Operations oder das SAP Technical Operations Team einbeziehen. Wenn ein Änderungs- oder Entwicklungsantrag eingeht, definiert das PMO in Zusammenarbeit mit den verschiedenen Business Process Champions die Spezifikationen, das Budget und den Zeitplan. Anträge dieser Art werden entweder an das Application-Management-Team oder an das Business-Process-Operations-Team geschickt. Die Änderungsanträge werden in allen Phasen des Projektlebenszyklus verwaltet – von der Entwicklungs- und Testphase bis hin zum Cutover und laufenden Support. Bei Bedarf zieht das zuständige Application-Management-Team weitere Betriebseinheiten hinzu.

An den Prozessen im Rahmen von End-to-End Solution Operations sind also unterschiedliche Organisationen beteiligt. Genau aus diesem Grund ist es so wichtig, die Zusammenarbeit aller Beteiligten zu optimieren. Noch wichtiger wird die Optimierung, wenn die Organisationsbereiche der Beteiligten verschiedene Schwerpunkte haben. So konzentrieren sich zum Beispiel die Geschäftseinheiten vor allem auf Geschäftsprozesse, während bei der IT die technischen Komponenten im Mittelpunkt stehen. Eine optimale Zusammenarbeit erfordert einerseits eine gemeinsame Kooperationsplattform und andererseits eine exakte Definition des durchgängigen Prozesses. Diese Definition stellt sicher, dass die Beteiligten ihre Aufgaben und den gewünschten Service-Level kennen und wissen, welche Informationen sie weiterleiten müssen. Da zudem das Outtasking und Outsourcing von IT-Services immer populärer wird, gewinnt auch die Fähigkeit zum Informationsaustausch an Bedeutung.

4.2.1 Zwei Instrumente zur Optimierung der internen Zusammenarbeit

Standards und Kooperationsplattform

Die Service- und Support-Strategie von SAP beinhaltet zwei Instrumente zur Optimierung der internen Zusammenarbeit. Zum einen definiert die Optimierungsstrategie eine Reihe von Standards für Solution Operations. Diese Standards beschreiben, wie die verfügbaren Werkzeuge und Services am besten eingesetzt werden und wie die einzelnen Rollen zusammenarbeiten sollten, damit eine Optimierung der End-to-End-Solution-Operations-Prozesse erreicht wird. Ergebnis ist ein Rahmenwerk, mit dem Kunden von der über 35-jährigen ausgezeichneten Support-Erfahrung von SAP profitieren können. Zum anderen basiert die Optimierungsstrategie auf dem SAP Solution Manager, der als Kooperationsplattform fungiert. Dies sorgt für eine umfassende Transparenz der Kundenlösung und des Prozessstatus, und alle Beteiligten haben Zugriff auf die notwendigen Informationen. Dadurch lassen sich Informationen kostengünstiger erfassen, und es ist sichergestellt, dass jeder stets mit aktuellen Daten arbeitet.

Das PMO und die jeweiligen Business Process Champions sind bei sämtlichen Projekten und Aufgaben auf vollständige Transparenz und Governance angewiesen. Daher werden in regelmäßigen Abständen Projektstatus- und Top-Issue-Berichte bereitgestellt. Jede Organisationseinheit muss definieren, wie sie in einem bestimmten Prozessschritt mit den anderen Einheiten zusammenarbeitet. Darüber hinaus muss sie den Eskalationsweg für mögliche Issues festlegen. Durch die Zuordnung der Geschäftsprozesse zu den entsprechenden Komponenten der Kundenlösung wird die Abstimmung von Geschäft und IT vereinfacht.

4.2.2 Outtasking und Outsourcing

Für eine effiziente Ausführung von End-to-End Solution Operations reichen unternehmensinterne Ressourcen allein nicht mehr aus. Bei der Implementierung von SAP-Anwendungen greifen Kunden daher vermehrt auf externe Ressourcen zurück, um ihre interne Kompetenz zu erweitern. Standard-Anwendungspakete von Partnern können beim Outtasking oder Oursourcing von Prozesskomponenten helfen. Vorteile wie verstärkte Kostenkontrolle, schnellere Prozesse und ein besserer Zugriff auf Experten lassen sich so erschließen. Beim Outtasking wird ein Service zwar fremdvergeben, aber die Verantwortung liegt nach wie vor beim Unternehmen, das auch die entsprechenden Service-Level-Vereinbarungen überwacht. Beim Outsourcing wird die gesamte Verantwortung für Implementierung und Betrieb auf einen Drittanbieter übertragen. Bei Anwendungen von SAP und SAP-Partnern sowie bei Technologieprodukten erfolgt die Zusammenarbeit nach dem Modell des Outtasking.

Risikoanalyse und Auswertung

Für ein bestmögliches Outtasking- oder Outsourcing-Ergebnis muss eingehend geprüft werden, welche Aufgaben für das Outtasking bzw. welche Prozesskomponenten für das Outsourcing überhaupt in Frage kommen. Hierfür ist eine detaillierte Risikoanalyse erforderlich. Die SAP-Standards für Solution Operations enthalten Empfehlungen dazu, was in dieser Phase zu beachten ist. Außerdem muss die durch Outtasking oder Outsourcing auszulagernde Arbeit in der Service-Level-Vereinbarung eindeutig definiert werden. Gleiches gilt für die Prozessschnittstellen zwischen Kunde und Dienstleister. Hierzu enthalten die SAP-Standards für Solution Operations eine Vorlage. Die Standards nennen auch einige KPIs, mit denen die erbrachte Leistung vor dem Hintergrund der Service-Level-Vereinbarungen ausgewertet werden kann.

Outtasking und Outsourcing werden auch dadurch erschwert, dass IT-Dienstleister oftmals andere Werkzeuge verwenden als ihre Kunden (z.B. eine andere Helpdesk-Anwendung). Hier muss die technische Integration der betreffenden Werkzeuge dafür sorgen, dass eine effiziente Zusammenarbeit möglich ist. SAP bietet zu diesem Zweck Integrationspakete an, die bereit sind für das Outsourcing. Zum Beispiel verfügt die Service-Desk-Funktion im SAP Solution Manager über eine offene bidirektionale Schnittstelle zu den Helpdesks von Drittanbietern.

4.3 Vom Customer Competence Center zum Customer Center of Expertise

In einem SAP CCC liegt der Schwerpunkt auf dem Bereich IT, und der stabile Betrieb von SAP-Lösungen hat höchste Priorität. Der Ansatz des Customer COE ist breiter. Das Customer COE basiert auf dem Application-Management-Team und ist mit allen anderen IT- und Geschäftseinheiten verknüpft, um so eine enge Zusammenarbeit und letztlich ein integriertes Qualitätsmanagement zu fördern (siehe Abbildung 4.4).

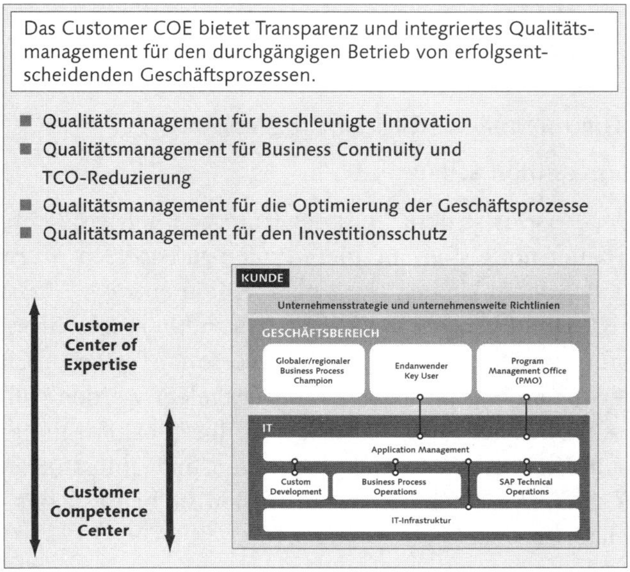

Abbildung 4.4 Die unterschiedlichen Schwerpunkte von SAP CCC und Customer COE

4.3.1 Die Aufgaben des Customer COE

Das Customer COE hat einen einzigen, klaren Auftrag: den IT-Vorstand von kritischen Herausforderungen zu entlasten. Im Einzelnen übernimmt es die folgenden Aufgaben:

- Standardisierung des ALM und Aufbau eines zentralen Datenpools im SAP Solution Manager
- Integration aller Einheiten in einem durchgängigen Prozess für das Qualitätsmanagement
- Management von Quality-Gates, sodass Software nur dann eingesetzt wird, wenn sie die hohen Business-Continuity-Standards des Unternehmens mit Sicherheit erfüllt
- Sicherstellung, dass Innovationen direkt von SAP bezogen werden, um unnötige Codemodifikationen zu vermeiden
- Einbeziehung aller Beteiligten, um Herausforderungen und Issues unabhängig von den Zuständigkeiten zu lösen

QM-Rollen

Um all das zu erreichen, müssen im Customer COE verschiedene Rollen vorhanden sein. Die Leitung des Centers ist verantwortlich für das Teammanagement, die Prozess-Compliance und die Arbeit des Teams. Darüber hinaus sollten die folgenden Qualitätsmanagerrollen (QM-Rollen) festgelegt und personell besetzt werden:

- QM für beschleunigte Innovation
- QM für Business Continuity und TCO-Reduzierung
- QM für die Optimierung der Geschäftsprozesse
- QM für den Investitionsschutz

Anzahl der Mitarbeiter

Es hängt von der Personalstruktur und der Unternehmensgröße ab, wie viele Mitarbeiter nötig sind, um diese Rollen zu besetzen. So ist es möglich, dass in einem kleinen Unternehmen ein einziger Mitarbeiter sämtliche Rollen übernehmen kann, während in einem Großunternehmen für dieselbe QM-Rolle zwei Personen erforderlich sind. Um zu verstehen, warum diese Rollen festgelegt werden sollten, lohnt sich ein Blick auf ihren Kontext – auf ihre Position in der Organisation, auf die Prozesse, die sie definieren und unterstützen sollen, und auf die Geschäftseinheiten, mit denen sie hauptsächlich zusammenarbeiten werden.

Der SAP Active Global Support (SAP AGS) unterstützt jede QM-Rolle mit Methoden und Werkzeugen zur Identifizierung von Top Issues.

Besonders in Verbindung mit der ALM-Plattform hilft SAP Ihnen bei der Umsetzung folgender Ziele:

- Aufbau eines zentralen Datenpools, der alle Lebenszyklusphasen, alle Beteiligten und alle zu verwaltenden Betriebseinheiten integriert
- Skalierbarkeit, Performance, Datenkonsistenz und 99,999 % Verfügbarkeit (Mission-Critical Support)
- Innovation ohne Upgrades
- kontinuierliche Optimierung der Geschäftsprozesse
- Investitionsschutz durch integrierte technische Updates

Prozesse und Inhalte optimieren

Der wichtigste Aspekt des SAP-Supports ist jedoch die Tatsache, dass Sie sämtliche Prozesse und Inhalte integrieren, standardisieren und kontinuierlich verbessern können. Dafür sorgen verschiedene Funktionen:

- Inhalte zur Konfiguration und Best Practices zur Implementierung (ASAP)
- globales Vorlagen- und Lokalisierungsmanagement (Global ASAP)
- Q-Gate-basiertes Qualitätsmanagement mit Feedback von und an SAP
- Funktionstests, Integrationstests und Lösungsvalidierung
- Inhalte und Best Practices zum Betrieb (Run SAP)
- Ausführen von Global Single Instances (Global Run SAP)
- 7-2-Wartungsstrategie, EHPs für die SAP Business Suite und integrierte technische Updates

In den folgenden Abschnitten wird beschrieben, wie ein relativ kleines Customer-COE-Team dieses Potenzial voll ausschöpfen und zum Erfolg des IT-Vorstands beitragen kann.

4.3.2 Die reaktive, abgekapselte IT-Abteilung

Bisher arbeiteten IT-Abteilungen eher reaktiv. Ihre Anstrengungen zur Aufrechterhaltung des reibungslosen Lösungsbetriebs wurden meist erst dann für »die anderen« sichtbar, wenn Probleme oder Systemausfälle auftraten. Damit sich diese problemorientierte Perspektive ändert, muss das Ziel eine proaktive IT-Abteilung sein, die durch Automatisierung und Standardisierung messbar Kosten senkt. Die so frei werdenden Kapazitäten können dann eingesetzt werden, um mehr Anwendungen und Technologien zu unterstützen, und der Beitrag der IT-Abteilung zum Erfolg des Unternehmens wird greifbar.

Wandel der IT-Abteilung

Im Folgenden wird Schritt für Schritt der Wandel einer IT-Abteilung beschrieben, die am Ende als tragende Säule des Unternehmenserfolgs wahrgenommen wird. Ziel ist es, die Bereiche, in denen nur reaktives Handeln möglich ist, so perfekt wie möglich zu kontrollieren und die Voraussetzungen dafür zu schaffen, dass die IT zum Erfolgsfaktor werden kann.

1. **Treffen Sie Entscheidungen nicht auf der Grundlage von Meinungen und Ansichten, sondern basierend auf Fakten und Issues.**
   Dafür müssen Sie zwei Komponenten implementieren: die erste Phase eines zentralen Datenpools und einen zentralen, integrierten Service Desk mit einem klaren Managementprinzip. Wenn im Service Desk keine Incidents dokumentiert sind, bedeutet dies, dass keine Issues vorliegen. Sämtliche Issues und Issue-Lösungen sind jedem bekannt.
2. **Machen Sie die Geschäftsprozesse und Issues für alle Beteiligten sichtbar.**
   Dafür legen Sie Schritt für Schritt die operativen Herausforderungen und Issues im Kontext ihrer jeweiligen Geschäftsprozesse offen. Für jedes Issue dokumentieren Sie die wichtigsten betroffenen Geschäftsprozesse. Besonders wichtig ist dies bei Herausforderungen in den Bereichen Integration und Automatisierung oder wenn die Daten- und Transaktionskonsistenz durchgängiger Geschäftsprozesse beeinträchtigt ist. Alle Incidents werden im Kontext der Geschäftsprozesse, Anwendungen und Systemlandschaften präsentiert.
3. **Führen Sie das Konzept der »Situation-Room«-Verwaltung ein.**
   Gelegentlich stellen sich schwer zu lösende Herausforderungen, die in der Regel aus einer Kombination aus technischen und operativen Issues bestehen und an denen sowohl der Geschäfts- und IT-Bereich als auch Dienstleister beteiligt sind. Um mit derlei Herausforderungen umzugehen, koordinieren und verwalten Sie einen entsprechenden »Situation Room« (siehe den nächsten Abschnitt). Situation Rooms sind per Definition für alle wichtigen Beteiligten transparent, und mit der erfolgreichen Verwaltung eines Situation Rooms können Sie zeigen, dass Sie das Konzept der abgekapselten IT-Abteilung hinter sich gelassen haben.

4.3.3 Den Situation Room einrichten, verwalten und koordinieren

Ein *Situation Room* ist eine standardisierte Methode für den Support komplexer Kundenprojekte oder geschäftskritischer Abläufe. Er konzentriert sich in der Regel auf Top Issues oder Risiken, die sich negativ auf den Betrieb einer Produktivlösung auswirken oder den Produktivstart der Lösung verzögern könnten.

IT-Kosten können in den meisten Fällen nur durch Outsourcing und Outtasking reduziert werden. Auch eine schnelle Reduzierung der Kosten für den Betrieb von Geschäftsprozessen ist wahrscheinlich nur möglich, wenn Teile des Geschäftsprozesses, z. B. Transport und Distribution, per Outsourcing an externe Dienstleister übertragen werden.

Jegliches Outsourcing und Outtasking basiert grundsätzlich auf Verträgen. Damit diese Vorgehensweise jedoch Erfolg hat, muss sie über das Vertragsmanagement hinausgehen und dem Best-Practice-Ansatz folgen – das heißt, ein starkes Team muss geschlossen hinter dem Erfolg des Unternehmens stehen.

Voraussetzungen dafür sind die Integration eines zentralen Datenpools, einschließlich dessen Konzept und Plattform, sowie die Weiterentwicklung des Situation-Room-Ansatzes zu einer gemeinsamen Managementmethode für die Prioritäten des IT-Vorstands.

Beteiligte Einheiten repräsentieren

Für einen Situation Room ist es entscheidend, dass alle relevanten Parteien beteiligt werden und angemessen repräsentiert sind. Angesichts der Bedeutung der jeweils zu bewältigenden Herausforderung ist es erforderlich, dass alle betroffenen Bereiche sich auf Managementebene engagieren und das Konzept unterstützen.

Im Einzelnen müssen die folgenden Parteien involviert werden:

- betroffene Geschäftseinheiten (jeweils der Geschäftsprozessverantwortliche)
- das Projektteam (auch für das Implementierungsprojekt)
- das Betriebsteam einschließlich Application Management und IT-Betrieb
- Outsourcing-Unternehmen (falls erforderlich)
- SAP

- andere Softwarepartner
- gegebenenfalls Hardwareanbieter
- gegebenenfalls sonstige Fremdanbieter

Issues und Herausforderungen dokumentieren und analysieren

Beim Situation Room besteht das Ziel darin, die Lösung von Top Issues unter Einbeziehung aller betroffenen Parteien voranzutreiben. Ein Top Issue ist ein Problem, das negative Auswirkungen auf den Geschäftsbetrieb des Unternehmens hat oder die termingerechte Erreichung von Projektmeilensteinen (z.B. den Produktivstart) gefährdet. Top Issues sind auf der obersten Managementebene Ihres Unternehmens sichtbar.

Alle Issues müssen korrekt dokumentiert und verfolgt werden, um Transparenz sicherzustellen. Zudem müssen sie analysiert werden, um die Ursache zu bestimmen und einen Aktionsplan für die Issue-Korrektur zu definieren. Für jedes Issue müssen Sie den Aktionsplan für die Lösung, eine zuständige Person und den erwarteten Termin für die Lösung klar definieren. Außerdem ist es wichtig, dass Sie die Issue-Auswirkungen auf das Geschäft und das Gesamtprojekt bestimmen. Mit dem SAP Solution Manager können Top Issues dokumentiert und verfolgt werden.

Abnahme durch alle Beteiligten

Nach der Identifikation der Issues müssen alle Beteiligten die Maßnahmen und Aktionspläne durch Abnahme bestätigen, damit das Engagement und das gemeinsame Problemverständnis sichergestellt ist.

Jedes Issue ist ein Issue für alle Beteiligten. Um dieses Konzept zu verwirklichen, implementieren Sie das Prinzip der gemeinsamen Verantwortungsübernahme. Bei diesem Prinzip ist zwar eine Einheit für das Issue, seine Analyse und seine Lösung verantwortlich. Jedoch agieren eine oder mehrere andere Einheiten als Abnahme- und Prüfpartner. Im Interesse der Compliance müssen Sie dieses Konzept so konsequent wie möglich umsetzen.

Transparenz für alle beteiligten Einheiten

Der wichtigste Aspekt für den Erfolg eines Situation Rooms ist das tägliche und wöchentliche Reporting an alle Beteiligten. So oft wie möglich sollte auch die Vorstandsebene Ihres Unternehmens informiert werden. Sollte dies nicht möglich sein, dann ist es eventuell sinnvoll, einer externen Person die Leitung des Situation Rooms zu übertragen.

Sie sind nun in der Lage, wesentlich formalere Praktiken für das Qualitätsmanagement und das Konzept des zentralen Datenpools durchgängig zu implementieren. Aber wie werden Sie proaktiv? Wie machen Sie die IT zum Erfolgsfaktor? Wie kann die IT ihre abgekapselte Arbeitsweise ändern? Sie müssen den Situation-Room-Ansatz auf alle anderen Aktivitäten des Qualitätsmanagements ausweiten. Dabei muss eine Kultur entstehen, in der alle Beteiligten sämtliche Herausforderungen und Issues beim Namen nennen und sich gegenseitig als vertrauenswürdige Partner sehen. Im Gegenzug können nur operative Issues, die nicht proaktiv behandelt werden, also nicht allen bekannt sind, zu »harten Auseinandersetzungen« führen.

Methoden

SAP stellt Ihnen vier Methoden für das Customer-COE-Team zur Verfügung, die weit über das einfache Reporting und die Koordination von Meetings hinausgehen.

Diese vier Methoden enthalten die Vorgehensweisen, Werkzeuge und Funktionen, die Sie brauchen, um Problemen proaktiv und kooperativ in Zusammenarbeit mit allen Beteiligten innerhalb und außerhalb des Unternehmens auf den Grund gehen zu können. Die vier Methoden sind:

- Standards für End-to-End Solution Operations und Verwaltung der Business Continuity
- Sicherstellung der technischen Integrationsvalidierung
- Investitionsschutz
- Optimierung der Geschäftsprozesse

In den folgenden Abschnitten werden die zugehörigen QM-Rollen detailliert erläutert, und Sie erfahren, wie ein Customer COE strukturiert sein sollte.

4.3.4 Qualitätsmanager-Rollen im Customer COE

QM für die Sicherstellung der technischen Integrationsvalidierung

Die Geschäftsprozesse und IT-Landschaften von Organisationen werden immer komplexer. Die Aufrechterhaltung von Verfügbarkeit, Stabilität, Softwareintegration und optimaler Performance wird somit zur Herausforderung.

SAP Safeguarding for Integration Validation

Das Service-Portfolio SAP Safeguarding for Integration Validation folgt einer bewährten Methode, um die technischen Risiken von Implementierungen und Upgrades zu verringern, Lösungen nahtlos in die Produktivumgebung zu integrieren und den laufenden Betrieb effizient einzurichten. Der QM für die Sicherstellung der technischen Integrationsvalidierung nutzt die bereitgestellte Methode in Zusammenarbeit mit dem Customer COE, dem PMO und dem Implementierungsteam oder -partner.

Während des Integrations- und Volumentests sorgt der QM zur Sicherstellung der technischen Integrationsvalidierung dafür, dass die Kerngeschäftsprozesse mit ihrer Leistung das geplante Geschäftsvolumen bewältigen können und dass die Daten konsistent sind. Zudem ist er in seiner Rolle dafür verantwortlich, dass die Kerngeschäftsprozesse innerhalb der gesamten Softwarelandschaft und über alle Schnittstellen hinweg technisch einwandfrei funktionieren.

Lösungsdokumentation

Der QM ist auch verantwortlich dafür, dass die Dokumentation der implementierten Lösung in einer angemessenen Qualität erfolgt. Die Dokumentation muss die Softwarelandschaft, die Kerngeschäftsprozesse und alle Schnittstellen beschreiben und wird über den SAP Solution Manager zur Verfügung gestellt. Dies ist die Grundlage des zentralen Datenpools, der vom Customer COE aufgebaut wird. Die Dokumentation ist ein wichtiges Werkzeug für eine erfolgreiche technische Integrationsvalidierung. Sie unterstützt den QM bei der Diagnose entscheidender Geschäftsprozesse und Schnittstellen. Besonders hilfreich ist sie bei der Übergabe der implementierten Lösung vom Projektteam an das Operations- und Business-Process-Operations-Team. Eines muss jedoch stets beachtet werden: Die Lösungsdokumentation ist eine fortlaufende Aufgabe, die mit dem Projektstart beginnt und erst dann endet, wenn das Rollout für die Endanwender abgeschlossen ist.

Systematische Code- und Systemanalyse

Zusammen mit dem PMO und dem Customer COE plant der QM die systematische Code- und Systemanalyse des Kerngeschäftsprozesses. Dabei wird besonderes Augenmerk auf Performance, Datenkonsistenz und technische Korrektheit gelegt. Der SAP AGS stellt alle Werkzeuge zur Verfügung, die zur Verfolgung, Analyse und Validierung erforderlich sind. Der QM für die Sicherstellung der technischen Integrationsvalidierung prüft genau, ob für den Integrationstest (einschließlich des Tests der Erstdatenübernahme) ausreichend Zeit eingeplant wurde.

Integrationstest

Das PMO plant und koordiniert den Integrationstest. Es legt gemeinsam mit dem QM fest, welche Geschäftsprozesse analysiert werden und welche Endanwender und Mitglieder des betreffenden Implementierungsteams verfügbar sein müssen. Der QM koordiniert die Service-Ingenieure, die die technische Analyse durchführen. Die Ingenieure müssen Erfahrungen in der Analyse und Optimierung von Performance und Schnittstellen vorweisen können und entsprechend zertifiziert sein. Gemeinsam mit ihnen dokumentiert der QM die Analyseergebnisse und Empfehlungen. Sind die notwendigen Qualifikationen nicht verfügbar, bietet der SAP AGS ein Service-Portfolio, sodass Support-Spezialisten die erforderlichen Leistungen erbringen. Im SAP Solution Manager werden Top Issues identifiziert und dokumentiert. Für ihre Lösung wird ein Aktionsplan entwickelt. Der QM leitet die Top Issues an das PMO und die Customer-COE-Leitung weiter.

In Zusammenarbeit mit dem PMO und der IT-Abteilung plant und überwacht der QM die Umsetzung des Aktionsplans und kontrolliert die Implementierung der Empfehlungen. Er überprüft die Ergebnisse und bestätigt zusammen mit dem PMO und dem Business Process Champion durch eine Abnahme den korrigierten Geschäftsprozess. SAP unterstützt den QM und das Customer COE während dieser Zeit mit allen Werkzeugen, Methoden, Services und Fachkenntnissen, die zur Erledigung der Arbeit erforderlich sind.

Der QM unterstützt die Integrationstests optimal, wenn er die folgenden Prozessschritte beachtet:

Durchgängige Analyse der Geschäftsprozesse

1. Voraussetzung für die Entwicklung und Prüfung eines Integrationstestplans ist eine genaue Kenntnis der implementierten Lösung einschließlich der Softwarelandschaft, der Kerngeschäftsprozesse und aller Schnittstellen. Besonders interessant sind Bereiche, in denen Standardprozesse und -codes geändert wurden.

   Damit der geplante Geschäftsprozess, die technische Landschaft und die Abhängigkeiten der kritischen Pfade genau verstanden werden, muss der QM für die Sicherstellung der technischen Integrationsvalidierung dafür sorgen, dass der Geschäftsprozess analysiert wird – und zwar durchgängig, wie in den Vorgaben des SAP Solution Managers festgelegt. Anschließend muss der Geschäftsprozess den zugehörigen technischen Systemen und den wichtigsten ermittelten Integrationspunkten zugeordnet werden, wobei

Zeit- und Volumenbeschränkungen zu beachten sind. Der SAP AGS kann den QM mit den entsprechenden Assessment-Services bei seinen Aufgaben unterstützen.

Die während dieser Phase erstellte Dokumentation sollte zentral gepflegt werden, damit sie aktuell und konsistent bleibt. Sie kann eine wertvolle Hilfe sein – bei der Implementierung, während der Tests, in der Endanwenderschulung oder später im Change Request Management.

Optimierung von Performance, Datenkonsistenz und technischer Korrektheit

2. Sobald Dokumentation und Analyse abgeschlossen sind, beginnt die Identifizierung der wichtigsten Optimierungsbereiche innerhalb der durchgängigen Kerngeschäftsprozesse – z.B., um die Hauptursachen für schlechte Performance zu finden. Der QM ist dafür verantwortlich, die Verbesserungen in den betreffenden Bereichen zu überwachen. Zur Unterstützung sind verschiedene SAP-Optimierungs-Services verfügbar, im Rahmen derer SAP-Support-Spezialisten Empfehlungen zur Performance- und Schnittstellenoptimierung geben.

   Die Ergebnisse der technischen Analyse und die daraus resultierenden Empfehlungen werden im SAP Solution Manager dokumentiert. Zudem wird eine durchgängige Trace-Analyse der Geschäftsprozessschritte durchgeführt und aufgezeichnet. Sie erlaubt es dem Service-Ingenieur, die allgemeine Performance zu messen, die Datenkonsistenz zu prüfen und die technische Korrektheit zu verifizieren. Die Optimierungsempfehlungen müssen mit dem PMO abgesprochen werden. Ihre Implementierung wird vom QM überwacht.

   Mit SAP Safeguarding for Integration Validation erhält das Customer COE die nötigen Prozesse, Werkzeuge, Services und Fachkenntnisse, um die technischen Risiken und die Kosten reduzieren zu können, die mit der Implementierung neuer Technologien verbunden sind. Die Services werden entweder per Fernzugriff oder vor Ort von zertifizierten SAP-Spezialisten bereitgestellt. Ihr Schwerpunkt liegt auf Integration, Performance, stabiler Datenkonsistenz, technischer Korrektheit und Unterstützung der funktionalen Integrationstests.

Verifizieren: Implementierung und Test

3. Nach der Implementierung prüft der QM zusammen mit dem Business-Process-Operations-Team von SAP, wie sich das System verhält. Dabei misst er die Verbesserungen, um die Ergebnisse zu verifizieren. Die Schrittfolge »messen – optimieren – verifizieren«

muss so lange wiederholt werden, bis die Performance erreicht ist, mit der sich die Geschäftsprozessziele umsetzen lassen, und bis die technische Korrektheit (einschließlich der Datenkonsistenz) verifiziert ist. Anschließend werden die Verbesserungen und Ergebnisse im SAP Solution Manager dokumentiert.

Die Werkzeuge

Die SAP Solution Manager Enterprise Edition ist die Basis für das Management von SAP-Anwendungen und bietet grundlegende Unterstützung für die Ausführung von SAP Safeguarding for Integration Validation. Die zentralisierte Software für Solution Management und Zusammenarbeit bietet Werkzeuge und integrierte Inhalte sowie ein Gateway zu SAP. So erleichtert sie die Implementierung, den Support, das Betriebsmanagement und das Monitoring von SAP-Lösungen. Der SAP Solution Manager umfasst außerdem eine vielseitige Auswahl an soliden Werkzeugen, mit denen Anwender oder Geschäftsprozesse durchgängig verfolgt und bezüglich ihrer Leistung analysiert werden können. Diese Aufgabe wird im Rahmen von SAP Safeguarding for Integration Validation ausgeführt. Darüber hinaus werden alle diagnostizierten Issues und alle Empfehlungen nach jedem Engagement in Standardberichten dokumentiert. Mit der Issue-Tracking-Funktion werden sämtliche Ergebnisse auch im SAP Solution Manager dokumentiert. So kann der QM auf die Empfehlungen und Änderungen mit effizienten Folgeaktivitäten reagieren. Insgesamt wird erreicht, dass der SAP AGS optimal in die Projektphasen Integrationstest und Cutover-Test eingebunden wird. Der Testvorgang wird effizienter und zielgerichteter.

QM für Business Continuity

Zu den Hauptaufgaben des QM für Business Continuity gehört es, die Verfügbarkeit des IT-Services stabil zu halten und das Geschäft zu vertretbaren Kosten zu unterstützen. Er ist für die Aufstellung eines Business-Continuity-Plans verantwortlich und muss Standards für End-to-End Solution Operations festlegen, die ihrerseits die Bereiche Ursachenanalyse, Change Control, Systemadministration, Geschäftsprozessintegration und Automatisierung abdecken. Dies sorgt für die Verfügbarkeit der IT-Services und ihre schnelle Wiederherstellung im Störfall. Zudem kann die IT-Organisation dadurch wirtschaftlich vertretbar operieren und gleichzeitig die vereinbarte Performance und Datenintegrität über den gewünschten Zeitraum bereitstellen.

Weiterhin muss der QM dafür sorgen, dass für jedes Top Issue die Ursache ermittelt wird, Vorsorgemaßnahmen getroffen werden und ein Lösungsprozess definiert ist, der die Vorgehensweise im Falle eines erneuten Auftretens regelt. So soll erreicht werden, dass jede Art von Issue nur einmal auftreten kann.

End-to-End Solution Operations

Zur Unterstützung der entscheidenden Geschäftsprozesse ist eine Integration aller Betriebseinheiten erforderlich. Für eine stabile Business Continuity müssen zudem sämtliche Komponenten, die für die Ausführung eines Geschäftsprozesses notwendig sind, vom Solution-Operations-Prozess abgedeckt sein. Dies ist mit dem Begriff »End-to-End Solution Operations« gemeint. Voraussetzung für eine optimale Implementierung von End-to-End Solution Operations ist die Standardisierung der Verfahren. Diese muss unter Einbeziehung der Erfahrungen der jeweiligen Organisation erfolgen. Für SAP-basierte Lösungen stellt SAP diese standardisierten Verfahren bereit. Auf diese Weise lassen sich Fehler vermeiden und Risiken verringern. Die Verfügbarkeit und Performance der Lösung steigt, und der Prozessablauf wird rationalisiert und beschleunigt. Außerdem machen standardisierte Verfahren den Weg frei für Automatisierung und damit für einen kostengünstigeren Betrieb.

Der QM für Business Continuity gehört zum Bereich Application Management und fungiert als Schnittstelle zu den Bereichen Business Process Operations, SAP Technical Operations und IT Infrastructure. Er treibt die Prozesse voran, die Grundlage sind für:

- eine durchgängige, integrierte Lösung für Incident Management und Ursachenanalyse, die Geschäftsprozesse, Schnittstellen und SAP-Technologie einschließt
- eine durchgängige, integrierte Change-Control-Methode, die exakt ermittelt, welche Änderung sich auf welchen Kerngeschäftsprozess auswirkt
- eine durchgängige, integrierte Capacity-Management-Lösung für Geschäftsprozesse und Systeme
- eine durchgängige Integration der Einheiten Business Process Operations und SAP Technical Operations

SAP unterstützt den QM für Business Continuity mit zahlreichen Methoden, Standards, Werkzeugen und Services.

Run SAP-Methode

Die Run SAP-Methode hilft bei der Implementierung von End-to-End Solution Operations. Sie berücksichtigt bewährte Geschäftsverfahren und bietet Inhalte, Services, Schulungsmaterial und Werkzeuge, um End-to-End Solution Operations effizient zu betreiben. Die SAP-Standards für Solution Operations definieren diesbezüglich zentrale Aufgaben. Die Run SAP-Methode enthält Ablaufpläne und bietet damit eine Roadmap, die die Implementierung von End-to-End Solution Operations beschleunigt. In Schulungen werden dem SAP-Kunden- und -Partnernetz aktuelle Kenntnisse vermittelt, und auf Wunsch können erreichte Qualifikationen zertifiziert werden.

Ursachenanalyse

Die Ursachenanalyse erleichtert die durchgängige Diagnose eines Incidents über verschiedene Komponenten und Technologien hinweg. Dabei nutzen unterschiedliche Support-Ebenen – Kunden, Partner, Softwarepartner und SAP-Berater – die gleichen standardisierten Werkzeuge. Auf diese Weise können höhere Support-Ebenen die vorangegangenen Ergebnisse überprüfen und die Untersuchung unverzüglich vertiefen.

Change Control

Das Hauptziel der Änderungskontrolle (Change Control) ist eine hundertprozentige Transparenz aller Änderungen. Hierbei hilft ein zentraler Transportmechanismus, der Änderungen innerhalb des Technologie-Frameworks und der Anwendungskomponenten verwaltet. Er wird durch einen zentralen Testplan für Kerngeschäftsprozesse ergänzt. Für die Validierung der Testausführung und -vollständigkeit ist ein zentraler QM verantwortlich. Jede Development Workbench ist in das zentrale Transport- und Change-Control-System integriert.

Integration und Automatisierung

Der Standard für Integration und Automatisierung widmet sich den geschäftskritischen Prozessen und konzentriert sich dabei auf den Betrieb der Geschäftsprozesse. Für reibungslose und effiziente Geschäftsabläufe ist ein zuverlässiger Datenfluss zwischen den Geschäftseinheiten erforderlich. In geschäftskritischen Bereichen ist es wichtig, Probleme im Datenfluss frühestmöglich zu identifizieren, da eine Geschäftsprozessunterbrechung unmittelbare finanzielle Verluste zur Folge haben kann. Die Standards liefern die Grundlagen für das Geschäftsprozess- und Schnittstellen-Monitoring, das Management des stetig wachsenden Geschäftsdatenvolumens, die Berücksichtigung der Jobabhängigkeiten bzw. die Kontrolle der korrekten Jobausführung und die Überprüfung der durchgängigen Transaktionskonsistenz in der Geschäftsprozessausführung.

Systemadministration und System-Monitoring

Systemadministration und System-Monitoring sind die beiden Hauptschwerpunkte der SAP-Organisation Technical Operations. Die Organisation bündelt alle Aktivitäten, die für die Administration und das Monitoring der IT-Landschaft erforderlich sind, um so eine effiziente IT-Infrastruktur optimal zu verwalten und zu betreiben. Sie fungiert dabei als Systemadministrator. In dieser Eigenschaft muss sie alle oben genannten Standards anwenden und dabei der gesamten Softwareinfrastruktur stets einen hohen Stellenwert einräumen.

Prüfung für die Lösungsoptimierung

Nachdem eine Lösung in die Produktivumgebung eingeführt wurde, führt der SAP AGS eine Leistungs- und Betriebsprüfung durch. Dabei wird das Lastprofil der installierten SAP-Lösung analysiert. Engpässe und Warteschlangen werden ermittelt, wobei nach einem Top-down-Ansatz vorgegangen wird. Zunächst werden von Kundenprogrammen verursachte Performanceprobleme von Kerngeschäftsprozessen untersucht. Dann folgen ineffektiv genutzte SAP-Standardtransaktionen sowie unnötige Datenverarbeitungen. Am Ende stehen Performanceprobleme auf CPU-, Speicher- und Datenbankebene und auf Ebene des Speichersubsystems. Ausgehend davon gibt der SAP AGS Empfehlungen zur Beseitigung der Performanceengpässe und Warteschlangen.

Prüfung für die Automatisierung des Lösungsbetriebs

Auf der Grundlage der Szenarien, der Technologie- und Anwendungslandschaft sowie der Schnittstellen, die für einen Geschäftsprozess dokumentiert sind, gibt der SAP AGS Feedback. Darin geht es um die Einhaltung der Standards für End-to-End Solution Operations, die für den Betrieb der betreffenden installierten SAP-Lösung mindestens erforderlich sind. Besonderes Augenmerk wird auf das Job- und Schnittstellen-Monitoring gelegt.

SAP EarlyWatch Alert-Service

Der SAP EarlyWatch Alert-Service wurde speziell entwickelt, um die wesentlichen Bereiche des technischen Betriebs einer einzelnen SAP-Lösung zu überwachen und die Kunden kontinuierlich über die Performance und die Stabilität dieser Lösung zu informieren. Da die Komponenten entscheidender Geschäftsprozesse oft von mehreren verteilten Softwareanwendungen unterstützt werden, ist es wichtig, sich einen Überblick über die gesamte Lösungslandschaft zu verschaffen. Mit dem SAP EarlyWatch Alert können Kunden einen einzigen konsolidierten Bericht für alle Softwarelösungen erhalten. Wichtige Alerts werden an SAP übermittelt, wo das zuständige Team mit einem proaktiven Aktionsplan reagiert, um die betreffenden Risiken zu minimieren.

QM für die Optimierung der Geschäftsprozesse

Eine funktionierende kontrollierte Schnittstelle zwischen den verschiedenen Geschäftseinheiten ist Voraussetzung für die konstante Zufriedenheit der Endanwender und Verantwortlichen sowie dafür, dass Geschäftsprozess-Issues verstanden und gelöst werden. Im Idealfall gibt es zu diesem Zweck einen Business Process Champion auf der Geschäftsseite der Organisation sowie einen technischen Business Process Champion auf der IT-Seite. Die IT-Rolle übernimmt der QM für die Optimierung der Geschäftsprozesse.

SAP Solution Management Assessment

Die Methodik, mit der entscheidende Issues und Anforderungen identifiziert werden, ist im SAP Solution Management Assessment-Service enthalten. Das Assessment beginnt mit einer Betrachtung der betreffenden Kerngeschäftsprozesse und der Anwendungs- und Technologielandschaften. Die Prozessschritte werden dokumentiert, und die Dokumentation zum zentralen Datenpool im SAP Solution Manager wird aktualisiert.

Dokumentation ist jedoch nicht der Schwerpunkt dieses Assessments. Vielmehr geht es darum, die Top Issues zu ermitteln, sie in der Produktivumgebung zu analysieren und einen Referenzfall zu erstellen. Für diese Arbeit wird entweder ein Endanwender oder der Business Process Champion hinzugezogen. Der Business Process Champion ist erforderlich, um Geschäftsprozessausnahmen zu analysieren (z.B. Bestellungen, die niemals ausgeliefert wurden).

Das Ergebnis des SAP Solution Management Assessments ist eine klare Dokumentation aller Top Issues, Anforderungen und sonstigen Herausforderungen. Nachdem der Business Process Champion zweifelsfrei festgestellt hat, dass alle Top Issues identifiziert und korrekt priorisiert wurden, muss er diese Dokumentation durch Abnahme bestätigen.

Anschließend diskutiert die Leitung des Customer-COE-Teams die Ergebnisse des SAP Solution Management Assessments mit allen Beteiligten, und es werden Lösungsmaßnahmen definiert. Der QM meldet den Status und die Ergebnisse regelmäßig an die Business Process Champions und die entsprechenden Beteiligten. In dem Dokument zum zentralen Datenpool, das im SAP Solution Manager gespeichert ist, werden Projekte für die kontinuierliche Optimierung definiert und ausgeführt. Im Anschluss werden die Verbesserungen regelmäßig gemessen und mit den im Optimierungsplan festgelegten Zielen verglichen.

Geschäftsprozessausnahmen und Monitoring

Ein wichtiges Ziel ist die Implementierung einer Monitoring-Lösung, die Geschäftsprozessausnahmen unverzüglich erkennen kann und für eine hundertprozentige Transparenz der Geschäftsprozessausführung sorgt. Zum Beispiel könnte diese Lösung angeben, welche Bestellungen weshalb nicht ausgeliefert werden konnten. Mögliche Gründe wären hier ein fehlender Warenbestand oder der Ausschluss unvollständiger Lieferungen. Es muss jeder neue Ausnahmetyp im SAP Solution Manager erfasst werden, spätestens dann, wenn die Ausnahme zum zweiten Mal aufgetreten ist. Der SAP AGS stellt im SAP Solution Manager sowohl alle Fehlerprotokolle und Prozessdaten als auch ein Framework für das Geschäftsprozess-Monitoring zur Verfügung.

Optimierung der Geschäftsprozesse

Eine weitere zentrale Aufgabe des QM für die Optimierung der Geschäftsprozesse ist es, Top Issues, Anforderungen und Herausforderungen der Funktion zuzuordnen, die vom SAP AGS kontinuierlich bereitgestellt wird. Dazu muss sich der QM mit SAP-Lösungen auskennen und die Geschäftsprozessterminologie der entsprechenden Geschäftseinheiten sicher beherrschen. Außerdem muss er mit der Fachsprache der SAP-Experten vertraut sein.

Zur Unterstützung des QM bietet SAP den Service Modification Justification Check an. Mit diesem Service kann der QM für die Optimierung der Geschäftsprozesse zusammen mit dem QM für den Investitionsschutz (siehe nächster Abschnitt) und SAP feststellen, ob für eine bestimmte Geschäftsanforderung bereits eine Standardfunktion vorhanden ist oder nicht. Der QM für die Optimierung der Geschäftsprozesse kann so eine enge Verbindung zum SAP Solution Management der entsprechenden Branchenlösung herstellen, um einen besseren Einblick in die SAP-Produktstrategie und neue Funktionen zu erhalten.

QM für den Investitionsschutz

Updates für Technologie und Anwendungen

Die Hauptaufgabe des QM für den Investitionsschutz besteht in regelmäßigen Updates für den Technologie-Stack und die Anwendungskomponenten. Der QM sorgt dafür, dass die Lösung jederzeit gewartet und aktualisiert werden kann, selbst wenn sie Modifikationen oder kundeneigene Entwicklungen enthält. Er stellt sicher, dass unnötige Modifikationen oder kundeneigene Entwicklungen vermieden werden. Damit senkt er nicht nur fortlaufend die Entwicklungskosten, sondern auch die Kosten für Software-Upgrades, da Modifikationen die Hauptursache für steigende Kosten in diesem Bereich sind. Im schlimmsten Fall kann ein hochgradig modifiziertes System nicht mehr zu einem vernünftigen Preis aktualisiert werden, sodass es durch Migration auf eine höhere Softwareversion ersetzt werden muss. Derartige Migrationen sind zeitintensiv und kostspielig und schließen gleichzeitige Innovations- und Optimierungsprojekte nahezu aus. Indem er diese Situationen vorausschauend vermeidet, schützt der QM die IT-Investitionen. Gleichzeitig achtet er darauf, dass das Unternehmen ständig mit Innovationen versorgt wird.

Ein zentraler Vorteil von SAP-Produkten ist, dass sie kontinuierlich aktualisiert werden können. So sind sie immer auf dem neuesten Stand, wenn es um die bewährten Geschäftsverfahren der SAP-Branchenlösungen, um Technologien oder um gesetzliche Bestimmungen geht. Die Aktualisierungen erfolgen durch SAP EHPs und Legal Change Packages. Softwarekorrekturen werden regelmäßig mit Support Packages bereitgestellt.

Kostentreiber

Damit die Strategie der kontinuierlichen Optimierung umgesetzt werden kann, müssen die Kosten und Risiken der betreffenden Paketimplementierungen minimiert werden. Wie bereits erwähnt, steigen die Kosten vor allem durch den Aufwand zur Lösung von Konflikten mit benutzerdefiniertem Code und kundenspezifischen Nutzungsvarianten. Der Testaufwand für das Gesamtsystem belastet das Budget ebenfalls, und zusätzlich erhöhen unvorhergesehene Nebeneffekte das Risiko.

EHPs, Legal Change Packages und Support Packages können die Geschäftsprozesse nur verbessern, wenn die SAP-Softwarefunktionen und die Geschäftsanforderungen eingehend bekannt sind. Der QM für den Investitionsschutz sollte genau über dieses Wissen verfügen. Er gehört zum Application-Management-Team und ist die wichtigste Schnittstelle zum Custom-Development-Team. Er ist verantwortlich dafür, dass:

- eine Verbindung zu SAP besteht, sodass Modification Justification Checks und Custom Code Maintainability Checks durchgeführt werden können

- ein effizientes und reproduzierbares Verfahren zur Konfliktlösung geschaffen wird
- automatisierte kostengünstige Testverfahren für Kerngeschäftsprozesse implementiert sind
- möglichst minimale Ausfallzeiten der Produktivlandschaft erzielt werden
- in kurzer Zeit kostengünstige Testlandschaften aufgebaut werden

SAP unterstützt den QM mit folgenden Methoden, Werkzeugen und Services:

Erweiterungspakete

Erweiterungspakete (EHPs) vereinfachen die Verwaltung und Bereitstellung neuer Softwarefunktionen. Welche SAP-Softwareinnovationen implementiert werden, entscheidet der Kunde. Über ein Switch Framework kann er die Software den Geschäftsanforderungen entsprechend aktivieren. Auf diese Weise kann er die Auswirkungen von Software-Updates so gering wie möglich halten. Da der Testvorgang abgekürzt wird, stehen neue Funktionen schneller zur Verfügung. Kosten und technische Risiken werden also reduziert, aber nicht zulasten der Innovation.

Minimierter Testaufwand

Um den Testaufwand und die Kosten weiter zu senken, bietet SAP eine Änderungseinfluss-Analyse an. Dabei gilt die Testumfangsempfehlung von SAP – das heißt, Kunden testen nur die Programmkomponenten der Geschäftsprozesse, die geändert wurden.

Modification Justification Check

Sind Änderungen an einem Geschäftsprozess erforderlich, kann der Kunde sich bei SAP erkundigen, ob die notwendigen Änderungen bereits in SAP-Standardsoftware enthalten sind. Der SAP AGS antwortet innerhalb von 48 Stunden. Wenn die Frage bejaht wird, lassen sich Zeit und Arbeit sparen, weil statt der Modifikation SAP-Standardsoftware verwendet werden kann.

Custom Code Maintainability Check

Ist eine notwendige Änderung kein Bestandteil von SAP-Standardsoftware, sollte die Modifikation so erfolgen, dass Wartung und Aktualisierung der Anwendung nach wie vor möglich sind. Nach einem Custom Code Maintainability Check teilt SAP Ihnen mit, ob geeignete Standardfunktionen vorhanden sind und welche User Exits Sie verwenden können. Wenn Sie sich an die Empfehlung von SAP halten, können Sie sicherstellen, dass Ihre Modifikation vom SAP-Code getrennt ist und folglich bei Upgrades ignoriert werden kann.

4.3.5 Customer-COE-Zertifizierung

Das Customer COE hat vor allem ein Ziel: den IT-Vorstand bei der Herausforderung zu unterstützen, einen Mehrwert für das Unternehmen zu schaffen und gleichzeitig die gewünschte Lösungsqualität sicherzustellen und die Gesamtbetriebskosten zu kontrollieren.

SAP gibt den Kunden die Methoden, Schulungen und Werkzeuge an die Hand, die für die Einrichtung des Customer COE notwendig sind. Bei der Customer-COE-Zertifizierung wird validiert, dass die erforderlichen Methoden, Prozesse und Werkzeuge vorhanden sind, um Business Continuity und die Qualität der zu implementierenden Lösung zu gewährleisten, Innovation zu erleichtern und die Implementierungs- und Betriebskosten zu reduzieren.

Die Customer-COE-Zertifizierung ist eine funktionale Zertifizierung. Sie weist darauf hin, dass sich ein Unternehmen für die kontinuierliche Optimierung seiner SAP Solution Operations engagiert. Für die Zertifizierung wird validiert, dass die Run SAP-Methode umgesetzt und ein Customer COE als zentraler Datenpool aufgebaut wurde.

Voraussetzungen und Kriterien

Für die Customer-COE-Basiszertifizierung müssen die folgenden Voraussetzungen erfüllt sein:

- Der Kunde muss SAP-Lizenzinhaber sein.
- Mindestens eine SAP-Lösung des Kunden muss seit mindestens sechs Monaten produktiv sein.
- Eine SAP-Lösung des Kunden muss sich derzeit in der Mainstream- oder der erweiterten Wartung befinden.
- Der SAP Solution Manager muss installiert und konfiguriert sein.

Zertifizierungsübersicht

Für das Customer COE gibt es zwei Zertifizierungsstufen: die Basiszertifizierung und die erweiterte Zertifizierung. Bei der *Basiszertifizierung* wird verifiziert, ob die grundlegenden Funktionen und die Infrastruktur für die Zusammenarbeit mit SAP implementiert sind. Im Rahmen der *erweiterten Zertifizierung* wird geprüft, ob der Standort bei der Optimierung der Geschäftsprozesse auf bewährte Geschäftsverfahren zurückgreift, die auf der Run SAP-Methode basieren. Insgesamt ergibt sich damit ein mehrstufiger Ansatz für die Bestätigung, dass ein Standort die Run SAP-Methode in vollem Umfang einsetzt. Voraussetzung für beide Zertifizierungsstufen ist, dass das Center die SAP-Standards für Solution Operations einhält.

Basiszertifizierung Mit der Basiszertifizierung wird bestätigt, dass eine Organisation die Mindestanforderungen erfüllt, die zur Bereitstellung einer soliden Infrastruktur für die Zusammenarbeit mit SAP erforderlich sind. Eine solche grundlegende Infrastruktur ist ein absolutes Muss. Die Basiszertifizierung richtet sich daher an alle SAP-Kunden und ist in dem von SAP ausgestellten Support-Vertrag beschrieben. Sie konzentriert sich auf die IT. Höchste Priorität hat dabei der stabile Betrieb der jeweiligen SAP-Lösung.

Erweiterte Zertifizierung Bei der erweiterten Customer-COE-Zertifizierung wird ein größerer Bereich von SAP Solution Operations abgedeckt. Mit dieser Zertifizierung wird validiert, dass ein Team die wichtigen Funktionen, Prozesse, Rollen, Fähigkeiten und Werkzeuge beherrscht und einsetzt und sich dabei an die SAP-Standards für Solution Operations und die Run SAP-Methode hält. Teams, die die erweiterte Zertifizierung erlangt haben, verfügen über ein integriertes Qualitätsmanagement, sodass alle Herausforderungen und Issues der gesamten Organisation transparent dargestellt werden. Dies ist ein entscheidender Faktor für geschäftskritische Abläufe. Wenn das Center in der Lage ist, einen zentralen Datenpool zu verwalten (also ein Repository, in dem alles verfolgt wird und das Ausgangspunkt jeder Informationsverteilung ist), schafft es Transparenz, Abstimmung und ein grundlegendes Verständnis der Top Issues in der Organisation.

Die erweiterte Customer-COE-Zertifizierung ist sehr umfangreich. Sie beinhaltet auch ein Assessment der im Team vorhandenen Fähigkeiten zur Umsetzung des integrierten Qualitätsmanagements und zur kontinuierlichen Optimierung von SAP Solution Operations. Es wird überprüft, ob das Customer COE effektive Qualitätsmanagementfunktionen einsetzt und auch nutzt und die SAP-Standards für Solution Operations eingeführt hat und erfüllt, einschließlich der zugrunde liegenden Service-Management-Prozesse.

Erforderliche Kompetenzen Für die erweiterte Zertifizierung muss ein Center Kompetenzen in den folgenden Schwerpunktbereichen nachweisen:

- übergreifende Konsolidierung des gesamten Qualitätsmanagement-Inputs und Aufbau eines zentralen Datenpools
- Qualitätsmanagement zur Umsetzung folgender Ziele:
  - Sicherstellung der technischen Integrationsvalidierung
  - Optimierung der Geschäftsprozesse

  - Investitionsschutz
  - Aufrechterhaltung der Business Continuity mithilfe der Run SAP-Methode
- SAP-Standards für Solution Operations

SAP unterstützt die Customer-COE-Einrichtung mit den folgenden Maßnahmen:

- gemeinsame Ermittlung von Optimierungspotenzial basierend auf den SAP-Standards für Solution Operations, Ihrer Support-Strategie und Ihren Abläufen
- Definition eines Aktionsplans für die Einrichtung der erforderlichen Rollen, Methoden, Prozesse und Werkzeuge, einschließlich der erforderlichen Schulungen
- Schulung E2E060 *Customer Center of Expertise – Implementing SAP Quality Management*: Dieser Kurs richtet sich an Kunden, die Unterstützung bei der Einrichtung eines durchgängigen Qualitätsmanagementteams wünschen, um kritische Herausforderungen bei der Implementierung und Ausführung von SAP-Lösungen bewältigen zu können (siehe Kapitel 13, »Kurs- und Zertifizierungsübersicht«).
- Ausführung des Plans mit dem erforderlichen Support von SAP
- Validierung der Planimplementierung durch die offizielle Zertifizierung

Vorteile der Customer-COE-Zertifizierung

Zum einen erhalten Sie durch die Zertifizierung Ihres Customer COE einen Nachweis über die Leistung und Qualität von SAP Solution Operations in Ihrem Unternehmen, was die Glaubwürdigkeit gegenüber den angrenzenden Geschäfts- und IT-Organisationen erhöht. Zum anderen erschließen Sie weitere Vorteile, weil Sie die Kompetenz ausbauen und die Zusammenarbeit mit SAP vertiefen.

Wenn Ihr Unternehmen ein Customer COE einrichtet, profitiert es von einem zentralen Datenpool und einer zentralen Stelle für die funktionale Zusammenarbeit zwischen Geschäfts- und IT-Einheit bzw. Ihrem Unternehmen und SAP.

Außerdem fördert das Customer COE Innovationen, weil die vorangetriebenen Prozesse Folgendes ermöglichen:

- Bereitstellung von Erweiterungspaketen (EHPs) und SAP Support Packages, damit Software mit veränderten Anforderungen Schritt halten kann
- Zertifizierung und Teilnahme an Schulungen, um die allgemeine Anwendung von Implementierungs- und Betriebsmethodiken zu etablieren
- Nutzung von Expertise on Demand, um bei Bedarf schneller Antworten zu erhalten
- Einsatz von Change Management und Qualitätsprüfungen, um Implementierungen zu beschleunigen
- Nutzung von SOA- und Drittanbieterlösungen, um die Flexibilität zu steigern

Durch verschiedene Maßnahmen trägt das Customer COE auch zur Risiko- und Kostensenkung bei:

- Implementierung branchenführender Standards, die die Komplexität in SAP- und Partnerumgebungen minimieren
- umfassende Systemintegration während des gesamten Lösungslebenszyklus
- Vereinbarung minimaler Ausfallzeiten (»Near Zero Downtime«) mit SAP, um die Business Continuity zu erhöhen
- kürzere Ausfallzeiten durch integrierte Bereitstellung von standardisierten Diagnosewerkzeugen, Integrationstests und Geschäftsprozess-Monitoring
- Verwendung konsistenter Werkzeuge und Methoden in heterogenen Lösungslandschaften
- wettbewerbsfähige Service-Level-Vereinbarungen mit SAP für eine kürzere Problemlösungszeit

Der Qualitätsmanager für Business Continuity ist dafür zuständig, den kontinuierlichen Geschäftsbetrieb zu gewährleisten und gleichzeitig die Gesamtbetriebskosten zu senken. Das folgende Kapitel beschreibt die Rolle des Qualitätsmanagers und seine Aufgaben beim Ausführen dieser Funktion.

5 Sicherung des kontinuierlichen Geschäftsbetriebs

Ein kontinuierlicher Betrieb ist in allen Bereichen eine Herausforderung, doch insbesondere bei den geschäftskritischen Prozessen müssen Unterbrechungen systematisch eliminiert werden. Dazu sind bewährte Methoden, Expertenwissen und ein sicheres Urteilsvermögen erforderlich. Gleichzeitig hat sich die Flexibilität der SAP-Lösungen erhöht. Dieser Vorteil bringt eine höhere Komplexität mit sich, die eine effiziente Verwaltung der Risiken, Kosten, Kompetenzen und Ressourcen erfordert. Um den stabilen Betrieb Ihrer Lösungslandschaft sicherzustellen, müssen Sie die IT-Lösungen schrittweise verbessern und gleichzeitig dafür sorgen, dass Verfügbarkeit und Leistung der Software hoch, die Prozesse transparent und die Daten konsistent bleiben.

Trotz der Notwendigkeit, die Business Continuity jederzeit zu gewährleisten und Produktivzeit, Stabilität, funktionale Korrektheit, Konsistenz und Leistung auf dem mit den Geschäftseinheiten vereinbarten Niveau zu halten, müssen die Gesamtbetriebskosten ebenfalls in einem akzeptablen Rahmen bleiben.

Folgende Übersicht gibt Auskunft über die wichtigsten Aufgaben, die in der Verantwortung des Qualitätsmanagers für Business Continuity liegen:

- **Ermitteln der Geschäftsprozessanforderungen**
  Verständnis der Geschäftsprozessanforderungen der IT
- **Dokumentieren der Lösungslandschaft**
  Verständnis der betroffenen Softwarekomponenten

- **Analysieren der Geschäftsprozesse**
  Verständnis der durchgängigen Geschäftsprozesse in der gesamten Lösungslandschaft
- **Analysieren der Schnittstellen**
  Verständnis der Schnittstellen aus einer technischen und funktionalen Perspektive
- **Definieren eines Optimierungsplans für die Geschäftsprozesse**
  Definieren eines Aktionsplans für die Top Issues mit Prioritäten, verantwortlichen Personen und Terminen
- **Überwachen von Ausnahmen in Geschäftsprozessen**
  Erstellen von Berichten zu Fehlern und Ausnahmen in den Geschäftsprozessen; Ermitteln von Trends beim wiederholten Auftreten von Issues, die mit Geschäftsprozessen zusammenhängen
- **Validieren des Aktionsplans und der Folgeaktivitäten**
  Nachverfolgen von Top Issues; Sicherstellen, dass Empfehlungen implementiert und Issues gelöst werden

5.1 Höchste Verfügbarkeit erfolgsentscheidender Geschäftsprozesse

Konsistente Standards und die Run SAP-Methode

Mit der Einführung der SAP NetWeaver-Technologieplattform hat SAP den Einsatz einer serviceorientierten Architektur (SOA) kostengünstiger gemacht. Sie können mit dieser Technologie die Flexibilität Ihrer IT-Organisation deutlich erhöhen, um die Geschäftsanforderungen besser zu erfüllen. Diese Flexibilität ist bei der Verwaltung der heutigen komplexen Softwarelandschaften besonders notwendig.

In den 90er-Jahren lieferte SAP Software aus, in die eine vollständige Funktion für das Management des Anwendungslebenszyklus integriert war, und es gab viele SAP-zertifizierte technische Berater, die den SAP-Kunden beim Support und beim Betrieb der Softwarefunktion halfen. Die Einführung der ASAP-Methode durch SAP sollte diesen Prozess erleichtern. Heute betreiben SAP-Kunden SAP NetWeaver und die Geschäftsanwendungen der SAP Business Suite mit dem Anspruch, die Lösungen in eine einzige Unternehmenssoftwareumgebung zu integrieren. In den 90er-Jahren wären die Kunden selbst für die Integration zuständig gewesen. Heute hat SAP einen Großteil der Arbeit übernommen und sieht es als ihre Verantwortung an, Vorgehensweisen und Werkzeuge für die Ausführung heterogener, verteilter und integrierter Lösungen zu liefern.

SAP hat die Run SAP-Methode eingeführt, um Standards für Solution Operations zu implementieren. Diese Betriebsstandards sind der Schlüssel für die Reduzierung der Gesamtbetriebskosten und damit für eine der größten Herausforderungen, vor denen SAP-Kunden stehen. Nur wenn das SAP-Kunden- und -Partnernetz die Softwarelandschaften mit konsistenten Standards betreibt, kann die Ausführung effizient sein.

Vorteile der Standardisierung

Hätte SAP die Standards für End-to-End Solution Operations sowie die Run SAP-Methode für das Implementieren dieser Standards nicht definiert, müssten Sie als Kunde solche Standards erfinden. Das wäre ein teures Unterfangen, denn Sie müssten Betriebsabläufe definieren, Werkzeuge auswählen und lizenzieren, die auf dem Markt erhältlichen Werkzeuge in die SAP-Software integrieren und schließlich Lehrpläne entwickeln, um Ihren IT-Mitarbeitern die erforderlichen Fähigkeiten zu vermitteln. Die Kosten wären nicht das einzige Problem bei diesem Ansatz. Das größere Problem läge darin, dass jeder einzelne SAP-Kunde seine eigenen Standards definieren würde und damit eine Unmenge individueller Standards entstünden – und das Konzept der Standards ad absurdum geführt würde. Dieser Umstand würde die Fähigkeit von SAP, geschäftskritischen Support zu leisten, deutlich einschränken.

Tatsächlich sind die SAP-Standards für Solution Operations eine Voraussetzung dafür, dass SAP und SAP-Partner geschäftskritischen Support leisten können. Mit den SAP Enterprise Support-Services hat SAP die Service-Level-Verpflichtung gegenüber ihren Kunden erhöht: Für alle Systemstillstände bietet SAP innerhalb von vier Stunden Korrekturmaßnahmen. Um diesen Prozess zu unterstützen, müssen die SAP-Standards für Solution Operations implementiert sein. Insbesondere die Standards Solution Documentation und Root Cause Analysis sind unverzichtbar, damit SAP diesen Service-Level erfüllen kann.

In jeder Unternehmenslösung besteht die wichtigste Herausforderung darin, zu gewährleisten, dass die Softwarelösungen verfügbar, stabil und in die Softwarelandschaft integriert sind und eine optimale

Leistung erzielen. Dabei ist zu beachten, dass sich die Anzahl der von der IT verwalteten Anwendungen erhöht und manchmal sogar verdoppelt, während die Anzahl der IT-Mitarbeiter meist konstant bleibt. Die meisten IT-Organisationen können dieser Herausforderung nur begegnen, indem sie ihren Betrieb nach dem Ausnahmeprinzip kontrollieren. Bei einem solchen Ansatz müssen Routineaufgaben so weit wie möglich automatisiert werden. Anstatt auf die Überwachung am Bildschirm angewiesen zu sein, sollten die IT-Mitarbeiter nur alarmiert werden, wenn ein System einen kritischen Zustand erreicht, ein Geschäftsprozess beeinflusst wird oder der laufende Betrieb gefährdet ist.

Outsourcing und Outtasking

Outsourcing und Outtasking sind weitere Trends, um die IT-Kosten gering zu halten und gleichzeitig das Versprechen von Business Continuity aufrechtzuerhalten. Beim Outsourcing wird die komplette Kontrolle an den externen Partner abgegeben. Beim Outtasking hingegen behält der Kunde die Kontrolle über die Methoden und Werkzeuge für den IT-Betrieb. Outsourcing und Outtasking können für ganze Systeme oder für einzelne Anwendungen ausgeführt werden. Das System-Outsourcing – die Verwaltung von Hardware, Servern, Datenbanken und Speichersubsystemen – ist weitgehend unabhängig von SAP-Anwendungen und -Technologie und wird häufig von externen Dienstleistern übernommen. Dagegen sind Outsourcing- und Outtasking-Partner für das Application Management, besonders für SAP NetWeaver und die SAP Business Suite, schwer zu finden, und so bleiben diese Aufgaben häufig bei den IT-Mitarbeitern des Unternehmens. Ein wichtiger Grund dafür ist, dass sich Application-Management-Dienstleister zum jetzigen Zeitpunkt noch nicht mit der Run SAP-Methode auskennen und somit nicht für SAP-Kunden infrage kommen, die einen Outsourcing- oder Outtasking-Partner für das Application Management suchen. SAP ist jedoch dabei, eine Zertifizierung für Application-Management-Dienstleister zu entwickeln, die über das erforderliche Know-how zur Run SAP-Methode verfügen.

Doch unabhängig davon, ob das Application Management extern – per Outsourcing oder Outtasking – oder intern durchgeführt wird, muss die IT-Abteilung ihre Leistung gegenüber den Geschäftseinheiten sichtbar machen. Dies erfolgt über Service-Level-Vereinbarungen, die mit den Geschäftseinheiten getroffen werden und die in Form von KPIs das zu erreichende Maß an Business Continuity definieren.

5.2 Notwendigkeit der Business Continuity

Der Qualitätsmanager für Business Continuity hat die Aufgabe, in einem Unternehmen den störungsfreien Betrieb sicherzustellen, gleichzeitig Innovationen zu beschleunigen und an einer Reduzierung der Gesamtbetriebskosten mitzuwirken. Die Vorteile liegen auf der Hand – dennoch werden die wichtigsten Pluspunkte im Folgenden detailliert beschrieben.

5.2.1 Kontinuierliche Verfügbarkeit der Geschäftsprozesse

Proaktives Handeln

Der Qualitätsmanager für Business Continuity stellt sicher, dass der Standard für System-Monitoring etabliert ist, um Issues proaktiv zu erkennen, bevor Endanwender betroffen sind. Der Qualitätsmanager implementiert auch den Standard Root Cause Analysis, damit das Unternehmen über die Werkzeuge verfügt, ein Problem bis zu seiner Ursache zu verfolgen. Außerdem werden SAP und SAP-Partner dadurch in die Lage versetzt, die Erkundung eines Problems, ausgehend von den Ergebnissen, die der Kunden-Support ermittelt hat, fortzuführen. Mit dieser Vorgehensweise können nicht geplante Ausfallzeiten minimiert werden.

5.2.2 Betrieb von mehr Systemen mit weniger Ressourcen

Automatisierung

Der Qualitätsmanager für Business Continuity automatisiert den IT-Betrieb so weit wie möglich. Anstatt die Systemlandschaft manuell zu überwachen, werden der technische Betrieb und die Geschäftsprozessüberwachung durch eine Verwaltung der vom SAP Solution Manager ausgelösten Ausnahmen durchgeführt. Die Ausnahmen werden automatisch als Alerts an das SAP Technical Operations Team gesendet. Dadurch wird der Aufwand für die manuelle Durchführung wiederkehrender Verwaltungsaufgaben deutlich reduziert.

Der Qualitätsmanager stellt sicher, dass der Standard Root Cause Analysis für alle SAP-Produktivsysteme implementiert wird. Gemäß dem Top-down-Ansatz der Analyse wird der Incident mit Kontextinformationen direkt an den Experten für Ursachenanalyse gesendet. Dadurch reduziert sich die Zeit für das Lösen von Problemen, und es werden weniger Mitarbeiter für die Durchführung der Analyse benötigt.

Der Qualitätsmanager automatisiert das kundenspezifische Service-Level-Reporting auf der Grundlage der durchgängigen Diagnosefunktion im SAP Solution Manager. Er kann Service-Level-Berichte erstellen und sie im SAP Solution Manager an Entscheidungsträger in der IT und in den Geschäftsbereichen verteilen. Das manuelle Kopieren und Verteilen von Service-Level-Berichten ist nicht mehr nötig.

Der Qualitätsmanager trägt die Verantwortung dafür, dass jeder Incident einem Verantwortlichen zugeordnet ist. Probleme bei der Zuordnung von Zuständigkeiten sind Gegenstand der täglichen oder wöchentlichen Situation-Room-Besprechungen. In manchen Fällen kann es notwendig sein, bereichsübergreifende Einsatzteams zu bilden und auf eine Problemlösung anzusetzen. Status des Lösungsfortschritts und offene Punkte müssen regelmäßig im Situation Room besprochen und bei Problemen gegebenenfalls an das Top-Management eskaliert werden.

5.2.3 Geringere Lizenz- und Projektkosten mit der SAP Solution Manager Enterprise Edition

Sie müssen weder Evaluierungsprojekte durchführen, um den Betrieb Ihrer SAP-Software zu optimieren, noch müssen Sie Application-Management-Werkzeuge von SAP erproben und lizenzieren bzw. selbst entwickeln und diese Werkzeuge in die SAP-Lösungslandschaft integrieren. Der Vertrag, den die Kunden erhalten, wenn sie sich für SAP Enterprise Support entscheiden, umfasst Werkzeuge für das Überwachen von Lösungen, das Durchführen von Ursachenanalysen, das Erstellen von Berichten und für die Administration. Dabei sind alle Produkte auf der SAP-Preisliste abgedeckt.

5.2.4 Reduzierung der Personalkosten

Progressive Datenaggregation

Wenn Sie mit progressiver Datenaggregation arbeiten, die Daten gezielt aus den Komponenten auswählen und die Diagnosedaten für alle Anwendungen und Technologien in einer konsistenten Weise anzeigen, reduzieren Sie damit deutlich die Menge an Fachwissen, die für die Isolierung einer problematischen Komponente erforderlich ist. Es ist nicht für jede Komponenten ein eigener Diagnostikexperte erforderlich.

Standardisierung und das End-to-End-Zertifizierungsprogramm halten den Tagespreis für Berater auf einem akzeptablen Niveau. Im ersten Jahr des End-to-End-Zertifizierungsprogramms konnten mehr als 4.000 Berater für die Verwendung der Run SAP-Methode und die kompetente Durchführung von End-to-End Solution Operations zertifiziert werden.

5.2.5 Geringere Anforderungen an die Infrastruktur

Indem er die Leistung von Geschäftsprozessen optimiert, trägt der Qualitätsmanager für Business Continuity dazu bei, dass Investitionen in die Infrastruktur reduziert oder auf einen späteren Zeitpunkt verschoben werden können. Außerdem sorgt der Qualitätsmanager mit einer Verringerung des Datenvolumens und der Vermeidung von zukünftigem Wachstum für Einsparungen beim Speichersubsystem und bei den Betriebskosten für die Datenspeicherung (z.B. für Backup- und Recovery-Tests).

5.2.6 Mehr Geschäftsvorteile durch IT

Der Qualitätsmanager für Business Continuity konzentriert sich auf die zentralen Geschäftsprozesse und die Endanwender und erhöht damit den Wert der IT für das Unternehmen. Unter der Leitung des Qualitätsmanagers fördert die IT-Abteilung das Monitoring, Alerting und Reporting der Geschäftsprozesse und sorgt für eine höhere Zufriedenheit der Anwender, sodass der Beitrag der IT zur Wertschöpfung des Unternehmens transparent wird.

5.3 Die Aufrechterhaltung der Business Continuity aus Sicht des Qualitätsmanagers

Der Qualitätsmanager für Business Continuity muss eng mit dem Program Management Office (PMO) sowie mit den Projektteams, dem Custom-Development-Team, dem Application-Management-Team, dem Business-Process-Operations-Team, dem SAP Technical Operations Team und den Business Process Champions aus den verschiedenen Geschäftsabteilungen zusammenarbeiten. Der Qualitätsmanager für Business Continuity ist ein Mitglied des Application-Management-Teams und leitet die wöchentlichen oder täglichen Situation-Room-Besprechungen.

5.3.1 Enge Kooperation zwischen dem Qualitätsmanager und den Teams

Die Teams arbeiten gemäß den SAP-Standards für Solution Operations. Jede Ausnahmesituation wird durch die Prozesse Incident Management und Problem Management verwaltet. Zusammen mit den Teams prüft der Qualitätsmanager die Ereignisse, die eine signifikante Auswirkung auf die Verfügbarkeit der Lösung besitzen. Dann definiert er die Änderungen, die an den operativen Prozessen vorzunehmen sind.

Die Informationen, auf deren Grundlage der Qualitätsmanager für Business Continuity arbeitet, wurden aus neuen oder geänderten Geschäftsanforderungen oder aus Issues abgeleitet, die vom Qualitätsmanager für die Verbesserung der Geschäftsprozesse als Ergebnis regelmäßiger Beurteilungen mit den Business Process Champions ermittelt wurden. Der Qualitätsmanager für Business Continuity muss dann entscheiden, welche Auswirkungen die neuen Anforderungen oder Issues auf die operativen Prozesse haben können. Das Entscheidungsforum bieten die Situation-Room-Besprechungen und regelmäßige Treffen des Program Management Office.

Incident Management und Alert Management

Ein zentraler Prozess, den der Qualitätsmanager überwacht, ist der Grundprozess des Incident und Alert Managements (siehe Tabelle 5.1).

Aktionsplan

Für jeden Incident und jedes Problem wird ein Aktionsplan dokumentiert. Die Problemmeldung und die Umsetzung eines Aktionsplans müssen nachverfolgt werden. Gegebenenfalls müssen zur Umsetzung des Aktionsplans Systemverwaltungsaktionen ausgeführt werden, beispielsweise um einen Patch zu implementieren oder eine Konfiguration zu ändern.

Automatisierte Überwachungsfunktionen

Die Geschäftsbereiche erwarten, dass Performanceprobleme und Fehler vorausschauend erkannt und behoben werden, bevor sie sich auf die Business Continuity auswirken. Um für die Geschäftseinheiten Transparenz herzustellen, lassen die IT-Mitarbeiter regelmäßig automatisch Berichte zu Service-Levels, Kapazitätstrends und zur Lösungsqualität erstellen. Die Berichte basieren auf allen verfügbaren Diagnosedaten und werden an festgelegte Empfänger in der Geschäfts- und IT-Organisation verteilt.

Incident Management	Solution Monitoring und Benachrichtigungen
Ein Endanwender erstellt eine Service-Desk-Meldung.	Es wird ein Alert von der Software ausgelöst, der dann vom SAP Technical Operations Team oder vom Business-Process-Operations-Team verarbeitet wird.
Die Service-Desk-Meldung wird vom First-Level-Support bearbeitet, der in der Regel bei einem lokalen Key User angesiedelt ist. Endanwender-Issues in Zusammenhang mit der Abwicklung werden entweder gelöst, oder es wird eine Beschreibung der Service-Desk-Meldung erstellt und an den Second-Level-Support weitergeleitet.	Wenn keines der Teams eine Issue-Lösung finden kann, wird ein Vorfall an das Application-Management-Team weitergeleitet (damit dort eine durchgängige Ursachenanalyse durchgeführt wird) oder einem der Expertenteams für Custom Development, Business Process Operations, SAP Technical Operations oder IT Infrastructure vorgelegt.
Durchgängige Ursachenanalyse	
Eine durchgängige Ursachenanalyse wird durchgeführt, um die problematische Komponente zu identifizieren. Bei Bedarf wird ein Spezialist zur Fehlerbehebung in dieser Komponente hinzugezogen.	
Klärung von Incidents oder Lösung von Problemen	
Abhängig von der Lösungsart übernimmt der Business Process Champion, der Key User, der Endanwender oder das Team von Custom Development, Business Process Operations, SAP Technical Operations oder IT Infrastructure die Issue-Lösung.	

Tabelle 5.1 Incident- und Alert-Management-Prozess

Um die Geschäftsanforderungen mit einem begrenzten IT-Budget zu erfüllen, muss die IT auch die Überwachungsfunktionen automatisieren. Wenn die automatischen Agenten Diagnosedaten berichten, die außerhalb der definierten Grenzen liegen, werden die zuständigen Experten in der IT-Abteilung benachrichtigt, damit Korrekturmaßnahmen eingeleitet werden können. Ist die erforderliche Korrekturmaßnahme nicht eindeutig, wird eine durchgängige Ursachenanalyse durchgeführt.

Eine gute Leistung auf der Serverseite bedeutet nicht, dass die Leistung auch für den Endanwender zufriedenstellend ist. Der SAP Solution Manager kann die End-User Experience überwachen, um anhand des Downstreams von der Benutzeroberfläche zur Serverumgebung die Leistung für den Endanwender zu messen.

Der Qualitätsmanager für Business Continuity überwacht täglich den Alert-Rückstand, um sicherzustellen, dass kritische Alerts kontinuierlich vom SAP Technical Operations Team und dem Business-Process-Operations-Team verarbeitet werden.

Die folgenden Abschnitte beschreiben detailliert die wichtigsten Schritte, die der Qualitätsmanager ausführt, um die Business Continuity zu gewährleisten.

5.3.2 SAP Technical Operations

Das SAP Technical Operations Team ist zuständig für die Überwachung des Systems – bestehend aus SAP NetWeaver, dem Betriebssystem und den Datenbanken – sowie für die Routineaufgaben der Systemverwaltung. Um eine hohe Anwenderzufriedenheit zu gewährleisten, muss das Team über diese serverseitige Überwachung hinaus auch eine Überwachung aus Anwendersicht durchführen, d.h. eine durchgängige Messung des Verhaltens vom Client über das Netzwerk bis hin zum Server (End-User Experience Monitoring).

Überwachung des Systems und End-User Experience Monitoring

SAP NetWeaver, das Betriebssystem und die Datenbanken werden überwacht, um den konstanten und reibungslosen technischen Betrieb sicherzustellen. Eventuell auftretende Ausnahmen, die von SAP NetWeaver oder zugrunde liegenden Technologien ausgelöst werden, muss das SAP Technical Operations Team effektiv und effizient verarbeiten, um einen stabilen technischen Betrieb aufrechtzuerhalten.

Eine Serverumgebung, die effizient ausgeführt wird, ist keine Garantie dafür, dass die Anforderungen der Endanwender in Bezug auf die Reaktionszeiten und die Verfügbarkeit erfüllt sind. Deshalb wird die End-User Experience regelmäßig separat überwacht, indem das SAP Technical Operations Team mithilfe von Skripts bestimmte Klicksequenzen von Endanwendern simuliert und so die tatsächlichen Reaktionszeiten von einem Client zu einem Server ermittelt.

SAP-Standard-System-Monitoring

Der Standard, der das SAP Technical Operations Team bei dieser Arbeit unterstützt, heißt *System-Monitoring*. Er beschreibt den Standardprozess für die Überwachung von Systemen, die zugehörigen Rollen und Zuständigkeiten innerhalb der IT-Organisation und die relevanten Schulungen, die von SAP verfügbar sind. Diese Arbeit wird vom Work Center für System-Monitoring im SAP Solution Manager erleichtert.

Aufgaben des Qualitätsmanagers

Der Qualitätsmanager muss sicherstellen, dass dem Team angemessene Verfahren für die technische Überwachung sowie für die Erfassung und Verarbeitung von Ausnahmen zur Verfügung stehen.

Die Überwachung auf System- und Endanwenderebene kann mit einer durchgängigen Benachrichtigungsinfrastruktur automatisiert werden, damit die Kunden die Zahl ihrer Systeme erhöhen können, ohne zusätzliches Personal für den Betrieb zu benötigen. Dabei werden für wichtige Kennzahlen Schwellenwerte definiert, und Alerts werden dann automatisch von der durchgängigen Benachrichtigungsinfrastruktur ausgelöst.

Systemverwaltung

Run Book

Die Routineaufgaben der Systemverwaltung gehören zum *Run Book* des Kunden – einem Handbuch der täglichen Abläufe – für SAP Technical Operations. Die Aufgaben umfassen:

- Datensicherungen
- Druckerverwaltung
- Identitätsmanagement
- Neustarts

SAP-Standard System Administration

Der Standard, der diese Arbeit unterstützt, trägt die Bezeichnung *System Administration*. Diese Arbeit wird außerdem vom Work Center Systemverwaltung im SAP Solution Manager unterstützt.

Der Qualitätsmanager muss sicherstellen, dass ein »Run Book« für das SAP Technical Operations Team geführt wird und dass Ausfallzeiten geplant und mit den Geschäftseinheiten abgestimmt sind.

5.3.3 Business Process Operations

Das Business-Process-Operations-Team sorgt dafür, dass alle Geschäftsprozesse reibungslos und ohne Unterbrechung ablaufen. Der Qualitätsmanager ist zusätzlich verantwortlich dafür, die Strategie für den Betrieb der Geschäftsprozesse zu implementieren und regelmäßig die Softwareanpassungen zu überprüfen, mit denen geänderte Geschäftsanforderungen unterstützt werden sollen. Der

Hauptfokus liegt dabei auf den zentralen Geschäftsprozessen, d.h. auf den Geschäftsprozessen, die für den Erfolg eines Unternehmens am wichtigsten sind.

Eine Strategie für den Betrieb der Geschäftsprozesse

Um eine angemessene Strategie für den Betrieb der Geschäftsprozesse zu definieren und einzurichten, muss der Qualitätsmanager für Business Continuity verstehen, wie die Geschäftsprozesse technisch implementiert sind. Diese Informationen sind im SAP Solution Manager als zentralem Datenpool des Unternehmens enthalten.

Input aus der Fachabteilung

Eine zweite wichtige Informationsquelle sind Eingaben der Business Process Champions, wie z.B.:

- Priorisierung der Geschäftsprozesse
- Angabe der kritischen Geschäftsprozessschritte
- zeitliche Anforderungen für die Verarbeitung
- normales Geschäftsvolumen und Statistiken für Spitzenzeiten
- Angabe potenzieller oder bekannter Rückstandsituationen, die kritisch für das Geschäft sind oder waren
- Kommunikationsmatrix für kritische Situationen

Unter Verwendung der technischen Dokumentation und mit Unterstützung des Custom-Development-Teams prüft der Qualitätsmanager dann die Programme für die kundeneigene Entwicklung sowie die Schnittstellen zu älteren und standardmäßigen Softwareprodukten. Die von den Geschäftsprozessen behandelten Geschäftsbelege müssen identifiziert werden. Das Entwicklungsteam sollte die spezifischen Verarbeitungsausnahmen oder Fehlerprotokolle, die möglicherweise bei der Überwachung der Geschäftsprozesse auftreten, sowie die korrekten Verfahren für deren Lösung angeben.

Insgesamt muss der Qualitätsmanager sicherstellen, dass die Strategie für den Betrieb der Geschäftsprozesse die folgenden Aspekte abdeckt:

- Geschäftsprozess- und Schnittstellen-Monitoring
- Jobverwaltung
- Datenkonsistenzmanagement
- Datenvolumenmanagement

Die folgenden Abschnitte beschreiben diese Aspekte jeweils detailliert.

Geschäftsprozess- und Schnittstellen-Monitoring

Die Überwachung der Geschäftsprozesse und der zugehörigen Schnittstellen ist eine der wichtigsten Möglichkeiten, um den Betrieb Ihrer Geschäftsprozesse in Bezug auf Business Continuity zu beurteilen. Ziel ist es, einen reibungslosen Betrieb und einen kontinuierlichen Informationsfluss nach Maßgabe Ihrer Geschäftsanforderungen sicherzustellen. Wenn während des Betriebs von Geschäftsanwendungen Ausnahmen auftreten, müssen diese effektiv und effizient behandelt werden. Nur so können Sie sicher sein, dass die Gesamtkosten optimiert sind und die Geschäftsausführung reibungslos erfolgt.

Der Qualitätsmanager muss für alle zentralen Geschäftsprozesse eine angemessene Ablaufbeschreibung für die Überwachung, Erkennung und Behandlung von Ausnahmen etablieren.

SAP-Standard Exception Handling and Business Process and Interface Monitoring

Der relevante SAP-Standard für diese Aufgabe ist *Exception Handling and Business Process and Interface Monitoring*. Dieser Standard beschreibt den Standardprozess für die Ausführung dieser Arbeiten sowie die zugehörigen Rollen und Zuständigkeiten innerhalb der IT-Organisation.

Das Werkzeug, das diese Arbeit unterstützt, ist die Funktion für die Überwachung der Geschäftsprozesse im SAP Solution Manager, in der auch eine Benachrichtigungsfunktion enthalten ist. Die Funktion ist in standardmäßige Service-Level-Berichte und vordefinierte Business-Intelligence-Reports integriert, um Trendanalysen zu ermöglichen.

Weitere Quellen, die zur Überwachung von Prozessen hinzugezogen werden können, sind Best-Practice-Dokumente von SAP mit dem Schwerpunkt Business Process Operations. Die Dokumente sind über SAP Solution Manager verfügbar.

Einplanen von Jobs für die Automatisierung

In einer großen verteilten Softwarelandschaft stellt das Einplanen von Hintergrundjobs ein wichtiges Werkzeug für die Verwaltung und Verarbeitung von Daten dar. Im Ganzen betrachtet, sind diese Hintergrundjobs in Jobketten verbunden und stehen so in unterschiedlichen Abhängigkeiten zueinander. Wenn es zum Abbruch eines oder mehrerer Jobs kommt, muss das Alert-System die betreffende Support-Ebene informieren oder eine automatische Fehlerbehandlungsprozedur initiieren und den Job neu starten. Beim Job Scheduling Management ist außerdem wichtig, dass die verfügbaren Systemressourcen (CPU, Speicher usw.) effizient genutzt werden. Eine typische Anforderung ist hier die Koordination von Aktivitäten zeitgleich aktiver Online-Benutzer und Hintergrundjobs, die dasselbe Zeitfenster und dieselbe Systemumgebung benötigen. Nur auf diese Weise können Engpässe oder Verzögerungen beim Verarbeiten von Geschäftsdaten vermieden werden.

Der Qualitätsmanager ist zuständig für die Einrichtung eines Prozesses, der die Planung, Einplanung und Überwachung von Hintergrundjobs umfasst. Die Einrichtung eines solchen Prozesses hat vor allem den Vorteil, dass Geschäftsprozesse beschleunigt und Unterbrechungen von Geschäftsprozessen verhindert werden können.

SAP-Standard Job Scheduling Management

Der relevante SAP-Standard für diese Aufgabe heißt *Job Scheduling Management*. Er beschreibt den Standardprozess für die Ausführung dieser Arbeiten. Außerdem enthält er die Empfehlung, ein spezielles Team für die Jobverwaltung einzurichten, das entweder zum Business-Process-Operations-Team oder zur Support-Organisation gehört und für die Verwaltung der Jobeinplanungsstrategie zuständig ist.

Eigentümer des Job Scheduling Managements ist das Business-Process-Operations-Team. Die Mitglieder führen die erforderlichen Aufgaben hauptsächlich in Kooperation mit dem Business Process Champion und dem SAP Technical Operations Team aus.

Werkzeuge

Die Funktion für die Jobverwaltung im SAP Solution Manager unterstützt Sie während des gesamten Prozesses vom Anlegen eines Jobantrags bis zur Ausführung und Überwachung des Jobs.

Ein weiteres nützliches Einplanungswerkzeug ist die Anwendung *SAP Central Process Scheduling by Redwood*. Diese Anwendung kann in einer SAP-Softwarelandschaft mit der Jobeinplanungsfunktion des SAP Solution Managers integriert werden.

Verwalten der Datenkonsistenz für die gesamte Softwarelandschaft

Datenkonsistenz und die Korrektheit von Transaktionen sind wichtige Voraussetzungen für den Erfolg einer SAP-Lösung. Im täglichen Betrieb ist es von entscheidender Bedeutung, dass alle Beteiligten – ob Endanwender oder Vorstand – zu jedem Zeitpunkt über korrekte und aktuelle Daten verfügen. Dateninkonsistenzen können hohe Kosten verursachen, z.B., weil Ihnen Geschäftsabschlüsse entgehen oder Ihre Lösungen nicht verfügbar sind. Die Korrektheit der Transaktionen bezieht sich primär auf die Funktionen eines Programms und die zugrunde liegende technische Infrastruktur. Die Korrektheit der Transaktionen muss im Rahmen des Integrationstests überprüft werden, bevor eine neue oder geänderte Lösung in den Produktivbetrieb wechselt. Details zum Integrationstest finden Sie in Kapitel 6, »Innovation beschleunigen«.

Ursachen für Dateninkonsistenzen

Dateninkonsistenzen in einer Lösungslandschaft haben häufig ganz bestimmte Ursachen. Mitunter führen Endanwender oder Key User bestimmte Aktionen durch, ohne zu wissen, dass daraus eine Inkonsistenz entsteht. Zum Beispiel ändert ein Key User Stammdaten in einer Komponente, ohne sicherzustellen, dass die Änderung in anderen, abhängigen Komponenten durchgeführt wird. Eine weitere gängige Ursache von Dateninkonsistenzen sind fehlerhafte Schnittstellen. Normalerweise werden Defekte auf einer Seite der Schnittstelle in einem Fehlerprotokoll erfasst, und es wird ein Workflow zur Problembewältigung ausgelöst. Funktioniert dieser Auslösungsprozess jedoch nicht korrekt, entstehen Inkonsistenzen. Darüber hinaus können Jobs, die nicht korrekt ausgeführt werden oder nie gestartet wurden, Inkonsistenzen nach sich ziehen. Wenn diese Jobs z.B. das Laden von Daten in eine Data-Warehousing-Lösung umfassen, führt dies zu fehlerhaften Geschäftsberichten und damit möglicherweise zu falschen Geschäftsentscheidungen.

Zur Sicherung der Datenkonsistenz muss der Qualitätsmanager dafür sorgen, dass alle Schnittstellen überwacht und alle erkannten Fehlersituationen zeitnah und korrekt behandelt werden (siehe Abschnitt »Geschäftsprozess- und Schnittstellen-Monitoring« weiter oben). Er muss außerdem sicherstellen, dass die erforderlichen Datenkonsistenzprüfungen in den Abläufen enthalten sind.

SAP-Standard Data Integrity and Transactional Consistency

Der relevante SAP-Standard für diese Aufgabe heißt *Data Integrity and Transactional Consistency*. Er behandelt Dateninkonsistenzprobleme und deckt Aspekte von Application-Design-Prinzipien ab, z.B. wie die Benutzer geführt werden und wie ihnen geholfen werden kann, die Eingabe inkonsistenter Daten zu vermeiden. Außerdem beschreibt der Standard, wie Schnittstellen, Workflow-Queues und Batch-Jobs überwacht werden und wie Berichte zu Ausnahmen und Dateninkonsistenzen für IT-Vorstände erstellt werden. Ohne ein angemessenes Schnittstellen-Monitoring und IT-Reporting sind Dateninkonsistenzen unvermeidbar.

Werkzeuge

Über die Sicht *Datenkonsistenzmanagement* im Work Center *Betrieb von Geschäftsprozessen* im SAP Solution Manager können Sie effektive Datenkonsistenzprüfungen und Verfahren für die Auflösung von Dateninkonsistenzen definieren.

Verwalten des Datenvolumens für eine kontrollierte Zunahme der Geschäftsdaten

Die Verwaltung der täglich zunehmenden Geschäftsdaten ist ein weiterer wichtiger Aspekt beim Betrieb von Geschäftsprozessen. Dazu gehört auch die optimale Speicherung der Daten. Das laufende Hinzufügen von Festplatten zu Storage Area Networks (SANs) und Speichersubsystemen kann jedoch zur Folge haben, dass die Verwaltung schwieriger wird und sogar die Leistung abnimmt. Andererseits müssen Sie die Anforderungen berücksichtigen, die vonseiten der Geschäftseinheiten und der Geschäftsanwendungen an die Art gestellt werden, wie die Geschäftsdaten behandelt werden. Zum Beispiel regeln zahlreiche geschäftliche und gesetzliche Bestimmungen, wie lange wichtige Geschäftsdaten, insbesondere Finanzdaten, aufbewahrt werden müssen.

Definition einer Strategie

Der Qualitätsmanager ist für die Definition einer angemessenen Strategie für das Datenvolumenmanagement verantwortlich. Die Definition dieser Strategie umfasst in der Regel drei Phasen:

1. Den Ausgangspunkt bildet die Festlegung des Datenvolumenumfangs. Hierzu gehören eine detaillierte Betrachtung der Lösungslandschaft, die Ermittlung der größten Herausforderungen und das Vorschlagen der besten Maßnahmen zur Bewältigung des Datenvolumens (z.B. Löschen oder Archivieren von Daten).

2. Die Strategie für das Datenvolumenmanagement sieht den Einsatz von Methoden vor, die Ihnen je nach dem betreffenden Datentyp helfen, Daten zu aggregieren, zu löschen und zu archivieren und die Erstellung neuer Daten zu vermeiden. Die Strategie berücksichtigt auch die jeweiligen Geschäftsanforderungen, externen Anforderungen und rechtlichen Bestimmungen.
3. Die Datenvolumenauswertung listet bereits durchgeführte Aktivitäten (wie Archivierung, Löschen, Aggregation und Vermeidung von Daten) auf und erkennt, wenn durch eine Änderung (z. B. eine Geschäftsprozessänderung) Potenzial für eine weitere Reduzierung entstanden ist. Die regelmäßig erstellten Berichte stellen das Wachstum der Datenbank dar, aufgegliedert nach Business-Objekten. Eine häufige Erstellung von Berichten hilft bei der Ermittlung von Bereichen, in denen das Wachstum minimiert werden könnte.

Datenvolumenmanagement

Der relevante SAP-Standard für die Einrichtung und Ausführung einer Strategie für das Datenvolumenmanagement trägt die Bezeichnung *Data Volume Management*. Der Standard zeigt Ihnen, wie Sie das Datenwachstum verwalten, und hilft Ihnen so, die Verfügbarkeit Ihrer Lösungen zu verbessern. Wenn Sie mit den im Standard beschriebenen Prozessen arbeiten, beschleunigen sich Verwaltungsaufgaben wie Software-Upgrades, Datenbankreorganisationen, Datensicherungen und Datenwiederherstellungen. Auch die für die Speicherplatzverwaltung benötigte Zeit wird reduziert, und Sie profitieren von einer effizienteren Nutzung Ihrer Ressourcen (wie Festplatten, Speicher und CPUs).

Werkzeuge

Die *Datenvolumenmanagement*-Funktion im Work Center *Betrieb von Geschäftsprozessen* im SAP Solution Manager kann Ihnen helfen, den Umfang der Strategie zu definieren, während SAP Werkzeuge und bewährte Geschäftsverfahren für die eigentliche Definition der Strategie bereitstellt. Außerdem sind Überwachungswerkzeuge verfügbar, um Berichte zum Datenvolumen zu erstellen, aus denen die Effizienz der Strategie für das Datenvolumenmanagement hervorgeht.

5.3.4 Application-Management-Team

Das Application-Management-Team hat direkten Kontakt zu den Geschäftsbereichen und ist für die Implementierung der Geschäftsanforderungen und für den Endanwender-Support verantwortlich. Der Qualitätsmanager für Business Continuity ist ein Mitglied dieses Teams. Aufgabe des Teams ist die Implementierung von Geschäftsanforderungen und der Support der Anwender. Dabei arbeitet es eng mit den Geschäftseinheiten und anderen IT-Teams zusammen.

Durchgängige Ursachenanalyse

Problembereiche isolieren

Die durchgängige Ursachenanalyse unterstützt eine systematische Analyse und Klärung von Problemen in verteilten geschäftskritischen Softwareumgebungen des Kunden. Ziel ist es, den betroffenen Bereich zu isolieren und Folgendes bereitzustellen:

- eine sofortige Korrekturmaßnahme oder einen Workaround, um den Service-Betrieb schnellstmöglich wiederherzustellen und die Unterbrechung für den Endanwender zu minimieren
- eine vollständige Lösung für das Issue

Der SAP Solution Manager unterstützt die durchgängige Ursachenanalyse und bietet damit einen Top-down-Ansatz, um die Ursache des Fehlers einzukreisen. Dies ermöglicht den Verzicht auf wenig zielgerichtete, intuitive Ansätze, bei denen die teure Unterstützung unterschiedlicher Komponentenexperten erforderlich ist. Die Ursachenanalyse kann aus dem Incident Management, dem System-Monitoring und dem Geschäftsprozess-Monitoring heraus ausgelöst werden.

Wenn mehrere ähnliche Issues auftreten, die die Business Continuity beeinträchtigen, sollte der Qualitätsmanager sie zu einem Problem gruppieren, sie dokumentieren, den Benachrichtigungsinhalt aktualisieren und auf diese Weise ein erneutes Auftreten verhindern.

IT-Reporting

Um die Einhaltung der zwischen Ihrer IT-Abteilung und den Geschäftseinheiten vereinbarten Service-Levels nachzuweisen, stellt SAP IT-Berichte zur Verfügung, die von Ihrer IT an die jeweilige Service-Level-Vereinbarung angepasst werden können.

SAP EarlyWatch Alert und SAP NetWeaver BW

Der SAP EarlyWatch Alert-Service stellt Inhalte bereit, die Sie nicht ändern können. Im Rahmen der eingeschränkten Flexibilität dieses Services haben Sie jedoch die Möglichkeit, auf Basis der vom Service bereitgestellten Berichtsinhalte ohne Programmierung benutzerdefinierte IT-Berichte zusammenzustellen. Wenn Sie eine umfassende

Flexibilität für die Zusammenstellung und das Broadcasting von IT-Berichten benötigen, können Sie in SAP NetWeaver Business Warehouse (SAP NetWeaver BW) eigene Abfragen und Vorlagen für Ihr Reporting erstellen. Durch die Diagnosedatensammlung werden kontinuierlich Messungen für relevante KPIs extrahiert, die dann bei der durchgängigen Ursachenanalyse, der durchgängigen Überwachung und für automatisches, hochgradig kundenspezifisches IT-Reporting verwendet werden können.

Aufgaben des Qualitätsmanagers

Der Qualitätsmanager für Business Continuity sorgt dafür, dass der SAP EarlyWatch Alert implementiert wird, dass die Berichtsergebnisse wöchentlich analysiert werden, dass daraufhin entsprechende Aktionen initiiert werden und dass Issue-Klärungsaktionen, die in SAP EarlyWatch Alert-Berichten hervorgehoben sind, nachverfolgt werden. Der Qualitätsmanager definiert die Struktur und den Inhalt der IT-Berichte, die Empfänger dieser Berichte auf IT- und Geschäftsseite sowie den Übertragungsmechanismus.

Wenn die KPIs nicht der Service-Level-Vereinbarung entsprechen oder negative Trends zeigen, erstellt der Qualitätsmanager einen Aktionsplan, um die gewünschte Qualität des IT-Betriebs wiederherzustellen, und verfolgt den Fortschritt des Aktionsplans.

Der Qualitätsmanager für Business Continuity überwacht die Umsetzung aller Betriebs- und Implementierungsstandards. Er muss allen beteiligten Parteien gerecht werden und ein gemeinsames Team schaffen, das hinter Innovation und Business Continuity steht. Die Plattform, um dies zu erreichen, bietet der Situation Room.

Hier werden in regelmäßigen Besprechungen die vorliegenden Top Issues im SAP Solution Manager als zentralem Datenpool diskutiert, Ursachen analysiert und Zuständigkeiten zur Lösung von Issues definiert.

5.4 Qualitätsmanagement für Business Continuity: So können Sie Ihren Erfolg messen

Die folgenden Abschnitte zeigen auf, wie Sie im kontinuierlichen Geschäftsbetrieb Verfahren entwickeln, mit denen Sie den Erfolg Ihrer Arbeit belegen können.

5.4.1 Technical Operations

Mit den folgenden Benchmarks können Sie messen, wie erfolgreich Ihre Technical-Operations-Strategie für das Unternehmen war und ist.

- Wie genau stimmt die Technical-Operations-Strategie mit den beiden Standards System-Monitoring und System Administration überein, die SAP für die Ausführung dieser Arbeit propagiert? Haben Sie z.B.:
  - eine Strategie für die Überwachung des Systems und der Endanwendererfahrung für alle Produktivsysteme und alle kritischen Endanwenderaktionen?
  - Zugriff auf Know-how zur Systemverwaltung, wie es in dem von SAP propagierten Standard beschrieben ist?
- Erfüllt die Technical-Operations-Strategie die KPIs, die für Technical Operations definiert wurden?
- Werden KPIs zwischen dem Qualitätsmanager für Business Continuity und der Geschäftsabteilung vereinbart? Sie sollten aus den KPIs abgeleitet sein, die für das Unternehmen definiert wurden, oder eine Untermenge dieser KPIs darstellen – z.B. können sie auf den Geschäftseinnahmen basieren, mit denen Sie aufgrund der für die Verarbeitung erwarteten Aufträge, Lieferungen oder Rechnungen planen. Dies würde Ihnen ermöglichen, Durchsatz und Reaktionszeiten zu definieren.
- Treten ungeplante Ausfallzeiten des Systems auf?

5.4.2 Business Process Operations

Mit den folgenden Benchmarks können Sie messen, wie erfolgreich Ihre Business-Process-Operations-Strategie für das Unternehmen war und ist:

- Wie genau stimmt die Business-Process-Operations-Strategie mit den vier Standards Exception Handling and Business Process and Interface Monitoring, Job Scheduling Management, Data Integrity and Transactional Consistency und Data Volume Management überein, die SAP in diesem Zusammenhang zur Verfügung stellt? Die Kriterien sind z.B.:

  - eine Strategie für die Überwachung der Geschäftsprozesse und Schnittstellen für alle zentralen produktiven Geschäftsprozesse
  - eine Strategie für die Jobverwaltung, die mit dem SAP-Standard Job Scheduling Management übereinstimmt, sowie eine aktualisierte Dokumentation für alle geschäftskritischen Jobs
  - eine umfassende Strategie für das Datenkonsistenzmanagement und die Ausführung der relevanten Datenkonsistenzprüfungen in der Produktivumgebung
  - eine Strategie für das Datenvolumenmanagement
- Erfüllen Sie die KPIs, die für Business Process Operations definiert wurden?
- Werden die KPIs zwischen dem Qualitätsmanager für Business Continuity und der Geschäftsabteilung vereinbart? Sie sollten aus den KPIs abgeleitet sein, die für das Unternehmen definiert wurden, oder eine Untermenge dieser KPIs darstellen, z. B. können sie auf den Geschäftseinnahmen basieren, mit denen Sie angesichts der für die Verarbeitung erwarteten Aufträge, Lieferungen oder Rechnungen planen.
- Sind Ihre Kerngeschäftsprozesse jederzeit – abgesehen von unvorhersehbaren Ausfallzeiten – verfügbar?

5.4.3 Application Management

Die folgenden Fragen helfen Ihnen zu ermitteln, wie erfolgreich Ihre Application-Management-Strategie für das Unternehmen war und ist:

- Wie genau stimmt die Application-Management-Strategie mit den beiden SAP-Standards Root Cause Analysis und Remote Supportability für diesen Bereich überein? Wichtige Punkte sind z. B.:
  - Zugriff auf Know-how zur durchgängigen Ursachenanalyse, wie es im SAP-Standard Root Cause Analysis beschrieben ist
  - Verfügbarkeit aller Produktivsysteme für den Remote-Zugriff durch SAP und ihre Partner
- Können Systemstillstände innerhalb von vier Stunden behoben werden?

5.5 Services des SAP Active Global Supports, Schulungen und Zertifizierungen

Services des SAP Active Global Supports helfen Ihnen beispielsweise bei der Entwicklung einer Strategie für den Betrieb der Geschäftsprozesse und bei der Einrichtung von Berichtswerkzeugen, mit denen Sie die Wirksamkeit dieser Aufgaben messen können. Folgende SAP-Services sind für das Sicherstellen der Business Continuity von besonderem Interesse (eine detaillierte Beschreibung der Services finden Sie in Anhang A, »Weiterführende Informationen und Angebote«):

- SAP Business Process Management
- SAP Business Process Performance Optimization
- SAP Interface Management
- Data Volume Management
- SAP EarlyWatch Alert

Um die für die Verwaltung der Business Continuity erforderlichen Fähigkeiten zu erwerben, sollte der Qualitätsmanager den Kurs E2E060 besuchen. Bei diesem fünftägigen Schulungskurs lernt er, die folgenden erweiterten Funktionen im Customer COE zu verwalten:

- Verwendung eines zentralen Datenpools
- technische Integrationsvalidierung
- Verbesserung der Geschäftsprozesse
- Sicherung der Business Continuity
- Schutz der IT-Investitionen des Unternehmens

Details zur Schulung und Zertifizierung finden Sie in Kapitel 13, »Kurs- und Zertifizierungsübersicht«.

5.6 Fallbeispiel – Sicherstellen eines stabilen Betriebs

Das folgende Fallbeispiel zeigt, wie der Qualitätsmanager für Business Continuity einen stabilen Betrieb sicherstellen kann. Es erläutert, wie Sie mithilfe der SAP-Standards für Solution Operations ein operatives Konzept entwickeln können.

5.6.1 Das Szenario des Fallbeispiels

Ein großes Unternehmen in Europa hat kürzlich den Produktivstart für einen Geschäftsprozess durchgeführt, der die Verwaltung und Ausführung von Kundenaufträgen für eine seiner größten Geschäftseinheiten in Nordamerika steuert. Aufgabe des Qualitätsmanagers für Business Continuity war es, sicherzustellen, dass dabei alle Prozesse für den Betrieb des Systems und der Geschäftsprozesse kontinuierlich verfügbar waren.

Zusammen mit dem Qualitätsmanager für die technische Integrationsvalidierung prüfte der QM für Business Continuity die Systemlandschaft sowie alle zentralen Geschäftsprozesse und Schnittstellen, bei denen ein Zusammenhang mit der neuen Software bestand.

Lösungslandschaft und zentrale Geschäftsprozesse

Die Softwarelandschaft enthielt mehrere SAP-Softwarekomponenten sowie die alte Lagersoftware des Unternehmens, wie in Abbildung 5.1 dargestellt.

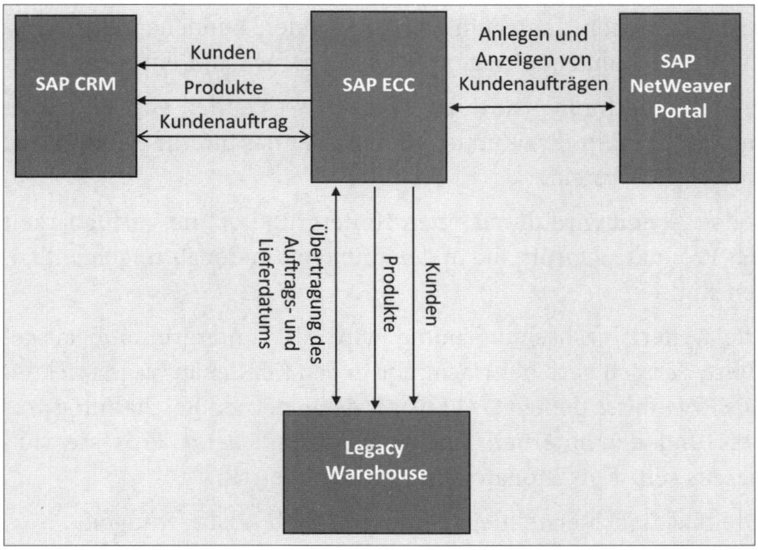

Abbildung 5.1 Softwarelandschaft und Schnittstellen im Fallbeispiel

Auftragsabwicklung

Der Geschäftsprozess für die Auftragsabwicklung galt aus geschäftlicher Sicht als der kritischste Geschäftsprozess. Er wurde in folgender Weise eingerichtet (siehe auch Abbildung 5.2):

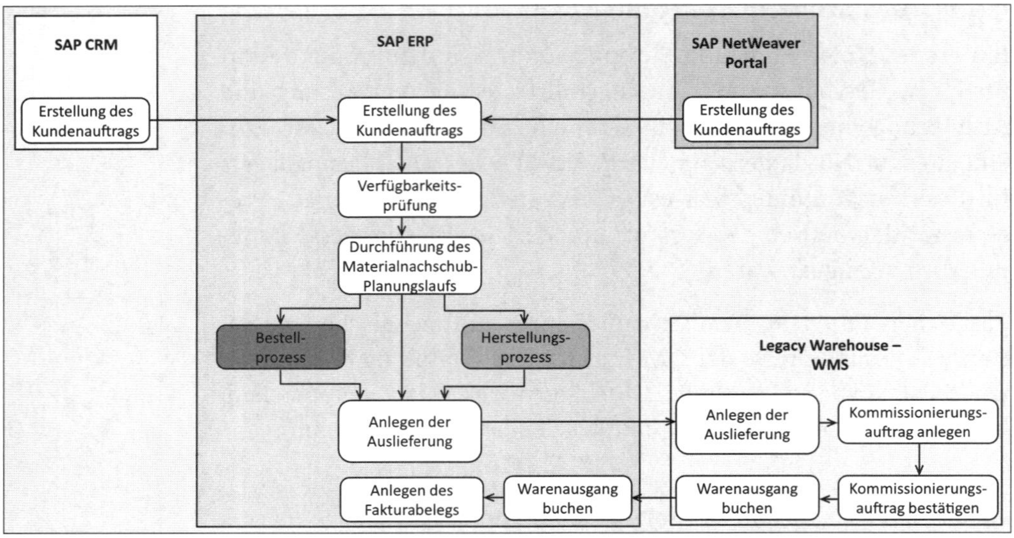

Abbildung 5.2 Geschäftsprozess für die Auftragsabwicklung

1. Die Kunden geben eilige Bestellungen über das Call-Center auf.
2. Der Call-Center-Agent erstellt mithilfe der CIC-Funktion (Customer Interaction Center) in SAP CRM einen Kundenauftrag. Circa 40 % aller Kundenaufträge werden über das Call-Center erstellt.
3. Die übrigen Kundenaufträge – ca. 60 % – werden von Vertriebsmitarbeitern für ihre Kundenkonten über das interne Portal direkt in SAP ERP erstellt.
4. Jeden Abend wird durch einen Hintergrundjob die Verfügbarkeit der Produkte geprüft, die in den offenen Kundenaufträgen enthalten sind.
5. Die Materialnachschubplanung wird als Hintergrundjob ausgeführt, der sich nach der Nachfrage in den Kundenaufträgen richtet. Die Ergebnisse dienen als Basis für den externen Beschaffungsprozess und den internen Fertigungsprozess. Beide Prozesse sind bereits seit sechs Monaten im Produktivbetrieb.
6. Dreimal täglich erstellt ein Hintergrundjob Auslieferungen.
7. Die Auslieferungen werden an die alte Lagersoftware gesendet und müssen zwei Stunden vor dem Start einer neuen Schicht eintreffen.
8. Das Lagersystem erstellt Kommissionierungs-Transportaufträge.

9. Die Lagermitarbeiter, die den physischen Kommissionierungsprozess ausgeführt haben, bestätigen den Kommissionierungs-Transportauftrag im Lagersystem.
10. Nach dem Ende einer Schicht im Lager wird die Warenausgabe für die fertiggestellten Auslieferungen gebucht und an SAP ERP übertragen.
11. Ein Hintergrundjob bucht die Warenausgabe an SAP ERP.
12. Jeden Morgen wird ein Hintergrundjob gestartet, um die Fakturabelege zu erstellen.

5.6.2 Einrichten eines Betriebs, der dem Standard entspricht

Der Qualitätsmanager muss ein Projekt einrichten, um die Betriebsprozesse zu implementieren oder anzupassen. Die Struktur der Projekte sollte der Run SAP-Roadmap folgen. Die relevanten Arbeitspakete in der Roadmap sind folgende:

- Application Management
- SAP Technical Operations
- Business Process Operations

Projektphasen

Das Projekt folgt den in der Roadmap beschriebenen Phasen:

1. Bewertung der aktuellen Betriebsprozesse; Entscheidung, ob Änderungen an der Systemlandschaft oder an neuen Geschäftsprozessen eine Änderung der vorhandenen Betriebsprozesse oder die Einführung neuer Betriebsprozesse erforderlich machen
2. Entwurf der Änderungen an den Betriebsprozessen mit einem höheren Detaillierungsgrad (z.B. unter Einbeziehung zusätzlicher Überwachungsanforderungen oder Verwaltungsaufgaben)
3. Umsetzung der Änderungen durch Anpassung der vorhandenen Betriebswerkzeuge, z.B. System-Monitoring oder Geschäftsprozess- und Schnittstellen-Monitoring; Aktualisierung der Dokumentation für operative Prozesse und Verfahren; Aktualisierung des Schulungsmaterials
4. Übergabe der Änderungen an das Application-Management-Team, das SAP Technical Operations Team und das Business-Process-Operations-Team

5.6.3 Strategie für Application Management und SAP Technical Operations

Die Softwarelandschaft des Unternehmens besteht aus SAP NetWeaver Portal und SAP CRM sowie aus Backend-Systemen für SAP ERP. Die beiden Backend-Systeme für SAP NetWeaver Application Server basieren auf ABAP-Technologie. SAP NetWeaver Portal basiert auf Java-Technologie.

Das Unternehmen möchte die gesamte Softwarelandschaft – sowohl die ABAP- als auch die Java-basierten Komponenten – mit einem einzigen Team für den technischen Betrieb betreuen. Aus diesem Grund ist es wichtig, dass das Unternehmen über eine zentrale und einheitliche Sicht der verteilten und heterogenen Softwarelandschaft verfügt.

SAP Solution Manager

Das Unternehmen hat die Diagnoselösungen von SAP sowie zwei Überwachungslösungen von Fremdanbietern evaluiert. Aufgrund der umfassenden Inhalte und der besten Integration in SAP-Systeme ohne zusätzliche Lizenzgebühren hat sich das Unternehmen entschieden, den SAP Solution Manager für die Verwaltung des technischen Betriebs seiner SAP-Lösungen zu verwenden. Der SAP Solution Manager wurde auf einem kleinen Rechner ausgeführt, der ausschließlich dazu diente, SAP-Software herunterzuladen und Installationsschlüssel zu generieren. Das Unternehmen entschied sich daher für die Implementierung des SAP Solution Managers als separates Projekt mit dediziertem Projektleiter und Projekteigentümer und für die Einrichtung einer Betriebsstrategie nur für den SAP Solution Manager.

Implementierung in vier Phasen

Die Implementierung wurde in vier Phasen durchgeführt:

1. **Planung**
   Das Unternehmen arbeitete den Master Guide für den SAP Solution Manager durch, um alle relevanten Planungsschritte für die Implementierung des SAP Solution Managers zu bestimmen. Dabei wurde auch eine Architektur-, Sizing- und Agenten-Deployment-Strategie für die verwalteten Systeme entwickelt.
2. **Installation**
   Der SAP Solution Manager wurde gemäß den Anweisungen des SAP-Installationsprogramms `sapinst` so installiert, dass er speziell

auf die Betriebssystem- und Datenbankkonfiguration des Unternehmens abgestimmt war. Da ein Mitglied des Projektteams Erfahrung mit der Installation von SAP-Software hatte, musste der SAP Solution Manager Installation Guide nur einmal konsultiert werden, als ein Problem mit dem Laden der Datenbank auftrat. Gemäß den Sizing-Empfehlungen wurden ein Dual-Stack mit je zwei ABAP- und Java-Instanzen sowie zwei CA Wily Introscope Enterprise Manager eingerichtet. Das Unternehmen bettete das unbetreute Installationsprogramm für den Diagnoseagenten von SAP in ein Kundenskript ein, um den Diagnoseagenten nicht manuell auf allen virtuellen Hosts in der Softwarelandschaft installieren zu müssen.

3. **Konfiguration**
   Das Unternehmen verwendete den Assistenten für die Grundkonfiguration (Transaktion SOLMAN_SETUP), um das SAP Solution Manager-System vorzubereiten und eine Verbindung zu den verwalteten Systemen – Entwicklungs-, Qualitätssicherungs- und Produktivumgebung – herzustellen.

   Da alle Beteiligten in der IT-Organisation des Kunden Hand in Hand arbeiteten, konnte die Implementierung innerhalb von zwei Wochen fertiggestellt werden.

4. **Schulungen**
   Die im Unternehmen vorhandenen Kenntnisse zur Verwaltung von ABAP-basierter Software waren gut. Die Fähigkeiten, die für den Betrieb der Java-basierten Module von SAP NetWeaver Application Server und SAP NetWeaver Portal erforderlich sind, wurden mithilfe eines Vor-Ort-Schulungsangebots von SAP für das Technical-Operations-Team gestärkt:

   - E2E100 – E2E Root Cause Analysis
   - SAP System Administration Service

   Die Teams für Application Management, SAP Technical Operations und Business Process Operations nahmen an der Schulung teil, und 74 % der IT-Mitarbeiter des Unternehmens erhielten eine Zertifizierung in E2E Root Cause Analysis.

Nach den oben beschriebenen Schritten war die durchgängige Ursachenanalyse bereits voll funktionsfähig, und das Application-Management-Team begann, Incidents mithilfe der Funktionen für die Änderungsanalyse, die Workload-Analyse, die Exception-Analyse und die Trace-Analyse zu klären. Das SAP Technical Operations Team verwendete die Java-Diagnosefunktion (z.B. den *Thread Dump Analyzer* und den *Java Log Viewer*), um die Durchschnittszeit der Incident-Behebung zu verkürzen.

Einsparungen

Innerhalb der ersten drei Monate, in denen die durchgängige Ursachenanalyse im Produktivbetrieb eingesetzt wurde, sanken die Kosten für das Incident Management um 32 %. Das Unternehmen beseitigte Ineffizienzen in Kundenprogrammen, die zu einer erhöhten Last für SAP CRM und SAP NetWeaver Portal geführt hatten. Mithilfe der Funktion für die durchgängige Workload-Analyse konnte der ressourcenintensive benutzerdefinierte Code gefunden werden, der die Ineffizienz verursacht hatte. So konnten die Teams für Application Management und SAP Technical Operations dem Custom-Development-Team mithilfe der Funktion für die Trace-Analyse wertvolle Empfehlungen dazu geben, wo das größte Potenzial für eine Optimierung der Software besteht. Die Hardwareanforderungen wurden um 42 % reduziert, sodass das Unternehmen seine nächsten Lösungen in den Produktivbetrieb überführen konnte, ohne zusätzliche Hardware kaufen zu müssen.

Trotz der innerhalb der ersten drei Monate nach dem Produktivstart erreichten Optimierung beklagten sich Mitarbeiter in Indien und Japan über unbefriedigende Antwortzeiten bei der Erstellung von Kundenaufträgen im internen Portal. Es wurde eine Überwachung der End-User Experience implementiert und ein Skript geschrieben, das die Eingabe eines Kundenauftrags simulierte und alle zehn Minuten ausgelöst wurde. Bei nicht angemessenen Reaktionszeiten wurde automatisch eine durchgängige Trace-Analyse ausgelöst, um die Bestandteile der Reaktionszeit zu ermitteln. Die Reaktionszeit wurde in Abschnitte auf dem Client, im Netzwerk und auf dem Server aufgegliedert, und die Zeit auf dem Server wurde nochmals in Zeit in SAP NetWeaver Portal, SAP CRM und SAP ERP unterteilt. Die Ergebnisse wurden mit der Funktion für die durchgängige Workload-Analyse analysiert. Dabei wurde für die beiden problematischen Länder eine mangelnde Bandbreite zur zentralen Serverumgebung als Grundursache ermittelt. Nach einer Verbesserung dieser Netzwerkbandbreite wiesen beide Länder dieselbe hohe Endanwenderzufriedenheit auf wie die anderen Länder. Seitdem wird die End-User Experience, also das Systemverhalten aus Anwendersicht, überwacht, sobald in einer Region oder einem Land Probleme festgestellt werden.

Die Systemüberwachung wurde hauptsächlich über die Funktionen für durchgängige Workload-Analyse und durchgängige Exception-Analyse durchgeführt, um die sonst notwendige Anmeldung an mehreren Systemen zu umgehen.

Workload- und Exception-Analyse

Um die Gesamtbetriebskosten zu reduzieren, wollte das Unternehmen die Überwachung automatisieren und alle manuellen Überwachungsaufgaben durch Alerts zu Leistungs- und Verfügbarkeits-Issues ersetzen. Die Implementierung einer durchgängigen Benachrichtigungsinfrastruktur durch das Unternehmen steht noch aus.

Schließlich erstellte das Unternehmen Reporting-Dashboards für sein IT-Management und für die Geschäftseinheiten. Der Qualitätsmanager richtete diese Dashboards sowohl an der IT als auch am Geschäft aus, sodass klar ersichtlich wurde, welchen Wert und welches hohe Maß an Service die IT den Geschäftseinheiten liefert. Im SAP Solution Manager-System wurde sowohl für die ABAP- als auch für die Java-basierten Systeme ein Bericht generiert, der auf den Inhalten des SAP EarlyWatch Alert-Service basierte. Dieser Bericht zeigte die herausragende operative Leistung des SAP Technical Operations Teams. Der Wert für die Endanwenderzufriedenheit erreichte ein Allzeithoch.

Reporting-Dashboards

5.6.4 Business-Process-Operations-Strategie

Im vorliegenden Fallbeispiel bildete der Geschäftsprozess für die Auftragsabwicklung den Schwerpunkt der Business-Process-Operations-Strategie. Im Folgenden werden die hierfür nötigen Grundschritte beschrieben.

Schritt 1: Prüfung der Prozessdokumentation im SAP Solution Manager

Zentrale Dokumentation

Während des Implementierungsprojekts dokumentierte das Projektteam den Geschäftsprozess für die Auftragsabwicklung im SAP Solution Manager, und die Informationen wurden anschließend in das Solution Directory übertragen. Der Qualitätsmanager hat somit Zugriff auf:

- den Geschäftsprozessablauf und die Geschäftsprozessschritte
- Ausführungsinformationen für die Geschäftsprozessschritte, z.B. ob es sich um ein Programm oder eine Transaktion handelt und ob die Ausführung online oder im Hintergrund erfolgt

- Schnittstellen, die mit der Geschäftsprozess- und der Schnittstellentechnik zusammenhängen (z.B. die Verwendung von Remote Function Calls oder IDocs)

Schritt 2: Erfassung der Anforderungen in der Geschäftsabteilung

Im nächsten Schritt wurden die Anforderungen an den Geschäftsprozess erfasst, wie der Business Process Champion (als Repräsentant der Geschäftsabteilung) sie definiert. Tabelle 5.2 fasst die Angaben des Business Process Champions zum Auftragsabwicklungsprozess zusammen.

Prozessschritt	Anwender/ Software	Von der Geschäftsabteilung gelieferte Informationen
Erstellung des Kundenauftrags	Online-Benutzer/ SAP CRM	Durchschnittliches Tagesvolumen: 40.000 mit fünf Belegpositionen Anforderungen: ▸ Laufzeit pro Auftrag unter fünf Sekunden ▸ Weniger als 1 % unvollständige Aufträge
Erstellung des Kundenauftrags	Online-Benutzer/ SAP NetWeaver Portal	Durchschnittliches Tagesvolumen: 60.000 mit fünf Belegpositionen Anforderungen: ▸ Laufzeit pro Auftrag unter acht Sekunden ▸ Weniger als 1 % unvollständige Aufträge
Verfügbarkeitsprüfung	Hintergrundjob	Anforderung: ▸ Joblaufzeit unter 90 Minuten
Durchführung eines Materialnachschub-Planungslaufs	Hintergrundjob	Anforderung: ▸ Joblaufzeit unter 60 Minuten

Tabelle 5.2 Anforderungen an den Prozess Auftragsabwicklung

Prozessschritt	Anwender/ Software	Von der Geschäftsabteilung gelieferte Informationen
Anlegen der Auslieferung	Hintergrundjob/ SAP ERP	Tägliches Volumen: 100.000 Lieferungen Anforderungen: ▸ Joblaufzeit unter 60 Minuten ▸ Weniger als 50.000 offene Aufträge, die nach drei Tagen nicht oder nicht vollständig ausgeliefert wurden
Anlegen der Auslieferung	Hintergrund/ alte Lagersoftware	Keine spezifischen Anforderungen
Anlegen des Kommissionierungs-Transportauftrags	Hintergrundjob	Keine spezifischen Anforderungen
Bestätigen des Kommissionierungs-Transportauftrags	Online-Benutzer/ alte Lagersoftware	Keine spezifischen Anforderungen
Buchen des Warenausgangs	Hintergrundjob/ alte Lagersoftware	Keine spezifischen Anforderungen
Buchen des Warenausgangs	Hintergrundjob/ SAP ERP	Durchschnittliches Tagesvolumen: 100.000 Buchungen Anforderungen: ▸ Weniger als 1 % offene Lieferungen, die älter als drei Tage und ohne Warenausgang sind ▸ Weniger als 3 % offene Lieferungen, die älter als drei Tage und ohne Fakturabeleg sind
Anlegen des Fakturabelegs	Hintergrundjob	Anforderungen: ▸ Alle Fakturabelege bis 11 Uhr erstellt ▸ Weniger als 1 % Fakturabelege ohne Finanzdokument

Tabelle 5.2 Anforderungen an den Prozess Auftragsabwicklung (Forts.)

Strategie für Geschäftsprozess- und Schnittstellen-Monitoring

Das Projektteam, das für das Arbeitspaket Business Process Operations der Run SAP-Methode zuständig ist, verwendet den SAP Solution Manager, um die Überwachungsstrategie und die Werkzeuge für den Auftragsabwicklungs-Geschäftsprozess zu definieren und einzurichten. Bei der Durchführung dieser Arbeiten folgen sie dem Ablauf des Geschäftsprozesses, wie in der zugehörigen Dokumentation beschrieben. Das Team legt die relevanten Überwachungsaspekte für die einzelnen Prozessschritte fest und entscheidet anhand der vom Business Process Champion gelieferten Informationen und anhand der Best-Practice-Dokumentation von SAP, welche Überwachungsfunktionen konfiguriert werden sollen.

Schnittstellen

Einen weiteren Aspekt der Überwachungsstrategie stellt die Überwachung von Schnittstellen dar. Der Geschäftsprozess für die Auftragsabwicklung verfügt über eine Standardschnittstelle zwischen SAP CRM und SAP ERP. Dadurch muss für einen Austausch von Kundenaufträgen die BDoc- und qRFC-Überwachung (*Business Document* und *queued Remote Function Call*, Hintergrund-RFC) eingerichtet sein. Die andere kritische Schnittstelle verbindet das System, auf dem SAP ERP ausgeführt wird, und die alte Lagersoftware des Kunden. Ausgehend von der Schnittstellendokumentation im SAP Solution Manager wird die Schnittstelle auf der Grundlage der *IDocs*-Technologie (*Intermediate Documents*) realisiert. Dies erfordert die Einrichtung der IDoc-Überwachung.

Zusätzlich zur Konfiguration der Überwachungsfunktionalität beschreibt das Projektteam die Fehlerbehandlungsverfahren und konfiguriert die Benachrichtigungsfunktion so, dass bei Auslösung eines Alerts E-Mails an die für den Auftragsabwicklungsprozess zuständigen Mitglieder des Business-Process-Operations-Teams gesendet werden.

Jobverwaltung

Dokumentation

Das Projektteam muss dafür sorgen, dass alle zum Geschäftsprozess gehörigen Hintergrundjobs dokumentiert werden. Dazu verwenden die Teammitglieder die Funktion zur Jobdokumentation im SAP Solution Manager. Diese Funktion unterstützt nicht nur die Dokumentations- und Einplanungsaktivitäten, sondern hilft Ihnen auch beim Einrichten der Überwachungs- und Benachrichtigungsmechanismen für Hintergrundjobs. Die Benachrichtigungsfunktion ist Teil des Geschäftsprozess-Monitorings im SAP Solution Manager.

Datenkonsistenzprüfungen

Das Projektteam verwendet die Funktion für Datenkonsistenzmanagement im SAP Solution Manager, um zu entscheiden, welche Datenkonsistenzprüfungen für den Auftragsabwicklungs-Geschäftsprozess erforderlich sind. Das Team plant die Überprüfungen mit der Funktion zur Jobdokumentation ein.

Das Team im vorliegenden Fallbeispiel hat entschieden, Datenkonsistenzprüfungen für die Übertragung von Daten von der Materialverwaltung an die Finanzsoftware einzuplanen. Außerdem wurde eine regelmäßige Überprüfung der Informationen eingeplant, die für die Available-to-Promise-Prüfung (ATP) erforderlich sind.

Datenvolumenmanagement

Bereits einen Monat nach dem Produktivstart der Lösung zeigte die von SAP ERP verwendete Datenbank ein Wachstum von ca. 80 GB pro Monat. Das Projektteam entschied, mithilfe des Datenvolumenmanagement-Services eine Strategie für das Datenvolumenmanagement zu definieren.

In einem ersten Schritt analysierte das SAP-Team die Datenbank und die SAP CRM-Anwendung und legte einen Vorschlag zum Umfang der Strategie vor. Die Strategie widmete sich der schnellen Zunahme von Geschäftsbelegen und lieferte Optionen für die Eindämmung des Datenwachstums.

Archivierung

Im zweiten Schritt sprachen SAP-Experten mit dem Projektteam sowie Vertretern der Geschäftsabteilung über die Aktionen, die angesichts des vorgesehenen Umfangs ausgeführt werden sollten. Eine erforderliche Aktion war die Aktivierung eines Archivierungsprozesses für Verkaufs-, Liefer- und Fakturabelege sowie für die entsprechenden Buchhaltungsbelege. Eine weitere Aktion, die mit der Geschäftsabteilung vereinbart wurde, war die Aktivierung eines Prozesses für die Aggregation der Buchhaltungsdaten. Die Experten schätzten, dass das Wachstum mit diesen Maßnahmen auf 50 GB pro Monat reduziert werden kann.

In einem dritten Schritt wurde im SAP Solution Manager für SAP ERP und SAP CRM die regelmäßige Überwachung der Größe und des Wachstums der Datenbank eingerichtet.

Geänderte Geschäftsanforderungen sind ein wichtiger betriebswirtschaftlicher Faktor, der es erforderlich macht, die vorhandenen Geschäftsprozesse flexibel anzupassen oder schnell neue Geschäftsprozesse einzuführen.

6 Innovation beschleunigen

Herausforderungen beim Innovationsmanagement

IT-Lösungen von SAP-Kunden werden durch die Vielzahl der eingesetzten, heterogenen Technologien und stark modularisierten Lösungskomponenten immer komplexer. Mit der Komplexität steigen auch die Risiken, die Softwareimplementierungen oder Upgrades in solchen Umgebungen nach sich ziehen. Die Integration der beteiligten Komponenten zu funktionsfähigen Gesamtlösungen muss gründlich getestet und stetig validiert werden. In den folgenden Abschnitten erfahren Sie, wie der SAP Enterprise Support Sie bei den Integrationstests und bei der technischen Integrationsvalidierung unterstützt.

6.1 Integrationstest

SAP liefert an ihre Kunden zwar Standardsoftware aus, doch versteht es sich von selbst, dass dieser Standard konfiguriert und angepasst werden muss, damit die Software den Zielen und Anforderungen der jeweiligen Kunden gerecht wird. Zudem ist es erforderlich, dass veränderte Geschäftsprozesse z.B. den gesetzlichen Bestimmungen entsprechen und Wettbewerbsvorteile schaffen. Deshalb müssen bei Geschäftsprozessänderungen und im Besonderen beim Upgrade SAP-orientierter Lösungen u. a. folgende Aspekte berücksichtigt werden:

- Steuerung aller Änderungsaktivitäten einschließlich der Quality-Gates mit Überwachung aller Projektphasen
- Umgang mit benutzerdefiniertem Code
  - Identifizierung von nicht verwendetem, benutzerdefiniertem Code

  - Bewertung, ob der verwendete, benutzerdefinierte Code durch Standardfunktionen ersetzt werden kann
  - Identifizierung von Bereichen im benutzerdefinierten Code, die nach dem Upgrade der Lösung Probleme bereiten
- Lösungsdokumentation für wichtige Geschäftsprozesse einschließlich des Umgangs mit benutzerdefiniertem Code sowie Schnittstellen zu Partner- und Drittanbieteranwendungen
- Ermittlung der Auswirkungen von Softwareänderungen bei erfolgsentscheidenden Geschäftsprozessen mit dem Business Process Change Analyzer (BPCA)
- Ermittlung des Testumfangs und der Testplanung, um sicherzustellen, dass alle veränderten Lösungen und Prozesse in den Tests berücksichtigt werden
- Einrichten des Testsystems und Bereitstellung von Testdaten einschließlich Stamm- und Bewegungsdaten
- Testausführung einschließlich
  - Funktions-, Szenario- und Integrationstests
  - technischer Systemtests, inklusive Performancetests und Datenkonsistenztests (Integration Validation)
- synchronisierte Transporte von Softwareänderungen
- Verfolgen des Testfortschritts und formale Abnahme vor Implementierung der Änderungen in die Produktivlandschaften

Der Ansatz von SAP zur Berücksichtigung der genannten Aspekte ruht auf mehreren Grundpfeilern.

Prozess, Funktionen, Services

SAP hat gemeinsam mit seinen Kunden Best Practices zum Einrichten der Qualitätsmanagementprozesse und insbesondere des Testmanagements entwickelt. Im folgenden Abschnitt wird der Prozess für den Integrationstest genauer beschrieben.

Alle für den Integrationstest erforderlichen Funktionen werden im SAP Solution Manager und in den integrierten Partnerlösungen bereitgestellt.

Neben den Dienstleistungen von SAP werden vom SAP Active Global Support (SAP AGS) zusätzliche Services für den Produktivstart und für technische Integrationstests angeboten. Nähere Angaben dazu finden Sie in Abschnitt 6.3, »Services des SAP Active Global Supports«.

Abbildung 6.1 gibt einen Überblick über den Prozess des Integrationstests[1], der im Folgenden näher erläutert wird.

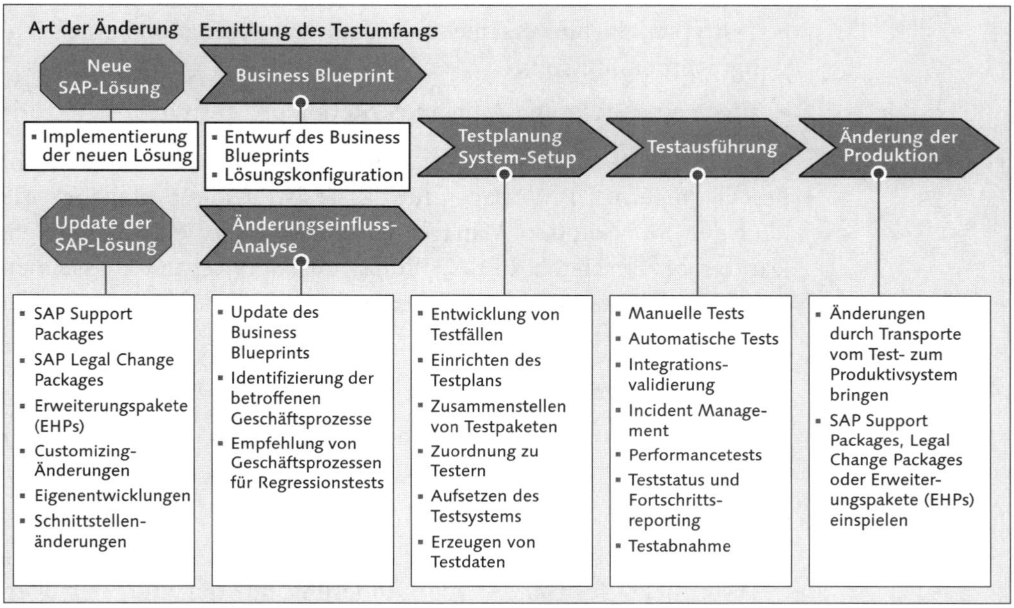

Abbildung 6.1 Empfohlener Testprozess für SAP-orientierte Lösungen

6.1.1 Teststrategie

Die wichtigste Aktivität vor Beginn jeglicher Testaktivitäten ist das Festlegen einer unternehmensspezifischen Teststrategie. Die Teststrategie beschreibt die Methode für das Testmanagement. Sie dient als Leitfaden und sollte mindestens die folgenden Aspekte beschreiben:

- Rollen und Zuständigkeiten, z.B. Testmanager, Testkoordinator und Tester
- Informationsquellen und Speicherorte für die Testprojektdokumentation einschließlich der Geschäfts- und Testanforderungen und der Testergebnisse
- Werkzeuge, die zur Unterstützung von Anforderungsanalyse, Planung, Ausführung und Auswertung der Tests verwendet werden

1 Der SAP-Standard für *Testmanagement* gibt eine umfassende Beschreibung der Funktionstests und der technischen Tests für SAP-orientierte Lösungen. Sie finden eine Beschreibung des Standards auf dem SAP Service Marketplace unter *http://service.sap.com/supportstandards*.

- Verfahren zum Änderungsmanagement im Unternehmen einschließlich der Entscheidungsprozesse und aller Personen, die bei der Annahme oder Ablehnung von Änderungen beteiligt sind
- Testtypen, die bei verschiedenen Änderungsszenarien berücksichtigt werden müssen
- allgemeine Start- und Abnahmekriterien pro Testtyp

Accelerated SAP

Die ASAP-Methode (Accelerated SAP) unterstützt SAP-Kunden mit Beschleunigern, z.B. Vorlagen für das Teststrategie-Whitepaper, die über den SAP Solution Manager heruntergeladen werden können. Darüber hinaus bieten die SAP Professional Services in umfassenden Service-Angeboten Expertenwissen an.

6.1.2 Vorbereitung des Testprojekts

In der Vorbereitungsphase des Testprojekts klären der Testmanager und dessen Team folgende Aspekte:

- **Testkonzept**
  Überprüfung der Teststrategie in Bezug auf das konkret geplante Testprojekt. Je nach Art der Änderung müssen die geeigneten Testtypen und die Testmethode festgelegt und in einem Testkonzept dokumentiert werden.
- **Testziele**
  Das Ziel der Testaktivitäten sollte anhand einer Reihe transparenter Testziele beschrieben werden. Die Anforderungen für den Beginn der Testaktivitäten, die Qualitätsziele und die Abnahmekriterien sollten als Leitfaden für die Testvorbereitung und Bewältigung der Erwartungen ausformuliert werden.
- **Testwerkzeuge**
  Auswahl der verfügbaren Testwerkzeuge, die zur Unterstützung von Anforderungsanalyse, Planung, Ausführung und Auswertung der Testaktivitäten im geplanten Testzyklus geeignet sind.
- **Testbudget**
  Der Testmanager muss ein ausreichendes Testbudget einplanen, in dem finanzielle Mittel, Verfügbarkeit von Testern, Testsysteme, IT-Ausrüstung, Räume etc. berücksichtigt werden.
- **Zeitplan**
  Planung aller wichtigen Termine im Rahmen des Testprojekts, z.B.:

  - Start- und Endtermine
  - Meilensteine und Quality-Gates
  - Termine für Code-Freeze, Notkorrekturen und abschließenden Transport

- **Rollen und Zuständigkeiten**
  Alle am Testprojekt beteiligten Rollen und deren Zuständigkeiten müssen klar beschrieben werden. Dazu gehören u.a. Testmanager, Testkoordinator(en), Tester, IT-Support-Team und Entscheidungsträger.

6.1.3 Ermittlung des Testumfangs

In der entscheidenden Phase der Ermittlung des Testumfangs werden Zeit und Aufwand bestimmt, die zur Durchführung des Testprojekts erforderlich sind. Da Änderungen an SAP-orientierten Lösungen der Hauptgrund für die verschiedenen Testaktivitäten sind, muss hier zwischen den Änderungstypen differenziert werden.

Beim Implementieren einer SAP-Lösung (z.B. SAP CRM als Erweiterung eines vorhandenen ERP-Systems) wird eine Reihe von Geschäftsprozessen angepasst, konfiguriert und im Business Blueprint dokumentiert. Der Testumfang wird von der Liste der Geschäftsprozesse abgeleitet, die angepasst bzw. bearbeitet wurden.

Gründe für Änderungen

Die geplanten Änderungen an einer SAP-Lösung können durch unterschiedliche Gründe motiviert sein:

- Einspielen von Support Packages und Legal Change Packages
- Funktionserweiterungen in Form von Erweiterungspaketen (EHPs)
- Konfigurationsänderungen
- Anpassung von Schnittstellen für Anwendungen von SAP-Partnern oder Drittanbietern
- kundeneigene Entwicklungen

Änderungseinfluss-Analyse

Für diese Änderungstypen werden unterschiedliche Methoden zur Ermittlung des Testumfangs empfohlen. Wenn die geplante Änderung genehmigt ist, wird eine erste Risikobewertung durchgeführt, um die Auswirkungen dieser Änderung auf zentrale Geschäftsprozesse zu ermitteln. Eine zweite, wesentlich umfangreichere Risikoanalyse wird sowohl während als auch nach der Implementierung der Änderung im Entwicklungssystem durchgeführt. Im Testsystem werden verschiedene Tests ausgeführt. Ein neuer Typ von Analyseanwendung sollte verwendet werden, der in der Lage ist, eine Änderungseinfluss-Analyse durchzuführen und mögliche Auswirkungen auf zentrale Geschäftsprozesse zu ermitteln. Dieser Analysetyp ermöglicht eine risikobezogene Ermittlung des Testumfangs. Die Testaktivitäten konzentrieren sich auf Änderungen, die zentrale Geschäftsprozesse beeinflussen. Dadurch wird es möglich, den Testaufwand zu reduzieren. Gleichzeitig können die Testressourcen präziser auf die Risikobereiche angesetzt werden. Der Business Process Change Analyzer der SAP Solution Manager Enterprise Edition unterstützt Sie bei diesen Aufgaben.

6.1.4 Business Process Change Analyzer und EHP Business Functions

Kunden der SAP Business Suite, die mit den Business Functions der Erweiterungspaketen (EHPs) für ihre SAP-Lösung neue Funktionen implementieren möchten, müssen sich fragen, auf welche erfolgsentscheidenden Geschäftsprozesse sich diese Implementierung auswirkt. Die Antwort auf diese Frage ist wichtig, da die kritischen Prozesse Funktions- und Regressionstests unterzogen werden müssen, bevor die neuen Business Functions in der Produktivlandschaft aktiviert werden.

SAP Solution Manager 7.0 EHP1 enthält das Werkzeug Business Process Change Analyzer, mit dem Sie Softwareänderungen bei Geschäftsprozessen einer allgemeinen Änderungseinfluss-Analyse unterziehen können. Um identifizieren zu können, auf welche individuellen, kundenspezifischen Geschäftsprozesse sich das Aktivieren von Business Functions auswirkt, ist der Funktionsumfang des Business Process Change Analyzers erweitert worden.

Vorbereitung

Zunächst muss das Erweiterungspaket, das die gewünschten Business Functions enthält, im Kundensystem installiert werden – jedoch ohne es zu aktivieren.

Um mit dem Business Process Change Analyzer eine präzise kundenspezifische Änderungseinfluss-Analyse für Geschäftsprozesse durchzuführen, muss zunächst eine Technical Bill of Material (TBOM) erstellt werden. Damit können Anwender, die keine speziellen technischen Kenntnisse über die Geschäftsprozesse besitzen, die Geschäftsprozesse im Business Process Change Analyzer (im SAP Solution Manager) starten und normal ausführen. Im Hintergrund werden durch den Business Process Change Analyzer alle genutzten SAP-Objekte (Bilder, Programmcode, kundeneigene Erweiterungen, Funktionsmodule, Tabellen etc.) aufgezeichnet und den jeweiligen Geschäftsprozessen im SAP Solution Manager-Blueprint zugeordnet. Alternativ dazu können für die Aufzeichnung der TBOM auch automatische Tests wie eCATT oder HP QTP verwendet werden.

Ausführen der Analyse

Der Business Process Change Analyzer wird mit einer neuen Option für geplante Business-Function-Aktivierungen gestartet, mit der Sie eine oder mehrere nicht aktivierte Business Functions auswählen können. Die Menge der verfügbaren Business Functions ist durch die installierten Erweiterungspakete vorgegeben.

Die zweite Startoption basiert auf den Geschäftsprozessen, die analysiert werden sollen und die sich um SAP Solution Manager-Projekte oder -Lösungen gruppieren. Nach dem Starten der Analyse erhält der Kunde eine Analysenummer, unter der die Analyseergebnisse von verschiedenen Benutzern aufgerufen werden können.

Der Business Process Change Analyzer ermöglicht mehrstufige Analysen mit folgenden Details:

- SAP Solution Manager-Projekte oder -Lösungen und die darin enthaltenen Geschäftsprozesse, auf die sich eine spätere Aktivierung auswirken würde
- SAP-Objekte, die nach Geschäftsprozess oder Prozessschritt aufgelistet sind und beim Aktivieren der ausgewählten Business Functions erneut gestartet werden

SAP-Kunden, die im SAP Solution Manager automatische oder manuelle Tests starten, können direkt aus den Analyseergebnissen einen Testplan generieren. Dieser Testplan enthält alle Testfälle, die sich auf die betroffenen Geschäftsprozesse beziehen, und ermöglicht somit Regressionstests.

Nutzen für Kunden

Die Vorschau der neuen Business Function im Business Process Change Analyzer bietet SAP-Kunden folgende Vorteile (siehe Abbildung 6.2):

- Transparente Geschäftsprozesse durch geplante Aktivierung der betroffenen Business Functions. Diese Analyse erfolgt vor dem Aktivieren der Business Functions und ist in vielen Fällen irreversibel.
- Auf Grundlage der Analyseergebnisse können SAP-Kunden das Ausmaß der erforderlichen Regressionstests messen und feststellen, ob die Zeitplanung ausreicht.
- Testpläne für Regressionstests können anhand der Zuordnungen der Testfälle zu den Geschäftsprozessen im SAP Solution Manager generiert werden.

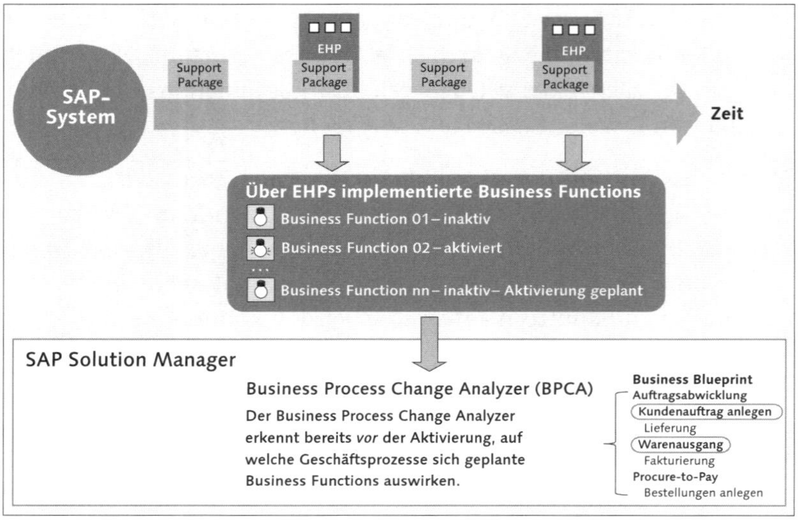

Abbildung 6.2 Business Process Change Analyzer und EHPs

6.1.5 Testplanung und Vorbereitung des Testsystems

Sobald der Testumfang ermittelt ist, können die Tests geplant werden. Zunächst stellt die Fachabteilung aus dem Business Blueprint die Geschäftsanforderungen zusammen. Diese können dann mit den Testanforderungen der Q&A-Abteilung ergänzt werden. Auf der Grundlage dieser Testanforderungen werden manuelle und automatische Testfälle angelegt sowie vorhandene Testfälle überprüft und entsprechend angepasst. Alle Testfälle werden Geschäftsprozessen im Business Blueprint oder in themenbezogenen Testkatalogen zugeordnet, die noch keine Beziehung zu dem aktuellen Testzyklus besitzen.

Für den aktuellen Testzyklus werden geeignete Testfälle ermittelt und in einem Testplan zusammengestellt. Diese können anhand risikobezogener Methoden generiert werden (siehe Abschnitt 6.1.3, »Ermittlung des Testumfangs«, sowie Abschnitt 6.1.4, »Business Process Change Analyzer und EHP Business Functions«), sodass die Testressourcen nur auf die veränderten Bereiche angesetzt werden. Beim Ausführen von Integrationstests an komplexen Geschäftsprozessen ist es wichtig, dass Testfallsequenzen geplant werden, da jeder Prozessschritt auf den Daten der vorherigen Schritte basiert. Auch die Tester werden den einzelnen Testfällen zugeordnet.

Tester-Handout

Die Tester erhalten ein Tester-Handout, in dem folgende Fragen beantwortet sind:

- Wo und wie kann ich auf mein persönliches Testpaket zugreifen?
- Wie greife ich auf die Testfallbeschreibungen und die zugehörigen Testdaten zu?
- Wie greife ich auf die Testfunktionen im Testsystem zu?
- Wie dokumentiere ich meine Testergebnisse?
  - Welche Möglichkeiten habe ich, um den Status der Ergebnisdokumentation einzustellen, und wo lege ich diese Einstellungen fest?
  - Wie werden Incidents gemeldet und dokumentiert?
- An welche Kontaktperson kann ich mich bei Problemen wenden?
- Wie sieht der organisatorische Rahmen des Tests aus (Räume, Zeitplan etc.)?

Alle Tester müssen entsprechende Berechtigungen erhalten, mit denen sie auf die Testsysteme zugreifen und ihre Testfälle ausführen können.

Vor Beginn des Testzyklus müssen die Testsysteme auf den aktuellen Stand gebracht werden. Das heißt, sie müssen mit den Produktivsystemen identisch sein und zusätzlich die neu hinzugefügten Änderungen enthalten. Für viele Unternehmen stellt dies ein großes Problem dar, da eine Kopie des Produktivsystems aus unterschiedlichen Gründen häufig nicht möglich ist. Der letzte Schritt besteht darin, Testdaten für die Testfälle bereitzustellen. Auch dies ist eine komplexe Aufgabe, da im Integrationstest Prozessketten getestet werden müssen, die aus zahlreichen Schritten bestehen. Dafür müssen sorgfältig koordinierte Konfigurations-, Stamm- und Bewegungsdaten festgelegt und bereitgestellt werden.

6.1.6 Testausführung

Wenn die Tests geplant, die Testsysteme verfügbar und Testdaten eingespielt sind, können die Tests beginnen. Die Softwareentwickler führen im Voraus Funktionstests in den Entwicklungssystemen durch. Je nach Art und Umfang des Testzyklus werden verschiedene Typen von Funktionstests durchgeführt.

Zu Beginn des Testzyklus erhalten die Tester per E-Mail das Tester-Handout (siehe Abschnitt 6.1.4, »Business Process Change Analyzer und EHP Business Functions«) und die Einzelheiten zu ihrem Testpaket. Die automatischen Tests werden entweder terminiert oder direkt gestartet.

Testdokumentation

Jeder ausgeführte Test wird protokolliert und mit Testhinweisen dokumentiert. In allen Fällen wird – entweder manuell oder automatisch – ein Status festgelegt. Wenn das System bei manuellen Tests unerwartet reagiert, verzeichnet der Tester im entsprechenden Incident-Management-System (Service Desk des SAP Solution Managers) einen Incident. Dies erfolgt normalerweise manuell, auch bei automatischen Tests.

Wenn der Test abgebrochen und eine Warn- oder Fehlermeldung ausgegeben wird, untersucht der Tester das Problem, bevor der Incident gemeldet wird. Ein Incident ist detailliert zu beschreiben und kann auch mit Screenshots illustriert werden. Incidents sollten automatisch an die verantwortlichen Personen weitergeleitet werden, die sie dann analysieren und bei Bedarf als Problem einstufen. Sobald im Entwicklungssystem eine Korrektur ausgeführt ist, wird diese entsprechend den vorhandenen Absprachen und Zeitplänen in das Testsystem transportiert und erneut getestet.

Technische Integrationsvalidierung

Angesichts der Komplexität und Heterogenität moderner Softwarelösungen wird die technische Integrationsvalidierung besonders für die wichtigen Geschäftsprozesse empfohlen. Dazu gehört das Zusammentragen und anschließende Auswerten einer bedeutenden Menge von Daten aus den Softwareanwendungen, die bei der Ausführung bestimmter Geschäftsprozesse aktiv sind. Mit diesem Validierungstyp können verborgene Warnungen und Fehlermeldungen erkannt werden, die häufig an den Schnittstellen zwischen Anwendungen auftreten.

Lasttests

Nach umfangreichen Änderungen oder nach dem Implementieren neuer Softwarelösungen sollten vor Beginn der Produktivnutzung

Lasttests durchgeführt werden. Diese Tests simulieren eine Situation, in der die erwartete Last (bekannte Anzahl von Benutzern und Hintergrundlast in einer Spitzenlastsituation) simuliert wird. Dabei kann das Systemverhalten bei der Bewältigung großer Datenmengen überprüft werden.

Teststatusreport

Im gesamten Testzyklus überwachen Testkoordinatoren den Teststatus und Testfortschritt sowie den Bearbeitungsstatus der gemeldeten Probleme.

6.1.7 Abschließende Aktivitäten und Implementieren von Änderungen in Produktivsystemen

Wenn alle Testabnahmekriterien erfüllt sind, kann das Quality-Gate geplant werden. Bei dieser Sitzung kommen alle verantwortlichen Parteien zusammen, um die Testergebnisse zu besprechen und zu entscheiden, ob die Änderungen für das Produktivsystem freigegeben werden. Bei positiver Entscheidung werden die Änderungen transportiert und/oder die Support Packages und Erweiterungspakete im Produktivsystem implementiert.

6.2 Technische Integrationsvalidierung

Sie können durch systematische Anwendung der Integration-Validation- Methode für den Betrieb Ihrer Lösung erhebliche Kosten einsparen und proaktiv Betriebsprobleme und die mit ihnen verbundenen Kosten vermeiden. Im Folgenden beschreiben wir, wie Ihr Customer Center of Expertise (Customer COE) die Methode anwendet, und zeigen anhand einer Fallstudie auf, wie Sie Integration Validation beim Vermeiden technischer Probleme im Betrieb und beim Einsparen von Betriebskosten unterstützen kann.

6.2.1 Methode

Die Methode SAP Safeguarding for Integration Validation dient der technischen Validierung der Integration der Lösungskomponenten, um proaktiv technische Risiken bei der Implementierung von Software und Software-Upgrades zu vermeiden. Dadurch können IT-Lösungen reibungslos in Betrieb genommen werden, während das operative Geschäft ohne Unterbrechung weiterläuft.

Sämtliche Vorgehensweisen und Werkzeuge, die Sie für die Anwendung der Integration-Validation-Methode benötigen, stellt Ihnen der SAP Solution Manager zur Verfügung.

Phasen

Die technische Integrationsvalidierung besteht aus vier Phasen:

1. **Assessment**
   Kerngeschäftsprozesse und kritische Schnittstellen werden dokumentiert, wobei jeder Prozessschritt einer Softwarekomponente, auf der er ausgeführt wird, zuzuordnen ist. Die Kernaufgabe des Assessments liegt in der Identifizierung des sogenannten kritischen Pfads[2] eines Geschäftsprozesses unter Berücksichtigung erwarteter Dialogantwortzeiten und verfügbarer Zeitfenster für die Hintergrundverarbeitung.
2. **Technische Analyse**
   Aufbauend auf dem Ergebnis des Assessments wird eine End-to-End-Analyse[3] der Kerngeschäftsprozesse durchgeführt. Der Fokus liegt hierbei auf Performance, Datenkonsistenz und technischer Korrektheit. Die Resultate werden analysiert, und Probleme und Kernbereiche zur Optimierung werden identifiziert und quantifiziert. Bezüglich der Datenkonsistenz konzentriert man sich auf die Schnittstellen.
3. **Optimierung**
   Zur Lösung der identifizierten Probleme und zur Risikovermeidung werden detaillierte Empfehlungen zur technischen Optimierung für den kritischen Pfad und die betroffenen Schnittstellen erarbeitet und anschließend implementiert.
4. **Verifizierung**
   Sobald die Empfehlungen zur Optimierung umgesetzt sind, werden die betroffenen Geschäftsprozessschritte erneut getestet, um das Verhalten der Software zu überprüfen und festzustellen, ob die anfänglich identifizierten Schwachstellen beseitigt sind. Die Ergebnisse dieser Verifizierung werden dokumentiert. Sollten

---

2 Der *kritische Pfad* ist eine Abfolge von Geschäftsprozessschritten (die gegebenenfalls Abhängigkeiten untereinander besitzen), die innerhalb eines gegebenen Zeitfensters geschlossen durchgeführt werden müssen.

3 »End to End« bezieht sich sowohl auf den kritischen Pfad als auch auf alle betroffenen technischen Ebenen (für einen betrachteten Geschäftsprozessschritt kann dies zum Beispiel die Prozessierung via Frontend – SAP NetWeaver Portal, WLAN, Applikationsserver oder eine Datenbank sein).

Antwortzeiten oder technische Stabilität noch nicht den Erwartungen entsprechen, ist eine weitere Optimierung notwendig.

Dieses systematische Vorgehen minimiert die Betriebskosten für Ihre IT-Lösung.

Ihr Customer COE wendet diese Methode in enger Zusammenarbeit mit dem Projektteam (verantwortlich für Implementierung und Integrationstest) und dem Projektmanagement an. Verantwortlicher für den Validierungsprozess ist der Qualitätsmanager für Integrationsvalidierung (siehe Abschnitt 4.3.4, »Qualitätsmanager-Rollen im Customer COE«). Durch die kontinuierliche Kontrolle der gelieferten Ergebnisse stellt er sicher, dass technische Risiken frühzeitig entdeckt und vermieden werden, bevor sie Projekt und Betrieb gefährden.

Um das volle Potenzial von SAP Enterprise Support zu nutzen, kann er in verschiedenen Phasen der SAP Safeguarding for Integration Validation stetige Qualitätsprüfungen (Continuous Quality Checks) anfordern. Näheres dazu finden Sie im folgenden Abschnitt.

6.2.2 Assessment

Zielsetzung und Zeitplan des Projekts

Über das Assessment verstehen Sie Zielsetzung und Zeitplan des Implementierungsprojekts und ermitteln die wichtigsten Informationen über den Projektplan (Projektphasen, Meilensteine, Risiken für das Projekt), um dann den Integrationstest effektiv unterstützen zu können. Anschließend evaluieren Sie Geschäftsprozesse und Lösungslandschaft, die im Fokus des Integrationstests stehen. Ihr Augenmerk liegt hierbei auf E2E-Geschäftsprozessen und -schritten sowie Schnittstellen und Anforderungen des Geschäfts hinsichtlich Dokumentendurchsatz und Dialogantwortzeiten. Sie stellen sicher, dass die Dokumentation der Lösung im Solution Directory des SAP Solution Managers abgelegt ist und dem SAP-Standard für Lösungsdokumentation entspricht (siehe dazu Kapitel 1, »Einführung«). Am Ende dieser Analyse sind Sie in der Lage, mit dem Integrationstestteam den Testumfang abzustimmen und die notwendigen Testfälle zu erarbeiten. Diese legen Sie in der Test Workbench Ihres SAP Solution Managers ab und dokumentieren während des Tests deren Fortschritt.

Verifizierung des Integrationstestplans

Im nächsten Schritt verifizieren Sie den Integrationstestplan hinsichtlich seiner Vollständigkeit und stellen sicher, dass die organisatorischen und technischen Voraussetzungen für den Test erfüllt sind. Am

Ende dieser Verifizierung wissen Sie, ob Ihr Integrationstestplan optimiert werden muss, und Ihr Integrationstestteam korrigiert den Testplan entsprechend den Empfehlungen.

6.2.3 Technische Analyse

Vor der Durchführung des Integrationstests prüfen Sie, ob die repräsentative Testumgebung und die Analysewerkzeuge vollständig aufgesetzt, Entwicklung und Konfiguration abgeschlossen, Testfälle in der Test Workbench dokumentiert sind und für die Implementierung erforderlicher Anpassungen ein Change-Management-Prozess implementiert ist. Dabei stellen Sie fest, welche Aktionen noch nötig sind, um das Aufsetzen der Testumgebung abzuschließen, und teilen dies den Verantwortlichen im Team mit.

Als Nächstes organisieren Sie – rechtzeitig vor Teststart – die technische Analyse und weisen dazu Ihre Experten aus Anwendung und Technologie den Testfällen zu. Auf diese Weise vermeiden Sie rechtzeitig technische Risiken für den Test und stellen sicher, dass geeignete Fachleute die technische Analyse übernehmen.

Nach sorgfältiger Vorbereitung und Organisation führen Ihre Experten im Customer COE – während der Integrationstest läuft – die technische Analyse durch. Der Qualitätsmanager treibt hierbei den Prozess durch Überwachung des Testfortschritts und Steuerung der engen Zusammenarbeit zwischen Experten aus dem Customer COE und dem Projektteam voran.

Gegenstand der Analyse

Bei der technischen Analyse profitieren die Experten von der Bandbreite der Werkzeuge, die der SAP Solution Manager für Analysezwecke bietet, insbesondere für die Ursachenanalyse. Folgende Gesichtspunkte werden abgedeckt:

- **Antwortzeiten**
  Jeder Geschäftsprozessschritt wird hinsichtlich seiner Antwortzeit vermessen. Abhängig von der eingesetzten Technologie kann eine breite Palette von Werkzeugen verwendet werden. Für SAP GUI- und Browseranwendungen ist die Trace-Analyse das im SAP Solution Manager integrierte Werkzeug, das es ermöglicht, für die durch einen individuellen Benutzer ausgeführte Aktion über die kommunizierenden technischen Ebenen (Frontend – WLAN – Applikationsserver – Datenbank) hinweg Messdaten zur Performance zu erfassen. Messdaten für Schnittstellen- und Hinter-

grundprozesse können mit komponentenspezifischen Werkzeugen (z.B. ABAP-Trace) erfasst werden.

- **Ausnahmen**
  Um die technische Stabilität von Prozessen, die über mehrere Systeme und Schnittstellen hinweg ausgeführt werden, zu gewährleisten, müssen über die von Anwendern bei Tests identifizierten Fehler hinaus auch diejenigen Ausnahmen erfasst werden, die in den Komponenten ausgelöst werden, die über synchrone oder asynchrone Schnittstellen miteinander kommunizieren. Die Trace-Analyse ermöglicht es, alle Fehlersituationen für Komponenten, die über synchrone Schnittstellen verbunden sind, aufzuzeichnen und im Nachhinein zu analysieren. Für asynchron verbundene Komponenten bietet die Exception-Analyse Funktionen zur Analyse aller Fehler, die in den Komponenten innerhalb eines bestimmten Zeitrahmens aufgetreten sind. Um den Zeitrahmen einzugrenzen, muss für die Schnittstellen ein Monitoring durchgeführt werden, um sicherzustellen, dass asynchron ausgelöste Aktionen auch beendet worden sind.
- **Datenkonsistenz**
  Die Überprüfung der Datenkonsistenz erfolgt in zwei Schritten. Zuerst wird sichergestellt, dass innerhalb einer LUW (Logical Unit of Work) die Datenbank nur einmal aktualisiert wird. Bei der Analyse im ABAP-Umfeld unterstützt Sie hierbei die Trace-Funktion, die die aggregierte ABAP- und SQL-Trace-Funktionalität enthält. Zweitens bietet das Datenkonsistenz-Cockpit im SAP Solution Manager für systemübergreifende Prozesse anwendungsspezifische Überprüfungen von Daten in kommunizierenden Anwendungen an.

Dokumentation der Ergebnisse

Nach der Analyse dokumentieren Sie die Ergebnisse und festgestellten Probleme:

- Über die Test Workbench haben Sie Zugang zu den Testfällen und deren detaillierter Beschreibung. Nach Durchführung der Tests laden Sie die Analysedaten (z.B. Statistiksätze, Traces) sowie eine Dokumentation der Testergebnisse (Antwortzeiten, Abweichungen vom erwarteten Verhalten) und bewerten Letztere.
- Mit SAP Solution Manager Issue Management dokumentieren Sie Problemfälle in Form eines Issues. Zu jedem Issue stellen Sie Informationen über Kontext (Geschäftsprozessschritt, System etc.), Einfluss auf den Betrieb und Analysedetails (Messdaten) bereit.

6.2.4 Optimierung

Nach Identifizierung und Priorisierung der Probleme führt Ihr Customer COE die technische Optimierung durch. In einem ersten Schritt erarbeitet das Team Empfehlungen, wie man die entdeckten Probleme beheben kann, und hält diese samt den Ergebnissen der Ursachenanalyse im Issue Management des SAP Solution Managers fest. Diese Empfehlungen werden durch das Projektteam in Zusammenarbeit mit dem Customer COE implementiert.

Der Qualitätsmanager überprüft regelmäßig den Fortgang dieses Optimierungsprozesses und die Umsetzung der Empfehlungen.

Continuous Quality Checks

Im Rahmen der Optimierung haben Sie die Möglichkeit, für Ihre Lösung je nach Bedarf die SAP Enterprise Support Continuous Quality Checks (CQCs) einzuplanen (siehe Abschnitt 7.5, »Zugehörige Services des SAP Active Global Supports«, und Anhang A, »Weiterführende Informationen und Angebote«).

Besonders »SAP Business Process Performance Optimization« und »SAP Remote Performance Optimization« – beides sind Continuous Quality Checks für SAP Enterprise Support – helfen Ihnen bei der Optimierung der Performance z.B. für kundenspezifischen Code, Lastverteilung und Systemparametrisierung.

6.2.5 Verifizierung

In Zusammenarbeit mit dem Projektmanagement und der IT-Organisation überwacht der Qualitätsmanager die Implementierung der Optimierungsempfehlungen und lässt anschließend deren Erfolg verifizieren.

Der Qualitätsmanager kann den Continuous Quality Check »SAP Safeguarding for Integration Validation« anfordern. Im Rahmen dieses Services überprüfen SAP-Service-Ingenieure die technische Stabilität des integrierten Kerngeschäftsprozesses, messen die Antwortzeiten der einzelnen Prozessschritte an den KPI-Grenzwerten, die von der Geschäftsabteilung oder der operativen Abteilung festgelegt wurden, und dokumentieren, welche Bereiche noch weiter optimiert werden müssen. Anschließend können die Folge-Services – wie die erwähnten CQC-Optimierungs-Services – eingeplant werden.

Der Qualitätsmanager verifiziert den Erfolg so lange, bis die Kerngeschäftsprozesse den Erwartungen entsprechen. Experten Ihres Customer COE führen die für noch offene Testfälle notwendigen Nachtests aus bzw. begleiten sie. Sie dokumentieren die Messergebnisse in den jeweiligen Testfällen, bewerten diese neu und aktualisieren die korrespondierenden Issues im Issue Management des SAP Solution Managers.

Bewertung jedes Analyseobjekts

Der Qualitätsmanager sorgt für eine Evaluierung und Dokumentation der Testergebnisse. Am Ende resultiert daraus eine Übersicht über die Antwortzeiten der einzelnen Schritte mit einer Bewertung jedes analysierten Schrittes und jeder Schnittstelle in Bezug auf Performance, technische Korrektheit und Konsistenz der Daten. Nach erfolgter Verifizierung der Verbesserungen liefert der Qualitätsmanager an das Projektmanagement eine Zusammenfassung der Ergebnisse und eine Gegenüberstellung des Status quo (Antwortzeiten, gelöste Probleme) vor und nach der Optimierung. Optimierung und Verifizierung können so lange wiederholt werden, bis die erreichten Kennzahlen die KPIs Ihres Geschäfts erfüllen.

Die eigentliche Verifizierung – und mit ihr der Prozess der technischen Integrationsvalidierung – endet mit einer formellen Abnahme der technischen Integrationsvalidierung durch das Projektmanagement bzw. die Sponsoren des Projekts.

6.2.6 Eine Fallstudie – Wertschöpfung aus Integrationsvalidierung

Die Integrationsvalidierung kann in erheblichem Maße zur Kostenvermeidung im Betrieb Ihrer Lösung beitragen, wie folgendes Beispiel zeigt.

Ein Kunde, dessen Hauptgeschäft die Produktion und der Vertrieb von Elektronikartikeln ist, hat folgenden Geschäftsprozess implementiert: Über SAP CRM werden von 500 Telesales-Agenten Kundenaufträge erfasst und an das angebundene SAP ERP-System gesendet. Dort wird ein Kundenauftrag angelegt, und die Verfügbarkeitsprüfung sowie die Materialbedarfsplanung werden durchgeführt. Nicht vorhandene Materialien werden – in separaten Prozessen – entweder eingekauft oder in Eigenfertigung hergestellt. Wenn das angeforderte Produkt verfügbar ist, wird im ERP-System eine Ausgangslieferung angelegt, die an ein angebundenes Lagerverwaltungssystem gesendet wird, wo Transportaufträge für die Kommissionierung angelegt werden. Sobald sich das Material im Warenausgangsbereich des Lagers befindet, bestätigt der Lagerarbeiter den Transportauftrag. Dies löst die automatische Buchung des Warenausgangs aus, löscht die Zwischenlagerung und kommuniziert die Bestandsänderung im Warehouse-Management-System an das ERP-System. Dort erfolgen dann Buchung des Warenausgangs und Rechnungserstellung.

Zu diesem Prozess wird ein Integrationstest durchgeführt, in dessen Verlauf die in Tabelle 6.1 aufgelisteten Probleme identifiziert werden. Entsprechende Empfehlungen zur Optimierung werden umgesetzt.

Problem	Ursache	Empfohlene Aktionen	Ergebnisse nach Optimierung
Nach Testlauf des gesamten Prozesses (hohes Belegvolumen) werden Bestandsinkonsistenzen zwischen Lagerverwaltungssystem und SAP ERP (für > 100 Materialien) ermittelt	Datenschiefstände durch fehlerhafte Implementierung der Schnittstelle zwischen SAP ERP und Lagersystem	Technische Korrektur der Schnittstellenprogrammierung	▸ Datenkonsistenz wiederhergestellt ▸ Personalkosten proaktiv vermieden
Risiko von Dateninkonsistenzen beim Speichern von Kundenaufträgen in SAP ERP	`COMMIT WORK` in einem User Exit	Vermeidung des `COMMIT WORK` im User Exit	Gefahr der Dateninkonsistenz im Falle von Programmabbrüchen vermieden
Hohe Dialogantwortzeiten beim (wiederholten) Abspeichern der Kundenaufträge in SAP CRM (> 10 s bei ~5 Positionen)	▸ Performancerelevante SAP-Hinweise waren nicht implementiert ▸ Kundeneigene Programme weisen teure SQL-Statements auf (fehlende Indizes, unzureichende Selektionskriterien)	▸ Implementieren performancerelevanter SAP-Hinweise ▸ Anlegen geeigneter Datenbankindizes	▸ Antwortzeit pro Kundenauftrag < 2 s ▸ 80 % Gewinn an Performance ▸ Einsparung von Personalkosten
Hohe CPU-Auslastung (> 85 %) bei Buchung des Warenausgangs in SAP ERP; erhebliche Wartezeiten für parallel ausgeführte Dialogtransaktionen	Teure ABAP-Statements in kundeneigenem User Exit (Datenbankzugriffe in Loops, komplizierte `JOIN`s)	▸ Hintergrundprogrammverarbeitung erfordert eine höhere Parallelisierung ▸ Implementierung von Empfehlungen, die aus dem extensiven Review kundeneigener Entwicklungen resultieren	▸ CPU-Auslastung auf 60 % reduziert; keine Wartezeit bei parallel dazu ausgeführten Dialogtransaktionen ▸ Einsparung von Personalkosten ▸ Keine zusätzliche Hardware benötigt

Tabelle 6.1 Ergebnisse des Integrationstests

Für unser Kundenbeispiel zeigt sich der Wert der Integrationsvalidierung insbesondere für folgende Bereiche:

- **Dateninkonsistenzen**
  Am Beispiel der Gefahr von Dateninkonsistenzen im Fall eines Programmabbruchs beim Verbuchen von Kundenaufträgen zeigen wir explizit und exemplarisch den Wert der Trace-Analyse für die Sicherstellung der transaktionalen Sicherheit auf. Abbildung 6.3 stellt den relevanten Ausschnitt des SQL-Trace (Datenbankzugriff) dar. In einem User Exit `USER_EXIT_SAVE_DOCUMENT` wird vor dem `COMMIT WORK` des SAP-Standards ein vorgelagerter `COMMIT WORK` abgesetzt. Bricht zwischen der Ausführung dieses User Exits und dem Programmende (wo der abschließende `COMMIT WORK` des SAP-Standards ausgeführt wird) die Programmausführung ab, wird die im User Exit erzeugte Information fest auf die Datenbank geschrieben, und die im Rest des Programms erzeugte Information geht verloren.

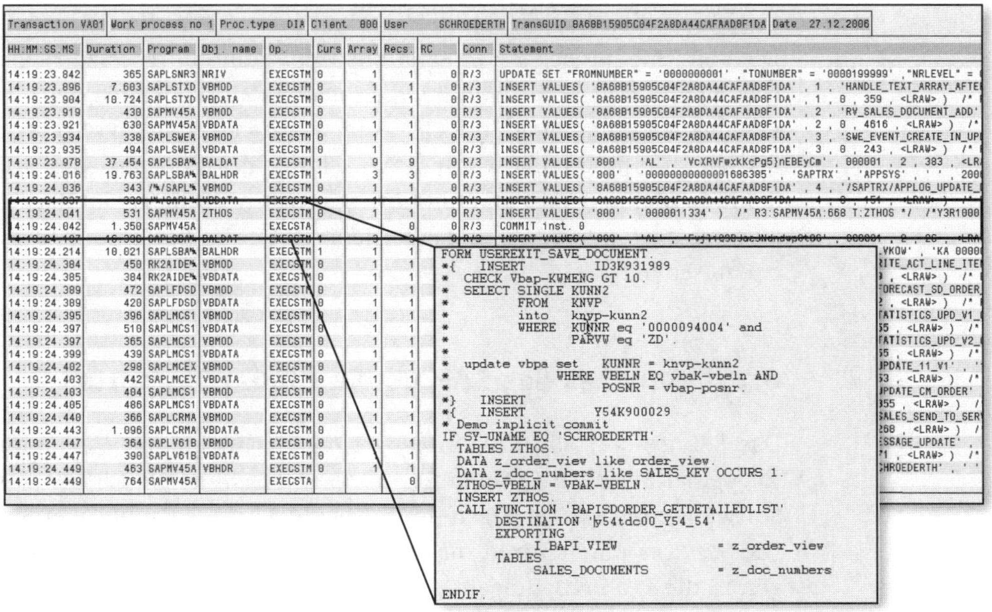

Abbildung 6.3 Dateninkonsistenz, SQL-Trace

Erfordert nun die Geschäftslogik des betrachteten Vorganges, dass für einen konsistenten Datenstand entweder die gesamte geänderte Information oder gar keine Information auf die Datenbank geschrieben wird, so wird im eben beschriebenen Szenario der Geschäftsvorgang unvollständig auf die Datenbank geschrieben. Dadurch kann eine gravierende Dateninkonsistenz hervorgerufen werden. Deshalb lautet für diesen Fall die Empfehlung, im User Exit kein `COMMIT WORK` abzusetzen.

- **Performance und Hardwareauslastung**
  In der Summe ergibt sich für diesen Kunden durch die beschriebene Prozessoptimierung aufgrund deutlich reduzierter Wartezeiten im Dialogbetrieb eine erhebliche Einsparung der Personalkosten (500 Agenten * 20 Arbeitstage * ca. 30 Minuten Zeitersparnis im Dialogbetrieb/Tag = 5.000 h/Monat = ca. 50.000 Euro/Monat). Darüber hinaus können gravierende Abweichungen des Lager- und Inventarbestandes und ein dadurch möglicher Produktionsstillstand vermieden werden. Durch die Vermeidung hoher CPU-Auslastung und durch intelligente Lastverteilung ist die vorhandene Hardware ausreichend, und zusätzliche Kosten durch Zukauf von Hardware werden vermieden.

Die von SAP entwickelte Integrationsvalidierung führt Sie zu zielgerichteten und erfolgreichen Integrationstests einschließlich der notwendigen Maßnahmen, Ihre IT-Lösung vor dem Produktivstart technisch zu optimieren. Die Methode schöpft das Potenzial des SAP Solution Managers aus und hilft Ihnen, proaktiv Probleme im Betrieb zu vermeiden und dadurch die Betriebskosten für Ihre Lösung messbar zu senken.

6.3 Services des SAP Active Global Supports

Das Service-Portfolio SAP Safeguarding for Integration Validation folgt einer bewährten Methode, mit der die technischen Risiken von Softwareimplementierungen und Upgrades eingedämmt werden. Die Services unterstützen die reibungslose Übernahme von Lösungen in die Produktivumgebung und erleichtern die Einrichtung des laufenden Geschäftsbetriebs. Der Qualitätsmanager wendet die Methode in Zusammenarbeit mit dem Customer COE, dem Project Management Office des Unternehmens und dem Einführungsteam oder -partner an.

Technische Analyse und Optimierung

Zusätzlich bietet der SAP Active Global Support für den Integrationstest spezielle Services an, die auf die Anforderungen Ihres Projekts zugeschnitten sind. Schwerpunkte dieser Services sind zum einen die technische Analyse während des Integrationstests und zum anderen die technische Optimierung von Performance, technischer Stabilität und Datenkonsistenz in der nachfolgenden Phase. Für diese Services ist die aktive Beteiligung des Qualitätsmanagers, der Experten vom Implementierungsteam des Unternehmens und des Projektmanagements erforderlich. Der Qualitätsmanager kann diese Services bei Bedarf von SAP anfordern.

Die folgenden Support-Services werden am häufigsten im Rahmen von SAP Safeguarding for Integration Validation geliefert.

- Vorbereitungssitzung für den SAP Solution Manager
- SAP GoingLive Check
- Optimierungssitzungen
  - Business-Process-Performance-Optimization-Sitzung
  - Technical-Performance-Optimization-Sitzung
  - Remote-Performance-Optimization-Sitzung
  - SAP Technical Integration Check
- SAP Business Process Performance Optimization
- SAP Interface Management

Hinweis

Eine detaillierte Beschreibung der Ziele und Inhalte finden Sie in Anhang A, »Weiterführende Informationen und Angebote«.

6.4 Fallbeispiel

Bei dem Implementierungsprojekt eines Unternehmens wird die Methode von SAP Safeguarding Integration Validation verwendet, um eine Lösung in den Produktivbetrieb einzuführen. Hierbei ist es entscheidend, dass die Software reibungslos in die Produktivnutzung übergeht. Darüber hinaus bestehen hohe Anforderungen an die Performance und die operative Korrektheit der Schnittstellen.

Dieses Fallbeispiel aus der Praxis illustriert vor allem folgende Fragen:

- Welche Aspekte muss die Mindestdokumentation der Lösung und ihrer entscheidenden Prozesse beinhalten, und wie ist sie strukturiert?
- Wie werden die detaillierten Empfehlungen zur Lösung der Issues bereitgestellt?

6.4.1 Schritt 1: Feststellen der Situation vor dem Integrationstest

Vor der Planung der Integrationstests stand das Implementierungsteam des Unternehmens vor folgenden Aufgaben:

- Produktivstart mit dem Paket »SAP Apparel and Footwear Solution for Consumer Products«
- Implementierung der folgenden Geschäftsszenarien für den europäischen Geschäftsmarkt: Auftragsabwicklung, zu überprüfende Bestellanforderung, Kundeneinzelfertigung, Umlagerungsbestellung, Rechnungswesen und Business Intelligence
- Verwaltung einer komplexen Lösungslandschaft, darunter SAP ERP und die Komponenten von SAP NetWeaver Business Warehouse, das Datenbankmanagementsystem Microsoft SQL Server, acht Altsysteme (einschließlich Controlling und Rechnungswesen) und zahlreiche Schnittstellen
- Beginn der Integrationstestphase im Februar
- Produktivstart im April

6.4.2 Schritt 2: Verständnis der Lösung anhand der Mindestdokumentation

Vor dem Implementierungstest wurde die Lösung einschließlich der Systeme, Schnittstellen und Geschäftsprozesse vom Projektteam des Unternehmens im SAP Solution Manager dokumentiert.

Das Unternehmen plante, die Geschäftsprozesse in der technischen Systemlandschaft auszuführen, die in Abbildung 6.4 dargestellt ist.

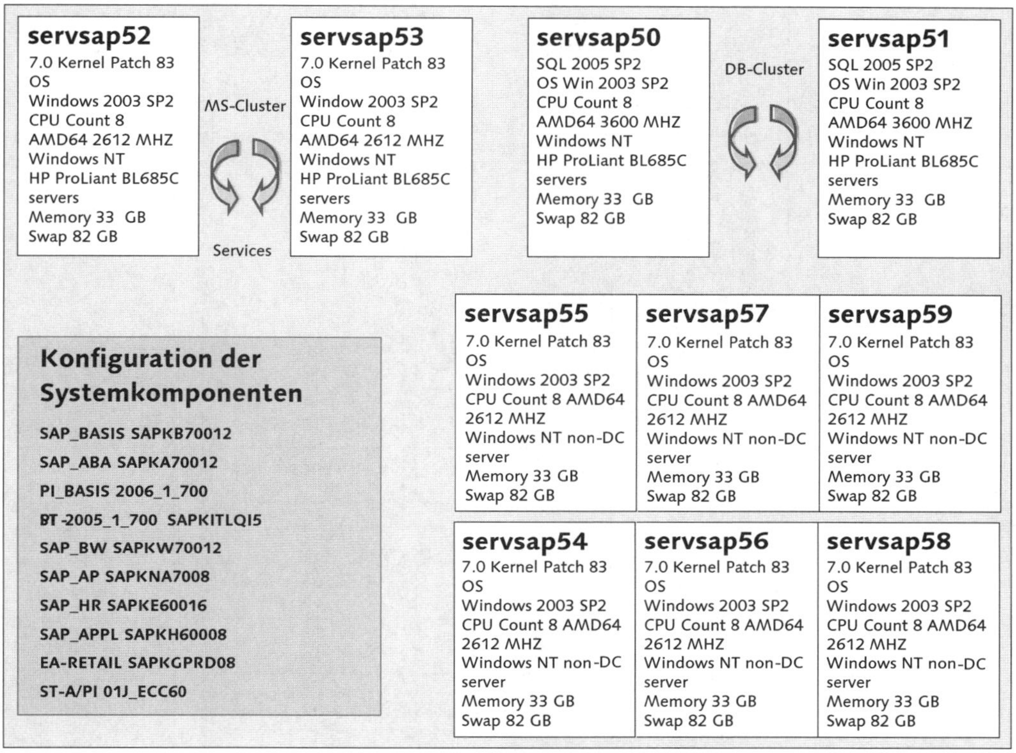

Abbildung 6.4 Technische Systemlandschaft des Beispielkunden

Überblick über den Prozessablauf für die Auftragsabwicklung

Für die Auftragsabwicklung wurde die folgende Mindestdokumentation vom SAP Solution Manager-System des Kunden bereitgestellt (siehe Abbildung 6.5). Der Schwerpunkt liegt auf dem Prozessablauf, den zentralen Prozessschritten und dem Durchsatz der verarbeiteten Belege.

Die Auftragsabwicklung ist der zentrale Prozess des Unternehmens. Sie umfasst etwa 90% der Unternehmenserlöse und beliefert die Kunden (Lieferanten) mit Waren (Bekleidung und Schuhe) entsprechend der Kundennachfrage. Tabelle 6.2 stellt die Eckdaten des Geschäftsprozesses *Auftragsabwicklung* dar.

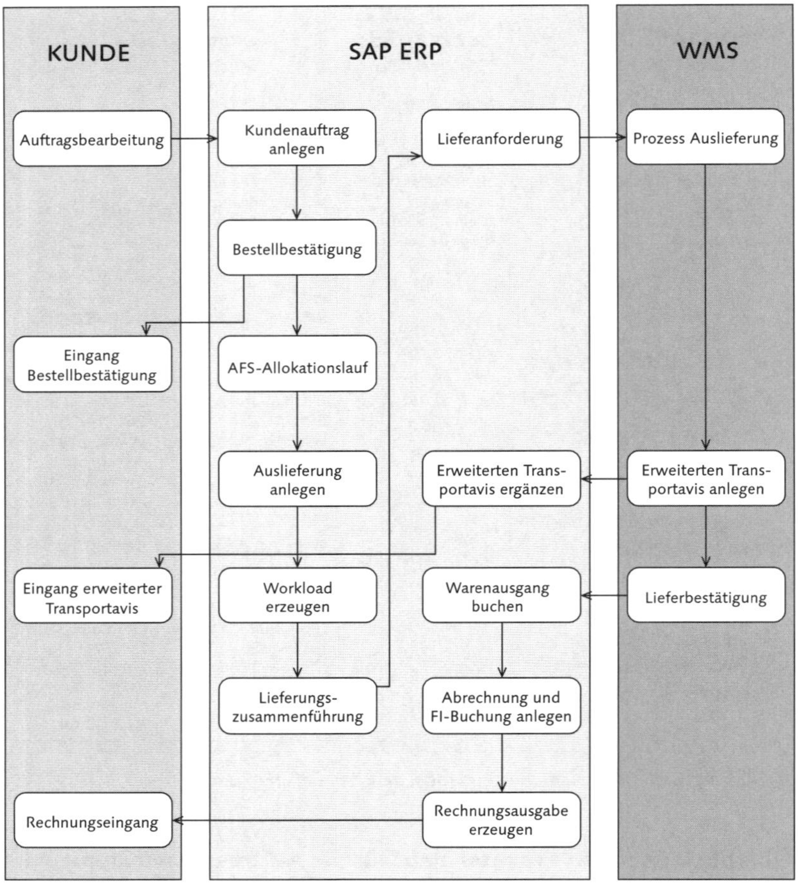

Abbildung 6.5 Ablauf des Beispielprozesses

Buchungskreise	▸ 2000 – Das Unternehmen selbst; Buchungskreis Werke: ▸ 2001 – Firmensitz Paris ▸ 2003 – Das die Kalkulation betreffende Werk
Vertriebswege	▸ 01 – Großhandel ▸ 02 – Intercompany
Sparten	▸ 00 – Allgemein ▸ 10 – Bekleidung ▸ 20 – Schuhe ▸ 30 – Zubehör

Tabelle 6.2 Eckdaten für den Prozess »Auftragsabwicklung«

Geschäftsprozessverantwortlicher	John Smith
Kritische Schritte	▸ 2 – Kundenauftrag anlegen ▸ 6 – Auslieferung anlegen ▸ 14 – Warenausgang buchen ▸ 15 – Abrechnung und FI-Buchung anlegen
Kritische Schnittstelle	Schnittstelle IT00158 zwischen SAP ERP und Warehouse-Management-System
Issues	Geringe Performance bei den Schritten: ▸ 2 – Kundenauftrag anlegen ▸ 6 – Auslieferung anlegen Integration: Probleme bei Umlagerung und Bestandskorrektur: Daten wurden nicht korrekt über die Schnittstelle IT00158 repliziert.

Tabelle 6.2 Eckdaten für den Prozess »Auftragsabwicklung« (Forts.)

Details zum kritischen Prozessschritt: Kundenauftrag anlegen

Das Unternehmen erhält etwa 90 % der Kundenaufträge per Datenfernübertragung (EDI). Die Kunden des Unternehmens verarbeiten ihre Bestellungen und übermitteln diese über EDI zu der Anwendung SAP ERP. Details zu den kritischen Schritten des Prozesses *Kundenauftrag anlegen* sind im Folgenden zusammengefasst.

- **Zeitfenster**
  Die Verarbeitung findet sonntags bis freitags von 18 bis 24 Uhr statt. Die Ausführung des Hintergrundjobs für *Kundenauftrag anlegen* ist stündlich eingeplant. Sie wird vom Funktionsbaustein Z_IDOC_EDI_02 des Programms Z_SOPROCESS ausgeführt. Z_IDOC_EDI_02 verarbeitet den Nachrichtentyp ORDERS05.
- **Verarbeiteter Durchsatz**
  Zwischen 500.000 und 1.000.000 Aufträge – jeder mit durchschnittlich 20 Lagermengeneinheiten – werden monatlich über EDI verarbeitet. Der höchste Durchsatz erfolgt sonntags, montags und dienstags. Die Spitzenmonate sind Juni und Oktober.
- **Details der Kundenauftragsverarbeitung**
  Bei der Verarbeitung der Kundenaufträge erfolgt die Materialfindung anhand der folgenden Informationen, die vom Kunden eingegeben wurden:

- Universal Product Code (UPC)
- Materialnummer des Kunden
- Materialnummer des Unternehmens
- Für Kundenaufträge des Typs ZDDR und ZNDR werden über die Funktion JM (MFA vorgemerkte Filiale) spezielle Partner bestimmt.
- Für Kundenaufträge des Typs ZNDR, ZINT und ZFD werden ATP-Prüfungen ausgeführt, um die allgemeine Produktverfügbarkeit zu ermitteln. Der Allokationslauf wird später über einen Prozess in SAP Apparel and Footwear Solution for Consumer Products ausgeführt.

- **User Exits**
  Die User Exits, die das ausliefernde Werk und die Priorität der Lieferung bestimmen, basieren auf der nationalen oder regionalen Klassifizierung der Produkte. Durch die User Exits werden zusätzliche Logistikparameter bestimmt. Diese wurden beim Anlegen des Auftrags eingerichtet, um die Performance der Kundenlieferungen zu verbessern (z.B. den maximal annehmbaren Lieferverzug nach Buchung des Kundenauftrags).
  - Werksfindung: `USEREXIT_MOVE_FIELD_TO_VBAP`
  - Lieferpriorität: `USEREXIT_MOVE_FIELD_TO_VBAP`
- **Überwachung und Fehlerbehandlung**
  Das Unternehmen prüft den Erledigungsstatus eines Jobs. Fehlerkorrekturen werden am Morgen nach der Jobausführung erledigt.

Die folgenden Prozessschritte laufen analog zum Schritt *Kundenauftrag anlegen* ab:

- Auslieferung anlegen (6)
- Warenausgang buchen (14)
- Abrechnung und FI-Buchung anlegen (15)

6.4.3 Schritt 3: Integrationstest und Ermitteln von Issues

Der Qualitätsmanager hat in enger Zusammenarbeit mit dem Project Management Office des Unternehmens und dem Einführungsteam den endgültigen Umfang der Integrationsvalidierung festgelegt. Der Test wurde durchgeführt, und das Testteam hat Issues in den Bereichen Datenkonsistenz und Performance ermittelt.

6.4.4 Schritt 4: Ermitteln von Ursachen

Nach dem ersten Integrationstestzyklus (einschließlich Massenlauf) wurden verschiedene Top Issues identifiziert. Um die erkannten Issues zu lösen und vorhersehbare Risiken zu vermeiden, wurden folgende Aktionen ausgeführt:

- systematische durchgehende Analyse der zentralen Geschäftsprozesse
- systematische Analyse der Schnittstellen, insbesondere der Schnittstellen zu Altsystemen
- Performanceanalyse der kritischen Geschäftsprozesse
- Prüfung der Konfiguration und der Abläufe von Drittanbieter-Middleware

Top Issues und Ursachen

In Tabelle 6.3 sind die ermittelten Top Issues und Ursachen zusammengefasst.

Top Issues	Ursache	Empfohlene Aktionen
Inkonsistenzen zwischen SAP-Software und Fremdsoftware: ▸ Inkonsistenz zwischen den Beständen in den Lager- und Bestandsdaten von SAP ERP ▸ Abweichende Ergebnisse in den Finanzberichten von Altsoftware und SAP ERP	▸ Entscheidende Schnittstellen zwischen SAP-Software und Fremdsoftware fehlerhaft implementiert ▸ Mängel im durchgängigen Geschäftsdesign und in der Zuordnung zur IT-Lösung	▸ Technische Korrektur der Schnittstellenprogrammierung ▸ Korrektur an der Konfiguration der Drittanbieter-Middleware
Performance-Issues: Performance in zentralen Geschäftsprozessen erfüllt nicht die Erwartungen des Unternehmens, z.B. in den Geschäftsprozessschritten *Lieferungserstellung* und *EDI-Kundenauftragserstellung*	▸ Wichtige, performancerelevante SAP-Hinweise nicht implementiert ▸ Aufwendige SQL-Anweisungen im benutzerdefinierten Code aufgrund fehlender Datenbankindizes, unangemessene Auswahlkriterien ▸ Hohe CPU-Last aufgrund ineffizienter benutzerdefinierter Codes in der Programmiersprache ABAP im Geschäftsprozessschritt *Warenausgang buchen*	▸ Implementieren performancerelevanter SAP-Hinweise ▸ Anlegen von Datenbankindizes ▸ Einrichten eines Parallellaufs für nächtliche Hintergrundjobs ▸ Implementieren der Empfehlungen, die aus der umfassenden Code-Performanceprüfung hervorgegangen sind

Tabelle 6.3 Ermittelte Top Issues und ihre Ursachen

Einzelheiten zu einigen empfohlenen Aktionen finden Sie in den folgenden Beispielen.

6.4.5 Schritt 5: Empfehlungen zur Lösung der Issues

Nachdem die Grundursachen der Issues ermittelt waren, konnten ausdrückliche Empfehlungen für Verbesserungen bereitgestellt werden. Zur Lösung der Issues hat SAP durch Lieferung verschiedener SAP Enterprise Support-Services – darunter die Continuous Quality Checks »SAP Business Process Performance Optimization« und »SAP Interface Management« – wesentlich beigetragen.

Beachten Sie in den folgenden Beispielen zu den Issues und Empfehlungen, dass die Analysen und Empfehlungen detailliert beschrieben sind. Auf diese Weise wird die Angemessenheit der Empfehlungen deutlich und die spätere Implementierung erleichtert.

Prozessintegration

Die Beschreibung in Tabelle 6.4 zeigt, wie die Issues gelöst werden, die für die Verbesserung der Prozessintegration relevant sind.

Zusammenfassung des Issues	Probleme bei Umlagerung und Bestandskorrektur – Daten wurden nicht korrekt repliziert
Priorität	sehr hoch
Fälligkeitsdatum	15. März 2008
Status	offen
Relevant für	▸ System: PE2 (Installationsnummer 7800123456) / alte Lagersoftware CSC ▸ Geschäftsprozesse: *Auftragsabwicklung, zu überprüfende Bestellanforderung, Umlagerungsbestellung* ▸ Geschäftsprozessschritt: *Bestandsausgleich buchen*
Beschreibung	Die Schnittstelle IT00158 wird zum Abgleich des Lagerbestands in SAP ERP verwendet (außer für Wareneingänge). Umlagerungsbestellungen und Bestandskorrekturen werden vom Lager über diese Schnittstelle gesendet. In der aktuellen Testumgebung wurde beobachtet, dass der größte Teil des physischen Bestands zugeteilt ist und dass die

Tabelle 6.4 Beispiel für Prozessintegrations-Issue

	Bestandsminderung über diese Schnittstelle normalerweise fehlschlägt, da kein Bestand verfügbar ist. Nach dem Massentest der Erstintegration wurde eine Abweichung von ca. 4.000 Artikeln festgestellt.
Auswirkungen auf das Geschäft	Inkonsistente Bestandsdaten in Lagerverwaltungssoftware und SAP-Software haben Auswirkungen auf sämtliche Funktionen der Planung und Auftragsabwicklung und führen schlimmstenfalls zum Prozessstillstand.
Abnahmekriterien	Die Schnittstelle kann den physischen Bestand in der SAP-Software korrekt aktualisieren.

Tabelle 6.4 Beispiel für Prozessintegrations-Issue (Forts.)

Überprüfen Sie, ob das Problem durch die Abfolge der Schnittstellen für den Wareneingang gemindert werden kann. **Aufgabe 1**

- Priorität: sehr hoch
- Fälligkeitsdatum: 15. März 2008
- Status: offen
- Reduzieren Sie die Fehler durch Verwendung von Middleware, um Wareneingang und Bestandskorrekturen über verzögerte Verarbeitung an IT0017B zu sequenzieren.

Überprüfen Sie die von der Schnittstelle verarbeiteten Bewegungsarten nach dem Produktivstart der Software. **Aufgabe 2**

- Priorität: hoch
- Fälligkeitsdatum: 1. April 2008
- Status: offen
- Überprüfen Sie die Änderungsgründe und Bewegungsarten, die über die Schnittstelle zu SAP ERP übermittelt wurden. Vorschläge:
  - Wareneingang zur Nachbearbeitung der Bestellung an Schnittstelle IT20
  - neuer Änderungsgrund zur Unterscheidung zwischen langfristiger (mehr als ein Tag) und kurzfristiger Bestandssperre
  - Im SAP-System werden nur langfristige Sperren gebucht.

Performance

Die Beschreibung in Tabelle 6.5 zeigt, wie die Issues gelöst werden, die für die Verbesserung der Performance relevant sind.

Zusammenfassung des Issues	Timeouts für Transaktion VL10 (Liefervorrat)
Priorität	sehr hoch
Fälligkeitsdatum	15. März 2008
Status	offen
Relevant für	▸ System: PE2 (Installationsnummer 7800912345) ▸ Geschäftsprozess: Auftragsabwicklung ▸ Geschäftsprozessschritt: *Auslieferung anlegen*
Beschreibung	Das Unternehmen verarbeitet anhand des Liefervorrats im Hintergrund eine Lieferungserstellung und splittet die verarbeiteten Aufgaben in den Dialogmodus. Aufgrund der Zeitbeschränkungen und des relativ hohen Durchsatzes der in Spitzenzeiten und am Monatsende verarbeiteten Belege hat das Unternehmen den Vorgang für die Parallelverarbeitung konfiguriert. Unter bestimmten Umständen treten bei der Verarbeitung des Liefervorrats `TIME_OUT`-Fehler auf (z.B. bei Großkunden mit zahlreichen oder umfangreichen Aufträgen).
Auswirkungen auf das Geschäft	Störungen der Transaktion VL10 führen zu hohem Zeitverlust und zur Verzögerung nachfolgender Geschäftsprozessschritte. Die Auswirkungen auf die täglichen Geschäftsabläufe können schwerwiegend sein.
Abnahmekriterien	Timeouts bei VL10 dürfen nicht mehr auftreten.

Tabelle 6.5 Beispiel für Performance-Issue

Aufgabe 1 Schränken Sie die Größe der parallel verarbeiteten Pakete ein.

- Priorität: hoch
- Fälligkeitsdatum: 15.03.08
- Status: offen

Schränken Sie die Anzahl von Kundenauftragspositionen oder Einteilungen ein, die zur Parallelverarbeitung in einem Paket gebündelt werden. Dadurch werden Timeouts verhindert. Das Unternehmen hat zur Lösung des Issues die Dauer von Dialogaufgaben auf 1.200 Sekunden begrenzt.

Paketarten Die Logik lässt sich folgendermaßen implementieren: Vor dem Aufrufen der Lieferungserstellung gruppiert das System die zur Lieferung fälligen Belege oder Einteilungen in Pakete. Diese Pakete enthalten alle Belegpositionen oder Indexeinträge eines vorherigen Belegs, die – technisch gesehen – in einer Lieferung gebündelt werden können. Nur Verkaufsbelege oder Belegpositionen, die sich in demselben Paket befinden, lassen sich in einer Lieferung kombinieren. Die Strategien zur Zusammensetzung der Pakete werden über die Paketarten gesteuert.

- Für die kundenspezifische Logik wird Paketart 9 »User Exit zur Paketerstellung« verwendet. Die Implementierung der kundenspezifischen Logik zur Paketerstellung erfolgt über Include LV50R_VIEWG09, der die FORM-Routine USEREXIT_PREPARE_PACKAGES_CREA aufruft (Aufruf mit der internen Tabelle CT_KEY, die die relevanten Kundenauftragspositionen aus dem Liefervorrat enthält).
- Erstellen der Logik in FORM-Routine USEREXIT_PREPARE_PACKAGES_CREA nach dem üblichen Verfahren oder Erstellen eines Feldes wie LIKP-ZUKRL in RV50C900 (für Kundenauftragspositionen) – siehe Kodierung im Programm RV50C900.
- Bestimmen Sie anhand der Standard-Splittungskriterien des Unternehmens, welche Belegpositionen in demselben Paket gebündelt werden müssen. Dabei ist zu berücksichtigen, ob sie in verschiedene Lieferungen gesplittet werden sollen oder nicht.
- Bestimmen Sie die Größe des Pakets aufgrund der Anzahl der relevanten Einteilungen, die der Kundenauftragsposition zugeordnet sind.
- Legen Sie die maximale Anzahl der Einteilungen pro Paket fest, sodass nicht zu wenige (sonst werden zu viele Aufgaben parallel gestartet) und nicht zu viele (sonst treten eventuell Timeouts auf) vorhanden sind.
- Unter Berücksichtigung des aktuellen Timeouts von 1.200 Sekunden und einer Laufzeit für die Lieferungserstellung pro Belegposition von 200 ms sollte die maximale Anzahl der Einteilungen pro Paket auf < 1.200 Sekunden / 200 ms = 6.000 begrenzt werden.

Aufgabe 2

Vergewissern Sie sich, dass keine Timeouts mehr auftreten.

- Priorität: hoch
- Fälligkeitsdatum: 15. März 2008
- Status: offen

Wenn Sie die Empfehlungen implementiert haben, führen Sie die Tests für VL10 erneut aus, um sicherzustellen, dass keine Timeouts mehr auftreten.

6.4.6 Schritt 6: Implementieren der Empfehlungen

Durch die bisherigen Schritte hat das Unternehmen folgende Verbesserungen implementiert:

- durchgängige technische Optimierung der zentralen Geschäftsprozesse einschließlich der Prozessabläufe und der zugehörigen technischen Lösungskomponenten
- Umgestaltung der Integration von SAP-Software und Drittanbietersoftware einschließlich der kritischen Schnittstellen und Korrektur der Ursachen von Dateninkonsistenzen
- Performanceoptimierung der kritischen Geschäftsprozesse
  - Parallelisierung nächtlicher Hintergrundjobs
  - Implementierung fehlender SAP-Hinweise
  - technische Optimierung von kundenspezifischem Code
  - Anlegen fehlender Indizes
- Korrektur an der Konfiguration der Drittanbieter-Middleware

6.4.7 Schritt 7: Verifizierung und Validierung der Integration

Die Methode der Integrationsvalidierung ermöglichte eine strukturierte und systematische Ermittlung der schwerwiegenden Issues, die zentrale Geschäftsprozesse stören und Schnittstellen behindern. Mit der technischen Integrationsvalidierung konnten alle wesentlichen Issues termingerecht gelöst werden. Vor dem Produktivstart der Lösung hat das Einführungsteam des Unternehmens geprüft, ob die Integration erfolgreich verlaufen ist und zu einer besseren Performance geführt hat. – Hierin liegt das wichtigste Ziel der Methode.

Messbare Verbesserungen

Folgende messbaren Verbesserungen wurden erzielt:

- besserer Durchsatz an der Schnittstelle für die Lieferbestätigung:
  - 33 % kürzere Laufzeit pro Belegposition: 200–300 ms durchschnittlich
  - geschätzte 66 % Potenzial für weitere Verbesserungen nach der Implementierung der bereitgestellten Empfehlungen

- besserer Verarbeitungsdurchsatz an der Schnittstelle für die Kundenauftragserstellung:
  - verringerte Fehlerrate von 35 % auf 0 %
  - um ca. 50 % geringere Gesamtverarbeitungszeit
- Analyse der Auftragsabwicklung:
  - über eine Woche lang 0 % Fehlerrate an der entscheidenden Schnittstelle
  - Performanceproblem mit dem Liefervorrat gelöst
- Analyse des Geschäftsprozesses »Zu überprüfende Bestellanforderung«:
  - Performanceprobleme in drei wichtigen Transaktionen bzw. Programmen gelöst
- Analyse der Geschäftsprozesse im Finanzwesen:
  - Performanceprobleme in sieben wichtigen Transaktionen bzw. Programmen gelöst, z.B. Berichtserstellung für Zusatzleistungen von 35 Stunden auf 30 Minuten pro Werk verkürzt

Die Aufgabe des Qualitätsmanagers für die Optimierung der Geschäftsprozesse besteht darin, Prozesse auf ihr Optimierungspotenzial hin zu prüfen und Methoden, bewährte Geschäftsverfahren und Werkzeuge auszuwählen, um neue Geschäftsanforderungen durch Integration neuer oder geänderter Software zu erfüllen.

7 Optimierung von Geschäftsprozessen

Um im heutigen Geschäftsumfeld wettbewerbsfähig zu bleiben und die Forderung ihrer Kunden nach besseren Produkten und Services erfüllen zu können, müssen Unternehmen ihre Geschäftsprozesse optimieren. Dafür benötigen sie die richtigen Werkzeuge, Kenntnisse und Methoden. Nach der Optimierung von Geschäftsprozessen müssen Unternehmen die Wirksamkeit der Anpassungen bewerten und die Effizienz der neuen Geschäftsprozesse regelmäßig messen können. Dazu bedarf es einer deutlichen Erweiterung des Wissens über den technischen Bereich und die Geschäftsfunktionen. Eine rasche Optimierung der Geschäftsprozesse wird beispielsweise durch den gezielten Einsatz neuer Technologien oder die serviceorientierte Architektur (SOA) ermöglicht. Doch den Umgang mit diesen Technologien zu erlernen, erfordert Zeit und entsprechende Methoden.

In der Vergangenheit bestand die Aufgabe des IT-Vorstands darin, Services bereitzustellen, mit denen die Geschäftseinheiten ihre Geschäftsprozesse implementieren und ausführen konnten. In der heutigen wirtschaftlichen Lage geht es IT-Vorständen jedoch immer mehr darum, Optimierungspotenziale in Geschäftsprozessen aufzuzeigen. Dafür sind sie auf neue Technologien und Funktionen angewiesen, die die Innovation im Unternehmen fördern. Zu den Aufgaben des Customer COE gehört es, den IT-Vorstand mit geeigneten Methoden und Werkzeugen zu unterstützen.

Enge Kommunikation zwischen Business und IT

Zwischen den IT- und den Geschäftseinheiten ist eine fortwährende effektive Kommunikation unabdingbar, um die Zufriedenheit von Endanwendern und Geschäftsverantwortlichen gegenüber der Software zu bewahren. Eine enge Zusammenarbeit ist nötig, damit mögliche Probleme, die Geschäftsprozesse behindern, durch die IT-Abteilung verstanden und behoben werden können. Idealerweise arbeiten dabei ein Business Process Champion und ein technischer Prozessverantwortlicher aus der IT, dessen Rolle der Qualitätsmanager (QM) für die Optimierung der Geschäftsprozesse übernimmt, zusammen.

7.1 Rollen und Ziele des Qualitätsmanagers

Das Ziel des QM für die Optimierung der Geschäftsprozesse besteht darin, die Geschäftsprozesse durchgängig zu verstehen und Optimierungspotenziale für eine größere Zufriedenheit der Fachabteilungen und der Endanwender zu ermitteln. Damit er dieses Ziel erreicht, muss der Qualitätsmanager eng mit dem Business Process Champion zusammenarbeiten, um die Geschäftsprozesse in der Softwarelandschaft sowie die zugrunde liegenden Technologien zu verstehen. Das Zuordnen von Top Issues, Anforderungen und Herausforderungen zu den von SAP regelmäßig gelieferten Softwarefunktionen ist eine weitere Hauptaufgabe des Qualitätsmanagers.

Anforderungen an den QM

Um diese Ziele zu erreichen, muss der Qualitätsmanager:

- die von der jeweiligen Fachabteilung gestellten Anforderungen und Herausforderungen verstehen
- mit den gültigen Service-Level-Vereinbarungen gegenüber den internen und externen Kunden vertraut sein
- die mit der Bereitstellung des SAP Solution Management Assessment-Services verbundenen Aktivitäten koordinieren (siehe auch Abschnitt 7.2, »Methoden und Werkzeuge«)
- die Dokumentation eines Geschäftsprozesses und seiner Anforderungen sicherstellen
- die Geschäftsprozesse und deren Schnittstellen zwischen SAP- und Fremdsoftware verstehen
- die Technologien verstehen, mit denen die Geschäftsprozesse implementiert sind

- zwischen Business Process Champions, SAP und anderen Beteiligten den Prozess zum Ermitteln von Optimierungspotenzialen fördern
- einen Plan für das Implementieren von Verbesserungen erstellen
- das Implementieren der Verbesserungen überwachen und validieren

Business Process Champion

Als Mitglied des Customer-COE-Teams fungiert der QM für die Optimierung der Geschäftsprozesse als Schnittstelle zwischen den Business Process Champions, Projektteams und den operativen Abteilungen. Damit der Qualitätsmanager seine Rolle erfolgreich ausüben kann, müssen die Geschäftseinheiten für jeden wichtigen Geschäftsprozess einen Business Process Champion benennen. Die Business Process Champions tragen die Verantwortung dafür, wie Geschäftsprozesse zu definieren sind und wie sie durch die IT implementiert werden. Über die Unternehmensstrategie und den Geschäftsbetrieb sollte ein Business Process Champion umfassende Kenntnisse besitzen.

Mit seiner Arbeit trägt der QM für die Optimierung der Geschäftsprozesse wesentlich dazu bei, Betriebskosten zu reduzieren und die Rentabilität zu steigern. Durch die Fehlerbehebung in den Geschäftsprozessen können Betriebskosten zusätzlich gesenkt werden. Als Zusammenfassung der Vorteile, die sich für ein Unternehmen aus der Arbeit des QM für die Optimierung der Geschäftsprozesse ergeben, sind folgende Punkte zu nennen:

- größere Zufriedenheit der Business Process Champions und der Endanwender
- beschleunigte Innovation
- schnellerer Return on Investment (ROI) für die SAP-Lösung
- beschleunigte Problemlösung
- höhere Effizienz der zentralen Geschäftsprozesse und Schnittstellen
- verbesserte Funktionsfähigkeit der SAP-Lösung

7.2 Methoden und Werkzeuge

Analyse von Geschäftsprozessen

Der SAP Active Global Support (SAP AGS) hat die Standardmethode *Solution Management Analysis* entwickelt, die das Analysieren von Geschäftsprozessen und das Ermitteln möglicher Optimierungspotenziale in einem Unternehmen unterstützt. Abbildung 7.1 stellt den Optimierungsprozess und die Zuständigkeit der Beteiligten für die einzelnen Schritte dar. Einige der wichtigsten Schritte liegen in der Verantwortlichkeit des QM für die Optimierung der Geschäftsprozesse. Dazu zählen folgende Aktivitäten:

- Probleme oder Optimierungspotenziale mithilfe des SAP Solution Management Assessments ermitteln und einen Aktionsplan festlegen
- Geschäftsprozessverbesserungen durchsetzen
- Festlegungen treffen, wie Ausnahmen in Geschäftsprozessen zu behandeln sind
- Prioritäten ermitteln, Verbesserungsaktivitäten verfolgen und deren Erfolg auswerten
- ausgeführte Verbesserungsaktivitäten validieren

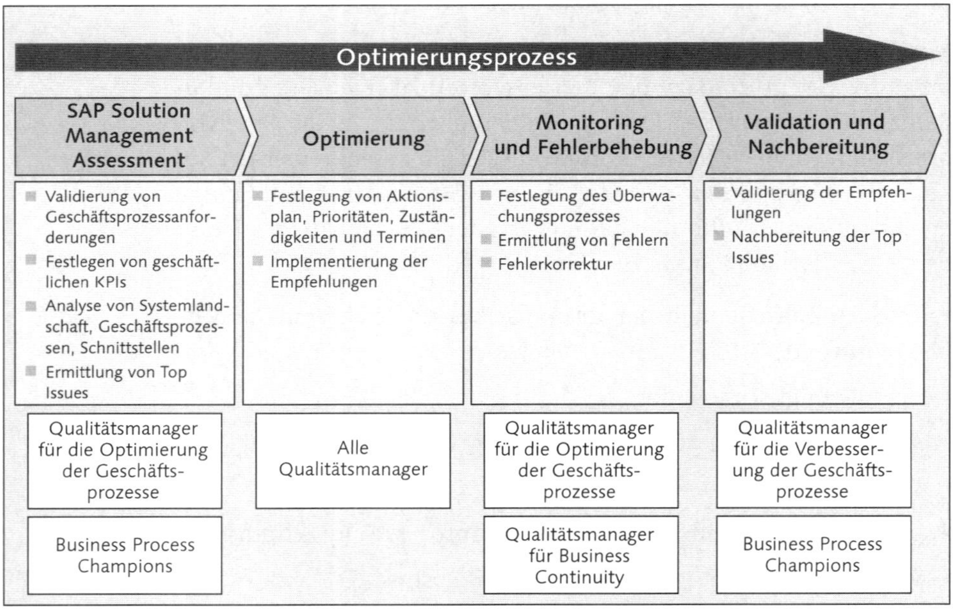

Abbildung 7.1 Optimierungsprozess mit den beteiligten Qualitätsmanagern

Methode zur Ermittlung geschäftskritischer Issues

SAP Solution Management Assessment stellt eine Methode zur Verfügung, mit der nach einem strukturierten Ansatz geschäftskritische Probleme analysiert und Optimierungspotenziale in den einzelnen Geschäftsprozessen ermittelt werden. Ausgehend von den Ergebnissen entsteht ein Lösungskonzept, das den Anforderungen der jeweiligen Fachabteilung im Unternehmen entspricht. Entscheidend ist, dass sich die jeweiligen Vertreter aus dem Fach- und IT-Bereich gemeinsam an der Analyse und Diskussion von Problemen und Lösungswegen beteiligen. Der QM für die Optimierung der Geschäftsprozesse ist dafür verantwortlich, die Methode in Zusammenarbeit mit den jeweiligen Business Process Champions im Unternehmen einzuführen und sie als wichtiges Werkzeug für die Verbesserung von Geschäftsprozessen zu etablieren.

Die Prüfung beginnt mit einer Betrachtung der zentralen Geschäftsprozesse, der Anwendungslandschaft und der IT-Infrastruktur. Sie berücksichtigt die Softwarekomponenten sowie die technischen Schnittstellen. Die nötigen Informationen entnehmen Sie der entsprechenden Dokumentation und der Application-Management-Lösung SAP Solution Manager. Sollten die Informationen noch nicht vorhanden oder nicht auf dem aktuellsten Stand sein, sieht die Methode vor, dass Sie die Dokumentation zu Geschäftsprozessen, Anwendungen und IT-Infrastruktur im SAP Solution Manager vornehmen oder aktualisieren.

Der Schwerpunkt der Methode, die SAP Solution Management Assessment bereitstellt, liegt nicht auf der Dokumentation. Vielmehr geht es darum, besonders kritische Probleme bei Geschäftsprozessabläufen zu ermitteln, sie in der Produktivumgebung zu analysieren und einen Referenzfall zu erstellen. Dies erfolgt in Zusammenarbeit mit einem Endanwender und dem Business Process Champion. In einer umfassenden Analyse prüfen dann der QM für die Optimierung der Geschäftsprozesse und der Business Process Champion in den Geschäftsprozessen sowohl auffällige oder fehlerhafte Ereignisse als auch mögliche Optimierungspotenziale.

Die einzelnen Schritte der Methode, die beim SAP Solution Management Assessment-Service zur Anwendung kommt, werden im Folgenden detailliert betrachtet.

7.2.1 Ermitteln von Geschäftsprozessanforderungen

Im ersten Schritt erfolgt die gemeinsame Abstimmung über die inhaltlichen Schwerpunkte für die Analyse der Geschäftsprozessanforderungen.

Dazu werden die relevanten Prozesse und Komponenten der Anwendungslandschaft benannt. Zu den Beteiligten an diesem Schritt gehören:

- der QM für die Optimierung der Geschäftsprozesse
- der QM für die Business Continuity
- der Business Process Champion
- weitere Vertreter betroffener Fachabteilungen

Definition einer Kennzahl

Der Business Process Champion formuliert die wichtigsten geschäftlichen Anforderungen für die zentralen Geschäftsprozesse. Die Anforderungen müssen Vorgaben zu operativen und geschäftlichen Kennzahlen (KPIs) enthalten.

Bei der Definition einer Kennzahl ist Folgendes zu berücksichtigen:

- Auswirkungen auf das Geschäft, wenn ein Geschäftsprozess und die Systeme nicht verfügbar sind
- Anforderungen, um die Verfügbarkeit des Geschäftsprozesses herzustellen und zu bewahren
- Anforderungen zur Ausführungszeit im System unter Berücksichtigung besonders zeitkritischer Prozessabläufe
- Zielwert für die Kennzahl
- Art und Weise, wie die Kennzahl gemessen und berichtet wird

7.2.2 Bestandsaufnahme der Lösungslandschaft

Im zweiten Schritt der Methode wird im SAP Solution Manager die Dokumentation der Softwarekomponenten überprüft, die innerhalb der Softwarelandschaft die einzelnen Geschäftsprozesse unterstützen.

Zu den Beteiligten an diesem Schritt gehören:

- der QM für die Optimierung der Geschäftsprozesse
- der QM für die Business Continuity
- IT-Verantwortliche für den Betrieb der Systeme (Technical Operations)
- technische Architekten (wenn vorhanden)

Dokumentation der Systemlandschaft

Die bestehende Dokumentation der Systemlandschaft im SAP Solution Manager muss für jede Softwarekomponente folgende Angaben enthalten:

- Softwarereleases, um die Kompatibilität und Funktion einzelner Softwarekomponenten zu prüfen
- verwendete Technologien (z.B. Java, BSP, AJAX, VMC), um die damit verbundenen Risiken zu berücksichtigen
- grundlegende Systemkomponenten (Server, Datenbanken und Betriebssysteme), um zu bestimmen, ob der geplante Lastausgleich realistisch ist, und um mögliche technische Issues vorherzusehen, die aus bestimmten Kombinationen von Software und Hardware resultieren können
- Schnittstellentechnologien (z.B. RFC, SAP NetWeaver PI, Webservices), um technologiebasierte Risiken für die Transaktionssicherheit oder die allgemeine Systemsicherheit zu ermitteln

Sie müssen diese Angaben im SAP Solution Manager als zentralem Datenpool überprüfen und aktualisieren oder – falls noch nicht vorhanden – zunächst erfassen und dokumentieren.

Zusätzlich erfassen Sie bislang aufgetretene Probleme im Betrieb der Systeme, die weitere Maßnahmen zur Lösung oder Vermeidung erfordern. Sie ermitteln sinnvolle Änderungen an der Systemarchitektur, die den Betrieb der Systeme optimieren können. Der erweiterte Einsatz von Monitoring-Werkzeugen kann Ihnen helfen, Probleme schneller zu erkennen und Systemausfälle zu vermeiden.

7.2.3 Prüfung der technischen Umsetzung von Geschäftsprozessen

Im nächsten Schritt wird anhand der Geschäftsprozessdokumentation im SAP Solution Manager der logische Ablauf der zentralen Geschäftsprozesse überprüft.

Zu den Beteiligten an diesem Schritt gehören:

- der QM für die Optimierung der Geschäftsprozesse
- der QM für die Business Continuity
- der Business Process Champion
- IT-Verantwortliche für den Betrieb der Geschäftsprozesse (Business Process Operations)
- Key User

Für die Analyse der Geschäftsprozesse müssen Sie folgende Aspekte erfassen:

- die einzelnen Prozessschritte und wie diese implementiert wurden (z.B. mit Standard-SAP-Code, benutzerdefiniertem Code oder User Exits)
- das durch den Prozess verarbeitete Datenvolumen, z.B. die Anzahl der Aufträge und der entsprechenden Belegpositionen, auch für Spitzenzeiten (z.B. innerhalb des Tages, der Woche, des Jahres)
- die vom Prozess verwendeten Schnittstellen, z.B. zum Lagersystem oder zum Gehaltsabrechnungs-Drucksystem
- die technischen Einschränkungen für die einzelnen Schritte
- operative Anforderungen

7.2.4 Erfassung von prozessbezogenen Problemen und möglichen Optimierungspotenzialen

Ausgehend vom Prozessverlauf erfasst der Business Process Champion gemeinsam mit den Vertretern der Fachabteilungen für jeden Prozessschritt die aufgetretenen Probleme. Die Vertreter aus dem IT-Team *Business Process Operations* ergänzen die Problembeschreibung durch ihre Sicht auf den Betrieb der Geschäftsprozesse. Auf dieser Grundlage formulieren die Beteiligten die notwendigen Änderungsanforderungen.

Zu den Beteiligten an diesem Schritt gehören:

- der QM für die Optimierung der Geschäftsprozesse
- der QM für die Business Continuity
- der Business Process Champion
- IT-Verantwortliche für den Betrieb der Geschäftsprozesse (Business Process Operations)
- weitere Vertreter der jeweiligen Fachabteilungen

Für die Analyse der Prozesse und der einzelnen Prozessschritte empfiehlt sich folgende Vorgehensweise:

- Nach der Prüfung der Ist-Werte der definierten Prozesskennzahlen führen Sie bei signifikanten Abweichungen zu den Zielwerten eine

Ursachenanalyse durch. Gegebenenfalls ist eine spätere Detailanalyse nötig. Sie prüfen, ob Sie alle notwendigen Prozesskennzahlen mit geeigneten Zielwerten festgelegt haben.

- Der Business Process Champion formuliert die Anforderungen zu fehlenden Funktionen oder zu einer möglichen Neugestaltung des Prozesses, die die Steigerung der Effizienz oder eine höhere Benutzerfreundlichkeit zum Ziel hat.
- Sie prüfen den Status bekannter Probleme oder Ausnahmesituationen, die von Endanwendern, der Fachabteilung oder den IT-Teams Business Process Operations und IT Infrastructure gemeldet wurden. Ausgehend davon entscheiden Sie über für den weiteren Verlauf nötige Maßnahmen zur Problemlösung.
- Dann prüfen Sie, ob Sie durch Änderungen an der technischen Umsetzung von Geschäftsprozessen den Betrieb vereinfachen oder verbessern können, etwa durch qualitative Verbesserungen der Stammdaten, Schulung der Endanwender oder den erweiterten Einsatz des Geschäftsprozess-Monitorings im SAP Solution Manager.

Sind technische Schnittstellen die potenzielle oder gar wiederholte Ursache für auftretende Probleme, sollten Sie wie im folgenden Schritt beschrieben die Schnittstellen untersuchen. Derartige Probleme zeigen sich in der Regel anhand fehlender Beleg- oder Stammdaten oder der fehlerhaften Datenübertragung zwischen verbundenen Anwendungskomponenten.

7.2.5 Analyse der Schnittstellen

Dieser Schritt der Methode legt den Schwerpunkt auf die Schnittstellen, die einen entscheidenden Erfolgsfaktor für die effiziente und reibungslose Ausführung von Geschäftsprozessen darstellen.

Zu den Beteiligten an diesem Schritt gehören:

- der QM für die Optimierung der Geschäftsprozesse
- der QM für die Business Continuity
- IT-Verantwortliche für den Betrieb der Geschäftsprozesse (Business Process Operations)
- Vertreter aus dem Team IT Infrastructure

Analyse

Bei der Analyse geht es insbesondere um Folgendes:

- die Implementierungsverfahren der Schnittstellen und die dafür verwendeten Technologien (z.B. IDoc oder BAPI)
- den kritischen Zeitbedarf (Arbeitet die Schnittstelle in Echtzeit oder im Batch-Betrieb?)
- das über die Schnittstellen geführte Datenvolumen und die zu erwartenden Reaktionszeiten
- Transaktionssicherheit, Datenkonsistenz und Auftreten oder Wahrscheinlichkeit von Datenverlust
- operative Themen wie hohe Verfügbarkeit der Schnittstelle, Workload, Geschäftsprozess- und Systemüberwachung sowie Fehlerbehandlungsverfahren

7.2.6 Zusammenfassung der Ergebnisse

Um die Ergebnisse zu Problemen und Optimierungspotenzialen aus den vorangegangenen Schritten in den Abschnitten 7.2.2, 7.2.4 und 7.2.5 zusammenzufassen, halten Sie diese anhand folgender Informationen fest:

- Beschreibung des Problems
- Beschreibung der Auswirkung auf Geschäftsprozessabläufe
- Zielsetzung für die erfolgreiche Problembeseitigung mit Zeitvorgabe
- Verantwortlichkeiten für die Problemlösung
- notwendige Aktivitäten für die Problemanalyse und -lösung

Die Beschreibung der Probleme und der notwendigen Aktivitäten erfolgt über das Work Center *Systemverwaltung* im Abschnitt *Issue Management* im SAP Solution Manager, in dem Sie auch den Status Ihrer Meldungen überwachen und regelmäßige Berichte erzeugen können.

Für eine höhere Transparenz bei Problemen in Geschäftsprozessabläufen und zur Berichterstattung an die Leitungsebene empfiehlt sich die Beschreibung von Top Issues. Die Meldung eines Top Issues fasst als Themenschwerpunkt mehrere Detailprobleme zusammen. Ähnlich wie Detailprobleme können Sie im SAP Solution Manager den Status von Top Issues überwachen und regelmäßig Berichte zusammenstellen.

7.2.7 Folgeaktivitäten nach einem SAP Solution Management Assessment

Der QM für die Optimierung der Geschäftsprozesse muss den Status von Detailproblemen und der festgelegten Aktivitäten regelmäßig überprüfen. Er überwacht die Einhaltung der Fristen und die Umsetzung notwendiger Aktivitäten. Die in der Problembeschreibung benannten Verantwortlichen geben dazu regelmäßig Rückmeldung zum Lösungsverlauf und aktualisieren den Problemstatus.

Um auf geänderte Geschäftssituationen oder neu auftretende Probleme angemessen reagieren zu können, sollten Sie das SAP Solution Management Assessment in regelmäßigen Abständen wiederholen – entweder in der eingeschränkten Variante (Problemanalyse und Prüfung der Ist-Werte festgelegter Kennzahlen, gemeinsam mit dem Business Process Champion) oder in der beschriebenen umfassenden Variante.

7.3 Erforderliche Maßnahmen zur Optimierung von Geschäftsprozessen

Eine Anwendung des SAP Solution Management Assessments könnte – je nach Komplexität – zur Definition eines neuen Projekts oder zu einem Entwicklungsauftrag führen. Möglicherweise sind beim Produktivstart eines Projekts noch nicht alle Funktionen implementiert, und an den Geschäftsprozessen müssen noch Anpassungen vorgenommen werden. Um einen guten Return on Investment zu gewährleisten, müssen die Kunden die von der Lösung bereitgestellten Funktionen auch verwenden können.

Laufende Geschäftsinnovation und Hinzufügen von Funktionen

Nach einem technischen Upgrade ergeben sich durch die zusätzlichen Funktionen, die in neuen Releases bereitgestellt werden, Möglichkeiten zur Optimierung der Geschäftsprozesse. Vom QM für die Optimierung der Geschäftsprozesse wird erwartet, dass er nach Wegen sucht, wie die in Erweiterungspaketen (EHPs) und neuen Releases enthaltenen neuen Funktionen zur Innovation und Erfüllung von Geschäftsprozessanforderungen eingesetzt werden können.

Für Kernanwendungen der SAP Business Suite hat SAP Erweiterungspakete (EHPs) eingeführt, zu denen neue und verbesserte Funktionen für die SAP ERP-Anwendung sowie weitere Angebote gehören.

Erweiterungspakete stellen einen neuen Ansatz dar, mit dem SAP die Lieferung von Innovationen an die Kunden beschleunigen möchte. Anstatt große Upgrade-Projekte durchzuführen, können die Kunden von laufenden Geschäftsinnovationen profitieren, während ihre Kernsysteme stabil bleiben (siehe auch Abschnitt 9.3, »Erweiterungspaket (EHPs)«).

Die Strategie, Erweiterungspakete zu implementieren, treibt der Qualitätsmanager voran, der für den Schutz der IT-Investitionen des Unternehmens zuständig ist. Er wird dabei von den Geschäftsabteilungen und allen anderen Beteiligten unterstützt.

Skalierbarkeit und Leistungsoptimierung

Die Leistung ist ein weiterer kritischer Erfolgsfaktor, um die Akzeptanz der Endanwender zu gewinnen. Wenn die implementierte Lösung die erwarteten Datenmengen (wie in den relevanten geschäftlichen Kennzahlen dokumentiert) nicht verarbeiten kann, resultiert daraus eine kritische Schwachstelle für das Geschäft. Zur Lösung des Problems muss durch Hinzunahme des QM für Business Continuity ein Aktionsplan aufgestellt werden.

Verlässliche Verfügbarkeit

Wenn Geschäftsprozesse und Systeme nicht die Verfügbarkeit erreichen, die das Unternehmen als notwendig erachtet, muss der QM für die Optimierung der Geschäftsprozesse das Problem gemeinsam mit dem QM für Business Continuity angehen. Nach der Einführung von Verbesserungen wird die Verfügbarkeit regelmäßig gemessen und mit dem Ziel verglichen, das im Optimierungsplan festgelegt wurde.

7.4 Überwachen von Geschäftsprozessen

Für einen erfolgreichen Betrieb ist es wesentlich, dass Sie über eine Lösung verfügen, die kritische Aspekte Ihres Geschäfts überwachen kann, wie z.B. Geschäftsprozessausnahmen, KPIs, Alert-Meldungen und Anwendungskennzahlen.

Geschäftsprozessausnahmen

Zu den wertvollen Informationen, die eine Monitoring-Lösung liefert, gehört auch die Kenntnis über den Zeitpunkt und die Ursache für das Auftreten von Geschäftsprozessausnahmen. Außerdem stellt die Lösung vollständige Transparenz in Bezug auf die Geschäftsprozessausführung her. Sie werden z.B. darüber informiert, dass Geschäftsprozesse erfolgreich ausgeführt wurden und dass die Datenkonsistenz gewahrt wurde.

Die Informationen aus der Überwachung von Geschäftsprozessausnahmen können sehr hilfreich sein. Beispielsweise können Sie die Bestellungen, die aufgrund von Fehlbeständen nicht geliefert werden konnten, und die Bestellungen, die aufgrund eines Komplettversandwunsches nicht geliefert werden konnten, in einer jeweils eigenen Liste erfassen. Ein noch wichtigeres Merkmal der Überwachung der Geschäftsprozessausführung ist, dass der QM für die Verbesserung der Geschäftsprozesse Trends beim Auftreten von Anwendungsfehlern ermitteln und Bereiche mit Optimierungspotenzial entdecken kann. Aus diesem Grund sollte eine zusätzliche Berichtsfunktion eingerichtet werden, die den Fortschritt und die Ausführung der Geschäftsprozesse überwacht.

Dazu verwenden Sie das Geschäftsprozess-Monitoring im SAP Solution Manager. Zusätzlich zu den herkömmlichen Funktionen zur Systemüberwachung verfügt der SAP Solution Manager über Funktionen, mit denen Sie Prozesskennzahlen bestimmen und überwachen können. Abweichungen von Kennzahlen durch eintretende Ereignisse können unmittelbar durch automatische Benachrichtigung per E-Mail, als Meldungstext oder durch die automatische Erstellung von Service-Desk-Meldungen übermittelt werden.

Berichtsfunktionen

Umfangreiche Berichtsfunktionen erlauben es Ihnen, sowohl technische Kennzahlen – wie z.B. technische Ausführungszeit, Anzahl der Fehlerprotokolle oder Datenübertragungsfehler in Schnittstellen) – als auch betriebswirtschaftliche Kennzahlen (z.B. Anzahl bearbeiteter Belege aus Geschäftsvorgängen, Rückstandskennzahlen) zu erfassen. Dabei können Sie auf eine Vielzahl vordefinierter Kennzahlen zugreifen, die mit dem SAP Solution Manager ausgeliefert werden und die Sie mit wenig Aufwand einrichten können.

Mit dem Geschäftsprozess-Monitoring können Sie:

- Ausnahmesituationen frühzeitig erkennen
- Trendanalysen durchführen und daraus notwendige Maßnahmen ableiten
- Optimierungspotenziale für Geschäftsprozessabläufe ableiten

Mit dem Geschäftsprozess-Monitoring können Sie nicht nur den laufenden Betrieb überwachen. Die Fachabteilung erhält zudem Aufschluss über kritische Prozesskennzahlen, die sich bedeutend auf den Unternehmenserfolg auswirken. Sie können diese Kennzahlen auch zum Benchmarking verschiedener Geschäftseinheiten oder zum Vergleich mit Wettbewerbern heranziehen.

7.5 Zugehörige Services des SAP Active Global Supports

Um den QM für die Optimierung der Geschäftsprozesse zu unterstützen, stellt SAP außer dem klassischen Beratungsangebot ein umfassendes Schulungs- und Serviceangebot bereit.

Eine detaillierte Beschreibung des Angebots finden Sie in Anhang A, »Weiterführende Informationen und Angebote«. Folgende Services sind für den QM für die Optimierung der Geschäftsprozesse von besonderem Interesse:

- SAP Solution Management Assessment
- SAP Business Process Management
- Solution-Architect-Services
- Expertise-on-Demand-Services

Der SAP Active Global Support bietet mehrere Services, die eine Verbesserung der Geschäftsprozesse aus technischer Sicht ermöglichen. Tabelle 7.1 zeigt für eine kleine Auswahl dieser Services eine allgemeine Übersicht sowie eine Beschreibung der Bereiche, auf die sie sich beziehen.

Bereiche	Services
Leistung zentraler Geschäftsprozesse und kritischer Transaktionen	SAP Business Process Performance Optimization SAP Remote Performance Optimization
Leistung und Funktionsfähigkeit von Schnittstellen; Issues durch Dateninkonsistenz	SAP Interface Management
Große Datenmengen mit negativen Auswirkungen auf die Leistung und den Betrieb von Geschäftsprozessen	Data Volume Management

Tabelle 7.1 Technische Services des SAP Active Global Supports und ihre Anwendungsbereiche

Bereiche	Services
Fehler in Geschäftsprozessen; Verfügbarkeit von Geschäftsprozessen	SAP Business Process Management
Unzureichende Kenntnisse im Bereich der Systemverwaltung	SAP System Administration Service für Prozessintegration, SAP Customer Relationship Management, SAP Supply Chain Management und SAP NetWeaver Business Warehouse

Tabelle 7.1 Technische Services des SAP Active Global Supports und ihre Anwendungsbereiche (Forts.)

Zugehörige Standards für Solution Operations

Die folgenden SAP-Standards für Solution Operations erläutern im Detail, welche Art von Dokumentation und welche Prozesse implementiert werden müssen, um eine kontinuierliche Verbesserung der Geschäftsprozesse fest in Ihrem Unternehmen zu verankern:

- Solution Documentation
- Exception Handling and Business Process and Interface Monitoring
- Data Integrity and Transactional Consistency
- Data Volume Management
- Job Scheduling Management

7.6 Erfolgsfaktoren

Zum wichtigsten Erfolgsfaktor für die Leistung eines QM für die Optimierung der Geschäftsprozesse eines Unternehmens wird die Fähigkeit, sowohl in technischer als auch in funktionaler Hinsicht die Verbesserung und Innovation von Geschäftsprozessen zu erleichtern. Zu diesem Zweck sollte sich der Qualitätsmanager den im Folgenden dargestellten kritischen Erfolgsfaktoren widmen.

Kunden

Das Unternehmen muss die Kennzahlen definieren, mit denen es die Erwartungen seiner Kunden erfüllen kann. Beispiele für geschäftliche Kennzahlen sind:

- Ausführung des Monatsabschlusses in weniger als drei Tagen (umfasst möglicherweise IT-bezogene und nicht IT-bezogene Schritte)

- Lieferung von Kundenaufträgen innerhalb von 24 Stunden
- Durchführung der Gehaltsabrechnung in weniger als zehn Stunden

Endanwender

Die Zufriedenheit des Endanwenders ist ein Gradmesser dafür, wie gut die IT-Prozesse die Geschäftsanforderungen unterstützen. Folgende Aspekte beeinflussen, wie zufrieden Endanwender sind:

- Entsprechen die von der SAP-Lösung gelieferten Funktionen den Anforderungen, oder sind zusätzliche Funktionen erforderlich?
- Sind die Geschäftsprozesse benutzerfreundlich?
- Ist die systemtechnische Verarbeitungszeit zufriedenstellend, bzw. wird sie von den Benutzern als angemessen beurteilt?
- Sind die Geschäftsprozesse und Systeme jederzeit verfügbar, wenn sie benötigt werden?

Customer COE

Kennzahlen zu den Rollen innerhalb des Customer COE können folgendermaßen definiert werden:

- Besetzung der Rolle eines Business Process Champions innerhalb der Geschäftseinheit
- Besetzung der Rolle eines Geschäftsprozessexperten
- Zuweisung von Aufgaben zum Optimieren von Geschäftsprozessen an die Rolle des Geschäftsprozessexperten (nach den Festlegungen in diesem Buch)
- Dokumentation der Geschäftsprozessschritte und die entsprechende Aktualisierung im zentralen Datenpool des SAP Solution Managers
- klare Dokumentation aller Top Issues, Anforderungen und sonstigen Herausforderungen – die Dokumentation sollte jederzeit zugänglich sein
- Zuordnen von Top Issues, Anforderungen und Herausforderungen zu den Funktionen, die zum jeweiligen Zeitpunkt von SAP- und Fremdlösungen bereitgestellt werden
- Aufstellen eines Aktionsplans für die Top Issues
- Eingabe aller neu auftretenden Fällen von Geschäftsprozessausnahmen in den SAP Solution Manager (sofort bzw. spätestens nach dem zweiten Auftreten)

7.7 Kompetenzen und Schulung

Der QM für die Optimierung der Geschäftsprozesse benötigt fundiertes Wissen über die SAP-Lösungen, muss ein genaues Verständnis über die in den jeweiligen Geschäftseinheiten des Unternehmens verwendeten Geschäftsprozesse besitzen und sich mit SAP-Experten kompetent über technische Sachverhalte verständigen können. Darüber hinaus sollte der Qualitätsmanager auf folgenden Gebieten solide Kenntnisse besitzen:

- SAP-Technologien und Fremdtechnologien, einschließlich Schnittstellentechnologien und SOA
- SAP-Lösungen
- Methoden und Werkzeuge der Leistungsoptimierung
- SAP Solution Manager und seine Funktionen

SAP bietet einen fünftägigen Schulungskurs an (E2E060), der den Teilnehmern die nötigen Kompetenzen vermittelt, um als Qualitätsmanager die folgenden erweiterten Funktionen im Customer COE ausüben zu können:

- Verwendung eines zentralen Datenpools
- Integrationsvalidierung
- Verbesserung der Geschäftsprozesse
- Wahrung der Business Continuity
- Schutz der IT-Investitionen und Einführung von Innovationen

Details zur Zertifizierung finden Sie im Dokument *Customer Center of Expertise Certification in Cooperation with SAP* auf dem SAP Service Marketplace unter *www.service.sap.com/coe*.

7.8 Fallbeispiel: Optimierung des Auftragsabwicklungsprozesses

Das folgende Beispiel verdeutlicht, welche Maßnahmen der QM für die Optimierung der Geschäftsprozesse ergreifen kann, um vorhandene Geschäftsprozesse zu verbessern und die Einrichtung einer Geschäftsprozessüberwachung voranzutreiben.

Ein großes Unternehmen in den USA verwendet eine SAP-Lösung für die Verwaltung seines Auftragsabwicklungsprozesses. Der Geschäftsbereich Ersatzteilgeschäft des Unternehmens hat kritisiert, dass die Ausführung von Kundenaufträgen nicht möglich ist, da in den regionalen Lagern nicht genügend Ware für die Lieferung an die Kunden vorrätig ist. Die Business Process Champions beraten sich mit dem QM für die Optimierung der Geschäftsprozesse aus dem Customer COE. Zur Analyse der Geschäftsprozessabläufe fordern sie den SAP Solution Management Assessment-Service an. Dieser Service unterstützt sie dabei, relevante Issues zu ermitteln und mithilfe von Experten der SAP geeignete Aktivitäten zur Problemlösung bzw. zur Prozessoptimierung aufzuzeigen.

Schritt 1: Umfang der Geschäftsprozessanforderungen festlegen

Der Geschäftsbereich Ersatzteilgeschäft hat sich in Service-Level-Vereinbarungen gegenüber den Kunden verpflichtet, Kundenaufträge in weniger als fünf Tagen zu liefern. Diese Leistungsverpflichtung hatte Auswirkungen auf die IT-Abteilung und auf die geschäftlichen Kennzahlen. Aus den Kennzahlen geht hervor, dass eingehende Aufträge und deren fristgerechte Ausführung regelmäßig überwacht und etwaige Abweichungen durch entsprechende Geschäftsentscheidungen korrigiert werden sollten. In den vergangenen Wochen ist es zu häufigen Verzögerungen in der Abwicklung der Kundenaufträge gekommen.

Daraufhin beschließen die Verantwortlichen die Überprüfung des Geschäftsprozesses »Kundenauftragsabwicklung« von der Erfassung des Kundenauftrages bis hin zur Rechnungserstellung für die ausgelieferten Ersatzteile.

Schritt 2: Lösungslandschaft überprüfen

Die Lösungslandschaft besteht aus mehreren Fremdsoftwarekomponenten und SAP-Komponenten, z.B. SAP ERP, SAP SCM und SAP NetWeaver BW.

Schritt 3: Technische Umsetzung des Geschäftsprozesses überprüfen

Die zuständigen Teams überprüfen im SAP Solution Manager die Prozessdokumentation für die Kundenauftragsabwicklung.

Die Verantwortlichen besprechen den Prozess und die technische Umsetzung mit den Experten von SAP. Wie sich zeigt, ist die Prozessdokumentation auf dem aktuellen Stand. Abbildung 7.2 zeigt eine schematische Darstellung des Prozesses.

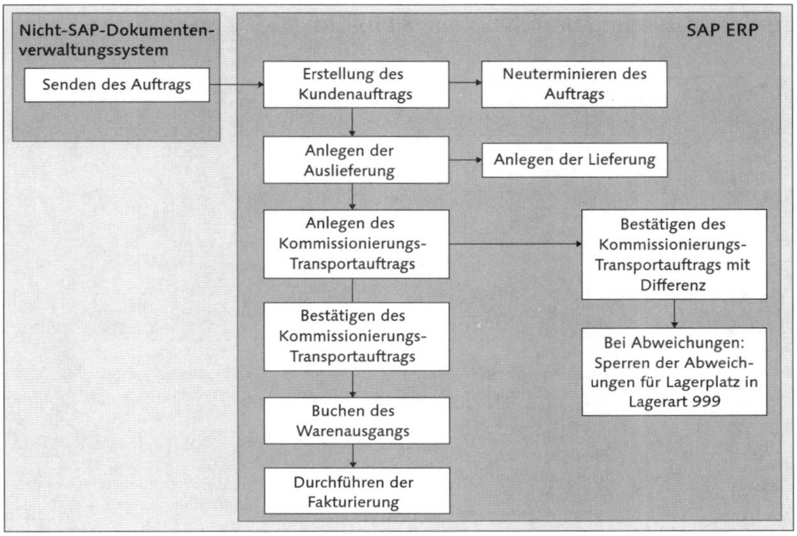

Abbildung 7.2 Der Prozess der Kundenauftragsverwaltung

Schritt 4: Prozessbezogene Probleme analysieren und mögliche Optimierungspotenziale aufzeigen

Die Vertreter der Fachabteilung bemängeln, dass viele Aufträge viel zu spät bearbeitet werden. Das IT-Team Business Process Operations setzt das Geschäftsprozess-Monitoring im SAP Solution Manager ein. Zusammen mit der Fachabteilung legt es folgende Prozesskennzahlen fest:

- Anzahl der erfassten Kundenaufträge
- Anzahl offener Kundenaufträge mit einem Auftragsdatum älter als fünf Tage
- Anzahl offener Lieferungen ohne gebuchten Warenausgang
- Anzahl offener Lieferungen ohne Rechnungsbeleg

Aus diesen Prozesskennzahlen geht hervor, dass die Anzahl offener Kundenaufträge mit Auftragsdatum älter als fünf Tage in den letzten

Wochen stark angestiegen ist. Das IT-Team Business Process Operations berichtet, dass im gleichen Zeitraum Probleme mit der Kundenauftragsschnittstelle aufgetreten sind. Mithilfe der Schnittstellenüberwachung findet das Team heraus, dass ein Zusammenhang zwischen der Anzahl rückständiger Kundenaufträge und den Schnittstellenproblemen besteht (siehe Abbildung 7.3).

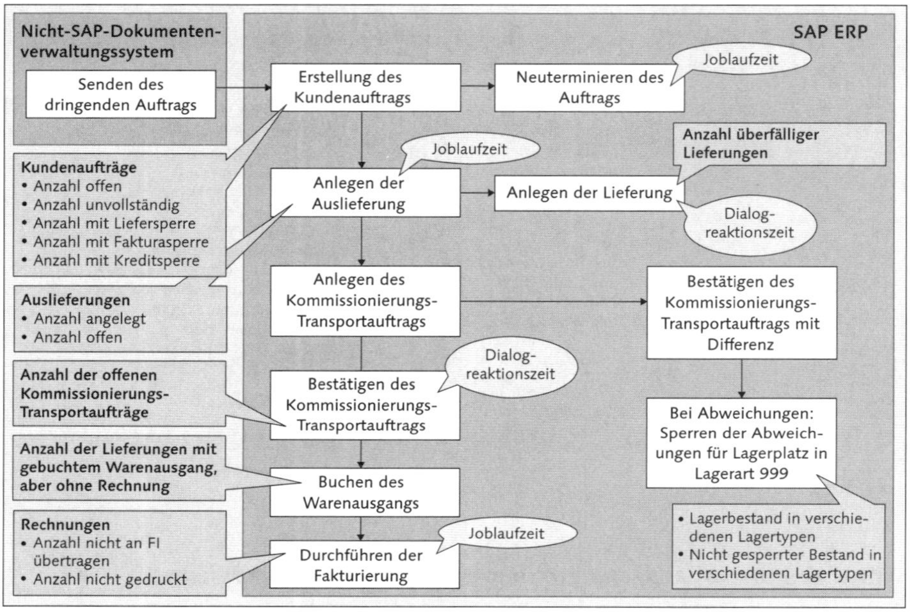

Abbildung 7.3 Überwachung des Prozesses für die Kundenauftragsabwicklung

Schritt 5: Schnittstelle analysieren

Die Funktionsweise der Schnittstelle für das Erstellen von Kundenaufträgen ist wie folgt:

Mehr als 80 % der Kundenaufträge werden von DMS (Fremdsoftware) an SAP gesendet, und zwar über Middleware, die das Funktionsmodul `Z_BAPI-SALESORDER_CREATE` verwendet. Die Kundenaufträge laufen normalerweise montags bis freitags zwischen 22 und 24 Uhr in das System ein. Die Datenmenge liegt bei ca. 6.000 Kundenaufträgen mit jeweils 20 Belegpositionen.

Bei einer genaueren Analyse der Schnittstelle stellt sich heraus, dass die Probleme durch unvollständige Materialstammdaten und einen Fehler im Funktionsbaustein verursacht wurden.

Schritt 6: Ergebnisse zusammenfassen und Aktionsplan erstellen

Der aufgestellte Aktionsplan umfasste die folgenden Schritte:

1. Programmfehler korrigieren, der die verzögerte Übertragung der Kundenaufträge verursachte
2. Qualität der Materialstammdaten verbessern mithilfe von Schulungsmaßnahmen für die Mitarbeiter, die für die Pflege der Materialstammdaten verantwortlich sind
3. offene Kundenaufträge, die älter als fünf Tage sind, täglich überwachen
4. in der Geschäftseinheit klären, warum die Kundenaufträge noch immer offen sind
5. Bearbeitung der Aufträge veranlassen

Nach zwei Wochen treffen sich der QM für die Optimierung der Geschäftsprozesse und der Business Process Champion für die Kundenauftragsabwicklung zur Nachverfolgung des Aktionsplans. Sie stellen fest, dass alle Aktivitäten zur Problemlösung umgesetzt wurden. Sie überprüfen die Prozesskennzahl im Geschäftsprozess-Monitoring und stellen fest, dass sich die überfälligen Kundenaufträge erheblich verringert haben. Abbildung 7.4 zeigt ein Diagramm der Überwachung.

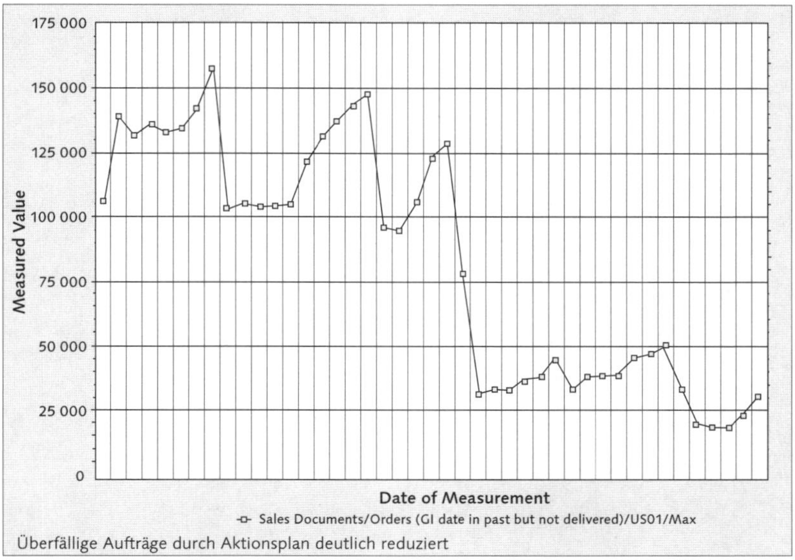

Abbildung 7.4 Kennzahl für überfällige Kundenaufträge im zeitlichen Verlauf

Mit einer integrierten Gesamtstrategie zum Qualitätsmanagement und dem SAP Enterprise Support-Service-Portfolio können Sie Ihre langfristigen Investitionen in eine fortlaufend harmonisierte und anpassungsfähige IT-Landschaft schützen.

8 Schutz der IT-Investitionen

Herausforderungen für das Customer COE

Das Customer Center of Expertise 2 konzentriert sich auf die wichtigsten Herausforderungen, vor denen IT-Vorstände bei der Implementierung von SAP-Lösungen stehen. Zu diesen Herausforderungen gehört es, für einen unterbrechungsfreien Geschäftsbetrieb zu sorgen, die Gesamtbetriebskosten (TCO) niedrig zu halten, die Investitionen des Unternehmens zu schützen, einen hohen Return on Investment (ROI) zu erzielen und die Innovationsbereitschaft des Unternehmens sicherzustellen.

Innovation ist ein wichtiger betriebswirtschaftlicher Faktor. Für Innovationen im Unternehmen müssen häufig die Geschäftsprozesse angepasst oder neue eingeführt werden. Vielleicht führt Innovation sogar zur Übernahme neuer Geschäfte. Beim Ändern von Geschäftsprozessen oder beim Einführen neuer Geschäftsprozesse muss möglicherweise die produktive SAP-Software angepasst oder eine neue SAP-Lösung eingeführt werden.

Der Schutz der IT-Investitionen des Unternehmens und die Förderung von Innovationen zählen zu den Aufgaben des Qualitätsmanagers (QM) im Customer-COE-Team. Der QM ist mit den Methoden, Best Practices und Werkzeugen ausgestattet, die für die Ausführung dieser Rolle erforderlich sind. In diesem Abschnitt werden die Rolle und die Aufgaben des QM beschrieben, und es wird erläutert, wie SAP diese Rolle unterstützt. Die Hauptaufgaben und Zuständigkeiten werden in Tabelle 8.1 dargestellt.

Die heutigen IT-Vorstände müssen sich einer Reihe von Herausforderungen stellen: Sie müssen die zunehmend komplexen IT-Lösungen überwachen, eine wachsende Anzahl von Benutzern unterstützen,

Verantwortung für den unterbrechungsfreien Geschäftsbetrieb übernehmen, Innovation fördern und dabei auch möglichst noch die Kosten und Risiken eindämmen. Um all diese breit gefächerten Aufgaben erfüllen zu können, muss zwischen den Stakeholdern des Geschäfts- und des IT-Bereichs ein Konsens über die wichtigsten Zielsetzungen des Unternehmens erzielt werden. Dieser schwierige Prozess kann durch übergreifendes Qualitätsmanagement, das alle Geschäfts- und IT-Bereiche umfasst, zu einer Chance für das Unternehmen werden. Das Customer-COE-Team ist für den Aufbau eines Qualitätsmanagementprozesses ein effektives Werkzeug.

Aufgabe	Zuständigkeit des Qualitätsmanagers
Entwickeln eines Masterplans für die IT-Landschaft	Abstimmen der standardmäßigen und benutzerdefinierten Softwareprodukte, Versionen und Support Packages innerhalb der IT-Landschaft
Sicherstellen, dass die Systeme auf dem aktuellen Stand sind	Regelmäßiges Implementieren der neuesten Softwarereleases und Erweiterungspakete (EHPs) sowie der Support Packages in der IT-Landschaft
Einrichten einer Governance-Struktur	Bereitstellen von Governance und Richtlinien, um die Stabilität zu gewährleisten und die Risiken zu minimieren
Vermeiden oder Minimieren von benutzerdefiniertem Code	Überprüfen, ob geplante kundeneigene Entwicklungen erforderlich sind oder ob eine Implementierung mithilfe von Standardfunktionalität möglich ist; Ersetzen von benutzerdefiniertem Code durch Standarderweiterungen und -funktionen, wo dies möglich ist
Vermitteln der Kommunikation zwischen Geschäft und IT	Vermitteln der Kommunikation zwischen den Geschäftsprozessexperten, dem Program Management Office (PMO) und dem Custom-Development-Team
Überwachen der Aktivitäten zur Dokumentation von benutzerdefiniertem Code, einschließlich von Partnercode	Fördern der Aktivitäten zur Dokumentation von benutzerdefinierten und Partnerentwicklungen; Sicherstellen, dass diese Dokumentation den SAP-Standards entspricht
Anwenden der Standard-Upgrade-Methoden	Sicherstellen, dass Upgrade-Projekte gemäß den SAP-Standards ausgeführt werden
Anlegen einer Plattform zur Entscheidungsfindung	Gewährleisten der System- und Datentransparenz (z.B. Anzahl der verwendeten Transaktionen, betriebswirtschaftliche Gewichtung)

Tabelle 8.1 Aufgabenprofil des QM für den Investitionsschutz

Aufgabe	Zuständigkeit des Qualitätsmanagers
Sicherstellen der Qualität benutzerdefinierten Codes	Bereitstellen von Prozessen und Werkzeugen zum Sicherstellen der Qualität benutzerdefinierten Codes
Verringerung des Anpassungsaufwands von benutzerdefiniertem Code	Analysieren der Auswirkungen benutzerdefinierten Codes auf Lösungsübergangsereignisse, z.B. ein Upgrade oder eine Support-Package-Implementierung
Einrichten eines Incident Managements	Einrichten eines Incident Managements gemäß SAP-Standards unter Verwendung des Service Desks im SAP Solution Manager
Bereitstellen des Qualitätsmanagements für Änderungsanträge	Überprüfen und Überwachen aller Änderungsanträge, die im Unternehmen initiiert wurden
Ansprechpartner für den SAP Enterprise Support-Berater	Überprüfen der Berichte der SAP Enterprise Support-Services und Auslösen von Folgeaktivitäten im Fall von Alerts

Tabelle 8.1 Aufgabenprofil des QM für den Investitionsschutz (Forts.)

Kombinieren der Stärken von Geschäft und IT

Das Customer-COE-Team besteht aus einer Gruppe von QMs, die sich in der Application Management Unit des Unternehmens befinden. Das Team ist unternehmensweit tätig, um gemeinsam mit den jeweiligen Stakeholdern die Herausforderungen und Issues zu lösen. Das Team führt Grundregeln und -prozesse ein, um die Kommunikation und die Zusammenarbeit zwischen Geschäft und IT zu fördern. Dadurch hat jede Seite ein stabiles Format für den Austausch von Fakten und Ideen und zur Förderung eines Dialogs, der auf klaren technischen Prinzipien beruht.

Während dieses Kooperationsprozesses baut das Customer COE nach und nach aus den beiden Bereichen Geschäft und IT ein einheitliches Application-Management-Team auf. Durch die Verpflichtung beider Bereiche wird die Konsensbildung wesentlich beschleunigt. (Details zum Organisationsmodell des Customer COE finden Sie in Kapitel 4, »Customer Center of Expertise«.)

8.1 Die erweiterte Wartung im Rahmen von SAP Enterprise Support

Mainstream-Wartung

Die Release- und Wartungsstrategie von SAP zu kennen, ist für den Schutz Ihrer IT-Investitionen von elementarer Bedeutung. Durch die regelmäßige Implementierung aktueller Softwarereleases und -erweiterungen sowie Support Packages ist die Systemlandschaft immer auf dem aktuellsten Stand und erfüllt so die Voraussetzung für die Einführung aktueller Innovationen im Unternehmen. Genauso wichtig ist, dass die erweiterte Wartung den Kunden den Zugang zum vollwertigen Support-Angebot von SAP nach der ersten Wartungsphase, der Mainstream-Wartung, ermöglicht.

Die Wartungsstrategie von SAP besteht aus unterschiedlichen Phasen. Die Mainstream-Wartung ist die erste Wartungsphase für ein Release. In dieser Phase erhalten Sie den vollen Umfang an Leistungen, der für Ihr Support-Modell – zum Beispiel SAP Enterprise Support – verfügbar ist.

Erweiterte Wartung

Die erweiterte Wartung ist die sich an die Mainstream-Wartung anschließende nächste Wartungsphase. Sie wird seit 2004 für ausgewählte Releases der SAP-Software angeboten, zunächst für SAP R/3 und im weiteren Verlauf auch für die anderen Kernanwendungen der SAP Business Suite.

Die erweiterte Wartung hat einen der Mainstream-Wartung vergleichbaren Leistungsumfang – so kann sie zum Beispiel die Lieferung von neuen Legal Changes (Korrekturen zur Umsetzung von gesetzlichen Änderungen an bestehenden Funktionen) ebenso abdecken wie die Lieferung von Support Packages und Technologie-Updates. Sie kann auch die Bearbeitung von Kundenmeldungen für neue und bestehende Fehler einschließen.

Support für von Ihnen lizenzierte Add-on-Anwendungen ist ebenfalls im Leistungsumfang der erweiterten Wartung enthalten: Wenn Sie die erweiterte Wartung für ein Release in Anspruch nehmen, erhalten Sie auch die erweiterte Wartung für das Add-on. Damit wird ein fortdauernder Support für das gesamte System sichergestellt.

Die erweiterte Wartung ist ein optionales Angebot. Wenn Sie die erweiterte Wartung in Anspruch nehmen wollen, müssen Sie sie explizit bestellen. Sie können sie für ein oder mehrere aufeinanderfolgende Kalenderquartale bestellen, immer beginnend mit dem ersten Kalenderquartal, in dem die erweiterte Wartung für das jeweilige Release angeboten wird.

Die Zusatzgebühr für die erweiterte Wartung hängt vom jeweiligen Release ab. Unter der 5-1-2-Wartungsstrategie, die für Releases wie zum Beispiel SAP ERP 2004 gilt, wird die erweiterte Wartung für drei Jahre angeboten. Im ersten Jahr beträgt die Zusatzgebühr 2 % der Wartungsbasis, im zweiten und dritten Jahr 4 % pro Jahr. Unter der 7-2-Wartungsstrategie, die für Releases wie zum Beispiel SAP ERP 6.0 gilt, wird die erweiterte Wartung für zwei Jahre zu einer Zusatzgebühr von 2 % pro Jahr angeboten. Releasespezifische Informationen zur erweiterten Wartung finden Sie auf dem SAP Service Marketplace unter dem Quicklink */maintenance*.

Sie können die erweiterte Wartung über ein Online-Bestellformular auf dem SAP Service Marketplace bestellen. Sobald der unterzeichnete Vertrag über die erweiterte Wartung vorliegt, erhalten Sie Zugriff auf Leistungen wie zum Beispiel neue Support Packages und Legal Changes.

Kundenspezifische Wartung

Wenn die erweiterte Wartung nicht in Anspruch genommen wird oder nicht verfügbar ist, wechselt das System automatisch in die kundenspezifische Wartungsphase.

Während der kundenspezifischen Wartungsphase gelten bestimmte Einschränkungen für den Leistungsumfang der Wartung. Daher ist es wichtig zu prüfen, ob die kundenspezifische Wartung ausreichend ist oder ob eine erweiterte Wartung oder ein Upgrade die bessere Lösung wäre. Nicht alle Einschränkungen sind gleichermaßen für alle Kunden relevant, aber sie sollten sorgfältig betrachtet werden. Legal Changes und Technologie-Updates sind hierfür zwei gute Beispiele.

Die Einhaltung gesetzlicher Bestimmungen, zum Beispiel im Bereich der Personalwirtschaft, muss sichergestellt sein. Wenn Kunden auf die fortgesetzte Bereitstellung von Legal Changes angewiesen sind, ist die kundenspezifische Wartung nicht anzuraten. Im Gegensatz zur erweiterten Wartung umfasst die kundenspezifische Wartung nicht die Bereitstellung neuer Legal Changes.

Bei der kundenspezifischen Wartung werden aktuelle Datenbank- oder Betriebssystemversionen für ein bestimmtes Release möglicherweise nicht unterstützt. Dies kann ein Problem werden, wenn Sie Änderungen in der Technologieschicht wie einen Wechsel der Datenbank oder des Betriebssystems planen. Im Gegensatz zur kundenspezifischen Wartung liefert SAP während der erweiterten Wartung in der Regel Technologie-Updates zur Unterstützung neuer Datenbank- und Betriebssystemversionen aus.

8.1.1 Besondere Regelungen für die erweiterte Wartung für Kunden mit SAP Enterprise Support

Wie Tabelle 8.2 veranschaulicht, erhalten Kunden mit einem SAP Enterprise Support-Vertrag im Rahmen dieses Vertrags automatisch und ohne eine Zusatzgebühr die erweiterte Wartung für die Releases und jeweiligen Zeitrahmen.

Release	Zeitrahmen für erweiterte Wartung
SAP R/3 4.6C	Januar 2007 – Dezember 2010
SAP R/3 Enterprise 47x110 und 47x200	April 2009 – März 2013
SAP ERP 2004, SAP NetWeaver 2004, SAP SCM 4.1, SAP SRM 4.0, SAP SEM 4.0, SAP Exchange Infrastructure 3.0 und SAP MDM 5.5	April 2010 – März 2013

Tabelle 8.2 Releases und Zeitrahmen für die erweiterte Wartung im Rahmen von SAP Enterprise Support

Alle anderen Kunden können die erweiterte Wartung für diese Releases und die jeweiligen Zeitrahmen gegen eine zusätzliche Gebühr erhalten. Einen Überblick über die Wartungsstrategie für die Releases der SAP-Kernanwendungen bietet Abbildung 8.1.

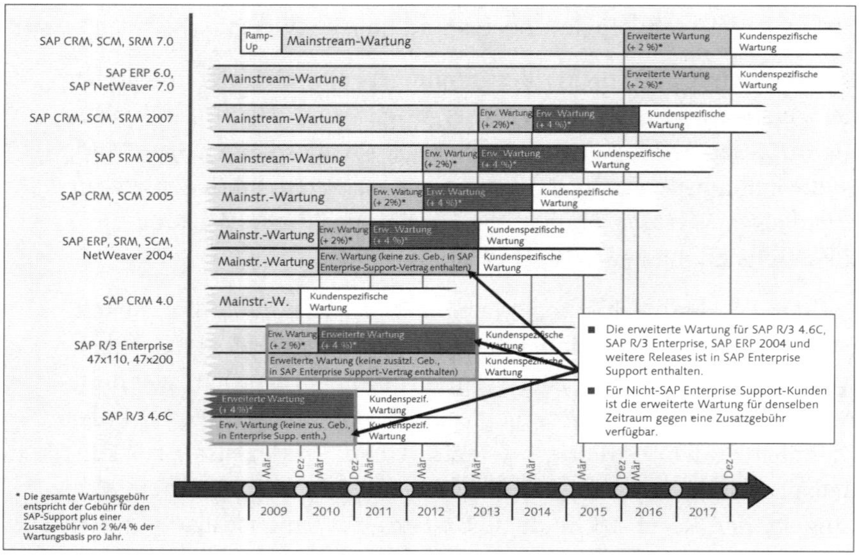

Abbildung 8.1 Wartungsstrategie für die Releases der SAP-Kernanwendungen

8.1.2 Nutzen und Vorteile der erweiterten Wartung

Grundsätzlich ermöglicht es Ihnen die erweiterte Wartung, ein ausgereiftes SAP-Softwarerelease für einen zusätzlichen Zeitraum zu betreiben und dabei weiterhin umfassenden Support – vergleichbar zur Mainstream-Wartung – zu erhalten. Mit der erweiterten Wartung wird der Support-Lebenszyklus um mehrere Jahre verlängert, sodass Sie zusätzliche Flexibilität bei der Upgrade-Planung erhalten. Der Zeitpunkt für das Upgrade wird nicht mehr durch das nahende Ende der Mainstream-Wartung bestimmt, sondern kann individuell auf Basis der funktionalen und geschäftlichen Anforderungen geplant werden. Wenn das zurzeit eingesetzte Release ausgereift ist und kein unmittelbarer Bedarf für neue Funktionen besteht, gibt es keinen Grund, dieses Release nicht für einen zusätzlichen Zeitraum weiter zu betreiben. Eine längere produktive Nutzung erhöht den Return on Investment (ROI), und Sie profitieren länger von der einmal getätigten Investition in die Implementierung, zum Beispiel im Zusammenhang mit zeitintensiven globalen Einführungsprojekten.

Je nach eingesetztem Release und der Releasestrategie der Anwendung kann es auch eine Option sein, ein Release zu überspringen und ein Upgrade auf das aktuelle Release durchzuführen. Damit lässt sich ein ganzes Upgrade-Projekt – und der damit verbundene Kosten- und Ressourcenaufwand – einsparen.

Zusatzgebühr gestrichen

Wie bereits erwähnt, müssen SAP Enterprise Support-Kunden für die Vorteile der erweiterten Wartung keine Zusatzgebühr entrichten: In Verbindung mit SAP Enterprise Support wurde die Zusatzgebühr für die erweiterte Wartung von SAP R/3 4.6C, SAP R/3 Enterprise, SAP ERP 2004 und anderen Releases gestrichen.

Sogar für Kunden, die bisher die erweiterte Wartung nicht in Anspruch genommen haben, ergibt sich der Vorteil dieser »Support-Versicherung« ohne zusätzliche Kosten.

8.2 Qualitätsmanagement

Eine Systemlandschaft kann heutzutage eine komplexe und heterogene Struktur sein. Möglicherweise stammt die Software von unterschiedlichen Anbietern, oder es existieren verschiedene Releases desselben Softwareprodukts, oder ein Release ist in Bezug auf das

Support Package nicht überall auf demselben Stand. Ein weiteres häufiges Merkmal dieser Landschaften sind kundeneigene Entwicklungen und Modifikationen. Bei diesen Änderungen – durchgeführt vom Kunden, von Partnern oder SAP-Spezialisten – handelt es sich um Abweichungen von der Standardsoftware, die erforderlich sind, wenn die Anforderungen eines Kunden nicht von der Standardfunktionalität abgedeckt werden. Ohne einen zentralen Mechanismus zur Überwachung und Katalogisierung der Konfiguration von Softwarelandschaften und der damit verbundenen Geschäftsprozesse – einschließlich benutzerdefinierten Codes – würden die Gesamtkosten für die Implementierung und den Betrieb einer solchen Landschaft nicht beherrschbar sein.

Schutz der IT-Investitionen

Als integraler Bestandteil des Customer COE ist der für den Schutz der IT-Investitionen Ihres Unternehmens verantwortliche QM dafür zuständig, alle Softwareprodukte, Versionen, Support Packages und die benutzerdefinierte Software in der Softwarelandschaft zu koordinieren und aufeinander abzustimmen. Damit sollen zwei Ziele zugleich erreicht werden: eine Reduktion der IT-Kosten sowie eine Softwarelandschaft, die bei Bedarf die gewünschten Innovationen unterstützt. Oder mit anderen Worten formuliert: Die aktuelle Situation wird in ihrem derzeitigen Zustand fortlaufend verbessert, um auf das vorbereitet zu sein, was die Zukunft bringt.

Geschäftssituationen ändern sich schnell, sowohl durch interne als auch durch externe Faktoren. Daher ist die Bereitschaft zum Wandel ein Schlüsselfaktor für den Unternehmenserfolg. Nur wenn eine Softwarelandschaft in Bezug auf die Technologie und die Softwarereleases auf dem neuesten Stand ist, lassen sich Geschäftsprozesse schnell genug anpassen, um mit dem Wandel Schritt zu halten, von neuen Funktionen zeitnah zu profitieren und neue Webservices direkt mit ihrer Verfügbarkeit zu implementieren. Das liegt daran, dass nur eine aktuelle Softwarelandschaft zusätzliche, von SAP gelieferte Funktionen (z.B. Patches zu neuen Gesetzen, Erweiterungspaketen (EHP) oder neue Softwarekomponenten) ohne Beeinträchtigung anderer Komponenten in der Landschaft absorbieren kann. Aktualisierungen stellen kleine Änderungen dar, bei denen keine Upgrade-Abhängigkeiten bestehen.

Die versteckten Kosten benutzerdefinierten Codes

Die größten Kostentreiber bei Änderungen an Softwarelösungen wie beispielsweise Upgrades sind benutzerdefinierter Code und Softwaremodifikationen, die an der Standardsoftware vorgenommen wurden. Aus diesem Grund obliegt es dem QM, derartige Modifikationen auf ein Minimum zu reduzieren oder noch besser dafür zu sorgen, dass die Anforderungen nach Möglichkeit mit der Standardfunktionalität erfüllt werden. Wenn Code zum Einsatz kommt, der nicht dem SAP-Standardcode entspricht, muss eine korrekte Dokumentation bereitgestellt werden. Dies hat mehrere Gründe: Erstens wird das Vorhandensein benutzerdefinierten Codes dokumentiert. Mit diesem Wissen kann bei Upgrade-Projekten nach Möglichkeiten gesucht werden, den Code zu minimieren oder durch neu entwickelten Standardcode zu ersetzen. Zweitens hilft eine detaillierte Dokumentation bei der Wartung der Software. Drittens dient die Dokumentation als wichtige Informationsquelle, wenn SAP-Experten nach einem von Ihnen berichteten Vorfall eine Ursachenanalyse durchführen möchten. Diese Arbeit wird deutlich erleichtert, wenn die Experten wissen, wo nicht standardmäßiger Code vorhanden ist und welche Schnittstellen, Funktionen und Zwecke er besitzt.

Eine umfassende Dokumentation der kundeneigenen Entwicklungen ist besonders wichtig. Als Mindestvoraussetzung müssen die Spezifikation des Entwicklungsprojekts, die Liste aller zugehörigen Code-Objekte und die erforderlichen Customizing-Einstellungen dokumentiert werden, da der Support von kundeneigenen Entwicklungen häufig komplizierter ist als der Support von Standardanwendungen. SAP Enterprise Support bietet daher explizit auch Support für kundeneigene Entwicklungen. In den meisten Fällen kann der Support bei Standardanwendungen auf wesentlich mehr Erfahrungen zurückgreifen als bei kundeneigenen Entwicklungen.

Außerdem besteht das Risiko, dass am Entwicklungsprojekt beteiligte Mitarbeiter oder Drittanbieter nicht mehr für den Kunden arbeiten bzw. nicht mehr im Geschäft sind, was den Support für benutzerdefinierten Code weiter erschwert.

Integration von Anwendungen mit benutzerdefiniertem Code in das Betriebskonzept

Um für Ihre Geschäftsprozesse einen qualitativ hochwertigen Support sicherzustellen, muss Ihre IT-Organisation dafür sorgen, dass ein ganzheitliches Betriebskonzept für die gesamte IT-Lösungslandschaft – einschließlich der Anwendungen mit benutzerdefiniertem Code – zur Verfügung steht. Der Betrieb von Anwendungen mit benutzerdefiniertem Code muss in das Betriebskonzept passen. Bei der Entwicklung und Implementierung von Anwendungen mit benutzerdefiniertem Code sind daher besondere Aspekte zu berücksichtigen.

Die Support- und Wartungsfähigkeit von Kundenlösungen muss schon während der Einrichtung des Entwicklungsprojekts geplant und definiert werden. Um einen effizienten Support und eine kostengünstige Wartung für die kundeneigenen Entwicklungen zu ermöglichen und das Risiko für die geschäftskritischen Prozesse zu minimieren, müssen die Deliverables des Entwicklungsprojekts (Quelltext, Dictionary-Definitionen, Customizing, andere Arten von Repository-Objekten und Dokumentation) gut strukturiert, dokumentiert und weitestgehend kompatibel mit der Standard-SAP-Lösung sein. Für mit der SAP Development Workbench entwickelten kundeneigenen Code bietet SAP bei Lizenznehmern mit SAP Enterprise Support Unterstützung bei der Ursachenanalyse für geschäftskritische Prozesse gemäß dem globalen Meldungsbearbeitungsprozess und den SLAs.

Durch eine aktuelle Softwarelandschaft die Kosten gering halten

Während die Innovationskosten hauptsächlich vom Master-Release-Plan bestimmt werden, hängen die Kosten für den täglichen Betrieb und die Wartungsprozesse davon ab, wie aktuell die Software ist. Dies wiederum wird durch den Support-Package-Status der Software definiert. SAP empfiehlt dringend, dass Sie die Softwarelandschaft in Bezug auf die Support Packages immer auf dem neuesten Stand halten. Auf diese Weise ist sichergestellt, dass aus den neuesten Leistungs- und Stabilitätsverbesserungen, die SAP für ein bestimmtes Release liefert, der maximale Nutzen gezogen wird, was sich insbesondere auf die Stabilität und Performance auswirkt. Dies wiederum trägt zu einer höheren Verfügbarkeit Ihrer geschäftskritischen Anwendungen bei und verbessert die Akzeptanz bei den Benutzern. Darüber hinaus können durch aktuelle Support Packages die durchgängigen Support-Prozesse optimiert und die Ausfallzeiten reduziert werden – was sich erneut positiv auf die Benutzerakzeptanz auswirkt.

Wie beim Master-Release-Plan müssen auch bei der Installation von Support Packages die Anforderungen und Zeitpläne von verschiedenen Implementierungsprojekten mit dem von SAP gelieferten Support-Package-Zeitplan abgestimmt werden. Zum Schutz und zur Entwicklung des allgemeinen Ökosystems muss ein Governance-Modell eingeführt werden. Richtlinien zum Entwickeln benutzerdefinierten Codes, wie Composite Applications auf Basis von Enterprise Services, sind daher von größter Wichtigkeit. Als allgemeine Richtlinie sollte gelten, dass alle Teilnehmer im Ökosystem sich bei der Entwicklung an starke gemeinsame Governance-Modelle halten.

Um qualitativ hochwertige Services zu geringen Kosten anbieten zu können, dürfen benutzerdefinierte Anwendungen beim Support-Prozess nicht hinter anderen für die zentralen Geschäftsprozesse relevanten Komponenten zurückstehen. Daher muss das Qualitätsmanagement die für die Einhaltung dieses Ziels erforderlichen Werkzeuge und Prozesse für kundeneigene Erweiterungen bereitstellen. Ein Mitglied des Customer-COE-Teams, nämlich der QM, dient als Schnittstelle zum Custom-Development-Team, das für die Wartung aller standardmäßigen und nicht standardmäßigen Software in der Softwarelandschaft zuständig ist. Der QM initiiert die anfänglichen Änderungen an einer Standardlösung, die dann vom Custom-Development-Team umgesetzt werden. Er ist zuständig für die Überwachung der Arbeit und gibt den Kurs vor. Darüber hinaus arbeitet der QM eng mit dem PMO zusammen, das alle laufenden Projekte beaufsichtigt.

8.3 Harmonisierte IT-Landschaft

Die primäre Funktion des QM für den Investitionsschutz besteht darin, das Technologie-Framework und die Anwendungskomponenten der Softwarelandschaft eines Unternehmens regelmäßig zu aktualisieren. Diese sorgfältige Wartung führt zu einer übersichtlichen, harmonisierten Softwarelandschaft, die sich wesentlich einfacher auf dem aktuellen Stand halten und aktualisieren lässt als eine Softwarelandschaft, die aus unterschiedlichen Produktreleases und nicht abgestimmten Support Packages besteht. Des Weiteren soll der QM verhindern, dass benutzerdefinierte Entwicklungen unnötigerweise in die Softwarelandschaft eingeführt werden. Das Minimieren von benutzerdefiniertem Code trägt dazu bei, die Entwicklungs- und Upgrade-Kosten, aber auch die Wartungskosten im Betrieb, insbesondere während der Übergangsphase einer Lösung, zu reduzieren. Die Aufgaben, die beim Erreichen dieser beiden Ziele eine Rolle spielen, werden in diesem Abschnitt ausführlich beschrieben.

8.3.1 Die Softwarelandschaft auf dem neuesten Stand halten

Damit die Softwarelandschaft immer auf dem neuesten Stand ist, muss ein Masterplan erstellt werden, der für drei Arten von Software – Lösungsübergangsereignisse – eine regelmäßige Installation vorsieht:

- Software-Upgrades (Release-Upgrades)
- Erweiterungspakete
- Support-Package-Aktualisierungen

Regelmäßige Upgrades planen

Für diese langfristige Aufgabe muss der QM einen *Master-Release-Plan* für die vorhandenen Produkte und Lösungen sowie für die Lösungen erstellen, deren Bereitstellung geplant ist. Der Master-Release-Plan muss auf die Gesamtstrategie und die Einschränkungen (insbesondere die Budgeteinschränkungen) des Unternehmens abgestimmt sein. Außerdem muss er auf die allgemeine Releasestrategie abgestimmt sein, auf die sich SAP für die Lieferung seiner Software verpflichtet hat. Für einen guten Plan sollte der QM die folgenden Faktoren berücksichtigen:

- strategische Anforderungen des Unternehmens – z.B. ob die Priorität auf Kundenmanagement, Integration der Lieferantensysteme oder Compliance gelegt werden soll
- operative Issues bei vorhandenen Lösungen – z.B. Funktionalitätslücken oder Kompatibilitäts-Issues
- Endanwender-Feedback zu vorhandenen Lösungen (einschließlich Änderungswünschen)
- Verbesserungen, die ein neues Release enthalten könnte – z.B. in Bezug auf Benutzerfreundlichkeit, Funktionalität, Leistung oder technologische Handhabung
- Ablauf von Wartungsverträgen für die vorhandene Software, sodass eine Aktualisierung auf ein neues Softwarerelease erforderlich wird
- neue Geschäftsanforderungen, beispielsweise hervorgerufen durch neue Marktsituationen
- proaktive Verbesserung des Ist-Zustands, um flexibel auf zukünftige Anforderungen reagieren zu können

Erweiterungspakete (EHPs)

Für Produkte oder Lösungen auf dem erforderlichen Basis-Releasestand (z.B. SAP ERP 6.0) sollte der QM im Master-Release-Plan regelmäßige Installationen von *EHPs* vorsehen. Der QM wird über den SAP Service Marketplace über neue Erweiterungen informiert, die er dann gemeinsam mit dem Business Process Champion daraufhin überprüft, ob sie für das Unternehmen geschäftlich relevant sind. Die technische Installation ist völlig unabhängig von der Innovation Ihrer Geschäftsvorgänge zu sehen. Sie hat keinerlei Auswirkungen auf die

Benutzungsoberfläche und die vorhandenen Geschäftsprozesse. Nach der technischen Installation kann jede neue Geschäftsfunktion ganz nach Wunsch separat aktiviert und konfiguriert werden. Zu den Vorteilen dieses Ansatzes gehören:

- schneller Zugriff auf Innovationen
- beschleunigte Implementierung neuer Geschäftsfunktionen
- Stabilität, weil nur die benötigten Funktionen aktiviert werden

Support-Package-Aktualisierungen

Die Implementierung von Support Packages erfolgt planmäßig einmal pro Jahr. SAP empfiehlt dringend, stets die neuesten *Support Packages* zu implementieren. Auf diese Weise ist der aktuelle Stand eines bestimmten Releases gewährleistet, d.h., dass alle verfügbaren Korrekturen und Verbesserungen integriert sind. Dies bedeutet eine Erleichterung für die SAP-Support- und Entwicklungsmitarbeiter. Wenn sie den genauen Status Ihrer Software kennen, lässt sich der Zeitaufwand für den Software-Support bedeutend verringern. Darüber hinaus werden die Stabilität und Verfügbarkeit der Software wesentlich verbessert.

8.3.2 Benutzerdefinierten Code dokumentieren und minimieren

Um bestimmte Funktionen und Komponenten hinzuzufügen, die nicht in der Standardanwendung enthalten sind, kann das Standard-Anwendungsportfolio durch benutzerdefinierten Code ergänzt werden. Bei dem benutzerdefinierten Code kann es sich um eine Anwendung handeln, die auf SAP-Anwendungen aufsetzt, oder um eine Anwendung, die neben SAP-Anwendungen entwickelt wurde und über eine Schnittstelle mit den SAP-Lösungen kommuniziert (siehe Abbildung 8.2).

Composite Application Development

Composite Application Development ist ein relativ neuer Entwicklungsansatz, der eine zentrale Komponente von SOA (Service-Oriented Architecture) darstellt. Die Composites basieren auf einem modellgesteuerten Entwicklungsansatz. Sie sind maschinell erzeugte Teile von Anwendungscode, die über eine serviceorientierte Schnittstelle mit Geschäftsanwendungen kommunizieren. Unter bestimmten Umständen wird der maschinell erzeugte Code durch benutzerdefinierten Code ergänzt.

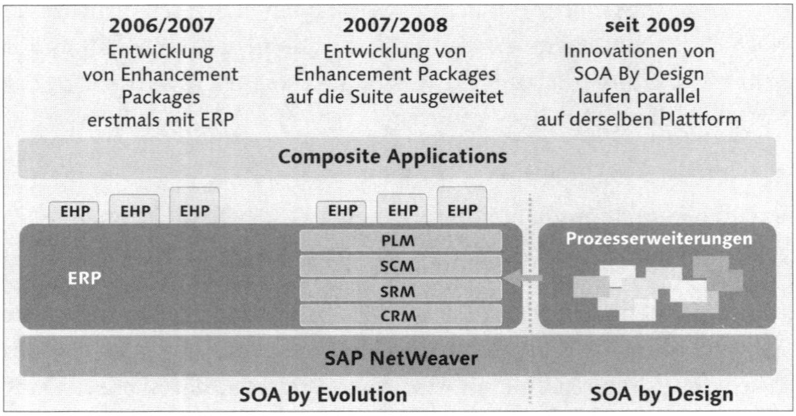

Abbildung 8.2 Strategie für benutzerdefinierten Code

Unternehmen können mit SOA ihre Innovationen fördern und die Produktivität steigern. Durch das Koordinieren vorhandener Services und die Kombination mit zusätzlicher Anwendungslogik und geeigneten Benutzungsoberflächen können Sie neue Geschäftsprozesse flexibel und schnell implementieren.

Kundeneigene Entwicklungen sorgsam abwägen

Die Anzahl der Anwendungen mit benutzerdefiniertem Code wird in den Unternehmen mit Sicherheit deutlich zunehmen. Höchstwahrscheinlich werden die meisten dieser Anwendungen über SOA-Schnittstellen mit den standardmäßigen SAP-Geschäftsanwendungen kommunizieren, sodass auf diese Weise eine spezifische Kundenlösung entsteht. Unkontrollierte kundeneigene Entwicklungen können sich allerdings negativ auf Implementierungszeit, Ressourcenverbrauch, Upgrade-Fähigkeit, Erweiterbarkeit, funktionale Genauigkeit und die Zuverlässigkeit des Lösungsmanagements auswirken und damit auch die Leistung und die Transaktionssicherheit der Kundenlösung beeinträchtigen. Selbst wenn sich ein Implementierungsteam dieser Tatsache bewusst ist, schlägt es möglicherweise mehr Entwicklungsprojekte vor als wirklich nötig.

Problematisch sind auch kundeneigene Entwicklungen, die nicht benötigt werden oder Funktionen und Anwendungen duplizieren, die bereits von SAP, ihren Partnern oder anderen Herstellern angeboten werden. Dies kann zu einem System führen, das eine geringe Flexibilität besitzt, und dies wiederum bedeutet möglicherweise höhere Gesamtbetriebskosten für die Implementierungs-, Test- und Support-Phase.

Einheitliches Governance-Modell

Um hinsichtlich Innovation und Produktivität optimal von einer SOA-Umgebung zu profitieren, ist es sehr wichtig, dass innerhalb des Customer COE ein einheitliches *Governance-Modell* verwendet wird. Ein etabliertes Governance-Modell hilft Ihnen, die Ausbreitung von kundeneigenen Entwicklungen proaktiv zu kontrollieren und die Upgrade-Fähigkeit Ihrer kundeneigenen Lösungen zu erhöhen.

Nachdem festgestellt wurde, dass es keine passenden Standardgeschäftsprozesse gibt, sollten Sie in der Requirements-Phase als Erstes prüfen, ob verfügbare Services zur Qualitätsprüfung verwendet werden können, bevor Sie mit der Definition von kundeneigenen Lösungen beginnen. Der SAP Modification Justification Check, Teil von SAP Enterprise Support, hilft bei der Entscheidung. Ein Antrag auf eine kundeneigene Entwicklung sollte nur ausgelöst werden, wenn eine Lücke zwischen dem Ist-Zustand des Services oder der Lösung und den Anforderungen an die gewünschte Lösung festgestellt wurde.

8.3.3 Bewertung kundeneigener Entwicklungen

Ausgehend von der aktuellen Situation Ihrer IT-Systemlandschaft ist es sehr schwierig, mit einfachen Mitteln die komplexe Struktur aus Standardsoftware, Erweiterungen und kundeneigenen Entwicklungen ganzheitlich zu analysieren und zu bewerten: Die Varianz und die Vernetzung der Geschäftsanforderungen sind zu groß, um den Einfluss auf die kritischen Kerngeschäftsprozesse umfassend ermessen zu können.

Solange die IT-Systemlandschaft und die wichtigsten Geschäftsprozesse reibungslos laufen und sich die Kosten im gewünschten Rahmen bewegen, werden häufig wichtige Erwägungen zu kundeneigenen Erweiterungen und Entwicklungen vernachlässigt. Dazu zählen:

- Wie weit ist die kundeneigene Lösung vom SAP-Standard entfernt?
- Wie gut wurden kundeneigene Programme implementiert?
- Ist ein reibungsloser Betrieb auch in Zukunft noch gewährleistet?
- Wer kümmert sich um kundeneigene Entwicklungen, wenn die zuständigen Entwickler nicht mehr verfügbar sind?
- Welche Wartungskosten verstecken sich in kundeneigenen Entwicklungen?

- Welches Optimierungspotenzial kann ich realistisch erreichen?
- Werden kundeneigene Erweiterungen nach einer Aktualisierung der SAP-Standardsoftware weiterhin benötigt?
- Wie werden kundeneigene Entwicklungen durch ein SAP-Upgrade beeinflusst?

Der Umgang mit kundeneigenen Erweiterungen und Entwicklungen kann generell anhand von vier Kategorien unterschieden werden:

- **Unbekümmerte kundeneigene Entwicklungen**
  Kunden, die in diese Kategorie fallen, verfügen über keine Informationen darüber, wie sich kundeneigene Programme auf die Kerngeschäftsprozesse auswirken. Qualitätskriterien werden nicht erfasst, und kundeneigene Entwicklungen sind unzureichend dokumentiert. Ist die Support-Infrastruktur unzureichend und sind die Entwickler der kundeneigenen Erweiterung nicht verfügbar, wenn Probleme auftreten, kann dies rasch zu kritischen Beeinträchtigungen der Geschäftsfunktionen im Unternehmen führen. Support-Leistungen des Standardsoftwareanbieters sind in einem solchen Fall nur eingeschränkt möglich und mit unvorhergesehenen Zusatzkosten verbunden.
- **Abwarten und Aufschieben**
  Kunden dieser Kategorie sind sich längst über die Risiken im Klaren, scheuen sich aber davor, Systeme zu bereinigen. Kundeneigene Erweiterungen und Entwicklungen werden nur bei absolutem Bedarf geprüft und optimiert. Ein solcher Bedarf entsteht meist kurz vor größeren Softwareaktualisierungen der Standardsoftware oder bei akuten Störungen. Derartige Ereignisse können zu signifikanten, nicht geplanten Zusatzkosten führen, da unter Umständen die Systemverfügbarkeit gefährdet ist und damit der reibungslose Ablauf wichtiger Kerngeschäftsprozesse.
- **Vermeiden und Optimieren**
  Kunden dieser Kategorie arbeiten proaktiv an der Optimierung des Gesamtsystems. Sie evaluieren geplante Änderungen ihrer Kerngeschäftsprozesse und versuchen, kundeneigene Erweiterungen und Entwicklungen möglichst zu vermeiden. Das Unternehmen verfolgt die generelle Strategie, definierte Standardprozesse bzw. möglichst standardnahe Prozesse zu verwenden. Die Kunden wägen Risiken und Potenziale kundeneigener Entwicklungen genau ab. Sie nutzen unterschiedliche Verfahren wie Projektma-

nagement, Projektplanung und die Erarbeitung interner Richtlinien für die kundeneigene Entwicklung. Bei der Aktualisierung der Standardsoftware werden kundeneigene Erweiterungen und Entwicklungen stets einer Kosten-Nutzen-Analyse unterzogen. Ausgehend davon werden sie gegebenenfalls durch Standardanwendungen ersetzt. Zusätzliche Wartungskosten für kundeneigene Entwicklungen können so minimiert werden, und die Gesamtkosten für den Betrieb der IT-Systemlandschaft sinken.

- **Verwalten und Beherrschen**
  Kunden dieser Kategorie haben stets die vollständige Kontrolle über ihre Kerngeschäftsprozesse und kennen den Einfluss kundeneigener Erweiterungen und Entwicklungen. Prozesse sind durchgängig dokumentiert und werden vom Kunden mithilfe eines effektiven Projektmanagements gesteuert. Durch interne Richtlinien wird die Qualität der kundeneigenen Erweiterungen und Entwicklungen abgesichert. Neue Anforderungen im Unternehmen, die nicht durch Prozesse der Standardsoftware abgedeckt sind, werden mithilfe des SAP Solution Managers – als gemeinsamer Datenpool – zentral verwaltet.

Mit den verfügbaren Methoden für die Ist-Analyse Ihrer IT-Systemlandschaft ist es bisher aber schwierig, das erreichbare Optimierungspotenzial transparent darzustellen. Um die Ergebnisse anschaulich und verständlich zu machen, bietet SAP ein Modell für die Visualisierung der Analysedaten an. Mithilfe dieses mehrdimensionalen Abstraktionsmodells können kundeneigene Erweiterungen und Entwicklungen gemessen und bewertet werden.

Das »Stadt«-Modell

Aus den bekannten Eigenschaften kundeneigener Erweiterungen und Entwicklungen leiten sich vier Hauptdimensionen ab, die berücksichtigt werden müssen:

- Quantität
- Qualität
- Einschätzung des Einflusses auf Kerngeschäftsprozesse
- Eingruppierung der technischen Umsetzung in Bezug auf den SAP-Standard

Die Themenschwerpunkte Governance und Softwarelebenszyklus runden dieses Modell ab. Weitere Informationen finden Sie im SAP-Standard für die Verwaltung von benutzerdefiniertem Code.

Kundeneigene Erweiterungen und Entwicklungen werden im vierdimensionalen »Stadt«-Modell mithilfe einer theoretischen Metrik visualisiert (siehe Abbildung 8.3). In der Abstraktion der Darstellung entsteht daraus eine mehrdimensionale Stadt mit Gebäuden in unterschiedlichen Bauhöhen, Farben und Lagen innerhalb der Stadtlandschaft. Jede Stadt spiegelt so den Zustand des jeweiligen Systems in einer IT-Systemlandschaft wieder.

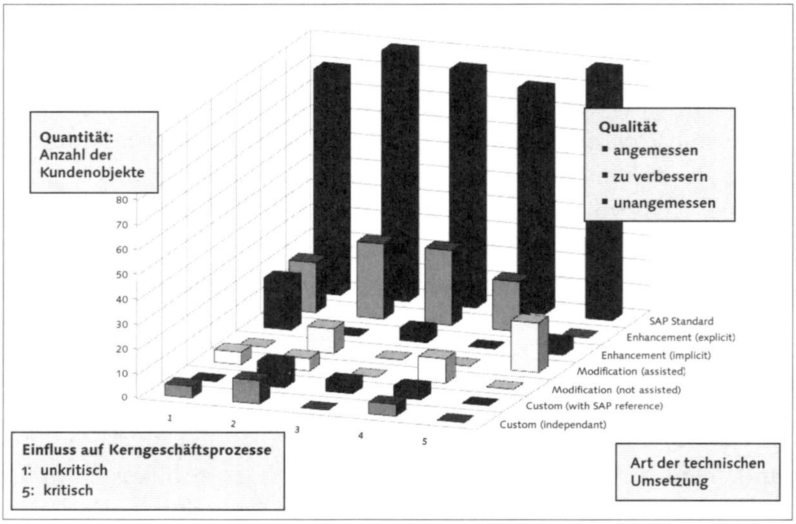

Abbildung 8.3 Das Stadt-Modell für kundeneigene Entwicklungen

Die Dimensionen der (Custom-Code-) Stadt

Als zukunftsorientierter »Bürgermeister in Ihrer Stadt«, die schon heute bereits aus mehreren kundeneigenen Entwicklungen besteht, haben Sie viele Möglichkeiten, das Stadtbild zu verschönern oder in Teilen neu zu konzipieren. Im Folgenden erfahren Sie mehr über die einzelnen Dimensionen und die Werkzeuge und Services von SAP, die Sie bei der Steuerung der Dimensionen unterstützen. So vermeiden Sie einen willkürlichen, kostspieligen Aktionismus bei der »Stadtverschönerung« und verwirklichen stattdessen Ihre Vision einer gut verwalteten, kostengünstigen und zukunftsweisenden IT-Systemlandschaft.

Quantität

In der Quantitätsdimension werden kundeneigene Programme gemäß ihren Objekteigenschaften erfasst und nach ihrer technischen Umsetzung kategorisiert. Neben der Anzahl kundeneigener Transaktionen, Programme und Funktionsbausteine werden auch Kundenimplementierungen von User Exits und Erweiterungsschnittstellen ausgewertet. Im SAP Solution Manager finden Sie Werkzeuge, mit denen sich kundeneigene Erweiterungen und Entwicklungen automatisch identifizieren und kategorisieren lassen.

Qualität

Die Qualität von Programmcode ist beim Entwickeln kundeneigener Anpassungen ein oft vernachlässigter Faktor. Mehr als 20 Qualitätsstandards für SAP-Produkte gewährleisten den Kunden eine gleichbleibend hohe Qualität und Datensicherheit. Diese Standards sollten auch für kundeneigene Erweiterungen und Entwicklungen gelten. Zur Analyse bietet Ihnen SAP Werkzeuge an, die Ihnen eventuell vorhandene Qualitätsmängel aufzeigen. Die Analysewerkzeuge sind zudem an ein Expertensystem gekoppelt, das eine standardisierte Vorgehensweise zur Qualitätssicherung unterstützt.

Einfluss auf Kerngeschäftsprozesse

Der reibungslose Betrieb von IT-Systemen hat eine Schlüsselfunktion für den Erfolg eines Unternehmens. Die maximale Verfügbarkeit von Kerngeschäftsprozessen muss gewährleistet sein. Sie müssen stabil laufen und funktionale Anforderungen stets korrekt abbilden. SAP-Standardanwendungen werden vor der Auslieferung in mehrstufigen, intensiven Tests ausgiebig geprüft. Standardanwendungen geben daher für die täglichen Geschäftsprozessabläufe die notwendige Sicherheit. Kundeneigene Erweiterungen und Entwicklungen, die Kerngeschäftsprozesse verändern oder teilweise ersetzen, tragen dagegen ein nicht zu unterschätzendes Risiko in sich. Mit dem Custom Development Management Cockpit (CDMC) im SAP Solution Manager unterstützt SAP die Analyse der meistgenutzten Systemprozesse (siehe Abschnitt 8.4.4, »Custom Development Management Cockpit«). Dieses ermöglicht Einblicke, inwieweit die meistgenutzten Kerngeschäftsprozesse durch Modifikationen oder Erweiterungen beeinflusst werden. Diese wichtigen Informationen helfen bei der Planung von Softwareaktualisierungen oder Aktivitäten zur Optimierung.

Technische Umsetzung

SAP NetWeaver bietet Ihnen eine Vielzahl von Erweiterungsmöglichkeiten, mit denen Sie Standardprozesse nach Ihren eigenen Anforderungen erweitern und anpassen können. Sie können implizite und explizite Erweiterungspunkte (BAdIs, User Exits und Erweiterungsspots) implementieren und konfigurieren. Ihnen steht es frei, Änderungen am SAP-Standardcode über Modifikationen vorzunehmen. Sie können außerdem eigene, gekapselte Anwendungen erstellen oder Standardfunktionen nach eigenen Anforderungen arrangieren. Jede dieser Systemanpassungen verfügt über spezifische Stärken und Schwächen, die es in Bezug auf Wartungsfähigkeit, Risiko und Komplexität zu bewerten gilt. SAP unterstützt Sie bei der Analyse Ihrer kundeneigenen Entwicklungen und zeigt Ihnen Wege auf, wie Sie den Komplexitätsgrad reduzieren können.

Verwalten und Beherrschen

Die wahre Herausforderung besteht darin, Ihre IT-Systemlandschaft zu jedem Zeitpunkt transparent zu überwachen. Das ist die Voraussetzung, um bei geplanten oder plötzlich auftretenden Ereignissen im Softwarelebenszyklus effizient und ohne negative Auswirkung auf den Geschäftsprozessverlauf zu handeln. Als zentraler Datenpool bietet Ihnen der SAP Solution Manager die Möglichkeit, kundeneigene Erweiterungen und Entwicklungen mit dem CDMC zentral zu dokumentieren und zu verwalten.

Softwarelebenszyklus

Jede Software hat ihren eigenen Lebenszyklus. Genauso wie Standardprodukte sollten auch Kundenentwicklungen die einzelnen Phasen des Softwarelebenszyklus durchlaufen. Die Übergänge sollten stets Qualitätsprüfungen absichern. Der SAP Solution Manager verfügt hierfür über eine integrierte Projektverwaltung. Projektvorlagen helfen Ihnen dabei, Ihre kundeneigenen Erweiterungen effizienter zu planen, zu strukturieren und zu steuern.

Der SAP Solution Transition Assessment-Service (SAP STA) liefert Ihnen detaillierte Analysen und verständliche Auswertungen zu kundeneigenen Entwicklungen und Erweiterungen in Ihrer IT-Landschaft. Konkrete Hilfestellungen erleichtern Ihnen den Übergang in die Optimize-Phase.

8.3.4 Den Master-Release-Plan auf dem neuesten Stand halten

Sobald neue Anforderungen für einen Geschäftsprozess ermittelt werden, wird ein ganzer Zyklus von Aktivitäten in Gang gesetzt, an dem das Team der Qualitätsmanager aus dem Customer COE beteiligt ist. Sie stellen sicher, dass die geplanten Softwareänderungen die festgelegten Anforderungen erfüllen. Bei einem Software-Upgrade sorgen sie dafür, dass eine harmonische Softwarelandschaft entsteht, die möglichst wenig Fehler und kundeneigene Entwicklungen enthält.

Im Folgenden finden Sie eine Zusammenfassung der Schritte sowie der jeweils zuständigen Qualitätsmanager:

Planungsschritte bei einem Release

1. Der für die Verbesserung der Geschäftsprozesse verantwortliche QM legt neue Anforderungen für einen Geschäftsprozess fest, definiert die zur Erfüllung dieser Anforderungen erforderlichen Schritte und bestimmt, ob eine Aktualisierung oder ein Upgrade der Software erforderlich ist.
2. Wenn eine Aktualisierung oder ein Upgrade der Software erforderlich ist, muss der QM für die Verbesserung der Geschäftsprozesse gemeinsam mit dem QM für Business Continuity die Auswirkungen der Aktualisierung bzw. des Upgrades in Bezug auf die neue Geschäftsprozessanforderung überprüfen.
3. Der QM für die Verbesserung der Geschäftsprozesse muss gemeinsam mit dem QM für Integrationsvalidierung den Bedarf an Integrationsvalidierung prüfen. Gleichzeitig prüft der QM für den Investitionsschutz, ob die Aktualisierung bzw. das Upgrade vorhandene kundeneigene Entwicklungen überflüssig macht oder ob die Aktualisierung selbst eine Anpassung benötigt.
4. Wenn festgestellt wird, dass der neue Geschäftsprozess eine kundeneigene Entwicklung erforderlich macht, muss die vorgeschlagene Änderung vor der Implementierung ausgewertet, gerechtfertigt und dokumentiert werden.
5. In der Validierungs- und Nachbereitungsphase validiert der QM für die Verbesserung der Geschäftsprozesse, ob die Geschäftsprozessanforderung erfüllt wurde, und nimmt dann eine Abnahme vor.
6. Um den Prozess abzuschließen, aktualisiert der QM für den Investitionsschutz den Master-Release-Plan.

8.4 Methodik und Werkzeuge

Hauptziel des QM ist es, die Wartungs- und Upgrade-Fähigkeit der Lösungen trotz Änderungen und Erweiterungen zu bewahren. Dieser Abschnitt zeigt, inwiefern der SAP Solution Manager und seine Werkzeuge den QM beim Erreichen dieses wichtigen Ziels unterstützen.

8.4.1 SAP Solution Manager Maintenance Optimizer

Damit Sie die Änderungen, die innerhalb Ihrer Softwarelandschaft vorgenommen werden, transparent verfolgen können, müssen Sie ein umfassendes Softwarewartungsprogramm einrichten und befolgen. Beim Planen und Herunterladen von Softwareaktualisierungen kann der Maintenance Optimizer (eine Funktion des SAP Solution Managers) als zentraler Zugangspunkt für Ihre Aktivitäten dienen. Der Maintenance Optimizer kann alle relevanten Softwarekomponenten erkennen und führt Sie dann in der richtigen Reihenfolge durch das Anwenden der Patches.

Change Request Management

Der Maintenance Optimizer verfügt auch über eine Funktion zur Verwaltung von Änderungsanträgen, mit der Softwareänderungen sowohl für die Programmiersprache ABAP als auch für Nicht-ABAP-Software konsistent in der IT-Landschaft angewendet werden können – von der Entwicklungsumgebung bis zur Produktionssoftware. Die Änderungen werden in einem einzigen Prozess in der korrekten Reihenfolge angewendet.

Installation von EHPs

Der Maintenance Optimizer vereinfacht auch die Installation von EHPs. Er kann Abhängigkeiten zwischen EHPs und Support Packages ermitteln und Ihnen eine Liste der relevanten Dateien liefern.

8.4.2 SAP Solution Manager-Methodik und -Werkzeuge erleichtern Upgrades

Um Sie bei der Planung und Ausführung Ihrer Upgrade-Projekte zu unterstützen, bietet Ihnen der SAP Solution Manager Zugang zu Upgrade-Roadmaps, den neuesten Upgrade-Methoden und ähnlichen Werkzeugen. Sie erhalten Best Practices für die funktionalen und technischen Aspekte beim Upgrade einer ganzen SAP-Landschaft, Dokumentationsmaterial für die Bereiche Konfigurations-Support, Testen und E-Learning-Management sowie einen Service Desk.

Um eine Baseline für Ihr Upgrade-Projekt zu erstellen, hilft Ihnen der SAP Solution Manager bei der Durchführung einer Analyse Ihrer kompletten IT-Landschaft. Diese Analyse umfasst Folgendes:

- Softwarekomponenten und Support Packages für die Produkte, für die ein Upgrade durchgeführt werden soll
- Plug-ins, Add-ons und weitere zusätzliche Software
- verwandte SAP-Software, die einen Teil Ihrer Lösung bildet

- Fremdprodukte
- Datenbanksoftware und Patch-Level

In der zweiten Phase erstellen Sie einen Blueprint für Ihr Upgrade. Sie können auf die Product Availability Matrix von SAP zugreifen, um besser planen zu können, welche Zielreleases und Patch-Level Sie für Ihre Software anstreben. Zu diesem Zeitpunkt können Sie definieren, wie Sie Änderungen und Schnittstellen behandeln, neue Testfälle erstellen und vorhandene Testfälle auf Ihre Upgrade-Fähigkeit hin überprüfen möchten.

Application-Specific Upgrade Toolbox

Sobald Sie einen Blueprint erstellt haben, können Sie das technische Upgrade der nichtproduktiven Systeme durchführen. In dieser Phase können Sie mit den Inhalten der SAP Upgrade Roadmap Zugriff auf technische Upgrade-Werkzeuge wie die Application-Specific Upgrade Toolbox erhalten. Diese Toolbox unterstützt Sie bei der Vorbereitung, indem sie für jede Komponente, für die ein Upgrade durchgeführt werden soll, Upgrade- und Delta-Sichten anzeigt. Sie macht Sie auch auf alle kritischen Folgeaktivitäten aufmerksam.

Test Workbench

Nach der Ausführung der Delta-Änderungen hilft Ihnen die Test-Workbench-Funktion beim Planen, Ausführen und Überwachen der integrierten Prüfungen. Dies erfolgt auf Grundlage der Geschäftsprozess-Dokumentation und der Delta-Änderungen, die Sie für die Implementierung ausgewählt haben.

Learning Maps

Außerdem können Sie im SAP Solution Manager aus den im Upgrade-Projekt angelegten Dokumenten rollenspezifische Learning Maps erstellen. Dazu werden in der Verwaltung für Learning Maps die entsprechenden Dokumente ausgewählt, die für das Lernen der Endanwender relevant sind.

SAP stellt einen Standard für das technische Upgrade-Management zur Verfügung, der einen umfassenden Überblick über die Methoden, Werkzeuge und Best Practices für Upgrades bietet. Der QM trägt die Verantwortung dafür, dass die Ausführung von Upgrade-Projekten diesem Standard entspricht.

8.4.3 Assistent zur Lösungsdokumentation

Der Assistent zur Lösungsdokumentation wertet die Geschäftsprozesse des SAP Solution Managers aus. Er bereitet Upgrade-Projekte vor, wertet neue Funktionen aus und analysiert kundeneigene Entwicklungen. Dieses Werkzeug unterstützt Sie bei der Ermittlung der Geschäftsprozesse, die in Produktionssystemen verwendet werden, und zeigt diese Verwendung grafisch an. Dadurch erhalten Sie eine Vorstellung davon, inwiefern Sie Ihre Geschäftsprozesse durch Standardisierung optimieren könnten.

8.4.4 Custom Development Management Cockpit

Der SAP Solution Manager verfügt über ein Custom Development Management Cockpit (CDMC). Das Cockpit gibt Ihnen einen Überblick über die Auswirkungen Ihrer kundeneigenen Lösungen, die durch Lebenszyklus-Änderungen, Implementierungen von Support Packages und andere Ereignisse ausgelöst werden können. Das CDMC hilft Ihnen in allen Phasen des Application-Management-Lebenszyklus, indem es die Upgrade-Fähigkeit von kundeneigenen Lösungen erhöht und Sie beim Übernehmen der Änderungen unterstützt.

Work Center Einführung/Upgrade

Ein dediziertes Work Center (*Einführung/Upgrade*) im SAP Solution Manager bietet Zugriff auf das Cockpit. Das Cockpit bietet folgende Möglichkeiten:

- Vereinfachung der kundeneigenen Umgebung durch Ermittlung veralteter oder nicht mehr verwendeter kundeneigener Objekte oder Änderungen; dadurch Reduzierung der Gesamtbetriebskosten (Clearing Analysis)
- mehr Kontrolle über die Änderungen und Auswirkungen eines Upgrades (Upgrade/Change Impact Analysis)

In der Requirements-Phase kann das Cockpit dazu dienen, anhand von Informationen zu den Änderungen in einem neuen Support Package oder Upgrade-Release die kundeneigenen Objekte zu ermitteln, die von einem Upgrade betroffen sein werden. Auf Basis dieser Informationen kann dann der Aufwand bestimmt werden, der für das Anpassen kundeneigener Entwicklungen und für die Organisation der kundeneigenen Entwicklung in den nachfolgenden Phasen des Application-Management-Lebenszyklus erforderlich sein wird.

Clearing-Projekt

Nicht verwendete oder veraltete kundeneigene Objekte und Änderungen werden mithilfe der statistischen Informationen ermittelt, die über das Produktionssystem erhoben werden. Die zentrale Erfassung solcher Informationen bietet die Basis für die Ausführung eines Clearing-Projekts in einer späteren Optimize-Phase.

In der Design- und der Build-Phase werden in Übereinstimmung mit den Entwicklungsrichtlinien und -standards kundeneigene Anpassungen durchgeführt. Integrationsaspekte sind sorgfältig abzuwägen, da ein einzelnes kundeneigenes Objekt mehrere Geschäftsprozesse beeinträchtigen kann. Alle Änderungen sollten nachverfolgt, dokumentiert und zentral verfügbar gemacht werden. Zu den durchgeführten Anpassungen werden passende Testfälle ermittelt und gewartet.

In der Operate- und der Optimize-Phase können Sie veraltete oder nicht verwendete kundeneigene Objekte reduzieren. Dabei können Sie die zuvor ermittelten Ergebnisse der Clearing Analysis, das zentral verfügbare Dokumentationsmaterial zur Funktionalität und zum Geschäftshintergrund sowie eine im SAP Solution Manager gespeicherte Lückenliste verwenden.

Der für den Investitionsschutz verantwortliche QM kann dann die Ergebnisse der Analyse mit den SAP-Experten diskutieren, die auf die Verwaltung von benutzerdefiniertem Code spezialisiert sind. Darüber hinaus bieten die Analyseergebnisse dem QM Aufschluss darüber, wie kundeneigene Entwicklungen verwendet werden und welcher benutzerdefinierte Code nicht mehr verwendet wird. Durch das Aufzeigen von veraltetem benutzerdefiniertem Code lässt sich großes Einsparpotenzial ermitteln. Der QM weiß, welcher benutzerdefinierte Code ohne Beeinträchtigung der Softwarelandschaft entfernt werden kann. Dies sorgt für geringere Wartungskosten und beschleunigte Upgrades.

8.4.5 Upgrade Dependency Analyzer

Kompatibilitätsprüfung

Beim Upgrade einer Komponente muss die Kompatibilität zwischen verschiedenen SAP- und Nicht-SAP-Anwendungen innerhalb der Lösung überprüft werden. Beim Upgrade technischer Komponenten Ihrer Systemlandschaft hilft Ihnen der *Upgrade Dependency Analyzer* (UDA) dabei, bekannte Abhängigkeiten zu analysieren. Sie finden dieses Werkzeug im SAP Service Marketplace unter dem Quicklink */uda*. Das Werkzeug bietet Informationen über Abhängigkeiten, die Sie bei der Planung von Upgrade-Projekten unterstützen. Es vergleicht zwei Anwendungen: die Anwendung für das Upgrade und die entsprechende Anwendung in der Lösungslandschaft. Die Angaben zu den Abhängigkeiten und ein eventueller Verweis auf bestimmte SAP-Hinweise werden online ausgegeben. Ab Support Package 17 ist der SAP Solution Manager über das Work Center *Change Management* mit dieser Anwendung verknüpft.

Der UDA ist ein übergeordnetes Werkzeug für die Upgrade-Planung. Er erfasst daher nicht alle Abhängigkeiten, die für die Planung eines Upgrades erforderlich sind. Nähere Informationen, insbesondere zu Prozessen oder Szenarien, finden Sie in den *Listen der Szenarien und Prozesskomponenten* im SAP Service Marketplace unter dem Quicklink */scl*.

In jedem Fall sollten Sie den SAP Master Guide und den Upgrade Guide zurate ziehen. Diese Guides beziehen sich auf bestimmte SAP-Standardhinweise, die immer den aktuellen Status der Freigabeeinschränkungen wiedergeben.

8.4.6 SAP-Standard für Lösungsdokumentation zu Kundenentwicklungen

Es ist wesentlich, in allen Phasen des Application-Management-Lebenszyklus eine vollständige Dokumentation zu kundeneigenen Lösungen zu erfassen und zentral verfügbar zu machen. Eine Anwendungs-, Prozess- und technische Dokumentation ist nicht nur für das Definieren von Anforderungen im Vorfeld der Implementierung, sondern auch für die Wartungsfähigkeit während späterer Umgestaltungen der Anwendung erforderlich. Ohne ein adäquates Dokumentationskonzept in Ihrem Unternehmen haben Entwicklungsprojekte kaum eine Überlebenschance.

Qualitätsstandards für kundeneigene Lösungen

Eine Transparenz in Bezug auf die Qualitätsstandards von kundeneigenen Lösungen sowie die Möglichkeit, deren Erstellung und Ausbreitung zu kontrollieren, sind von zentraler Bedeutung, um die Innovation zu fördern und die Business Continuity zu gewährleisten. Mit der vom SAP Solution Manager bereitgestellten Infrastruktur können Sie sicherstellen, dass die im Application-Management-Lebenszyklus erforderliche Lösungsdokumentation geleistet wird. Dies ist eine wesentliche Voraussetzung für eine zentrale Transparenz in Bezug auf die kundeneigenen Lösungen.

Sie müssen schon frühzeitig in der Requirements-Phase die zentralen Geschäftsprozesse identifizieren. Darüber hinaus sollten Sie die Verfügbarkeit von Services, die verbraucht werden können, beobachten und auswerten. Die Inhalte im Business Process Repository (BPR) bieten die notwendigen Informationen zu den verfügbaren Geschäftsprozessen und ihren Schritten. Jeder benutzerdefinierte Schritt in einem Geschäftsprozess muss nach seinem Typ klassifiziert werden: Handelt es sich um eine Änderung, eine Verbesserung von Standard-SAP-Software oder um eine kundeneigene Entwicklung?

Dokumentationskomponenten

Die folgenden detaillierten Informationen sollten bereitgestellt werden, um die von der kundeneigenen Entwicklung gelieferte Funktionalität verständlich zu machen:

- **Informationen über den geschäftlichen Hintergrund**
  Diese Informationen liefern die geschäftlichen Gründe für die Initiierung des Projekts. Die Dokumentation sollte nicht nur für Ihre Business Process Champions, sondern auch für Außenstehende verständlich sein. Diese Informationen sollten auf Projektebene dokumentiert werden.
- **Geschäftslücken**
  Sie sollten die Geschäftslücken in SAP-Standardlösungen dokumentieren, die durch diese kundeneigene Lösung geschlossen werden. Wenn Kenntnis der internen organisatorischen Vorbedingungen nötig ist, um die Geschäftsanforderungen zu verstehen, müssen diese Bedingungen ebenfalls dokumentiert werden. Sie müssen diese Informationen auf Projektebene oder auf Ebene des Geschäftsprozessszenarios, des Geschäftsprozesses oder des Geschäftsprozessschritts dokumentieren.
- **Neue und verbesserte Funktionalität**
  Für Geschäftsprozessschritte, die Änderungen von SAP-Code enthalten, sollten Sie dokumentieren, warum diese Änderung erforderlich ist, welche änderungsfreien Optionen geprüft wurden, welche Person diese Änderung abgenommen hat und an welchem Datum die Abnahme stattfand. Für Geschäftsprozessschritte mit Erweiterungen der Standard-SAP-Software sollten Sie die Funktionalität der Erweiterung erläutern.
- **Neue oder modifizierte Entwicklungsobjekte**
  In der Design- und der Build-Phase sollten Sie alle Entwicklungsobjekte dokumentieren, die in Ihrem Projekt in Bezug auf einen Geschäftsprozessschritt erstellt oder geändert wurden.

- **Integrations- und Volumentests**
  Auf Projektebene sollten Sie dokumentieren, wie Sie planen, die Integrations- und Volumentests einzurichten und auszuführen, die alle betroffenen Geschäftsprozesse abdecken, einschließlich der Geschäftsprozessschritte und aller von dem Projekt betroffenen Softwarekomponenten.
- **Betriebsanleitung für die Anwendung**
  Das Entwicklungsteam sollte eine Betriebsanleitung für die Anwendung bereitstellen, die Informationen über die Bedienung der kundeneigenen Anwendung sowie über ihre Rolle und die Abhängigkeiten innerhalb der Lösungslandschaft enthält.

Der QM muss sicherstellen, dass die Dokumentation der kundeneigenen Entwicklung diesem Standard entspricht.

8.4.7 SAP-Standard für Custom Code Management

Kundeneigene Entwicklungen, Erweiterungen und sogar Änderungen an SAP-Software sind heutzutage im Unternehmen nicht selten anzutreffen. Sie werden implementiert, um die Funktionen der SAP-Standardsoftware zu erweitern und an die unternehmensspezifischen Anforderungen und Geschäftsprozesse anzupassen. Die ist oft erforderlich und völlig legitim. Im Laufe der Zeit werden solche Änderungen aber zum Hauptkostentreiber und verursachen Performanceengpässe. Daneben wird kundeneigener Code häufig trotz Standarderweiterungsmöglichkeiten oder aufgrund unzureichender Informationen über die regelmäßig von SAP bereitgestellten Standardfunktionen entwickelt.

Ebenfalls problematisch ist, dass kundeneigener Code veralten kann und dass nicht mehr benötigte Entwicklungen weiterhin gewartet werden. Mangelnde Softwarequalität verursacht häufig Probleme in Produktivumgebungen und treibt die Kosten für die Verbesserung und Anpassung in die Höhe. All dies sind Gründe für die Einführung eines nachhaltigen Custom Code Managements in Ihrem Unternehmen. Custom Code Management ist der Prozess der ständigen Statusermittlung und -optimierung für die vier Dimensionen von benutzerdefiniertem Code – Quantität, Qualität, technischer Schweregrad und betriebswirtschaftliche Gewichtung – und dient außerdem der Vorbereitung und Anpassung von kundeneigenen SAP-Entwicklungen für den täglichen Betrieb und Support. Custom Code Management bietet somit eine ganzheitliche Sicht auf kundeneigene Entwicklungen aus der operativen Perspektive und nicht aus Entwicklersicht.

8.4.8 SAP-Standard für Incident Management

Der SAP-Standard für Incident Management definiert den Prozess und das Werkzeug, mit denen die Zusammenarbeit zwischen den an der Lösung von Vorfällen beteiligten Parteien verwaltet werden kann. Die Einhaltung dieses Standards unterstützt Sie bei der Beschleunigung der Vorfallsklärung. Auf diese Weise wird die Verfügbarkeit von IT-Lösungen gesteigert, und die negativen Auswirkungen, die ein Vorfall sonst auf den Betrieb von geschäftskritischen Anwendungen hätte, werden minimiert.

Service Desk

Kunden, die ein Toolset suchen, um eine interne Support-Infrastruktur einzurichten oder um Helpdesk-Produkte von Drittanbietern zu ersetzen, können den Service Desk im SAP Solution Manager nutzen. Der Service Desk bietet eine effiziente Verwaltung der Vorfälle zwischen den Geschäfts- und IT-Einheiten des Unternehmens, SAP und den Softwarepartnern, deren Anwendungen in die Kundenlösung integriert sind. Der Service Desk verfügt über eine bidirektionale Schnittstelle, die Vorfallsmeldungen an andere Ticketsysteme senden bzw. von diesen empfangen kann. Dies ist wertvoll, wenn Sie Teile Ihrer IT-Aktivitäten ausgelagert oder an Serviceanbieter vergeben haben, die einen eigenen Helpdesk verwenden.

Der QM muss sicherstellen, dass das Vorfallsmanagement diesem SAP-Standard entspricht.

8.4.9 SAP-Standards für Change Management

SAP bietet zwei Standards für die Verwaltung und Überwachung von Anträgen auf Software- und Konfigurationsänderungen: einen für die Verwaltung von Änderungsanträgen und einen für die Verwaltung der Änderungskontrolle. Beide Standards tragen dazu bei, dass eine Transparenz in Bezug auf die Änderungen an der Softwarelandschaft entsteht und dass die Änderungen ohne Beeinträchtigung des laufenden Geschäfts vorgenommen werden können.

Change Request Management

Change Request Management umfasst standardisierte Methoden und Vorgehensweisen für die effiziente, schnelle und sichere Implementierung von Änderungen an SAP-Anwendungen. Es überwacht Software- und Customizing-Änderungen und bietet eine Projekthistorie einschließlich der beteiligten Rollen und Abteilungen. Außerdem hilft der Standard, die Prozesse bei der Softwarewartung zu verbessern und änderungsbezogene Beeinträchtigungen der Service-Qualität zu minimieren.

Verwaltung der Änderungskontrolle

Die Verwaltung der Änderungskontrolle unterstützt Sie dabei, die Lösungskonfiguration zu standardisieren und zu optimieren. Dies trägt zu einer verbesserten Qualität und Verfügbarkeit Ihrer IT-Lösungen bei und verhindert, dass Zusatzkosten für eine Fehlerbehandlung entstehen.

Das PMO verwaltet alle Anwendungsänderungsanträge, die von Business Process Champions, Endanwendern und Key Usern initiiert wurden. Änderungsanträge werden vom QM für den Investitionsschutz und vom QM für die Verbesserung der Geschäftsprozesse geprüft und überwacht.

8.4.10 Vom SAP Enterprise Support herausgegebener Bericht

Der SAP Enterprise Support gibt im Rahmen seiner Services regelmäßig einen Bericht heraus. Der Bericht bietet eine Übersicht über das Anwendungs- und Lebenszyklusmanagement, das Ihre geschäftskritischen Vorgänge unterstützt. Aus diesem Bericht geht hervor, welche Service- und Support-Leistungen Sie für Ihre SAP-Softwarelösungen benötigen. Er hilft Ihnen, offene Issues zu erkennen, die einen negativen Effekt auf den Betrieb Ihrer installierten Anwendungen haben könnten, und entsprechende Maßnahmen zur Behebung dieser Issues zu ermitteln. Der Bericht erhält seine Informationen aus Ihrer Installation des SAP Solution Managers. Er enthält eine Balanced Scorecard und detaillierte Abschnitte für jeden Bereich.

Der QM ist verantwortlich dafür, den Bericht zu überprüfen, insbesondere die Details zu Innovationen und zum Investitionsschutz. Der Bericht gibt Hinweise dazu, welche Bereiche geschäftskritisch sind oder Folgeaktivitäten erfordern.

8.5 Services des SAP Active Global Supports

Der SAP AGS kann den QM mit Services unterstützen, die auf die Anforderungen des individuellen Projekts zugeschnitten sind. Es sind Standard-Services verfügbar, um den QM bei der Verwaltung von benutzerdefiniertem Code zu unterstützen. Die Services decken den Lebenszyklus von benutzerdefiniertem Code ab. Sie reichen von der Vermeidung und Rechtfertigung bis zur Optimierung und Überwachung von benutzerdefiniertem Code.

8.5.1 SAP Solution Transition Assessment

Transparenz

Ziel des SAP Solution Transition Assessments (SAP STA) ist die Analyse eines produktiven SAP-Systems basierend auf den SAP-Standards für Solution Operations. Mit diesen Standards kann SAP die wichtigsten Betriebsprozesse in den Geschäfts- und IT-Einheiten eines Unternehmens indizieren. Diese wesentlichen Standards und Practices sind auf die Ansprüche von Geschäftsprozessexperten – die für den Entwurf und die Ausführung von Geschäftsprozessen verantwortlichen Stakeholder – und IT-Abteilungen ausgerichtet, deren Aufgabe es ist, dafür zu sorgen, dass die von SAP-Lösungen bereitgestellten Services für die Anwender zur Verfügung stehen.

Im Rahmen dieser Assessment-Sitzung verknüpft SAP technische KPIs mit Best Practices und Standards von SAP, um so einen optimalen Betrieb der SAP-Lösung zu gewährleisten.

Zu den Zielen des Remote-Services gehört es, den Betriebsstatus des Produktivsystems zu analysieren und optimieren, die Aufmerksamkeit auf Bereiche zu lenken, die einer genaueren Beobachtung bedürfen, als auch auf potenzielle Issues hinzuweisen, bevor diese kritisch werden.

Die Kenntnis der Issues und Risiken im aktuellen Systembetrieb hilft bei der Verringerung des Risikos eines geplanten Änderungsereignisses. Ein Risiko im aktuellen Betrieb kann bei einem anstehenden Lösungsübergangsereignis zu einem Issue mit hoher Priorität oder einem schwerwiegenden Fehler werden.

Im Ergebnis erhalten Sie Indikatoren zu analysierten Schwerpunktbereichen, die Sie auf besondere Risiken oder Verbesserungsbereiche hinweisen und beim Prozess der Risikominimierung oder der Verbesserung der Wartungsfähigkeit eines SAP-Systems unterstützen.

8.5.2 Modification Justification Check

Top-down-Ansatz

Bei einem kundeneigenen Entwicklungsprojekt wird methodisch nach dem Top-down-Prinzip verfahren, entsprechend dem Outsidein-Modell für Endverbraucher. Den Anfang bilden die Geschäftsanforderungen und die Ermittlung der Geschäftsprozesse und Schritte. Es folgen die Definition und Implementierung der erforderlichen Funktionen, der Services oder der Anwendung in ihrer Gesamtheit. Sie ermitteln dabei, welche Services entwickelt werden müssen, um die Geschäftsprozessanforderungen zu erfüllen.

Bei benutzerdefiniertem Code kann es sich um eine Anwendung handeln, die auf SAP-Anwendungen aufsetzt, um eine Anwendung, die neben der Software entwickelt wurde und über Schnittstellen mit dem Rest der Anwendungslandschaft verbunden ist, oder um eine Änderung einer Standardanwendung. Für die Prüfung, ob benutzerdefinierter Code notwendig ist, stellt SAP Ihnen im Rahmen der SAP Enterprise Support-Services sogenannte Modification Justification Checks zur Verfügung. Diese Prüfungshilfen behandeln die folgenden Fragen:

- Können die benötigten Geschäftsfunktionen innerhalb des Funktionsumfangs implementiert werden, der von Standard-SAP-Software bereitgestellt wird?
- Lassen sich die benötigten Geschäftsfunktionen auch mithilfe von Standard-SAP-Erweiterungen realisieren, sodass auf Änderungen verzichtet werden kann?
- Gibt es Alternativoptionen, um die Geschäftsanforderungen zu erfüllen, z.B. eine Optimierung der Geschäftsabläufe oder Workaround-Lösungen?

Zielsetzung

Das Gesamtziel des Modification Justification Checks besteht darin, durch Expertenwissen zur Vermeidung von Änderungen die Gesamtbetriebskosten in Bezug auf benutzerdefinierten Code zu reduzieren. Eine SAP-Lösungslandschaft, an der keine Änderungen vorgenommen wurden, ist die beste Garantie für einen reibungslosen Betrieb. Außerdem können Sie auf diese Weise Innovationen am standardmäßigen Funktionsumfang Ihrer SAP-Lösung schnell und unkompliziert übernehmen und von folgenden Vorteilen profitieren:

- geringere Kosten durch Vermeidung unnötiger Änderungen, die in Bezug auf Entwicklung, Wartung und Testen während des gesamten Lebenszyklus für die Entwicklung und den Lösungsbetrieb einen hohen Aufwand bedeuten

- geringere Betriebsrisiken durch die Vereinfachung von Upgrades, die unkomplizierte Anwendung von Support Packages und die effizientere Wartung der SAP-Lösungslandschaft
- optimale Nutzung zusätzlicher Funktionsentwicklungen in Standard-SAP-Anwendungen durch die Übernahme von SAP EHPs und neuen SAP-Releases

8.5.3 Custom Code Maintainability Check

Upgrade-Fähigkeit ist ein wesentlicher Faktor bei der beschleunigten Auslieferung von Softwareinnovationen mithilfe von EHPs. Die Upgrade-Fähigkeit kann durch die Verwendung der von SAP bereitgestellten Standarderweiterungsoptionen erreicht werden. Änderungen am Standard sowie die Nutzung von nicht für diesen Zweck freigegebenen Schnittstellen sollten vermieden werden. Die Vermeidung von Änderungen ist ein wesentlicher Faktor bei der Verringerung der Gesamtbetriebskosten.

Der SAP Custom Code Maintainability Check bewertet die Qualität Ihres kundeneigenen Entwicklungsprojekts unter Berücksichtigung der Upgrade- und Wartungsfähigkeit. Er führt sämtlichen benutzerdefinierten Code und alle modifizierten Objekte im System wie auch im aktuellen Einführungsprojekt auf. Dabei wird die Frage beantwortet: »Welche Änderungen werden an meinem System vorgenommen?«, und es werden die technischen KPIs für die entsprechenden Messungen festgelegt.

Der SAP Custom Code Maintainability Check bietet folgende Vorteile:

- umfassende Dokumentation aller Objekte in einem kundeneigenen Entwicklungsprojekt
- Kategorisierung dieser Objekte in geänderte SAP-Objekte, Erweiterungen, kundeneigene Objekte und referenzierte SAP-Objekte
- Ermittlung von Kennzahlen, aus denen die Upgrade- und Wartungsfähigkeit Ihrer Lösungslandschaft ersichtlich ist
- Gegenüberstellung dieser Kennzahlen mit Durchschnittswerten von kundeneigenen Entwicklungsprojekten
- Analyse von Software-Change-Management-Vorgehensweisen und -Fehlern, die mit der Transportverwaltung verbunden sind

8.5.4 Accelerated Innovation Enablement

Accelerated Innovation Enablement für SAP Enterprise Support

Egal wie informativ die diversen Informationsquellen bezüglich der verfügbaren Neuerungen durch SAP sind, irgendwann helfen sie nicht mehr weiter, und ein direkter Kontakt zu einem SAP-Experten ist unumgänglich. Insbesondere ein wichtiger Schritt kann durch SAP nicht standardisiert und somit durch die vorhandenen Informationsquellen nicht angemessen abgedeckt werden: die Übertragung einer allgemeinen Konfiguration auf die spezifische Situation eines Unternehmens.

Hierbei hilft ein neues Service-Angebot der SAP: Accelerated Innovation Enablement für SAP Enterprise Support ist eine wesentliche Service-Komponente des SAP Enterprise Support-Modells. Bei diesem Angebot kann jeder SAP Enterprise Support-Kunde pro Kalenderjahr fünf Tage eines Softwarearchitekten in Anspruch nehmen. Die Kunden können diese Tage auf mehrere Anfragen verteilen. In remote über SAPconnect und Telefon durchgeführten Live-Expert- oder Expert-on-Demand-Sitzungen unterstützt Sie der SAP-Experte bei der Bewertung des Potenzials der neuen SAP Business Suite-Funktionen in SAP EHPs und schlägt Ihnen eine optimale Implementierungsstrategie vor. Die Kunden können aus einer Vielzahl angebotener Themen – von Einführungen bis zu Fachthemen – wählen. Ergänzt wird das Angebot durch Online-Systemdemos und eine Frage-Antwort-Sitzung.

Der Service kommt infrage, wenn Sie das neueste SAP EHP implementiert haben oder demnächst implementieren wollen und Entscheidungen über Details der zu aktivierenden neuen Funktionen mit SAP-Unterstützung festgelegt werden sollen. Im Mittelpunkt stehen dabei die folgenden Aspekte:

- Welche neuen Funktionen bietet das EHP?
- Inwiefern unterstützen Funktionen des EHPs Sie dabei, Ihren Anwendern eine bessere Lösung zur Verfügung zu stellen?
- Gibt es Möglichkeiten, vorhandene Eigenentwicklungen durch neue SAP-Standardfunktionen zu ersetzen, um den technischen Aufwand langfristig zu verringern?

Details zu diesem Service und zu anderen Bestandteilen des SAP Enterprise Support-Angebots finden Sie im entsprechenden Abschnitt auf dem SAP Service Marketplace unter *www.service.sap.com/enterprise-support*.

Neben den in den Accelerated-Innovation-Enablement-Sitzungen erörterten Geschäftsfunktionen gibt es auch Informationen zu technischen Aspekten: Grundlegende Architekturkonzepte von SAP EHPs, Switch- und Enhancement-Framework-Mechanismen, Support-Werkzeuge wie der SAP EHP Installer sowie schrittweise Installationsleitfäden werden in den technologiebezogenen Sitzungen behandelt. Diese Sitzungen helfen Ihnen, die technisch komplexen Fragen zu verstehen, und bereiten Sie darauf vor, neue EHPs ohne die Anleitung von SAP-Experten zu implementieren.

8.5.5 SAP Business Process Performance Optimization

SQL- und ABAP-Anweisungen

Wenn die Antwortzeiten Ihre Geschäftsanforderungen nicht erfüllen (möglicherweise trotz umfassender, hochwertiger Hardware), kann der QM für den Investitionsschutz den SAP Business Process Performance Optimization-Service anfordern. SAP-Experten folgen dann vor Ort Ihren zentralen Geschäftsprozessen, analysieren sie und geben Empfehlungen, wie Sie sie technisch optimieren können. Der Service konzentriert sich auf Ihre erweiterten oder Kundenprogramme und kann aufwendige SQL- und ABAP-Anweisungen optimieren, z.B. Operationen in internen Tabellen.

Zum Service gehört auch, dass die SAP-Experten Ihren Entwicklern das Wissen weitergeben, wie sie Programme in zukünftigen Entwicklungsprojekten optimieren können.

8.5.6 SAP Upgrade Assessment

Zu den Standard-Services, die speziell für die Verwaltung von Upgrades entwickelt wurden, gehört der SAP Upgrade Assessment-Service. Dieser unterstützt den QM für den Investitionsschutz bei folgenden Aufgaben:

- Ermittlung der Upgrade-Fähigkeit der aktuellen technischen Umgebung; Definition von Anforderungen für die geplante Umgebung
- Ermittlung potenzieller technischer Risiken und Issues, mit denen das Upgrade-Team bei Upgrades von Produktivsoftware rechnen sollte (Schwerpunktbereiche: Kompatibilität, Anwendungsanpassungen, Change Management, Datenkonvertierung, Ausfallzeiten und Business Continuity)

- Einschätzung der Komplexität, des Aufwands und der Dauer des geplanten Projekts auf Basis der Erfahrungen von anderen Kunden und von SAP bei der Durchführung von Upgrades

SAP Upgrade Assessment bietet dem QM für den Investitionsschutz eine umfassende Übersicht über die technischen Fakten und die Themen, die bei der Erstellung eines detaillierten Plans für das technische Upgrade berücksichtigt werden müssen, und trägt damit zu einem reibungslosen Upgrade bei.

8.5.7 SAP Downtime Assessment

Seit SAP R/3 Enterprise hat SAP die Upgrade-Technologie grundlegend verbessert, um einen konsistenten Upgrade-Prozess mit möglichst geringen Ausfallzeiten für Ihr System zu gewährleisten. Falls jedoch aus besonderen Gründen dieser allgemeine Ansatz für Ihre Anforderungen nicht ausreicht, kann durch zusätzliche Werkzeuge und eine Untersuchung der betroffenen technischen Prozesse eine weitere Verkürzung der Ausfallzeit ermöglicht werden. Wenn die Ausfallzeiten während des Upgrade-Projekts ein Problem für Sie darstellen, identifiziert und priorisiert dieser Service die wesentlichen Ursachen der Ausfallzeiten und erstellt Vorschläge für deren Verkürzung.

Die resultierende verkürzte Ausfallzeit Ihrer Produktivumgebung sorgt dafür, dass die Verfügbarkeit der zentralen Geschäftsprozesse den Projektanforderungen entspricht. Darüber hinaus kann dieser Service zur Installation von EHPs mithilfe von Upgrade-Technologien wie dem SAP EHP Installer genutzt werden.

8.5.8 Continuous Quality Checks

Um Sie in der Implementierungs-, Upgrade- und Betriebsphase Ihres Projekts zu unterstützen, bietet SAP stetige Qualitätsprüfungen (Continuous Quality Checks, CQCs) an. Zudem ermöglicht SAP auch Prüfungen zur Verifizierung und Optimierung Ihrer SAP Solution Manager-Konfiguration. Alle CQCs werden remote durchgeführt. Eine detaillierte Übersicht über die CQCs finden Sie in Anhang A, »Weiterführende Informationen und Angebote«.

8.6 Erfolgsfaktoren und zugehörige Standards

Wie in den obigen Abschnitten erwähnt, ist der wichtigste Erfolgsfaktor der Rolle des QM für den Innovationsschutz die Fähigkeit, die Softwarelandschaft in einem Zustand der permanenten Innovationsbereitschaft zu halten. Dieses Ziel ist erreicht, wenn die Software stets auf dem neuesten Stand ist, über möglichst wenige Änderungen und benutzerdefinierten Code verfügt und die Integration der Lösungen von Softwarepartnern nach den SAP-Standards erfolgt.

Erfolgsindikatoren

Die folgenden KPIs beschreiben in einer allgemeinen Weise, wie diese Anforderungen gemessen werden können.

- Kosten von Upgrade und Wartungsfähigkeit
- Wartungsdauer für die Produktivsoftware
- tatsächlicher Stand der Support Packages im Vergleich mit dem verfügbaren Stand
- tatsächlicher Stand der SAP EHPs im Vergleich mit dem verfügbaren Stand
- Anzahl der Top Issues, die von benutzerdefiniertem Code verursacht wurden
- Anzahl der Vorfälle, die von benutzerdefiniertem Code verursacht wurden

SAP-Standards für Solution Operations

Die SAP-Standards für Solution Operations bieten indizierte Standards für wichtige Betriebsprozesse in den Geschäfts- und IT-Einheiten in einem Unternehmen. Jeder Standard enthält Best-Practice-Vorgehensweisen zur Durchführung einzelner Aufgaben sowie Erläuterungen dazu, welche Werkzeuge im SAP Solution Manager verwendet werden sollten. Zudem werden verfügbare Schulungen und mögliche Services genannt, die die Durchsetzung des Standards unterstützen.

Top-down-Ansatz

Die folgenden SAP-Standards für Solution Operations erläutern im Detail, welche Art von Dokumentation und welche Prozesse implementiert werden müssen, um den Schutz der IT-Investitionen eines Unternehmens sicherzustellen:

- Custom Code Management
- Lösungsdokumentation
- Lösungsdokumentation für Kundenentwicklungen
- Upgrade Management

- Incident Management
- Change Management

Sie finden diese Standards auf dem SAP Service Marketplace (*www.service.sap.com/supportstandards*) unter SUPPORT STANDARDS -> MEDIA LIBRARY.

8.7 Qualifikationen und Schulungen

Qualifikationsprofil

Die Rolle des QM für den Investitionsschutz erfordert:

- ausgeprägte analytische Fähigkeiten
- Kenntnisse zu den allgemeinen Geschäftszusammenhängen
- umfassendes Wissen zu folgenden Themen:
  - IT-Architektur und die SAP-Softwarelandschaft
  - SAP-Standards für Solution Operations
  - SAP Solution Manager
  - SAP-Entwicklung

SAP bietet einen fünftägigen Schulungskurs an (E2E060), bei dem die Teilnehmer lernen, die folgenden erweiterten Funktionen im Customer COE zu verwalten:

- Verwendung eines zentralen Datenpools
- Integrationsvalidierung
- Verbesserung der Geschäftsprozesse
- Geschäftskontinuität
- Investitionsschutz

Details zur Zertifizierung finden Sie in Kapitel 4, »Customer Center of Expertise«, eine Übersicht über verfügbare Schulungen können Sie in Anhang A, »Weiterführende Informationen und Angebote«, einsehen.

8.8 Fallstudie: Innovationsanforderungen planen

Das folgende Fallbeispiel zeigt, wie der QM eine Innovationsanforderung mithilfe der in den obigen Abschnitten beschriebenen Werkzeuge und Methoden erfüllen kann.

Ein Konsumgüterunternehmen würde gern eine weitere Sparte in die SAP-Softwareumgebung einfügen. Diese Sparte verwendet einen anderen Vertriebsprozess: die direkte Filialbelieferung. Der Business Process Champion für die Bestandsführung hat nun den Wunsch, dass der auf einem Lastwagen befindliche Bestand separat verfolgt wird, um eine größtmögliche Transparenz in Bezug auf den Bestand zu erhalten.

Der betreffende Geschäftsprozess (siehe Abbildung 8.4) wurde gemäß den SAP-Standards für Lösungsdokumentation und Lösungsdokumentation für Kundenentwicklungen im SAP Solution Manager dokumentiert. Eine Lücke wurde entdeckt, und das Custom-Development-Team geht davon aus, dass eine Änderung erforderlich ist.

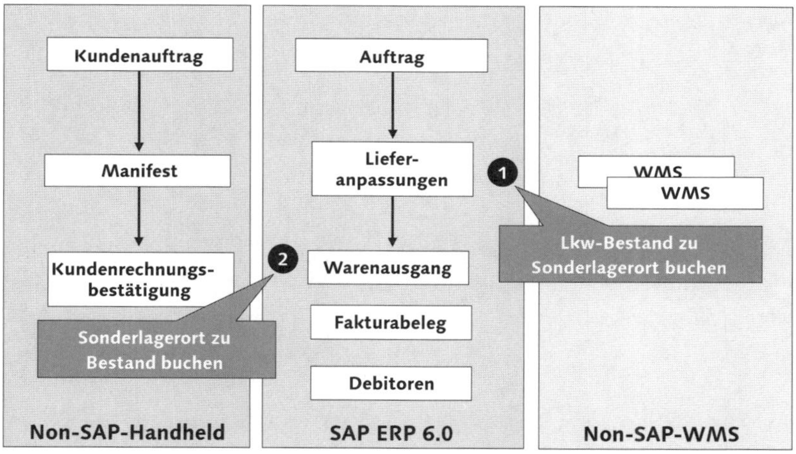

Abbildung 8.4 Kundenbeispiel – Transparenz in Bezug auf den Lkw-Bestand

Modification Justification Check

Der QM fordert von SAP einen Modification Justification Check an. Der SAP-Experte prüft die Geschäftsanforderung und bestätigt, dass die gewünschte Funktionalität in SAP ERP 6.0 nicht enthalten ist, jedoch Bestandteil von SAP EHP3 sein wird. Außerdem bestätigt der Experte, dass die gewünschte Funktionalität nicht durch Änderung des Geschäftsprozesses erreicht werden kann. Der SAP-Experte weist darauf hin, dass die gewünschte Änderung mithilfe eines Business Add-ins, einer von SAP gelieferten Standarderweiterung, implementiert werden kann. Auf diese Weise wird eine Softwareänderung vermieden. Nach dem Modification Justification Check aktualisiert das Custom-Development-Team die Dokumentation im SAP Solution Manager.

Der QM sieht eine Innovationsanforderung, die durch ein SAP EHP erfüllt werden könnte. Bei der Prüfung des Master-Release-Plans stellt der QM fest, dass SAP EHP3 nicht enthalten ist. Der QM startet über das PMO den Prozess zur Verwaltung von Änderungsanträgen und bittet darum, EHP3 oder höher in den Master-Release-Plan für das kommende Jahr aufzunehmen.

Unternehmen müssen sich auf sich ändernde Geschäftsbedingungen einstellen und ihre IT-Umgebung entsprechend anpassen. In diesem Kapitel wird erläutert, wie neue Technologien Innovationen fördern und langfristig den Wert Ihrer bisherigen IT-Investitionen erhalten.

9 Innovation ohne Ausfallrisiken

Aus Sicht der meisten Unternehmen ist IT ein *ergänzendes* Feld – eine andauernde Herausforderung für IT-Abteilungen. Gleichzeitig ist die Komplexität des Gebiets so hoch, dass sich ein Beitrag zum Unternehmenserfolg durch die elektronische Datenverarbeitung nur einstellt, wenn angemessen investiert wird. Es entsteht ein ständiger Rechtfertigungszwang: Die Kosteneffizienz von Ausgaben im IT-Bereich muss vor der Realisierung dargestellt und gestrafft und später nachgewiesen werden. In den vergangenen Jahren gelang es, Verbesserungen in allen betrieblichen Abläufen auf der Grundlage von IT-Funktionen zu erzielen und mit dem resultierenden Effizienzgewinn die Ausgaben zu rechtfertigen. Derartige IT-getriebene Optimierungen der vorhandenen betrieblichen Abläufe erstrecken sich heute auf alle Unternehmensfunktionen – von den Abläufen des Kerngeschäfts bis zu allgemeinen Bereichen wie dem Rechnungswesen. Und auch an Unternehmensgrenzen machen sie nicht halt. Alle relevanten Stakeholder müssen heute systematisch in die Optimierungsanstrengungen mit einbezogen werden, u. a. Kunden, Lieferanten, Dienstleister und Mitarbeiter.

Im Ergebnis blicken heute viele IT-Abteilungen auf Gesamtlösungen, die aus dem technischen Blickwinkel sehr anspruchsvoll sind. Für eine große Zahl an Komponenten der Lösungslandschaft muss zuverlässig die Funktionsfähigkeit sichergestellt sein, um eine permanente Verfügbarkeit der Geschäftsprozessfunktionen von Anfang bis Ende zu gewährleisten. Allerdings macht ein hohes Maß an semantischer Abhängigkeit und technischer Vernetzung jede Veränderung an einer einzelnen technischen Komponente zu einem risikobehafteten

Unterfangen. Auch stellt sich, nachdem verschiedene Geschäftsprozesse zu geringeren Returns on Investment führten, bei Unternehmen die Notwendigkeit ein, durch Änderung des Geschäftsmodells die Wettbewerbsposition zu stärken. Dies kann beispielsweise dadurch erreicht werden, dass die Produktbereiche geändert, neue Vertriebsmodelle und Kundensegmente entwickelt, Änderungen der vertikalen Integration vorgenommen oder Wettbewerber übernommen werden. Die IT darf solche Bestrebungen nicht behindern, sie sollte sie vielmehr unterstützen, im Idealfall sogar beschleunigen.

SAP-Standards für Solution Operations

Der SAP Active Global Support (SAP AGS) hat seine Erfahrungen bei der Unterstützung von Kunden in der Implementierung, der Bereitstellung, dem Betrieb und der kontinuierlichen Optimierung von SAP-zentrierten Lösungen systematisch festgehalten (siehe Abschnitt 1.1, »Vorteile des SAP Enterprise Supports«). Alle Dokumente basieren auf einem einheitlichen Referenzmodell über die Aufgabenteilung innerhalb des Betriebs von IT-Lösungen. Damit helfen die Darstellungen, unabhängig vom gewählten Organisationsmodell die eigenen Praktiken einer kritischen Prüfung zu unterziehen und Bereiche mit Verbesserungspotenzial zu erkennen. Es werden die Voraussetzungen geschaffen, damit Kunden einen hocheffizienten Betrieb komplexer Softwarelandschaften einrichten können, in denen die geschäftliche Nutzung dieser Umgebungen minimalen technischen Restriktionen unterliegt.

9.1 Serviceorientierte Architektur: Der evolutionäre Ansatz

Neukonzeption vs.Hybridmodell

Seit der Einführung der serviceorientierten Architektur (Service-Oriented Architecture, SOA) vor mehreren Jahren wird über die *richtige* Herangehensweise bei der Implementierung dieses Konzepts diskutiert. Dabei standen sich zwei Modelle gegenüber: das Modell der *Neukonzeption*, nach dem Softwareanwendungen vollständig bis in ihren eigenen Kern in standardisierte Bausteine (Services) zerlegt und rekonstruiert werden, und das *Hybridmodell*, das auf einem kontinuierlichen Prozess basiert, in dessen Verlauf immer mehr Verbindungsstellen einer monolithischen Anwendung transparent gemacht und – im Sinne einer Service-Definition – standardisiert werden. Während der radikale Ansatz einer Neukonzeption langfristig ein höheres Maß an Flexibilität durch praktisch unbegrenzte Kombinationsmöglichkeiten der Bausteine verheißt, dominiert der evolutionäre Ansatz gemäß dem Hybridmodell den gegenwärtigen IT-Alltag. In überschaubaren Schritten und ohne die Amortisierung der bestehenden Investitionen zu stören, wird die Flexibilität der Gesamtlösung gesteigert.

Mit der Produktfamilie der SAP Business Suite unterstützt SAP seit vier Jahren ihre Kunden im evolutionären Ansatz. Im Wechselspiel zwischen technischer Machbarkeit und den funktionalen Anforderungen der Kunden werden kontinuierlich Schnittstellen offengelegt oder neu entwickelt, dokumentiert und in der standardisierten Form der Webservices für die technische Einbindung in vorhandene Lösungen bereitgestellt. Egal ob es auf der Basis dieses Konzepts gelingt, die Unterhaltskosten proprietärer Schnittstellen zu verringern oder völlig neue Funktionen an die vorhandene Implementierung anzuschließen, ist der Nutzen gut prognostizierbar, und Aufwand und Risiko der jeweiligen Änderung sind überschaubar.

So konträr die beiden Ziele der Effizienz und Flexibilität auf den ersten Blick erscheinen mögen: Der Schlüssel des Erfolgs liegt in beiden Fällen in der Standardisierung.

9.2 Die Wartungsstrategie: Stabiler Kern und Zugriff auf Neuerungen

Stabilität und Veränderung

Ganz im Sinne des evolutionären Ansatzes für einen Umstieg auf die serviceorientierte Architektur hat SAP zwei häufig gegensätzliche Ziele in ihrer Wartungsstrategie vereint: Stabilität und Veränderungen, d.h. Stabilität im Kern der etablierten Anwendungen, keine aus Kundensicht verzichtbaren technischen Änderungen und hohe Transparenz in Bezug auf die Roadmap des Kunden für die Produktentwicklung.

SAP bietet Kunden regelmäßig die Möglichkeit, an technischen und funktionalen Neuerungen teilzuhaben, um die Anforderungen ihrer Anwender und deren Betriebskostenbudget im Auge zu behalten.

Längere Wartungsintervalle

Seit dem 1. Januar 2009 sichert SAP ihren Kunden für die Dauer von neun Jahren eine auf hohem Qualitätsniveau standardisierte Wartung vertraglich zu. In einer schnelllebigen, sich ständig verändernden Branche wie der Softwareindustrie sind neun Jahre ein ganzes Zeitalter. Die Ende 2008 kommunizierte Strategie umfasst die Kernanwendungen der SAP Business Suite 7.0. Für Kunden mit einem SAP Enterprise Support-Vertrag wurde die Wartung der älteren Versionen SAP R/3 4.6C und SAP R/3 Enterprise signifikant verlängert und der eigentlich fällige Zuschlag auf die Standardgebühr für die Mainstream-Wartung gestrichen. Das zeigt, dass SAP ihre Wartungsabläufe kontinuierlich an die Interessen der Kunden anpasst (siehe auch Abschnitt 8.1, »Die erweiterte Wartung im Rahmen von SAP Enterprise Support«).

Nutzen der längeren Intervalle

Sie profitieren von diesen Änderungen in vielerlei Hinsicht: Ihre IT-Entscheidungsträger sind flexibler in ihren Aktionen; die Amortisierung früherer Investitionen in die vorhandene Implementierung wird erleichtert, und der Horizont für die Planung und Umsetzung notwendiger Umstellungen erweitert sich. Innovationen in IT-Lösungen sind nicht auf die vorhandene Version eines bestimmten SAP-Produkts beschränkt: Komplexe Architekturen unterschiedlichster Infrastrukturkomponenten in der vertikalen Dimension und hochintegrierte Anwendungen verschiedener Anbieter in der horizontalen Dimension sind betroffen. SAP hat mit den Anpassungen der Wartungsstrategie dafür gesorgt, dass die Releasezyklen der eigenen Produkte immer weniger der bestimmende Faktor einer ganzheitlichen IT-Planung werden. Sie können Ihre IT-Budgets damit langfristig optimieren.

Über Details und aktuelle Änderungen zu den Themen Releasestrategie und Softwarewartung können Sie sich auf dem SAP Service Marketplace unter *www.service.sap.com/maintenance* umfassend informieren.

9.3 Erweiterungspakete (EHPs)

Die SAP Business Suite bietet Innovation ohne Upgrade durch Erweiterungspakete (EHPs). SAP EHPs sind signifikant für die neue SAP-Softwareauslieferungsstrategie, die es Benutzern erlaubt, Neuerungen auf der Basis der aktuellen SAP Business Suite zu beziehen, ohne dafür einen umfangreichen Releasewechsel vorzunehmen. Für jedes Produkt der SAP Business Suite, das sich in der Standardwartungsphase befindet, liefert SAP einmal jährlich ein EHP aus.

Vorteile des EHP-Konzepts

Ein fundamentaler Vorteil der EHPs wurde oben bereits dargestellt: Der Kern der SAP Business Suite-Anwendung bleibt über einen langen Zeitraum hinweg stabil, und den SAP-Kunden werden dennoch kontinuierlich Neuerungen zugänglich gemacht. Verglichen mit Support Packages, die nur Softwarekorrekturen enthalten, beinhalten EHPs auch Softwareerweiterungen.

Zwei weitere Vorteile von EHPs werden in den folgenden Abschnitten kurz skizziert: die Trennung von planmäßiger Wartung und bedarfsgetriebener Erweiterung und die selektive Aktivierung genau der zu implementierenden Erweiterungen. Bevor wir hierauf eingehen, möchten wir jedoch erst einige Schlüsselbegriffe und Fakten einführen.

Softwarekomponenten

SAP-Produkte bestehen aus verschiedenen Softwarekomponenten, wobei die Kombination dieser Komponenten zu einem Produkt aus der technischen Nutzung abgeleitet wird und von Installation zu Installation variieren kann. Lediglich eine Gruppe von Kernkomponenten findet sich in jeder Installation. Das Produkt SAP ERP 6.0 wird beispielsweise immer die Komponenten SAP_BASIS und SAP_ABA aufweisen. Ob die Komponente SAP_HR installiert wird, hängt davon ab, ob wenigstens eine der gewählten technischen Nutzungen diese Komponente erfordert. Diese Kernkomponenten werden ergänzt um Erweiterungskomponenten, deren Auswahl wieder von der technischen Nutzung abhängt, z.B. *SAP Financial Supply Chain Management*. Schließlich kann die Wahl einer Branchenlösung über die Auswahl einer weiteren technischen Nutzung wie z.B. *Hospital* zusätzliche Komponenten mit sich bringen. Nicht jede theoretisch mögliche Kombination von technischen Nutzungen bzw. Softwarekomponenten ist zulässig, über Einschränkungen informiert Sie der SAP-Hinweis 1083576.

SAP liefert Produkte und EHPs immer in ihrer Gesamtheit aus, d.h., alle vorhandenen Softwarekomponenten in der jeweiligen Version stehen zum Download bereit. Der Kunde muss jedoch nur die benötigten Softwarekomponenten installieren. Welche Komponenten genau benötigt werden, ergibt sich aus der technischen Nutzung.

SAP EHPs sind Zusammenstellungen von Softwarekomponenten mit jeweils einer bestimmten neuen Version, die die jeweilige Vorgängerversion dieser Kombination von Softwarekomponenten vollständig ersetzt. Eine der prominentesten Softwarekomponenten ist beispielsweise SAP_APPL, vergleichbar mit der früheren Anwendung SAP R/3. SAP_APPL wurde in Version 600 als Bestandteil von SAP ECC 6.0 eingeführt. Version 603 von SAP_APPL wurde zusammen mit EHP3 für SAP ERP ausgeliefert. Wer sich dafür entschied, neue Funktionen zu verwenden, die die Installation von SAP_APPL 603 bedingten, ersetzte die Softwarekomponente SAP_APPL 600 vollständig durch Version 603. Wer nur an Neuerungen der Personalwirtschaft interessiert war, installierte nur SAP_HR 603 und beließ SAP_APPL 603 außerhalb des Projektumfangs.

EHPs sind kumulativ. Version 604, eingeführt Ende 2008 mit EHP4 für SAP ERP, enthält beispielsweise auch alle Entwicklungen aus den vorherigen Versionen 603, 602 und 600. Da die jeweils neue Version der Softwarekomponenten in einer Umgebung mit einem jeweils aktuellen Korrekturstand entwickelt wird, gibt es für jedes SAP EHP einen minimalen Support-Package-Stack-Level.

Abbildung 9.1 zeigt ein Systemstatusbild mit verschiedenen Versionsinformationen und skizziert grob die jeweils notwendigen Überlegungen und Aktivitäten rund um das Einspielen von SAP EHPs.

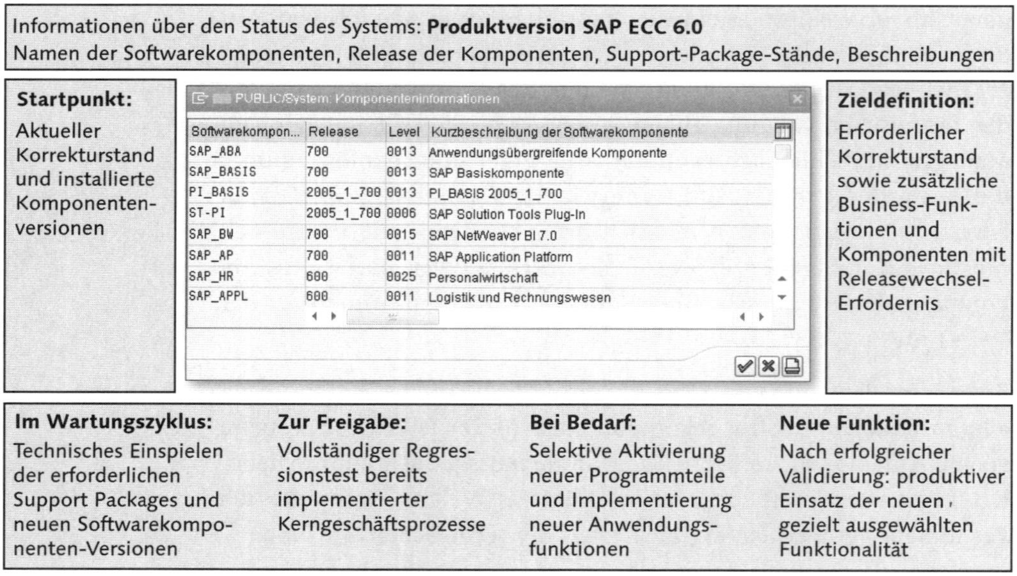

Abbildung 9.1 Informationen zu Systemkomponenten und Änderungsmethoden

9.3.1 Selektiver Einsatz neuer Funktionen

Switch Framework

Die Vorgehensweise zur Implementierung neuer Funktionen in einer SAP-Lösungslandschaft hat sich signifikant verändert. SAP EHPs ermöglichen es, zu entscheiden, welche Funktion bzw. Softwareinnovation eingeschaltet werden soll. Unabhängig vom technischen Vorgang des Einspielens eines neuen Korrektur- oder Versionsstandes können Sie neue Funktionen bedarfsgerecht aktivieren und nutzen. Dieser neue Ansatz basiert auf dem *Switch Framework*. Ein Switch ist ein Schalter, der eine bestimmte Funktion einschaltet. Eine einmal aktivierte Funktion kann im Kontext der SAP EHPs nicht wieder deaktiviert werden.

Funktionen sind vorrangig durch Quellcode realisiert. Welche Abschnitte des Quellcodes durchlaufen werden, lässt sich über Bedingungen in der Ablauflogik steuern; Kommentarzeilen werden grundsätzlich nicht verarbeitet. Wird die Version einer Softwarekomponente durch Einspielen eines SAP EHPs ersetzt, ändert sich die Ablauflogik nicht. Es kommt lediglich inaktiver, weil auskommentierter, Quellcode bzw. Quellcode, der hinter logischen Abfragen verborgen ist, hinzu. Das Switch Framework ist das Kontrollzentrum über diesen inaktiven Quelltext. Bei Aktivierung dort ausgewählter Funktionen werden selektiv die Quellen der betroffenen Objekte neu generiert, und der ausführbare Teil des Quellcodes ändert sich, um die neue Funktion zu ermöglichen, d.h., ein klar abgrenzbarer Teil des inaktiven Quelltextes wird aktiviert. Der Vorteil dieses Ansatzes liegt auf der Hand: Das Einführen neuer Funktionen birgt kein Regressionsrisiko.

Sie müssen exakt den Kerngeschäftsprozess testen, dessen Funktionen erweitert wurden. Die Erfahrungen der Kunden aus den ersten vier EHPs für SAP ERP zeigen jedoch, dass aus dem Einspielen von EHPs keine nennenswerten Nebeneffekte resultieren. Mit dem Business Process Change Analyzer (BPCA) bietet der SAP Solution Manager neue Möglichkeiten für Änderungseinfluss-Analysen von Business Functions in EHPs. Diese helfen bei der Ermittlung des Testumfangs von Geschäftsprozessen, die von einem Softwareänderungsereignis betroffen sind (siehe Abschnitt 6.1.4, »Business Process Change Analyzer und EHP Business Functions«).

9.3.2 Trennung von Wartung und Weiterentwicklung

Wartungsfenster

Die meisten IT-Organisationen haben einen klar strukturierten und festen IT-Kalender. Dieser Kalender ist das Ergebnis eines komplexen Planungsprozesses, in den sowohl rein technische Erfordernisse als auch die Anforderungen der Anwender einfließen. Häufig sieht dieser Kalender genau ein Zeitfenster (in der Regel ein Wochenende) für größere Umstellungen vor, die mit Systemausfallzeiten im Bereich von einigen Stunden bis hin zu wenigen Tagen verbunden sind. In diesem Zeitfenster findet die Produktivsetzung eigener Entwicklungszyklen, das Einspielen von Support Packages aller Softwarekomponenten oder gar ein vollständiger Releasewechsel statt. Auch für das Einspielen von EHPs ist dieses Wartungsfenster prädestiniert. Im Vorfeld der Umstellungen in der Produktivumgebung finden reihenweise Testumstellungen sowie umfangreiche Regressionstestaktivitäten statt. In der Summe nehmen diese Aktivitäten gewöhnlich drei bis sechs Monate in Anspruch.

Das zuvor vorgestellte Switch Framework und die damit mögliche inkrementelle Implementierung erlaubt es nun, den Terminplan dieser drei- bis sechsmonatigen Wartungsumstellungen zu entzerren. Anders als bei herkömmlichen Upgrades, bei denen häufig auch beträchtlicher Implementierungsaufwand bei Wartungsprojekten erforderlich ist, kann der gesamte Fokus dieser kritischen Perioden nunmehr auf die Bewältigung des latenten Destabilisierungsrisikos gelegt werden. Alles soll hinterher genauso funktionieren wie vorher – nicht mehr und nicht weniger. Sind mit der Wartungsumstellung die technischen Voraussetzungen geschaffen, und eine neue Softwarekomponentenversion steht zur Verfügung, kann in einzeln geplanten und selbstständig durchgeführten Kleinstprojekten die Erweiterung der Funktionen inklusive dedizierter Tests kontinuierlich vorgenommen werden. Der Gesamtaufwand lässt sich zeitlich optimieren, und die Projekte sind weniger riskant. Der Vorteil: Sie geraten nicht in eine Komplexitätsfalle.

9.3.3 Verfügbare Informationsquellen zu Innovationen

Der ideale Einstiegspunkt für jegliche Informationen zu SAP EHPs ist das gleichnamige Informationszentrum auf dem SAP Service Marketplace unter *www.service.sap.com/erp-ehp*. Dort finden Sie sowohl umfangreiche technische Informationen zum Konzept und zur empfohlenen Vorgehensweise beim Einspielen von SAP EHPs als auch wichtige Quellen zu den inhaltlichen und funktionalen Erweiterungen, die mit den jeweiligen Versionen zur Verfügung gestellt werden. Darüber hinaus können Sie diesen Einstiegspunkt nutzen, um zu den relevanten Sektionen der interaktiven Medien von SAP zu gelangen. Folgende Quellen sind besonders wichtig:

- **What IT Professionals Need To Know About SAP Enhancement Packages for SAP ERP**
  Hierbei handelt es sich um ein zwölfseitiges Dokument, in dem technische Berater und Administratoren konkrete Ratschläge zur Implementierung von EHPs erhalten. Das Dokument wird regelmäßig aktualisiert.
- **Frequently Asked Questions: SAP ERP: Implementing SAP Enhancement Packages for SAP ERP**
  Dieses neunseitige Dokument umfasst häufig gestellte Fragen mit ausführlichen Antworten.
- **SAP Community Network**
  Das SAP Community Network ist unter *http://sdn.sap.com* erreichbar und bietet Zugriff auf diverse interaktive Medien wie Foren, Blogs und Communitys. Eine Suchanfrage nach *Enhancement Package* auf der Einstiegsseite führt Sie zu einer Fülle an wertvollen Hinweisen aus erster Hand – sowohl von SAP-Experten als auch von Kunden und Partnern.

9.4 Werkzeuge zur Implementierung von Erweiterungspaketen (EHPs)

SAP unterstützt Sie bei der Implementierung neuer Funktionalität durch verschiedene Werkzeuge, die in den folgenden Abschnitten erläutert werden.

9.4.1 Maintenance Optimizer für Erweiterungspakete (EHPs)

Maintenance Optimizer für SAP EHPs

Im Kontext der SAP EHPs bietet der Maintenance Optimizer Unterstützung bei der Installation zusätzlicher technischer Verwendungen mit Bezug auf eine installierte EHP-Version oder die Installation eines EHPs einer höheren Version. Hauptvorteil der Maintenance-Optimizer-Unterstützung sind die korrekte Kalkulation der Stückliste für den Download auf Basis einer interaktiven Schritt-für-Schritt-Prozedur und die Möglichkeit der zentralen Koordination aller Aktivitäten der Lösungslandschaft im Zusammenhang mit einer komplexen Softwarewartung.

9.4.2 SAP Enhancement Package Installer

Der *SAP Enhancement Package Installer* ist ein neues Werkzeug auf Basis bewährter Technologie, des *System-Switch-Upgrade-Verfahrens*. Ab EHP1 für SAP NetWeaver und EHP4 für SAP ERP ist dieses Werkzeug standardmäßig verfügbar. Zuvor wurden die Transaktionen SAINT (SAP Add-on Installation Tool) und JSPM (Java Support Package Manager) zum Einspielen verwendet.

Verringerung der Ausfallzeit

Primäres Ziel der Ablösung der herkömmlichen Modelle ist eine signifikante Verringerung der Ausfallzeit. Beispielsweise lag, abhängig von der Anzahl der zu ersetzenden Softwarekomponentenversionen, die reine Installationszeit für die SAP ERP EHPs 2 und 3 deutlich über zehn Stunden und musste vollständig der Ausfallzeit zugerechnet werden. Vergleichstests haben gezeigt, dass diese Ausfallzeit jetzt um bis zu 80 % verringert werden kann. Gleichzeitig verschiebt sich der sogenannte *Point of no Return* praktisch an das Ende der Umstellung: Noch zu diesem späten Zeitpunkt kann entschieden werden, mit welcher Version im Produktivbetrieb weitergearbeitet werden soll.

Wie erwähnt, verwendet der SAP EHP Installer die System-Switch-Technologie, die seit dem SAP-Basis-Release 6.10 erfolgreich für System-Upgrades nach der Methode *Ausfallzeit minimiert* eingesetzt wird. Die Benutzungsoberfläche wurde als intuitiv bedienbare, interaktive Schritt-für-Schritt-Prozedur umgesetzt. Das Schlüsselelement bei dieser Vorgehensweise ist das *Schatten-Repository*: Während die Anwender ungestört am produktiven System arbeiten, wird eine für sie unsichtbare Kopie aller technischen Objekte des Systems erstellt und das EHP im Hintergrund in diese Kopie eingespielt. Das heißt, die ausgewählten Softwarekomponentenversionen werden ersetzt, während die Anwender produktiv mit der ursprünglichen Version arbeiten. Erst wenn dieser Prozess abgeschlossen wurde, müssen die Anwender das System verlassen, damit das Schatten-Repository produktiv gesetzt werden kann. Das Schatten-Repository ersetzt dann die Umgebung, die bis dahin im laufenden Betrieb verwendet wurde. Anwendungsdaten wie Stammdaten oder Buchungsdaten werden in diesen Vorgang nicht einbezogen.

Ab SAP Business Suite 7 Innovations 2010 werden die Anwendungsfälle des EHP Installers auch für Add-on-Installationen, Support Packages oder Upgrades verwendet. Um dem erweiterten Funktionsumfang Ausdruck zu verleihen, wurde das Werkzeug in *Software Update Manager* umbenannt. Der Software Update Manager wird Teil der Lifecycle-Management-Werkzeuge sein, die vierteljährlich ausgeliefert werden. Unter dem Namen *Software Deployment Toolbox* werden die Werkzeuge auf dem SAP Service Marketplace zum Download bereitstehen.

Software Update Manager

Neben dem Software Update Manager wird diese Toolbox alle Software-Lifecycle-Management-Werkzeuge enthalten, die nötig sind, um Ihre Kunden mit Innovationen zu versorgen. Die Investitionen in diese Werkzeuge werden sich auszahlen, da sie zeitkritische Vorgänge wie Support- und EHP-Implementierungen, aber auch Upgrades und die Softwarewartung vereinfachen.

9.4.3 Near Zero Downtime

Sind für Ihre Anwender Ausfallzeiten im Bereich von fünf bis zehn Stunden nicht akzeptabel, bietet ein Ansatz mit der Bezeichnung *Near Zero Downtime* eine Lösung. Dieses Verfahren wird momentan in einem Pilotprojekt von einem kleinen Kundenkreis erprobt. Hauptanwendungsbereich für die Methode sind Upgrades und Unicode-Konvertierungen, daher auch die Bezeichnung *Incremental Upgrade & Unicode Conversion* (IUUC). Auch hier kommt ein Schattensystem zum Einsatz, im Unterschied zum SAP EHP Installer nehmen aber alle Daten inklusive der Anwendungsdaten an der parallelen Umstellung teil.

Die Abfolge der Aktionen ist folgendermaßen (siehe Abbildung 9.2): Zunächst wird ein Klon des Produktivsystems erstellt. Gleichzeitig werden für beinahe alle Tabellen in der Produktivinstanz *Datenbanktrigger* gesetzt. Während auf dem Klon die geplanten Umstellungen wie Upgrade, Unicode oder EHP stattfinden, arbeiten die Benutzer weiter in der Produktivumgebung. Alle Änderungen werden aufgezeichnet. Nach Abschluss aller Umstellungen auf dem Klon kommt die *Migrations-Workbench* zum Einsatz und überträgt die Datenbankänderungen auf den Klon. Nachdem dieser Vorgang abgeschlossen ist, müssen die Benutzer für relativ kurze Zeit das System verlassen, und der Klon wird zum neuen Produktivsystem.

Der mit einer solchen Umstellung verbundene Aufwand ist höher als bei herkömmlichen Verfahren. Andererseits können IT-Abteilungen, die die Investition in dieses Verfahren einmal auf sich genommen haben, mit vergleichsweise geringem Zusatzaufwand bei jedem der jährlichen Wartungsfenster darauf zurückgreifen.

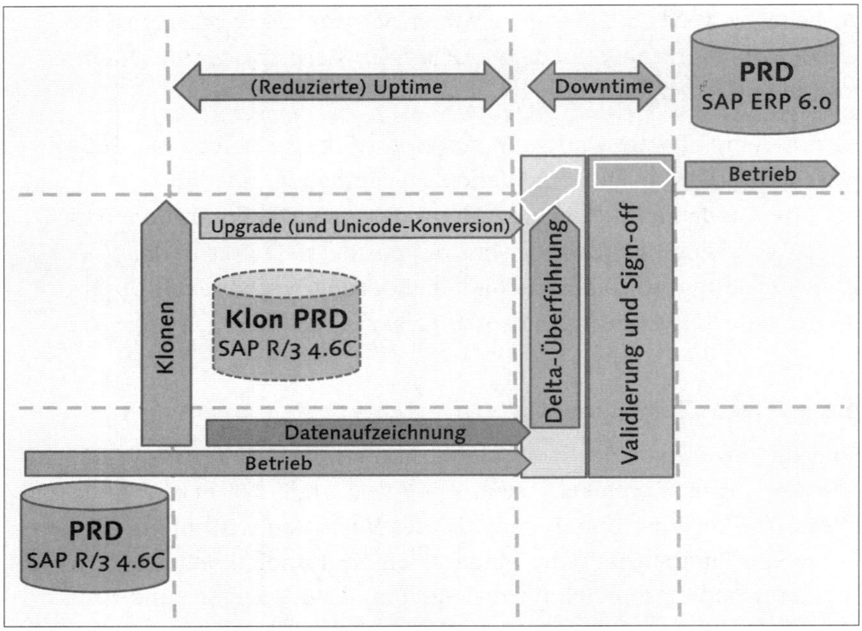

Abbildung 9.2 Schematische Darstellung des Verfahrens »Near Zero Downtime«

9.5 Switch Framework und Aktivierung

Anwendungsfälle

Das Switch Framework ist eine Säule des SAP-Erweiterungskonzepts. Aktuell werden drei Anwendungsfälle dieser Technologie unterschieden:

- die Integration und Aktivierung von Industrielösungen in einem Standard-SAP ERP-System
- die wartungsfreundliche Erweiterung der SAP-Funktionen um kundeneigene Entwicklungen
- die Aktivierung von Business Functions aus den SAP EHPs

Switch-Framework-Cockpit

Das *Switch-Framework-Cockpit* im SAP Solution Manager ist die Schaltzentrale des Switch Frameworks. Es ermöglicht eine zentrale

Steuerung des Switch Frameworks aus dem SAP Solution Manager heraus, statt die Transaktion SFW5 in jedem einzelnen System aufzurufen.

In der Transaktion SFW5 wird die Kapselung jeglicher funktionalen Änderungen am Standard überwacht. Als Prämisse gilt: Wird hier kein Schalter verändert, ändert sich das funktionale Verhalten des Systems nicht; wird eine Business Function aktiviert, ändert sich genau in dieser Hinsicht das Systemverhalten. In Transaktion SFW5 werden alle technisch verfügbaren Business Functions und deren Aktivierungsstatus angezeigt. Außerdem können Sie auf die zugehörigen Dokumentationen zugreifen.

Business Functions

Die Business Function ist das zentrale logische Element des Erweiterungskonzepts. Aus den gewünschten zusätzlichen Business Functions leiten sich die benötigten technischen Verwendungen und aus diesen die erforderlichen Softwarekomponentenversionen ab. Wurden die erforderlichen Versionen erfolgreich installiert, steht einer Aktivierung nichts im Wege. Die einzuschaltende Business Function bildet die Klammer um eine Anzahl von Schaltern. Jedem Schalter sind entweder direkt zu aktivierende Objekte wie Bildschirmelemente, Menüeinträge oder Konfigurationsknoten zugeordnet, oder er referenziert auf ein Paket von Erweiterungen, die den relevanten Quelltext enthalten. Wird eine Business Function aktiviert, nimmt ein Hintergrundprogramm die erforderlichen Umstellungen an der Laufzeitumgebung vor. Für Business Functions aus EHPs ist dieser Vorgang irreversibel. Der Vorrat an nicht aktivierten Business Functions hat keinen Einfluss auf die Laufzeitumgebung bzw. das Laufzeitverhalten des Systems.

9.6 Fallstudie: Erfahrungen der IT-Abteilung von SAP

SAP geht mit gutem Beispiel voran: Was Kunden empfohlen wird, davon ist auch die hausinterne IT-Abteilung seit Langem überzeugt. Sie ist verantwortlich für den Betrieb aller geschäftsrelevanten Systeme innerhalb der SAP und steht beim Betrieb der Systeme vor ähnlichen Herausforderungen wie jede IT-Abteilung eines SAP-Kunden. Natürlich nutzt SAP-IT die Möglichkeit, frühzeitig auf neue Technologien zuzugreifen und einen engen Kontakt zur Entwicklung zu halten. Ziel sind stabile und performante Systeme – für sich selbst und für die Kunden.

Innerhalb von SAP hatten Fachabteilungen vier Teile von EHP3 für SAP ERP angefordert: SAP APPL, FIN-BASIS (erfordert SEM_BW), EA-HR und EA-APPL.

Im Dezember 2008 wurde der Import des EHPs mithilfe des SAP EHP Installers innerhalb von zwei Wochen auf einer Kopie des Entwicklungssystems des zentralen SAP ERP-Systems getestet.

Die Tests ergaben nur geringfügige Probleme, und die Verantwortlichen begannen daraufhin Anfang 2009 mit den Tests für das führende Entwicklungssystem. Derzeit laufen die abschließenden Tests in der SAP ERP-Landschaft. SAP-IT sieht keine schwerwiegenden Probleme und bekam ausschließlich positives Feedback vom verantwortlichen Change Management Team. Und dies obwohl das Verfahren eine Umstellung des normalen Korrekturablaufs darstellt.

Für die IT-Abteilung von SAP liegt der Vorteil von EHPs in der selektiven Auswahl von neuen Funktionalitäten, die ohne Upgrade-Projekt in die produktive Landschaft eingeführt werden können. Somit kann die IT-Abteilung flexibler auf Anforderungen des Geschäfts reagieren.

Der SAP EHP Installer wurde in die Wartungsstrategie integriert, da er auch das gleichzeitige Einspielen von Support Packages ermöglicht. Dadurch reduziert sich die Ausfallzeit im Vergleich zum gewohnten Einspielen per Transaktion SPAM.

Nach der Installation von EHP3 für SAP ERP werden auch die internen SAP NetWeaver BW-Systeme mit SAP NetWeaver EHP1 versorgt. Sie sehen, EHPs sind für die SAP-interne IT-Abteilung ein fester Bestandteil der täglichen Arbeit.

SAP MaxAttention bietet eine breite Palette von Services für die technische Absicherung bei der kontinuierlichen Optimierung komplexer Lösungen im Produktivbetrieb. Es trägt auch zur Absicherung aller Aktivitäten rund um IT-Transformationen und das Lifecycle Management von SAP-Lösungen bei. Durch die kontinuierliche Kontrolle auf Führungsebene stellt SAP MaxAttention das höchste Support-Niveau für SAP-Kunden dar.

10 SAP MaxAttention und SAP Safeguarding

Der Erfolg von SAP MaxAttention ist zu einem großen Teil auf das aktive Engagement von SAP beim Kunden zurückzuführen, bei dem SAP nicht nur als Lösungsanbieter, sondern auch als Partner auftritt. Zwei wesentliche Komponenten der Zusammenarbeit – am Standort bereitgestellte Experten-Services und der direkte Kontakt mit den Führungskräften – sind ein Schlüssel zur Entfaltung des vollen Potenzials dieser Support-Option.

Was ist SAP MaxAttention?

Die Support-Option SAP MaxAttention setzt auf die Zusammenarbeit zwischen Ihnen und SAP und erfüllt folgende Funktionen:

- Sie unterstützt SAP-Kunden in allen Lebenszyklusphasen ihrer Anwendung.
- Sie ermöglicht in der Implementierungsphase eine Reduzierung der Risiken hinsichtlich der technischen Integration und eine optimale Vorbereitung auf den Betrieb.
- Sie gewährleistet in der Betriebsphase eine Stabilisierung und Optimierung des Betriebs.
- Sie adressiert die Geschäftsanforderungen von Unternehmen im Kontext ihrer IT-Umgebung.
- Sie bietet Expertenhilfe vor Ort und per Remote-Verbindung, um die entscheidenden Probleme bei der Integration im Rahmen von

Implementierungen, Upgrade und Betrieb zu identifizieren und proaktiv zu beheben.

Leistungsmerkmale von SAP MaxAttention

Zu den wichtigsten Leistungsmerkmalen von SAP MaxAttention gehören:

- technische Kundenbetreuung mit folgenden Schwerpunkten:
  - Senkung der Gesamtbetriebskosten
  - Qualitätsmanagement zur Minimierung der technischen Risiken bei Implementierungs- und Upgrade-Projekten
- Unterstützung bei der Verbesserung der IT-Nachhaltigkeit in allen Phasen des Anwendungslebenszyklus (für weitere Informationen siehe Abschnitt 10.8, »Aspekt der Nachhaltigkeit«)
- Implementierung von End-to-End Solution Operations
- Absicherung aller Aktivitäten rund um IT-Transformation, wie z. B. Planung und Durchführung von Outsourcing und Outtasking, Zusammenfassung der Systemlandschaft zu einer einzigen globalen Instanz, Einführung von End-to-End Solution Operations und des Application Lifecycle Managements (ALM) der SAP
- Hilfe bei der Planung und Einrichtung eines Customer COE
- regelmäßiger Kontakt mit der Führungsebene des Kunden und Bereitstellung von aktuellen Statusberichten über die Support-Leistungen, woraus sich für die Führungskräfte die Möglichkeit zur Überwachung und Bewertung der erbrachten Services und der technischen Verbesserungen ergibt
- SAP Safeguarding (Bestandteil des SAP MaxAttention-Vertrags, aber auch als separate Lieferkomponente verfügbar) minimiert technische Risiken während der Implementierungs- und Upgrade-Phase, bei der Übergabe an die Produktion und im laufenden Betrieb.

Für wen eignet sich SAP MaxAttention?

SAP MaxAttention bietet den Kunden eine vollständige Abdeckung ihrer IT-Anforderungen – von der Risikoreduzierung und Hilfe in der Planungsphase über die technische Integrationsvalidierung neuer Lösungen sowie bei Upgrades bis zur kontinuierlichen Verbesserung produktiver Systeme. Am deutlichsten werden von dieser umfassenden Support-Option Unternehmen und Organisationen profitieren, die vor folgenden Herausforderungen stehen:

- Betrieb hochgradig geschäftskritischer Lösungen
- Anforderung permanenter Verfügbarkeit von Geschäftsprozessen und Systemen
- multinationale bzw. globale Geschäftstätigkeit
- Einführung von SAP ALM und eines durchgängigen Lösungsbetriebs (End-to-End Solution Operations)
- Unterstützung bei der Planung und beim Aufbau eines Customer COE
- Durchführung von Upgrades in komplexen Lösungslandschaften
- größere Änderungen mit minimalem Ausfallrisiko
- Bedarf an Unterstützung und Experten vor Ort zur Identifizierung und Lösung der wichtigsten Probleme in den zentralen Bereichen ihrer SAP-Lösungen
- Durchführung von Outtasking- oder Outsourcing-Maßnahmen in größerem Umfang
- Herstellung von Verbindungen zwischen den Geschäftsbereichen und den IT-Abteilungen, um Geschäftsziele effizienter zu erreichen

Grundlage für die Effektivität von SAP MaxAttention

Täglich sind mehr als 4.500 Spezialisten des SAP Active Global Supports (SAP AGS) im Einsatz. Von diesen Spezialisten erhält SAP wertvolle Rückmeldungen. Diese dienen als Basis für eine kontinuierliche Verbesserung der vorhandenen Services bzw. – bei neuartigen Kundenanforderungen – für die Entwicklung neuer Services. Die starke Resonanz resultiert aus:

- ungefähr 24.000 proaktiven Service-Sitzungen pro Jahr
- mehr als 92.000 Kunden

Zu den Methoden, die aus diesen Rückmeldungen entwickelt wurden, gehören die durchgängige Ursachenanalyse, die Verwaltung der Änderungskontrolle sowie die Geschäftsprozessintegration und -automatisierung. So ermöglicht SAP MaxAttention den Zugriff auf die SAP-Erfahrung sowie die Integration dieses Wissens in die IT-Landschaft des Kunden.

Wertschöpfung für den Kunden

SAP MaxAttention stellt eine Bündelung des Detailwissens und der Problemlösungskompetenz von SAP AGS dar und kommt damit dem Wunsch vieler Kunden nach einer umfassenden Support- und SAP-Lösungsstrategie entgegen, die alle Phasen des Anwendungslebenszyklus abdeckt.

10.1 Der ganzheitliche Ansatz von SAP MaxAttention

Mit dem Ziel, eine umfassende Support- und SAP-Lösungsstrategie bereitzustellen, werden im Rahmen von SAP MaxAttention Wissen, Fähigkeiten und Support für bewährte Geschäftsverfahren gemäß den Erfordernissen der jeweiligen Phase des Anwendungslebenszyklus geliefert. Dies erfordert die aktive Mitwirkung aller Parteien im Prozess. Zusammen mit SAP-Support-Spezialisten definieren Sie zu Beginn der Zusammenarbeit die Ziele und KPIs. Sie führen dann regelmäßig Bewertungen durch, bei denen festgehalten wird, welche Fortschritte bereits erzielt wurden. Durch die Einbindung von Führungskräften wird hierbei sichergestellt, dass Sie vollständig über die erreichten technischen Verbesserungen informiert sind und diese auswerten können. SAP MaxAttention nutzt unter anderem folgende Rollen, Verfahren und Werkzeuge:

- Unterstützung durch das Top-Management der SAP (Executive Sponsorship)
- technische Qualitätssicherungsmanager, die als Hauptansprechpartner vor Ort die Bereitstellung von Services steuern und das Frontoffice repräsentieren
- Solution Architects, die die technische und funktionale Realisierbarkeit der vorgeschlagenen Lösungen überprüfen
- Zugriff auf das gesamte Expertennetzwerk aus dem Backoffice von SAP-Spezialisten über das On-Demand-Expertensystem
- Service-Level-Vereinbarungen (Service Level Agreements, SLAs)
- SAP-Support-Services während des gesamten Anwendungslebenszyklus

Orientierung am Lebenszyklus

Services werden für jede Phase des Anwendungslebenszyklus bereitgestellt. Diese Services sind speziell auf die Optimierung und Risikominimierung für die jeweilige Phase zugeschnitten (siehe Abbildung 10.1):

- **SAP Safeguarding for Integration Validation**
  Stellt die zur Identifizierung und Minimierung technischer Risiken bei der Implementierung neuer Anwendungen erforderlichen Prozesse und Werkzeuge sowie das Fachwissen bereit.

- **SAP Safeguarding for Upgrade**
  Zur Minimierung potenzieller Risiken sowie zur Reduzierung von Ausfallzeiten bei Upgrades und Unicode-Konvertierungen – und damit letztlich zum Schutz Ihrer IT-Investitionen – haben SAP-Experten Release- und Upgrade-Strategien entwickelt.
- **SAP Safeguarding for Operations**
  In der Betriebsphase helfen SAP-Experten den Kunden bei der Vereinfachung der Abläufe, um die zur Ausführung, Optimierung, Erweiterung und Aktualisierung der Lösungen erforderlichen Fähigkeiten sowie den damit verbundenen Aufwand zu verringern. Der Fokus liegt dabei auf der Implementierung von End-to-End Solution Operations, der Ursachenanalyse, der Änderungskontrolle sowie der Geschäftsprozessintegration und -automatisierung.

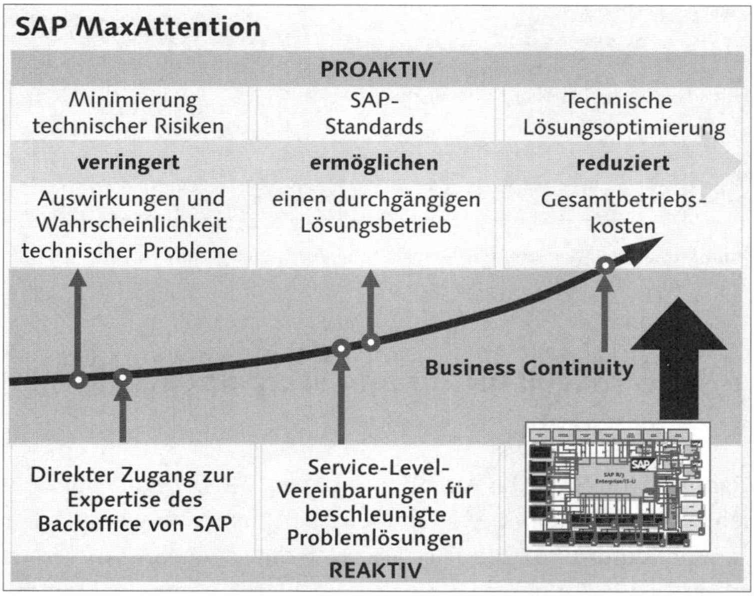

Abbildung 10.1 Verbesserung der Business Continuity durch SAP MaxAttention

Wertschöpfung für den gesamten Anwendungslebenszyklus

SAP MaxAttention ist dazu geeignet, den Nutzen von SAP-Lösungen in allen Phasen des Anwendungslebenszyklus zu steigern (siehe Abbildung 10.2). Die Support-Option SAP MaxAttention unterstützt Sie dabei, auf bewährten Geschäftsverfahren basierende Vorgehensweisen für die Instandhaltung Ihrer vorhandenen Lösungen zu etablieren, und stellt anhand erprobter Methoden die kontinuierliche Optimierung Ihrer Produktivlösungen sicher. Bei Erweiterungen

Ihrer Softwarelandschaft können Sie auf Services zurückgreifen, die die technische Integration neuer Implementierungen validieren, um einen reibungslosen Produktivbetrieb zu ermöglichen. Bei Upgrades und der Einführung neuer Softwarereleases wird das technische Risiko durch entsprechende Services minimiert.

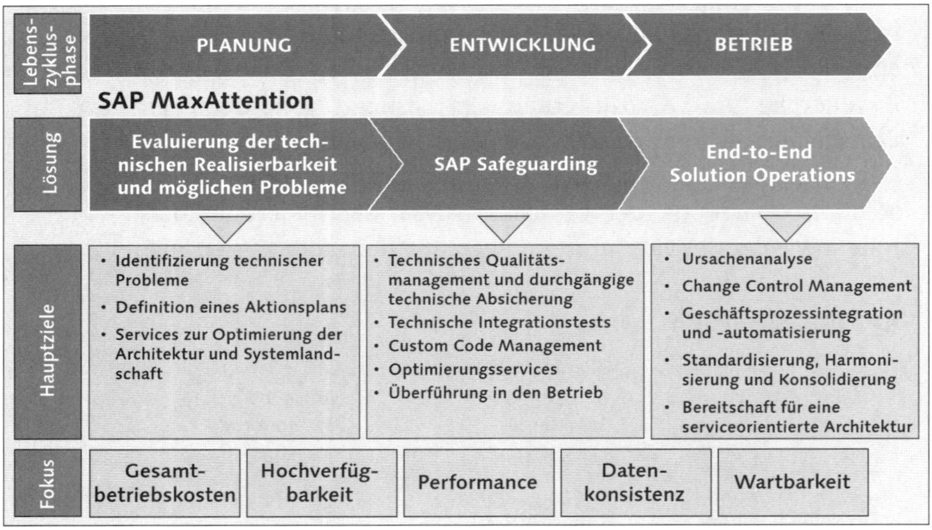

Abbildung 10.2 SAP MaxAttention – Begleitung durch den gesamten Lebenszyklus von Anwendungen

10.2 Das Modell für Zusammenarbeit und Governance

SAP Engagement Architect

Im Rahmen von SAP MaxAttention werden SAP-Experten spezielle Rollen zugeordnet, um die Zusammenarbeit für Sie zu vereinfachen (siehe Abbildung 10.3). Ein *Engagement Architect* von SAP ist verantwortlich für die Aufnahme einer interaktiven Zusammenarbeit mit Ihren Führungskräften sowie für das Aufstellen eines Plans zur Durchsetzung der Ziele. Er ist der Hauptansprechpartner für das Führungsteam.

SAP Solution Architect

Ein *Solution Architect* von SAP ist dafür verantwortlich, die technische und funktionale Realisierbarkeit der vorgeschlagenen Lösungen zu prüfen. Bei Bedarf sind SAP-Experten vor Ort, sodass Ihnen die erforderlichen Engineering-Services und das benötigte Expertenwissen jederzeit zur Verfügung stehen.

SAP Technical Quality Manager

Hauptansprechpartner vor Ort ist der *Technical Quality Manager* (TQM). Der TQM verfügt über ein umfassendes Verständnis Ihrer Lösung, ermittelt die wichtigsten Probleme und steuert den Lösungsprozess. Er koordiniert außerdem die Entwicklung des Service-Plans und fungiert als Ihre direkte Verbindung zu den SAP-Experten im Backoffice (siehe Abbildung 10.3). Dieser direkte Kanal zum Backoffice bei SAP bedeutet, dass Sie auf das gesamte SAP-Spezialistennetzwerk zugreifen können, wenn die Lösung wichtiger Probleme ansteht. Der Hauptansprechpartner für den TQM ist Ihr Projektmanager, der für Governance-Probleme im Rahmen von SAP MaxAttention sowie für die Beziehung zu SAP im Ganzen verantwortlich ist.

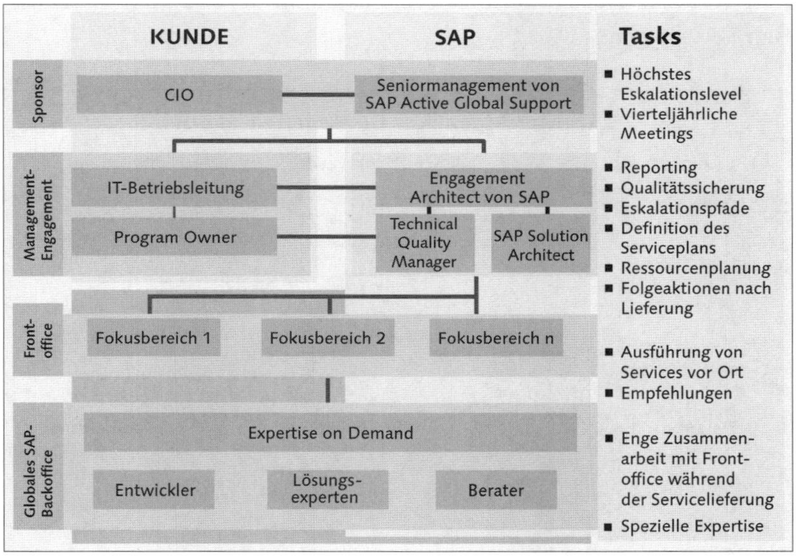

Abbildung 10.3 Globale Expertise für strategische Projekte

10.3 Standardisierter Ansatz

SAP MaxAttention verwendet einen standardisierten Ansatz, um den Wert der SAP-Ressourcen vor Ort zu maximieren und das globale Netzwerk von SAP-Experten für die Lösung Ihrer wichtigsten Probleme zu mobilisieren. Zu Beginn der Zusammenarbeit verschaffen sich die SAP-Experten einen Überblick über Ihre Situation, indem sie Ihre Anforderungen und Probleme in vier Schlüsselbereichen evaluieren:

- Geschäftsprozesse
- Systemlandschaft
- operative Anforderungen
- Upgrade- und Releasestrategie

Zusammen mit den SAP-Experten definieren Sie die Ziele der Zusammenarbeit und dokumentieren diese in einer *Balanced Scorecard*. Es folgt die gemeinsame Entwicklung eines Aktionsplans, der auf Ihre Bedürfnisse, Probleme, Ziele und KPIs ausgerichtet ist (siehe Abbildung 10.4). Um diesen Plan zu implementieren, legen Sie fest, welche Services Sie in welchen Zeiträumen benötigen. Dafür können Sie den von SAP MaxAttention bereitgestellten Service-Plan als Leitfaden verwenden.

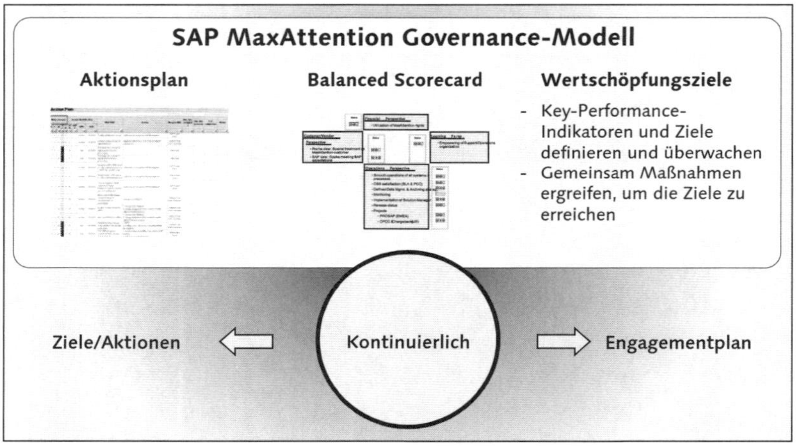

Abbildung 10.4 Standardisierter Ansatz von SAP MaxAttention

Balanced Scorecard

Die Balanced Scorecard wird genutzt, um den Fortschritt der Zusammenarbeit zu verfolgen und um der SAP-Führungsebene regelmäßig – typischerweise einmal im Quartal – darüber Bericht zu erstatten. Bei den Treffen werden sowohl positive Entwicklungen als auch aufgetretene oder zu erwartende Schwierigkeiten thematisiert. Auf diese Weise wird in der SAP-Führungsebene das Bewusstsein für Ihre Anforderungen und Probleme geschaffen.

Insgesamt beinhaltet der standardisierte Ansatz somit die folgenden Schritte:

1. Die SAP-Experten führen eine Analyse der Geschäftsprozesse, der Lösungslandschaft und der betrieblichen Anforderungen durch; sie ermitteln dann die wichtigsten Probleme und die kritischen Erfordernisse.
2. Der TQM informiert den Projektmanager des Kunden und den Engagement Architect.
3. Der TQM und der Projektmanager des Kunden priorisieren gemeinsam die ermittelten Probleme und entwickeln einen Service-Plan zu deren Lösung.
4. Der Engagement Architect diskutiert die Ergebnisse mit dem Führungsteam des Kunden.
5. Der Projektmanager des Kunden und der TQM einigen sich auf einen Aktionsplan; der TQM bereitet die Service-Erbringung vor und überwacht sie.

Die auf unterschiedlichen Ebenen geführten Diskussionen, die zu dieser Zusammenarbeit gehören, sind nötig, um Verständnisprobleme zwischen Ihren Fachabteilungen und der IT-Abteilung auszuräumen. Dadurch fällt es Ihnen leichter, Ihre Geschäftsziele zu erreichen.

Balanced Scorecard

Im Rahmen von SAP MaxAttention werden Fortschritt und Wertbeitrag der Zusammenarbeit regelmäßig anhand der Balanced Scorecard dargestellt. Auf diese Weise ist es jederzeit möglich, gegebenenfalls Nachjustierungen vorzunehmen und damit die Leistungen an die aktuellen Erfordernisse anzupassen.

KPIs

Die Balanced Scorecard erfasst neben Geschäfts-KPIs auch Kennzahlen aus Kunden- und Anwenderperspektive für die internen IT-Prozesse sowie den Mitarbeiter- und Schulungsaspekt.

Fokus

Eine Balanced Scorecard für IT konzentriert sich typischerweise auf die folgenden vier Bereiche:

- **Kunden- und Anwenderperspektive**
  Minimierung von Risiken für die Inbetriebnahme und den Betrieb: Optimieren von Verfügbarkeit, Performance und Fehlerrate, Vermeiden von Schäden im Kerngeschäft (etwa Umsatzausfälle, Strafen, Imageverlust), SLAs
- **Finanzielle Perspektive**
  Reduzierung von IT-Kosten: Service-Katalog, interne Leistungsverrechnung, Prozesskosten (Personal), Hardware- und Softwarekosten

- **IT-interne Prozesse**
  Effizientere Gestaltung: Personalentwicklung und Ausbildungsstand, Automatisierung von Betriebsabläufen
- **Innovation**
  Erhöhung des Wertzuflusses durch neue oder erweiterte Funktionen: Generierung eines höheren Umsatzes durch neue Geschäftsmöglichkeiten, Reduzierung der Kosten im Unternehmen

Für jeden dieser Bereiche werden KPIs, Ziele, Vorgaben und Maßnahmen festgelegt. Damit lassen sich umfassende IT-Strategien in konkrete Anforderungen umsetzen, die als Arbeitsplan für das Personal dienen. Die Komplexität des Betriebsgeschehens wird für die IT-Mitarbeiter in überschaubare Teilaspekte untergliedert, damit das Unternehmen seine strategischen Ziele leichter erreichen kann. Entscheidend für den erfolgreichen Einsatz ist die gemeinsame Definition der Balanced Scorecard durch den Kunden und SAP – vor Vertragsabschluss. Dies geschieht in der Regel im Rahmen eines Scoping-Workshops zur Definition von Ziel und Umfang des Abkommens.

Definition von Ziel und Umfang des Vertrags

Jeder SAP MaxAttention-Vertrag ist exakt auf die Anforderungen und Bedürfnisse des jeweiligen Unternehmens zugeschnitten. Diese Anforderungen werden im Vorfeld des Vertragsabschlusses im Rahmen des Scoping-Workshops vor Ort beim Kunden nach einem in der Praxis bewährten Ansatz ermittelt. Ziele und Umfang von SAP MaxAttention werden in Tabelle 10.1 skizziert.

Ziele	Vorgehen	Deliverables
▸ Kunden einen Überblick über den Umfang von SAP MaxAttention geben ▸ Verständnis für die Kundenanforderungen an SAP MaxAttention schaffen ▸ Gemeinsamen Fahrplan für die Zusammenarbeit festlegen	Gemeinsamer Scoping-Workshop mit dem Kunden mit Fokus auf: ▸ Einführungsstrategie ▸ Anwendungsarchitektur ▸ Support-Strategie ▸ IT-Transformation	▸ Fahrplan für die Zusammenarbeit ▸ Klare Ziele und abgestimmter Umfang ▸ Gemeinsame Festlegung von Balanced Scorecard und Service-Plan

Tabelle 10.1 Ziele und Umfang von SAP MaxAttention

Service-Plan

Im Service-Plan ist die zeitliche Einordnung der jeweiligen Services dargestellt. Als Grundlage für den Service-Plan dienen die entsprechenden Projektpläne des Kunden. Alle Services orientieren sich am zeitlichen Verlauf der jeweiligen Projekte bzw. Maßnahmen. Dies gilt insbesondere für die SAP Safeguarding-Services, da diese als Q-Gates in den jeweiligen Projektphasen fungieren und somit zur Qualitätssicherung beitragen. Der Service-Plan wird während der Vertragslaufzeit fortlaufend angepasst bzw. bei Bedarf erweitert.

Der Frontoffice-/Backoffice-Ansatz

SAP MaxAttention macht sich einen *Frontoffice-/Backoffice-Ansatz* (siehe Abbildung 10.5) zunutze, der wie folgt realisiert wird: Der TQM leitet das Support-Engagement beim Kunden vor Ort und koordiniert alle dortigen Aktivitäten, einschließlich Service-Lieferung, Bearbeitung wichtiger Probleme und Nachbereitung. So wird sichergestellt, dass Ihnen zur passenden Zeit die richtigen Service- und Support-Angebote durch geeignete Experten zur Verfügung stehen. Darüber hinaus erhalten Sie über den TQM Zugriff auf die Experten im Backoffice von SAP, wann immer deren Expertise erforderlich ist.

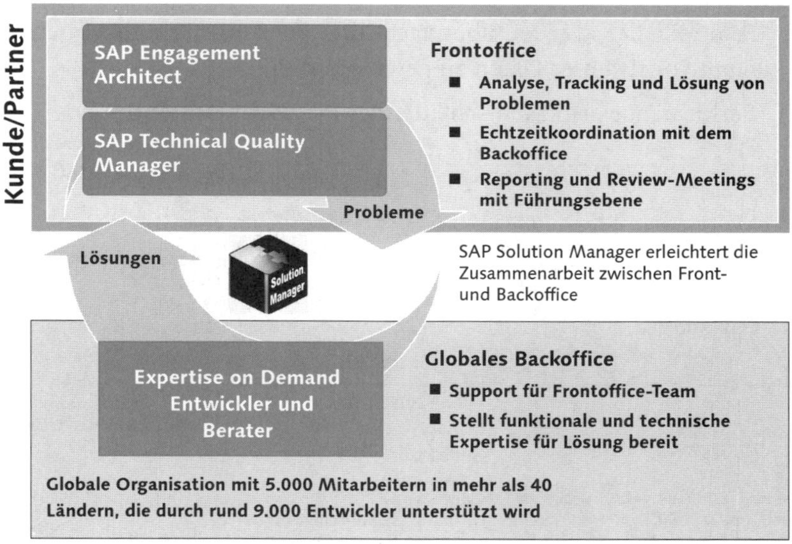

Abbildung 10.5 Frontoffice und globales Backoffice

SAP Solution Manager

SAP MaxAttention nutzt den SAP Solution Manager, um die Zusammenarbeit zwischen Kunde und SAP zu unterstützen. Die Methoden und die Unterstützung für die Nutzung bewährter Geschäftsverfahren, wie sie der SAP Solution Manager bietet, sind im Lieferumfang von SAP MaxAttention enthalten. Der SAP Solution Manager bildet außerdem die Basis für einen durchgängigen Support für den Kunden.

10.4 Absicherung von Implementierungen, Upgrades, Migrationen und Betrieb

SAP Safeguarding

Die Absicherung von Upgrades, Migrationen sowie der technischen Integration bei Implementierungen basiert auf dem Service-Portfolio von SAP Safeguarding (siehe Abbildung 10.6) und wird auf Projektbasis durchgeführt. SAP Safeguarding dient dazu, die mit dieser Art von Projekten verbundenen technischen Risiken zu reduzieren und die technische Integration zu validieren. Außerdem gewährleistet SAP Safeguarding, dass die Lösungen erfolgreich in die Softwarelandschaft eingefügt, reibungslos betrieben und nach Abschluss des Projekts auf einfache Weise gewartet werden können. Um eine optimale Unterstützung zu erreichen, werden die kritischen Komponenten und Schnittstellen, die die Kerngeschäftsprozesse unterstützen, sorgfältig nach folgenden Kriterien analysiert und überwacht:

- Integration wird transparent definiert und getestet.
- Schnittstellen werden überwacht und überprüft, um die Übertragung konsistenter Daten zu gewährleisten.
- Performance erfolgsentscheidender Prozesse wird optimiert.

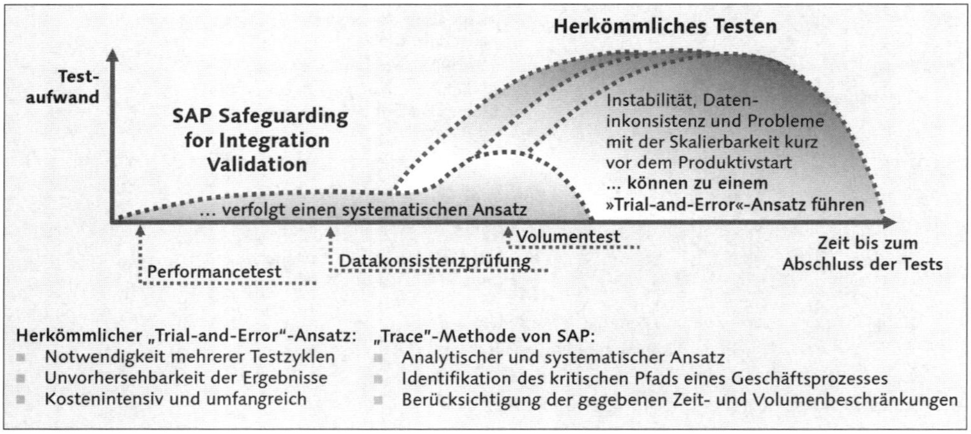

Abbildung 10.6 SAP Safeguarding for Integration Validation

Technische Risikoanalyse

Am Anfang eines Implementierungs-, Upgrade- oder Migrationsprojekts erarbeitet SAP in enger Zusammenarbeit mit Ihnen und Ihren Implementierungspartnern eine technische Risikoanalyse. Auf diese Weise können Risikobereiche und mögliche Verbesserungen identifiziert werden. Risiken, die die technische Stabilität der Lösung beeinträchtigen können, werden in einem getrennten allgemeinen Bericht aufgeführt, der von SAP-Experten verfasst wird. Auch dieser Bereich umfasst die empfohlenen Verbesserungsbereiche. SAP-Experten entwickeln dann einen Service-Plan, der die SAP-Services umfasst, die für eine optimale Durchführung der Projektarbeit erforderlich sind. Dem Führungsteam des Kunden wird eine Projektübersicht präsentiert, zu der alle Implementierungspartner Analysen beisteuern.

Während der Service-Lieferung überwachen SAP-Experten kontinuierlich die Schwerpunktbereiche, um die bekannten Risiken zu kontrollieren und neu auftretende Risiken sofort zu erkennen. Sie geben Rat bei der Umsetzung technischer Verbesserungen und liefern Werkzeuge sowie Services für die Minimierung von Risiken und die Lösung von Problemen.

SAP MaxAttention in der Betriebsphase

Um Sie beim Betrieb Ihrer SAP-zentrierten Lösungen zu unterstützen, bietet SAP Safeguarding umfassenden Support mit bewährten Geschäftsverfahren, der aus einem Organisationsmodell, einer Reihe von SAP-Standards für Solution Operations, dem SAP Solution Manager und verschiedenen Implementierungsverfahren besteht.

10.5 Kontinuierliche Verbesserungen mit SAP MaxAttention

Eine individuell abgestimmte Mischung aus Experten-Services, ausgewählt aus dem gesamten Angebot von SAP AGS, unterstützt Sie bei der Erstellung eines Service-Plans, der zur kontinuierlichen Optimierung Ihrer IT-Landschaft beiträgt. Der TQM führt eine Bewertung Ihrer Probleme und Ziele durch und ermittelt gemeinsam mit Ihnen potenzielle Bereiche für Verbesserungen. Dazu zählen:

- durchgängige Performanceoptimierung
- Change Management
- Systemmanagement
- Geschäftsprozessverwaltung
- Management von Datenbankgröße und -wachstum
- Support-Prozesse und Unterstützung der Support-Organisation des Kunden

Die durchgeführten Verbesserungen werden mithilfe der Balanced Scorecard gemessen und die Ergebnisse dann erfasst.

10.6 Optimierung von Architektur und Systemlandschaft

Die zunehmende Globalisierung führt zu einer stark ansteigenden Zahl von Zusammenschlüssen, Akquisitionen und Ausgliederungen. In wirtschaftlich schwierigen Zeiten ist in jedem Unternehmen die Kostensenkung in allen Bereichen ein zentraler Punkt. Da die damit verbundenen Herausforderungen möglicherweise Änderungen und Anpassungen der SAP-Softwarelandschaft verlangen, stehen für diesen Fall Experten von SAP mit Rat und Tat zur Seite.

Services

Damit die Kunden den maximalen Nutzen aus SAP MaxAttention ziehen können, stellt SAP AGS Architektur-Services und Services zur Optimierung der Systemlandschaft bereit. Diese Services unterstützen die Kunden bei besonders komplexen und schwierigen Problemen, die bei der Bereitstellung und Ausführung geschäftskritischer Lösungen während des gesamten Lebenszyklus auftreten. Folgende Szenarien, die durch Service-Angebote abgedeckt werden, hat SAP AGS ermittelt:

- **Verkauf und Zukauf**
  SAP unterstützt Kunden bei Zusammenschlüssen und Akquisitionen sowie Veräußerungen und internen Umstrukturierungen durch Anpassungen der Systemlandschaften, wodurch eine höhere Transparenz der neu strukturierten Daten und ein verbessertes Berichtswesen möglich wird. Unabhängig davon, ob bei der Vorbereitung des Verkaufs eines Unternehmensgeschäftsfelds oder beim Zusammenschluss von Unternehmenseinheiten zu einer neuen Gesellschaft, die Spezialisten von SAP stehen dem Kunden mit dem aus Sicht der Lösungslandschaft relevanten Wissen zur Seite.
- **Auftrag zur Verringerung der Gesamtbetriebskosten**
  SAP bietet den Kunden Unterstützung bei der Optimierung durchgängiger Geschäftsprozesse und bei Projekten zur Optimierung der Systemlandschaft – vom ersten Blueprint und den Entwurfsstufen bis zur Optimierung während des Betriebs.

- **Signifikante Änderungen an der IT-Landschaft**
  SAP führt die Kunden durch komplexe Einführungs- und Upgrade-Projekte sowie durch die Erweiterung von Landschaften – von der Evaluierung bis zur Durchführung.
- **Systemkonsolidierung**
  SAP unterstützt die Planung und Umsetzung von Projekten, die die Zusammenführung von zwei oder mehr unabhängigen Systemen mit SAP-Software zu einem zentralen System nach sich ziehen, durch das Anlegen einer Systemumgebung mit mehreren oder einem Mandanten. Diese Konsolidierung von Systemlandschaften führt zu einer flexiblen und vereinfachten IT-Landschaft mit weniger Redundanzen, geringeren Gesamtbetriebskosten und einem minimierten Verwaltungs- und Wartungsaufwand.
- **Datenharmonisierung und -vereinheitlichung**
  SAP hilft Kunden bei der Schaffung eines zentralen Datenpools und der Vereinheitlichung von Controlling- und Finanzprozessen durch die Harmonisierung von Daten zu Produkten, Kunden und Geschäftspartnern.

Angesichts dieser Herausforderungen sind die auf 35-jähriger Erfahrung im Kunden-Support beruhenden SAP-Services für Sie von unschätzbarer Hilfe. Die Angebote von SAP AGS umfassen:

- Hilfe bei der Verbesserung der Geschäftsprozesse, der Senkung der Gesamtbetriebskosten und der Optimierung globaler und heterogener Softwarelandschaften
- Anpassung der Systemlandschaft an geänderte Anforderungen sowie von IT-Landschaften an spezielle Geschäftsbedürfnisse
- Durchsetzung von Zielen durch eine kundenspezifische oder standardisierte Projektherangehensweise – in Abhängigkeit von den Unternehmensanforderungen
- Anbieten konfigurierbarer und erweiterbarer Lösungen für neue Anforderungen, z.B. vorkonfigurierte Module zur Optimierung der Systemlandschaften, unter Einsatz bewährter und standardisierter Werkzeuge und Technologien

10.6.1 Architektur-Services

Diese Services dienen der Abstimmung umfangreicher Einführungsprojekte. Sie helfen durch strategische Anleitung und Durchführungshinweise bei der Ermittlung von Abhängigkeiten zwischen einzelnen Implementierungen, bei der optimalen Zuordnung von Prozessen zum SAP-Anwendungsportfolio, bei der Migration aktueller Systeme und bei der Einrichtung und Verwaltung der Lösungslandschaft. Die Spezialisten von SAP können auch mit einer Vielzahl kundenspezifischer Anforderungen umgehen, entweder direkt oder durch die Abstimmung einer Vielzahl kleiner Projekte, die eine transparente Basis für die Entscheidungsfindung und Planung bilden.

Zentrale Bereiche

In folgenden zentralen Bereichen kommen die Services zum Einsatz:

- Bewertung von Lösungsübergängen mit strategischer Unterstützung bei der Evaluierung wesentlicher Änderungen an der Landschaft und der Entwicklung einer Übergangs-Roadmap
- Verbesserung von Geschäftslösungen durch Unterstützung und Optimierung von Geschäftsprozessen während aller Phasen des Softwarelebenszyklus
- IT-Planung mit Unterstützung bei strategischen Optimierungsanforderungen am Landschaftsdesign und den Betriebsstrategien

10.6.2 Support-Services zur Optimierung der Systemlandschaft

Nachdem geklärt wurde, welche Änderungen vorgenommen werden müssen – mithilfe von Architektur-Services–, können Sie mit den Support-Services zur Optimierung der Systemlandschaft (System Landscape Optimization, SLO) den nächsten Schritt Ihrer Transformationsstrategie festlegen. Diese Services leiten Sie durch ein maßgeschneidertes Umsetzungs- oder Migrationsprojekt. Zu den Services zählen:

- **SLO Evaluation Service**
  Dieser Service dient hauptsächlich der Analyse Ihrer Änderungsanforderungen in Hinblick auf die SAP-Lösungslandschaften.
- **SLO Execution Support Service**
  Dieser Service hat die Aufgabe, die aus zuvor beschriebenen Geschäftsszenarien resultierenden technischen Umsetzungen oder Migrationen in Produktionsumgebungen effizient einzuführen.

In folgenden Fällen sollten Sie den Einsatz von SLO-Support-Services erwägen (siehe Abbildung 10.7):

1. Bei einem geschäftlichen Bedarf an wiederkehrenden Umsetzungs- oder Migrationsprojekten
2. Bei einer strategischen Entscheidung zur Sammlung von unternehmenseigenem SLO-Wissen
3. Bei einem Business Case zur Durchführung von Umsetzungs- oder Migrationsprojekten mit internen Ressourcen

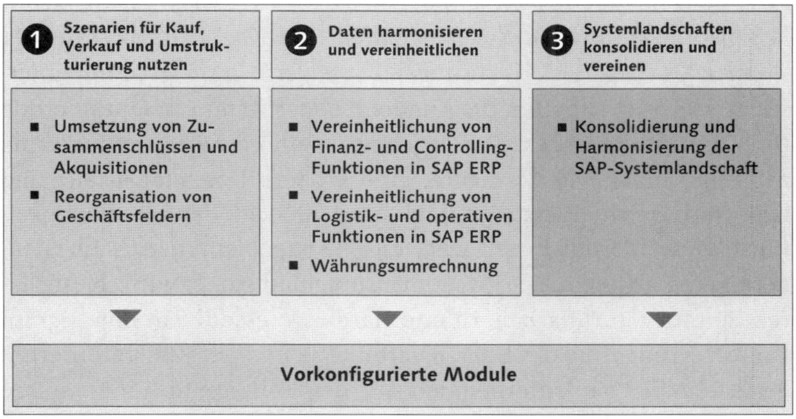

Abbildung 10.7 Optimierung der Systemlandschaft in SAP MaxAttention

10.7 Erhöhte Sicherheitsstandards

Die Sicherheit ihrer IT-Anwendungen und Daten ist für Unternehmen dann am größten, wenn sie Schwierigkeiten selbst beheben können und es nur in besonderen Situationen erforderlich ist, externe Hilfe hinzuzuziehen. Diese Vorgehensweise wird durch SAP MaxAttention unterstützt, da diese Support-Option auch auf Kunden mit hohen Sicherheitsanforderungen ausgerichtet ist. So können z. B. die Analyse der Support-Organisation des Kunden und die Einrichtung eines entsprechenden Schulungsprogramms dazu beitragen, die Zahl der Meldungen zu erhöhen, die er selbstständig lösen kann. Bei Bedarf können Kunden auch weitere Sicherheitskomponenten wie SAP-Personal mit entsprechender Sicherheitsbescheinigung, Verschlüsselung oder Shadow Watching in Anspruch nehmen.

10.8 Aspekt der Nachhaltigkeit

Der größte Beitrag, den Software- und IT-Service-Anbieter zur Verringerung des Ausstoßes von Treibhausgasen leisten können, besteht darin, ihre Kunden bei der Verbesserung ihrer CO_2-Bilanzen zu unterstützen. Bei der Umsetzung dieses Ziels steht die Umgestaltung von Rechenzentren und Geschäftsprozessen hin zu mehr Nachhaltigkeit an erster Stelle.

SAP MaxAttention ist dem Schutz der Umwelt verpflichtet und beugt aktiv der Entstehung ökologischer Schäden vor. Ziel ist es, die Zuverlässigkeit, Stabilität und Verfügbarkeit der Geschäftsprozesse der Kunden als auch der SAP-Lösungen zu steigern. In diesem Sinn unterstützt SAP MaxAttention die Kunden bei der ständigen Optimierung ihrer Softwarelösungen. Das Ergebnis ist ein Zuwachs an Produktivzeit, eine höhere Performance, eine größere Datenkonsistenz und eine verbesserte Wartungsfähigkeit. Aus Sicht der Nachhaltigkeit führt diese Verpflichtung zu weniger ungeplanten Ausfallzeiten, geringeren Kosten für die Systemwartung und einem wirtschaftlicheren Einsatz von Mitarbeitern und Hardwareressourcen. Eine signifikante Verringerung des Energieverbrauchs und der Kühlanforderungen steht für die Unternehmen auf der Habenseite. Eine weitere Verbesserung der Nachhaltigkeit durch SAP MaxAttention ist in jeder Phase des Lebenszyklus möglich: durch Inanspruchnahme der IT-Planungs-Services und des SLO Evaluation Services in der Planungsphase sowie der technischen Optimierungs-Services im Produktivbetrieb.

Durch den Frontoffice-/Backoffice-Ansatz haben Kunden von SAP MaxAttention direkten Zugriff auf die Erfahrungen und das Wissen der Spezialisten im SAP-Backoffice. Dank dieser Remote-Verbindung können die Reiseaktivitäten der SAP-Experten signifikant gesenkt werden, was ebenfalls zu einer Senkung der CO_2-Emissionen und des Energieverbrauchs beiträgt.

Dieses Kapitel erklärt den geschäftskritischen Support für von Kunden mit SAP Enterprise Support genutzte Partneranwendungen, die in hohem Maß in die SAP-Lösungslandschaft integriert sind.

11 Mission-Critical Support für Partneranwendungen und Partnertechnologien

Hochverfügbarkeit

Die Hochverfügbarkeit Ihrer IT-Infrastruktur wird heutzutage zunehmend zu einer Voraussetzung für den Geschäftserfolg in einer globalisierten Wirtschaft. Zudem sind Ihre SAP-Lösungen immer stärker vernetzt mit bestehenden Lösungen (Stichwort *Legacy-Systeme*), mit Lösungen anderer Hersteller und letztlich auch mit Partnerlösungen und Partnertechnologien. Hochverfügbarkeit setzt ein Support-Konzept voraus, das in der Lage ist, alle integrierten Bestandteile prozessorientiert und ganzheitlich zu unterstützen, zu warten und zu analysieren. All diese Aspekte werden von SAP Enterprise Support abgedeckt.

Um das Risiko von Ausfallzeiten zu verringern, hat SAP ein durchgängiges Solution-Operations-Programm entwickelt, in das alle Anwendungssoftware- und Technologiepartner eingebunden sind. Dieses Kapitel beschreibt das Modell dieser Partnereinbindung einschließlich folgender Punkte:

- die Plattform der Zusammenarbeit – die SAP Solution Manager Enterprise Edition
- die Lösungsprozesse und die Einbindung der Partner in das SAP Global Support Backbone
- die verbindlichen Reaktions- und Lösungszeiten bei Softwareproblemen (SLAs)
- den Einbindungsprozess (Onboarding) von Partnersoftware in den SAP Solution Manager

Das Anwendungsportfolio mit SAP-Software und Partnersoftware, das in vielen Unternehmen die Geschäftsprozesse über Unternehmensgrenzen hinweg abdeckt, kann nur mit einem Support-Konzept gewartet werden, wie es SAP im Rahmen des SAP Enterprise Supports anbietet: dem *Mission-Critical Support* für Partneranwendungen und Partnertechnologien.

Standardisierung der Betriebsprozesse

Ein Merkmal aller Support-Modelle von SAP ist die Standardisierung der Betriebsprozesse. SAP hat dieses Konzept entwickelt, für SAP-Lösungslandschaften eingeführt und nun für Partnerlösungen erweitert. Das Konzept eignet sich jedoch ebenfalls, um Ihre eigenen Entwicklungen in den durchgängigen Support-Prozess einzubinden.

Untersuchungen der *Americas' SAP Users' Group* (ASUG) und SAP-Benchmarking-Studien haben gezeigt, dass die Betriebskosten bei Unternehmen mit einem erstklassigen IT-Betrieb um 55 % niedriger sind als beim Durchschnitt der Mitbewerber.

Qualitätsstandards

Für den SAP Enterprise Support hat SAP durchgängige Betriebs- und Qualitätsstandards festgelegt. Die Partneranwendungen werden vor ihrer Freigabe durch SAP anhand dieser Betriebs- und Qualitätsstandards getestet. Falls schwerwiegende Mängel vorliegen, wird der Verkauf der Partnersoftware über die SAP-Preisliste nicht freigegeben.

Diese bewährten Verfahren für den Lösungsbetrieb bilden einen geeigneten Rahmen zur Optimierung Ihrer IT-Landschaft. Sie enthalten folgende Elemente:

- Soll-Konzept (Blueprint) für einen optimalen IT-Betrieb im Hinblick auf Skalierbarkeit, Leistung, Konsistenz und Hochverfügbarkeit in der gesamten SAP-Softwarelandschaft
- etablierte Support-Prozesse für geschäftskritische Anwendungen, um die Problemlösungszeit zu reduzieren
- durchgängig integrierte Änderungs- und Qualitätsmanagementwerkzeuge, mit denen eine gleichbleibend hohe Produktqualität garantiert und ein Prozess der fortlaufenden Verbesserung etabliert wird – für Änderungen mit möglichst reduzierten Ausfallzeiten

SAP Solution Manager für Partner

Der SAP Solution Manager verwaltet die gesamte Systemlandschaft eines Kunden. Dies gilt sowohl für SAP-Software als auch für Software von Drittanbietern. Die genutzten Geschäftsprozesse, die Infrastruktur und die Softwarebestandteile inklusive der jeweiligen Versionsstände sind dort dokumentiert. Der SAP Solution Manager sammelt regelmäßig alle relevanten Daten aller verwalteten Systeme und hält sie somit auf dem aktuellen Stand.

Partnertypen

SAP unterscheidet grob zwei Partnertypen:

- **Softwarepartner**
  Bieten ihre (integrierte) Software über die SAP-Preisliste an und folgen den SAP-Standards.
- **Systemhäuser und Vertriebspartner (VARs)**
  Neben dem Verkauf von SAP-Software insbesondere auf lokalen Märkten und an Mittelstandsunternehmen bieten VARs umfassenden Support aus einer Hand, einige von ihnen als Hosting-Partner (siehe Abschnitt 11.4, »Einbinden von Vertriebspartnern in das SAP-Ecosystem«).

Beide Partnertypen – Softwarepartner und Vertriebspartner (oder acuh Reseller) – sind darin geschult, den SAP Solution Manager für die Ursachenanalyse (Root Cause Analysis) einzusetzen. Die dafür verfügbaren Werkzeuge ermöglichen die systematische Analyse und Lösung von Problemen in einer verteilten Kundenlösung mit kritischen Geschäftsprozessen und integrierter Partnersoftware. Die Ursachenanalyse kann dabei direkt auf die Fehler-, Protokoll- und Trace-Dateien des jeweiligen Partnerprodukts zugreifen und erfolgt somit in der bekannten Umgebung und auf dieselbe Art wie für SAP-Produkte.

11.1 Support-Prozesse mit Partnern

Im Rahmen aller Support-Modelle bietet SAP den Kunden leistungsfähige Werkzeuge, damit Fehler frühzeitig erkannt und effizient behoben werden, ohne dass sie Geschäftsprozesse beeinträchtigen. Falls erforderlich, wird eine Ursachenanalyse durchgeführt, um ein Problem weiter zu analysieren.

Wenn es sich um einen Fehler in der Partnersoftware handelt, erhält der Partner eine Meldung. Er empfängt die Meldung in seinem Solution Manager-System, das mit dem SAP Global Support Backbone verbunden ist und kontinuierlich prüft, ob neue Meldungen vorliegen. Die Weiterleitung einer Meldung an den Partner ist für den Kunden im Meldungsstatus ersichtlich. Der Partner kann nun mit der

Problemlösung beginnen und direkt mit dem Kunden kommunizieren. Falls erforderlich, ist es dem Partner ebenfalls möglich, sich remote an dem Kundensystem anzumelden.

11.1.1 Der Problemlösungsprozess im Detail

Kunden können über das SAP Support Portal oder über den Service Desk im SAP Solution Manager eine Meldung an SAP schicken. Neben den Informationen, welches System vom Problem betroffen ist und wie sich das Problem äußert und auswirkt, spezifiziert der Kunde den betroffenen Bereich der Software. Dies geschieht durch die Auswahl einer sogenannten *Komponente*.

SAP unterscheidet auch hier zwischen zwei Partnertypen, für die Ihnen bei der Meldungserstellung separate Komponenten zur Verfügung stehen (weitere Informationen zu Vertriebspartnern und Systemhäusern siehe Abschnitt 11.4, »Einbinden von Vertriebspartnern in das SAP-Ecosystem«):

- Partnerlösungen, die in SAP-Lösungen eingebaut sind (Original Equipment Manufacturers, OEM) oder auf der SAP-Preisliste stehen (Reseller)

  Diese Partnergruppe folgt den höchsten Qualitäts- und Betriebsstandards und ist in den SAP Enterprise Support eingebunden. SAP liefert in der Regel First- und Second-Level-Support. Als Softwarekomponente für OEM-Partner und Resell-Partner wird hierbei die Komponente *XX-PART-xxx*[1] verwendet.
- Partnerlösungen, die von SAP zertifiziert sind und die Qualitätsstandards erfüllen (*Endorsed Business Solutions*, EBS)

  Diese Partnergruppe erfüllt die Qualitäts- und Betriebsstandards, sie ist jedoch nicht in den SAP Enterprise Support eingebunden. SAP liefert in der Regel keinen Support. Problemmeldungen werden direkt an den Partner weitergegeben. Als Softwarekomponente für EBS-Partner wird die Komponente *XX-PART-EBS-xxx* verwendet.

Verantwortung für die Problembearbeitung

Zum Zeitpunkt der Analyse und Lösungserstellung kann der Kunde immer am Status der Problemmeldung erkennen, wer die Verantwortung für die Bearbeitung hat: SAP oder der Partner.

1 »xxx« steht für den jeweiligen Partner.

Meldungen, für die ein Partner zuständig ist, werden dem Partner überstellt. Das Solution Manager-System des Partners empfängt regelmäßig neue oder aktualisierte Meldungen, sodass die Übergabe ohne Informationsverlust erfolgen kann.

Ein entscheidender Vorteil für Kunden, die SAP-Lösungen und zertifizierte Partnerlösungen gemeinsam im Einsatz haben, besteht darin, dass sie alle Problemmeldungen an das SAP Global Support Backbone versenden und dort eine automatische Weiterleitung erfolgt.

11.1.2 Remote-Verbindungen zu Kundensystemen

Auch Partner haben über ihr Solution Manager-System die Möglichkeit, per Remote-Verbindung auf alle Kundensysteme weltweit zuzugreifen. Damit sind auch die Partner in der Lage, Kunden bei Problemen schnell, effizient und weltweit zu unterstützen. Für Kunden bedeutet das eine nahtlose Integration der Partner in die SAP-Support-Prozesse.

Das zentrale Logbuch gibt Auskunft über Partnerzugriffe, und Anmeldedaten können in einem sicheren Bereich (der Secure Area) hinterlegt werden, wobei ein Zugriff nur nach Autorisierung durch den Kunden möglich ist.

Anbindung an das SAP Global Support Backbone

Das Solution Manager-System des Partners wird hierzu über SAProuter an das SAP Global Support Backbone angebunden. Wenn eine Meldung beim Partner in Bearbeitung ist, steht dessen Support-Experten eine Funktion zur Remote-Verbindung aus dem Solution Manager-System zur Verfügung. Der Support-Mitarbeiter verbindet sich nach einer Autorisierung mit dem SAP Global Support Backbone. Er kann dann diese Verbindung nutzen und sich am Kundensystem anmelden, um das gemeldete Problem umfassender zu analysieren und die notwendigen Schritte zur Lösung einzuleiten.

Exkurs: Sicherheitskonzept für Remote-Verbindungen von SAP zum Kunden

Beim Konzept der Remote-Verbindungen hat SAP von Beginn an großen Wert auf die Sicherheitsanforderungen der Kunden gelegt. Folgende Grundsätze werden stets eingehalten:

- Es stehen zahlreiche Verschlüsselungsmechanismen zur Verfügung, u.a. Softwareverschlüsselung über *Secure Network Communication* (SNC) und Hardwareverschlüsselung über *Virtual Private Network* (VPN).

- Jeder Kunde hat volle Kontrolle über die eingerichteten Verbindungen und öffnet eine Verbindung auf Nachfrage von SAP.
- Remote-Verbindungen zum Kundennetz werden protokolliert. Diese Information steht allen Kunden im sogenannten Logbuch zur Verfügung, das im SAP Support Portal verfügbar ist.

Secure Area

Neben einer Netzwerkverbindung benötigt der SAP-Support-Mitarbeiter auch eine Benutzerkennung und ein zugehöriges Passwort, um sich am Zielsystem anzumelden. Diese Informationen können in der sogenannten *Secure Area* hinterlegt werden. Kunden können über Berechtigungen individuell steuern, welche Mitarbeiter Zugriff auf diese Daten haben. Zusätzlich werden bei jedem Zugriff auf die Secure Area durch den Kunden oder durch einen SAP-Mitarbeiter die entsprechenden Informationen in einer separaten Protokolldatei gespeichert. Anmeldedaten werden außerdem nach einer vom Kunden eingestellten Zeit automatisch gelöscht. Die Secure Area stellt einen kontrollierten Zugang zu Anmeldedaten dar und verhindert gleichzeitig einen unberechtigten Zugriff.

11.1.3 Hinweiserstellung für Partner

Partnerhinweise

SAP-Hinweise sind im SAP Support Portal für alle Kunden verfügbar. Sie beschreiben bekannte Probleme und deren Lösung. Softwarepartner bekommen Zugang zur SAP-Hinweisdatenbank und können für ihre Anwendungen sogenannte *Partnerhinweise* erstellen. Diese sind über die SAP-Hinweissuche auffindbar und helfen Kunden bei der effizienten Problemlösung.

Vier-Augen-Prinzip

Um eine hohe Qualität und Verständlichkeit der Hinweise sicherzustellen, wird das Vier-Augen-Prinzip angewendet. Dieses Prinzip verlangt, dass ein SAP-Hinweis außer von den Autoren von einer weiteren Person auf Korrektheit und Verständlichkeit hin geprüft wird, bevor er für Kunden freigegeben werden kann. Ähnlich verhält es sich mit den Partnerhinweisen: Jeweils zwei Mitarbeiter beim Partner erstellen einen Hinweis, der von einem SAP-Support-Experten geprüft und freigegeben wird, bevor er für Kunden verfügbar ist.

11.1.4 Integration in das SAP Global Support Backbone

Das SAP Global Support Backbone setzt sich zusammen aus der SAP Solution Manager Enterprise Edition, dem SAP Service Marketplace und der SAP-Service-Infrastruktur. Sie bilden das technische Fundament des SAP Enterprise Supports (siehe Abbildung 11.1). Die Integration der SAP-Partner in das SAP Global Support Backbone erlaubt es, über einen einzigen Zugang (Single Point of Contact) für alle Problemmeldungen eine schnelle Lösung von SAP oder SAP-Partnern zu erhalten.

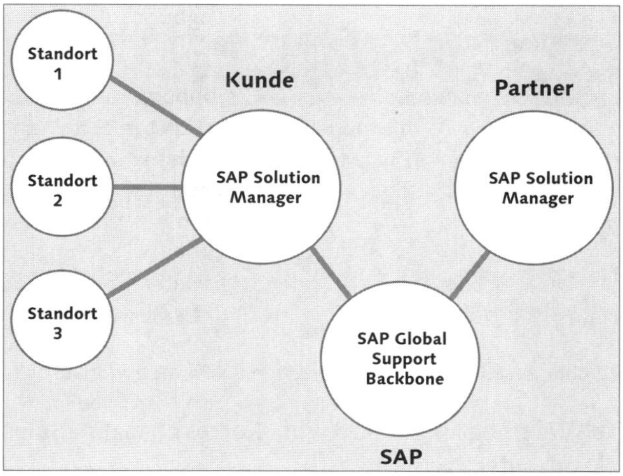

Abbildung 11.1 Schematische Darstellung des SAP Global Support Backbones

Diese Zusammenarbeit ermöglicht es SAP-Partnern, auf dieselben Support-Prozesse, Informationen und Werkzeuge zuzugreifen, die SAP AGS zur Verfügung stehen. Wenn Sie beispielsweise ein SAP-Partnerprodukt in Ihrer IT-Landschaft betreiben und auf einen Fehler stoßen, können Sie im SAP Solution Manager eine Ursachenanalyse durchführen, Hinweise suchen, eine Service-Desk-Meldung erfassen und diese an SAP senden. Die Service-Ingenieure von SAP werden dann eine umfassende Ursachenanalyse durchführen. Falls diese ergibt, dass z.B. eine Dateninkonsistenz in der SAP-Partnersoftware aufgetreten ist, kann der SAP-Service-Ingenieur die Meldung direkt an den Partner weiterleiten. Der Partner ist somit unmittelbar in den Meldungsprozess einbezogen und kann die SAP-Werkzeuge verwenden, um Ursachenanalysen durchzuführen und Lösungen zu erarbeiten. Ist eine Lösung gefunden, kann er sie dem Kunden direkt zur Verfügung stellen. Darüber hinaus kann er eine bekannte Lösung als Hinweis im SAP Support Portal veröffentlichen. Für den Kunden ist der Status einer Meldung jederzeit im SAP Solution Manager nachvollziehbar.

11.1.5 Service Level Agreement

Im Rahmen des SAP Enterprise Supports garantiert SAP, abhängig von der Priorität des Problems, eine maximale Reaktions- und Lösungszeit. Partnerprodukte, die auf der SAP-Preisliste stehen, sind ebenfalls in diese Service-Level-Vereinbarung eingeschlossen. Tabelle 11.1 zeigt einen Überblick dieser Reaktions- und Lösungszeiten.

Priorität des Incidents	SLA für initiale Reaktionszeit	SLA für Korrekturmaßnahmen	Antwortzeiten
1 Sehr hoch	1 Stunde (7 * 24 h)	4 Stunden (7 * 24 h)	SLA für Korrekturmaßnahmen
2 Hoch	4 Stunden (lokale Arbeitszeiten)	Nein	4 Geschäftstage
3 Mittel	Nein		8 Geschäftstage
4 Niedrig	Nein		16 Geschäftstage

Tabelle 11.1 Überblick über Reaktions- und Lösungszeiten für Partnerprodukte

SLA für Korrekturmaßnahmen

Eine Service-Level-Vereinbarung (SLA) für Korrekturmaßnahmen bedeutet, dass SAP oder der Partner:

- eine Problemlösung zur Verfügung stellen
- eine Alternativlösung (Workaround) anbieten
- einen Aktionsplan zur Verfügung stellen (inklusive Verantwortlichen für den Aktionsplan und Zeitfenster der Bereitstellung)

Aktionsplan

Wenn SAP oder der Partner einen Aktionsplan zur Verfügung stellt, enthält dieser Folgendes:

- den Status des Lösungsprozesses
- die geplanten nächsten Schritte einschließlich der Benennung der zugeteilten Person(en)
- Anforderungen an den Kunden bezüglich der Zusammenarbeit
- Datum und Zeit des nächsten Updates
- Fristen für alle durch SAP oder den Partner vorgeschlagenen Lösungsschritte

11.2 Support für Partnerlösungen von Softwarepartnern

Alle zertifizierten Partner müssen die Betriebs- und Qualitätsstandards für SAP-Softwareprodukte erfüllen. Damit gewährleistet SAP den Support integrierter Gesamtlösungen. Partner müssen hierzu die

SAP-internen ITSAM-Standards (*IT Service and Application Management*, siehe Abschnitt A.4.2, »SAP-Produktstandard: IT Service and Application Management«) erfüllen und sind vertraglich zur Einhaltung weiterer Standards verpflichtet. Während die Qualitäts- und Support-Standards für Partnerlösungen in jedem Fall eingehalten werden müssen, stehen die darauf basierenden Werkzeuge und Services *ausschließlich* SAP Enterprise Support-Kunden zur Verfügung. Dabei werden vier Hauptbereiche abgedeckt:

- **Dokumentation der Partnersoftwarelösung**
  Die Dokumentation erfolgt im SAP Solution Manager und ist für alle Support-Mitarbeiter weltweit verfügbar.
- **Wissenstransfer**
  In der Regel findet dies in einem Workshop zwischen Partner und SAP statt, der folgende Bereiche umfasst:
  - Dokumentation der System- und Anwendungslandschaft
  - Dokumentation typischer Geschäftsszenarien und Geschäftsprozesse
  - Dokumentation aller Schnittstellen mit SAP-Software
  - Dokumentation der Hintergrundjobs, Jobketten und Jobabhängigkeiten
  - Dokumentation typischer Performance- und Datenvolumen-KPIs als Benchmarkwerte
  - Dokumentation des Betriebshandbuchs
  - Hinweise und Best Practices zum Testen und zur Implementierung der Partnersoftware
- **Ursachenanalyse (Root Cause Analysis)**
  Der Partner stellt die Trace- und Log-Dateien zur Verfügung, während SAP die Analysewerkzeuge bereitstellt:
  - komponentenspezifische Diagnosewerkzeuge, basierend auf den Wily-Introscope-Werkzeugen
  - umfassende Komponentendiagnose-Werkzeuge für die Trace-Analyse, Extraktoren und Datensammler sowie Analysewerkzeuge (Exception-Analyse) für Log- und Trace-Dateien
  - Erstellung und Integration der Analysewerkzeuge auch für spezielle Betriebssysteme und Datenbanken

- **Änderungskontrolle für die Anwendungen des Partners**
  Dies umfasst einschließlich Softwarelogistik-Werkzeugen und der Erstellung von Webservices Folgendes:
  - Aufzeichnung der Änderungen der Anwendungslandschaft
  - zentrale Verfügbarkeit der (über Datensammler erfassten) Änderungsdaten im SAP Solution Manager
- **Monitoring der Partnersoftware**
  System-Monitoring, basierend auf SAPOSCOL (Betriebssystemkollektor), das die Partnerlösung im CCMS (*Computing Center Management System*) anzeigt:
  - Monitoring der Geschäftsprozesse sowie der Schnittstellen über Datensammler und Webservices
  - proaktive Auswertungen mit SAP EarlyWatch Alert

Roadmap für durchgängigen Support

Um durchgängigen Support leisten zu können, verfolgen SAP-Partner eigene Strategien, die abhängig sind vom Einfluss auf die Betriebsabläufe oder der Anzahl der produktiven Kunden. Prinzipiell gibt es drei Stufen des durchgängigen Supports (siehe Abbildung 11.2):

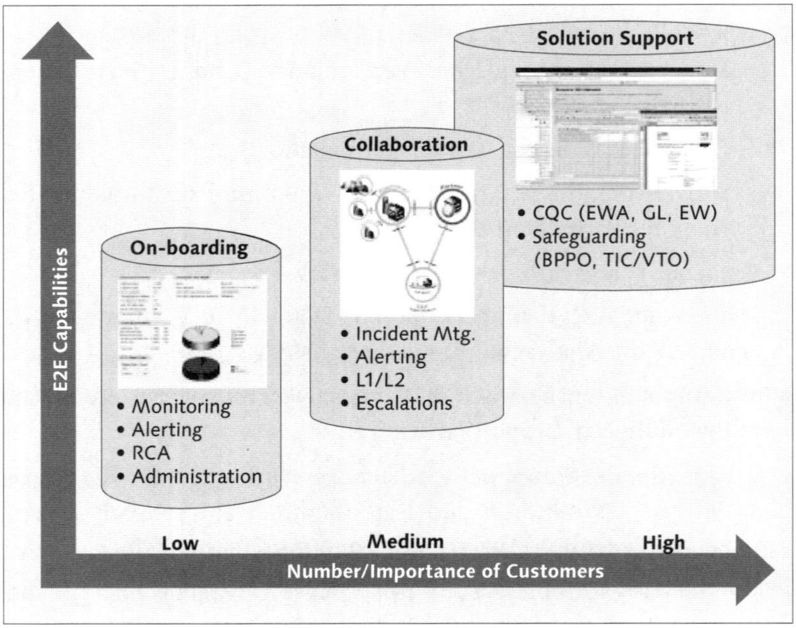

Abbildung 11.2 Roadmap für die Partnereinbindung

- *Stufe 1* umfasst die Standards für Support per Remote-Verbindung, Ursachenanalyse, Monitoring und Benachrichtigungen sowie Administration.
- *Stufe 2* umfasst das Collaboration Framework, das Incident Management einschließlich der Anbindung der Support-Organisation des Partners an das SAP Global Support Backbone sowie effiziente Eskalationsverfahren, die in das Eskalationsmanagement der jeweils anderen Seite hineinreichen.
- *Stufe 3* umfasst alle Monitoring-Möglichkeiten (System-, Geschäftsprozess- und Schnittstellen-Monitoring), das komplette Software Lifecycle Management und die Integration der Partnersoftware in das *erweiterte Change and Transport System Management* (CTS+) sowie Solution Support Services, einschließlich SAP EarlyWatch Alert Check, Continuous Quality Checks (CQCs) und vor Ort bereitgestellter SAP Safeguarding-Services für die Partnerlösung. Die Vor-Ort-Services werden durch ein gemischtes Team aus Support-Beratern von SAP und des SAP-Partners erbracht.

Welche Support-Stufe bereitgestellt wird, ist von der Anzahl der Kunden im jeweiligen Bereich oder von der Bedeutung des jeweiligen Kunden (z. B. SAP MaxAttention-Kunden) abhängig. Auf jeder Stufe kommen weitere Funktionen für den durchgängigen Support hinzu.

11.3 Nutzen der Partnerintegration für SAP-Kunden

SAP bietet mit dem SAP Enterprise Support ein bisher einzigartiges Support-Modell unter den ERP-Anbietern. Die Einbindung der Partner in dieses Modell erfüllt die Kundenerwartungen nicht nur unter Qualitäts-, sondern auch unter betrieblichen Gesichtspunkten, insbesondere bei geschäftskritischen Prozessen mit hochintegrierten Partneranwendungen.

Vorteile

Eine eingesetzte Partnersoftware ist automatisch im Solution Manager-System des Kunden bekannt. Dies umfasst technische Details wie z. B. Releasestand und Version. Die Bereitstellung der Informationen geschieht ohne manuellen Aufwand und ist weltweit verfügbar.

Werkzeuge für die Ursachenanalyse der Partnersoftware sind im SAP Solution Manager verfügbar und verringern die Zeit der Fehlerbehebung erheblich, d.h. die Zeit vom Aufgeben der Service-Desk-Meldung über die Fehleranalyse bis zum Beheben des Fehlers und der Verteilung der Lösung innerhalb der Produktivlandschaft.

Das Lifecycle Management schließt die Partnersoftware mit ein. Kunden haben immer einen dokumentierten Stand über alle Transporte und Änderungen in einem Produktivsystem. Die Qualitätssicherungsmaßnahmen können über die Quality-Gates (Q-Gates) auch für Partnersoftware gesteuert werden.

Durch die Anbindung der Partner-Support-Organisation an das SAP Global Support Backbone und die vertraglichen Verpflichtungen zwischen Partner und SAP sind schnelle Reaktionszeiten garantiert, insbesondere wenn es sich um kritische Situationen handelt (Systemausfall oder schlechte Performance).

Im Falle eines Problems mit der Partnersoftware kann über die Ursachenanalyse direkt auf die Fehler-, Protokoll- und Trace-Dateien des Partnerprodukts zugegriffen werden.

Der SAP Solution Manager stellt die Plattform für die Zusammenarbeit zwischen den verschiedenen Support-Organisationen dar. Kunden, Partner und SAP sind im Umgang mit dem SAP Solution Manager geschult und können äußerst effizient zusammenarbeiten.

Der Zugriff per Remote-Verbindung auf das Kundensystem sowohl von SAP als auch vom Partner hilft dabei, die Effizienz zu erhöhen. Spezialisten aus der ganzen Welt können so gemeinsam an einem Problem arbeiten und Lösungen finden. Der Zugriff per Remote-Verbindung ist bei SAP bereits seit vielen Jahren eine Grundvoraussetzung des Supports. SAP-Partner sind nun ebenfalls eingebunden und können somit:

- die bestehenden Verfahren nutzen
- die bestehende Infrastruktur verwenden
- auf etablierte Sicherheitsverfahren zurückgreifen
- einen zentralen Überblick über alle Verbindungen von Partnern und SAP behalten

Kundeneigene Lösungen (Altsysteme) können nach SAP-Standards wartbar gemacht werden. SAP AGS betreibt das *SAP Supportability Lab*, das bewährte Verfahren zur Verfügung stellt und bei Bedarf im Einbindungsprozess unterstützt und berät.

11.4 Einbinden von Vertriebspartnern in das SAP-Ecosystem

Die IT-Branche wird gegenwärtig durch eine »Virtualisierung« von Wertschöpfungsketten geprägt. Das heißt, der Mehrwert einer Softwareanwendung für den Endanwender ergibt sich nicht zuletzt aus der reibungslosen und somit erfolgreichen Einbeziehung von Partnern durch den Anbieter. Die Partner werden in alle Stufen der Wertschöpfungskette eingebunden.

Softwareeinführungsprojekte werden arbeitsteilig abgewickelt – in enger Zusammenarbeit zwischen Beratern vor Ort, Service-Abteilungen in kostengünstigen Offshore-Lokationen und gegebenenfalls global verteilten Dienstleistern für spezialisierte Aufgabenstellungen. Darüber hinaus werden neben dem Vertrieb auch Teile der Produktentwicklung von Softwarepartnern übernommen (siehe Abschnitt 11.1.1, »Der Problemlösungsprozess im Detail«). Support und Hosting installierter Lösungen werden ebenfalls häufig an Partner ausgelagert, ohne dass der Kunde dies merkt.

Partnerprogramm

Steuerinstrument für Aufbau und Pflege eines funktionierenden Partnernetzwerks ist in der Regel ein klar gegliedertes Partnerprogramm. Mithilfe variierender Programmbausteine können die unterschiedlichen Partnerausprägungen gesondert adressiert werden. Drei zentrale Ausprägungen sind hier zu unterscheiden: Systemhäuser und Vertriebspartner (VAR), Entwicklungspartner (ISV) und Systemintegratoren (SI). Für den Nutzer SAP-basierter Softwarelösungen wird ein integratives Management solcher Partner-»Ökosysteme« zum kritischen Erfolgsfaktor.

SAP PartnerEdge ist ein weltweit einheitliches Partnerprogramm, das allen SAP-Partnern die gleichen Möglichkeiten bietet. Zu den wesentlichen Programmbausteinen gehören:

- ein profitables Geschäftsmodell für Partner
- Unterstützung bei der Entwicklung marktgerechter Lösungen, die auf SAP-Software basieren
- ein klassisches »Give & Get«-Modell, das umfassende Unterstützung für die Bereiche Entwicklung, Marketing, Vertrieb, Ausbildung, aber auch Service und Support umfasst

- SAP-Qualifizierungs- und -Zertifizierungsrichtlinien, die Lösungen von höchster Qualität und standardisierte durchgängige Prozesse garantieren
- ein Partnermanagement, das Unternehmen beim Tagesgeschäft begleitet
- ein bestimmter Ansprechpartner bei SAP – ein *Partner Services Advisor* –, der in enger Abstimmung mit Support und Feldorganisation gezielt und proaktiv die Bedürfnisse des Partners bezüglich Partnerprogramm sowie fachlicher Weiterqualifizierung erfüllt und somit einen wichtigen Kanal für direkte Rückmeldungen aus der Partner Community darstellt (siehe Abbildung 11.4 weiter unten)
- das *SAP Channel Partner Portal* mit zentralem Zugang zu allen relevanten Informationen

Diese signifikante Investition seitens SAP garantiert Partnern und Kunden gleichermaßen eine wertstiftende Partnerschaft und erstklassige Lösungen für ihre Geschäftsanforderungen.

Die Einführung des SAP Enterprise Supports trägt diesem Netzwerkgedanken in vollem Umfang Rechnung. Im Folgenden wird näher erläutert, welche Vorteile sich aus Sicht eines SAP-Vertriebspartners oder Systemhauses ergeben.

Doch vorab noch einige Fakten zum hier wirksam werdenden Support-Liefermodell und der Bedeutung einer entsprechenden Lieferplattform.

11.4.1 Das Support-Liefermodell unter Einbeziehung von Vertriebspartnern und Systemhäusern

Integratives Support-Konzept

Vertriebspartner und Systemhäuser verkaufen und betreiben SAP-Lösungen, die speziell auf die Bedürfnisse kleiner und mittlerer Unternehmen zugeschnitten sind. Diese SAP-Lösungen sind kostengünstig und zeichnen sich durch eine schnelle Einführung und ein hohes Maß an Flexibilität aus. Damit wird der Partner zum zentralen Ansprechpartner für den Kunden bei allen Fragen zur SAP-basierten Softwarelösung. Über diesen Kanal kommt ein Vertrag zwischen dem Systemhaus und dem Kunden zustande, nicht zwischen SAP und dem Kunden. Die Gewährleistung gegenüber dem Kunden obliegt somit dem Vertriebspartner oder Systemhaus und umfasst sowohl das Produkt als auch die Service-Leistung. Damit erwarten Partner, die in diesem Markt aktiv sind, auch ein integratives Support-Konzept, das sowohl den mittelständischen Anforderungen an einen leicht zu lenkenden Softwarebetrieb gerecht wird als auch einfache Softwarepflege bietet. Zudem sollte das Konzept den Partnern erlauben, eine Vielzahl von Kunden qualitativ angemessen zu betreuen, denn Vertriebspartner und Systemhäuser leisten den First- und Second-Level-Support für ihre Kunden (siehe Abbildung 11.3).

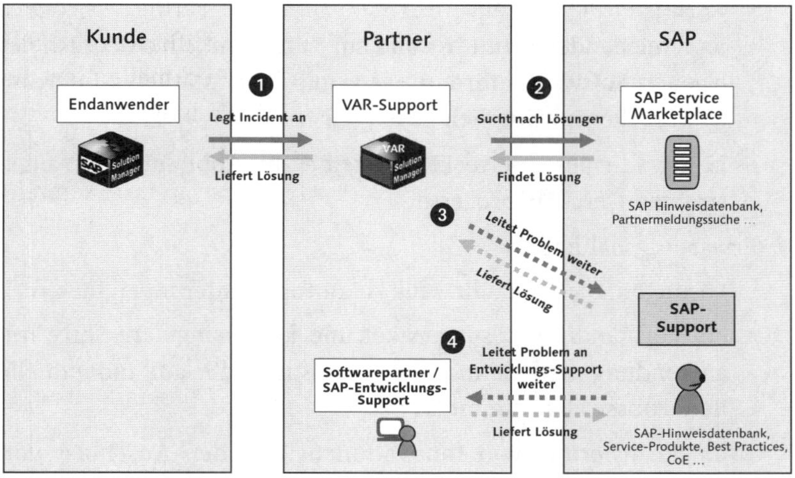

Abbildung 11.3 Incident Management: Kunde – Partner – SAP

Die Zahl der kleinen und mittleren Unternehmen, die SAP-Lösungen einsetzen, ist in den vergangenen Jahren stark angestiegen. Im Segment der kleinen Unternehmen hatte SAP 2007 einen Kundenzuwachs von 35 %, im Segment der mittleren Unternehmen von fast 20 %. Um eine umfassende und kompetente Betreuung dieser Kunden zu gewährleisten, hat SAP ein Netz aus autorisierten Vertriebs- und Systemhauspartnern aufgebaut, das stetig weiterwächst.

Zugang zum SAP Global Support Backbone

Zur Erbringung ihrer Support-Leistungen benötigen Vertriebspartner detaillierte Kenntnisse der Kundenlösung. Erforderlich ist neben skalierbaren, arbeitsteiligen Prozessen auch ein Werkzeug, das die technische Komplexität der Kundenlösungen transparent macht und den gesamten Lebenszyklus von SAP-basierten Softwarelösungen unterstützt. Um Anfragen von Kunden schnell und kompetent zu beantworten, benötigen Systemhäuser zudem Zugriff auf zentrale Informationsquellen im SAP Global Support Backbone (siehe Abschnitt 11.1, »Support-Prozesse mit Partnern«).

11.4.2 Die Elemente des SAP Enterprise Supports aus Sicht des Vertriebspartners

Die Ausgangssituation und Erwartungshaltung des Mittelstands bezüglich Softwareanwendungen und -pflege ist schnell skizziert:

- Ausgangslage:
  - geringe IT-Budgets und kleine Teams mit nur geringer Beteiligung am Implementierungsprojekt
  - unzureichender Kenntnisstand auf Kundenseite hinsichtlich der eigenen Softwareanforderungen und daher stärkeres Interesse an branchenspezifischen Lösungen
  - hochgradig integrierte ERP-Systeme zur Abbildung der angestrebten Geschäftsprozesse
- Erwartungshaltung:
  - Lösungen, die Flexibilität für zukünftige Änderungen bieten
  - ein vollständiges Lösungspaket und keine singuläre Softwareanwendung und dennoch eine Lösung, die auf individuelle Bedürfnisse abgestimmt ist
  - die Realisierung von Innovationen über den Anschluss von *verwalteten* Einzelsystemen (z.B. CRM, SRM, BI), d.h., Innovationen werden über Komponenten ausgeliefert, da sie sonst nur über aufwendige Upgrades von SAP ERP realisierbar sind

Diese Konstellation erschwert das Upgrade auf die »harmonisierte« SAP Business Suite aus zwei Gründen:

- Jeder Kunde hat eine sehr spezifische, auf seine Bedürfnisse zugeschnittene Nutzung und Integration der Systeme.
- Jeder Kunde hat Modifikationen vorgenommen, um seine Lösung an die Vorgaben des Geschäfts anzupassen

Bei einem Upgrade steht der mittelständische Kunde mit seinem Partner vor der Herausforderung, das technische Upgrade seiner Lösung durchzuführen und gleichzeitig die individuellen Bestandteile seiner Lösung, die in der neuen SAP-Lösung im Standard integriert zur Verfügung stehen, in den Standard zurückzuführen. Dazu fehlen dem Kunden, wie oben beschrieben, in der Regel das Know-how und die Ressourcen.

Die Situation verschärft sich für diese Kunden und ihre Partner weiter durch die SAP Business Suite und deren Fokus auf *durchgängigen* Geschäftsprozessen (Stichwort: *Themen*) sowie die Harmonisierung der Systemlandschaft zur Ausführung eines bestimmten Erweiterungspakets (EHP).

SAP setzt an diesen für mittelständische Kunden kritischen Problemen mit Angeboten an, die auf das vertriebspartnerspezifische Support-Liefermodell abgestimmt sind. Diese Angebote werden im Folgenden beschrieben.

Innovation und Investitionsschutz

Expertenzugang

Der SAP Enterprise Support bietet Unterstützung für die Nutzung der über EHPs bereitgestellten Innovationen (siehe Kapitel 5, »Sicherung des kontinuierlichen Geschäftsbetriebs«). Diese Unterstützung wird durch das weltweite SAP-Expertennetzwerk erbracht (*Accelerated Innovation Enablement für SAP Enterprise Support*) und steht nur im Rahmen von SAP Enterprise Support-Angeboten zur Verfügung. Dem Vertriebspartner wird hier im Rahmen von SAP Enterprise Support, auf Basis eines dedizierten Tageskontingents, der unmittelbare Expertenzugang angeboten, um den Wechsel einer qualifizierten SAP-Partnerlösung auf das jeweils neueste EHP zu begleiten.

Content und Werkzeuge für Application Management und Systemverwaltung

Run SAP

SAP Enterprise Support bietet Unterstützung für den IT-Betrieb in Form des Standards *SAP IT Service and Application Management* an. Die bei SAP-Engagements in der Praxis erprobten Verfahren hierzu und der Content für die Prozessautomatisierung, das technische Monitoring von Schnittstellen, Datenkonsistenzprüfungen und Business Process Monitoring sind für den Partner verfügbar. Werkzeuge und Verfahren für Änderungsmanagement, Fehleranalyse, Testen und für koordiniertes Transportieren von Änderungen werden bereitgestellt. Die *Run SAP*-Methode steht für Partner und Kunden bereits zur Verfügung.

In der Summe wird eine integrierte Lösung für das Verwalten, den Upgrade und die ständige Verbesserung von System- und Anwendungslandschaften angeboten.

Content und Werkzeuge für Konfiguration, Tests und Fachbetrieb

Integrierte Lösung für den Fachbetrieb

Der SAP Enterprise Support bietet speziellen Upgrade- und Einführungs-Content für durchgängige Geschäftsszenarien der SAP Business Suite an. Ziel dieses Contents ist es, dem Kunden während des gesamten Lebenszyklus eines solchen Geschäftsszenarios Unterstützung anzubieten, d.h., es wird Content bereitgestellt für die initiale Festlegung des Lösungsumfangs, für den Blueprint, die Konfiguration, das Testen und das Monitoring (nach dem Produktivstart). Die methodische Unterstützung – die Roadmap ASAP – steht für Kunden bereits zur Verfügung, und ein offizieller SAP-Standard ist seit Jahren vorhanden (*SAP Business Solution Configuration Standard*). Die Entwicklung neuen Contents und die Verbesserung des existierenden Contents wird zukünftig in Zusammenarbeit der verschiedenen SAP-Fachbereiche im Rahmen des Ramp-Ups von EHP4 für SAP ERP aus der SAP Business Suite erfolgen.

In der Summe wird eine integrierte Lösung für die Konfiguration, den Fachbetrieb und das Optimieren von Geschäftsszenarien über Anwendungskomponenten hinweg bereitgestellt.

Mission-Critical Support

SLA und Eskalationsschnittstelle

Mission-Critical Support bietet umfangreiche Service-Level-Vereinbarungen (SLAs) für kritische Support-Fälle der Priorität »sehr hoch« zwischen SAP und Partner.[2] Diese SLAs sind zweigeteilt und umfassen eine klar definierte Zeitspanne für die Erstreaktionszeit sowie eine maximale Zeitspanne für die Durchführung der Korrekturmaßnahme. Das heißt, bestätigte SLAs für Antwort- und Korrekturzeiten bei geschäftskritischen Problemfällen garantieren eine Minimierung ungeplanter Systemausfälle.

Erweiterte Eskalationsverfahren über eine klar definierte Eskalationsschnittstelle bieten dem Partner Zugriff auf ein dediziertes Team von Support-Beratern (*Partner Support Advisory Center*) innerhalb von SAP, die bei schwerwiegenden Problemen (den sogenannten

2 Näheres dazu finden Sie in Abschnitt 11.1.5, »Service Level Agreement«. Die Bearbeitungszeit seitens SAP beginnt nach der erfolgten technischen Übergabe des Incidents an das SAP Global Support Backbone über den SAP Solution Manager des Partners.

Top Issues, die den Betrieb des Endanwenders insgesamt gefährden) Fern-Support leisten.

Technische Qualitätsprüfungen

Hinzu kommen technische Qualitätsprüfungen (TQCs) für Endanwender über den gesamten Lebenszyklus hinweg. Die Lieferung dieser Prüfungen kann entweder durch eine Warnmeldung des SAP EarlyWatch Alerts ausgelöst werden oder aber als Dienstleistung zum Beheben eines Top Issues bzw. zum Deeskalieren einer kritischen Situation aufseiten des Endanwenders notwendig sein.

SAP Global Support Backbone

Unterstützung von Partnern

Der SAP Solution Manager unterstützt durch das SAP Global Support Backbone (siehe Abschnitt 11.1.4, »Integration in das SAP Global Support Backbone«) folgende Support-Aufgaben des Vertriebspartners:

- Meldungsbearbeitung und -lösung über das Szenario Incident Management im Service Desk
- Einrichten des Remote-Zugangs zu Kundensystemen (siehe Abschnitt 11.1.2, »Remote-Verbindungen zu Kundensystemen«)
- Software-Updates (mit dem Maintenance Optimizer) und Generierung von Installationsschlüsseln
- Problemlösung mit dem Ziel, die Grundursache von Problemen oder Ereignissen zu ermitteln

Bei all diesen Prozessen ist sichergestellt, dass die Daten eines Vertriebspartner- oder Systemhauskunden nur für das Systemhaus verfügbar sind und nicht von anderen im SAP Solution Manager betreuten Kunden eingesehen werden können. Prozessspezifische Details sind umfassend im Buch *SAP Solution Manager Enterprise Edition* beschrieben.[3]

Der Vertriebspartner erhält mit der SAP Solution Manager Enterprise Edition eine ganzheitliche Wartungs- und Service-Lieferplattform, um die Softwareanwendungen seiner Kunden zu verwalten, zu warten und kontinuierlich zu optimieren. Durch die Integration erweiterter Werkzeuge mit proaktiven Support-Funktionen können sich

3 Marc O. Schäfer, Matthias Melich, *SAP Solution Manager Enterprise Edition*. 2. Auflage (Boston: SAP PRESS 2009, Kapitel 7).

Support-Mitarbeiter auf die wichtigen Interaktionen mit den IT-Abteilungen und den Endanwendern konzentrieren. Durch das Einbeziehen von Drittanwendungen in den SAP Enterprise Support ist SAP in der Lage, den Kunden einen umfassenden Software-Support anzubieten, der vollständig ITIL-konform ist.

Gemeinsames Support-Angebot

Zusammenfassend ist festzuhalten, dass diese hochintegrative und zukunftsweisende Form des gemeinsamen Support-Angebots – auf Basis von SAP Enterprise Support – ein effizientes Management von Landschaften auch im Mittelstand unterstützt:

- Aufbau eines standardisierten, durchgängigen Betriebs der Softwarelösung
- Erleichterung im flexiblen Umgang mit Änderungsanforderungen
- Transparenz in einer sich stetig verändernden Geschäftswelt und schnellere Umsetzung von Innovationen
- Senkung der Betriebskosten

Durch ein weltweit einheitliches Service- und Support-Konzept wird dem Mittelstand damit die Möglichkeit eröffnet, in neue Märkte und multinationale Firmenzuschnitte hineinzuwachsen.

11.4.3 Der Aufbau einer Enterprise-Support-fähigen Support-Organisation

Einem Partner stehen drei Methoden zur Verfügung, um seine Support-Organisation umfassend auf den SAP Enterprise Support einzustellen: die Ausbildung der Mitarbeiter (Upskilling), die Anpassung der Organisation an die Enterprise-Support-Lieferprozesse und die Einrichtung der IT-Infrastruktur auf Basis der SAP Solution Manager Enterprise Edition. Die einzelnen Methoden werden wir in diesem Abschnitt ausführlicher betrachten.

Ausbildung der Mitarbeiter (Upskilling)

SAP setzt seit mehreren Jahren erfolgreich auf ein Ausbildungskonzept, das verschiedene inhaltliche Module mit unterschiedlichen Lieferformaten verknüpft. Für die Mitarbeiter des Vertriebspartners bzw. des Systemhauses mit technischer und support-spezifischer Ausrichtung hat SAP ein umfassendes Programm vorgelegt, das sich der Lerngeschwindigkeit des jeweiligen Teilnehmers anpasst und die

Abwesenheit vom Tagesgeschäft auf ein absolutes Mindestmaß reduziert.

Die Trainingseinheiten werden als E-Learning angeboten und ergänzt durch interaktive Service-Sitzungen, die per Remote-Verbindung geliefert werden, um erworbenes Wissen zu vertiefen. Eine ausführliche Planung nimmt der Partner direkt mit seinem Partner Services Advisor vor. Bei dieser Kontaktperson handelt es sich um eine der Komponenten des SAP PartnerEdge-Programms, die in Abschnitt 11.4, »Einbinden von Vertriebspartnern in das SAP-Ecosystem«, beschrieben werden.

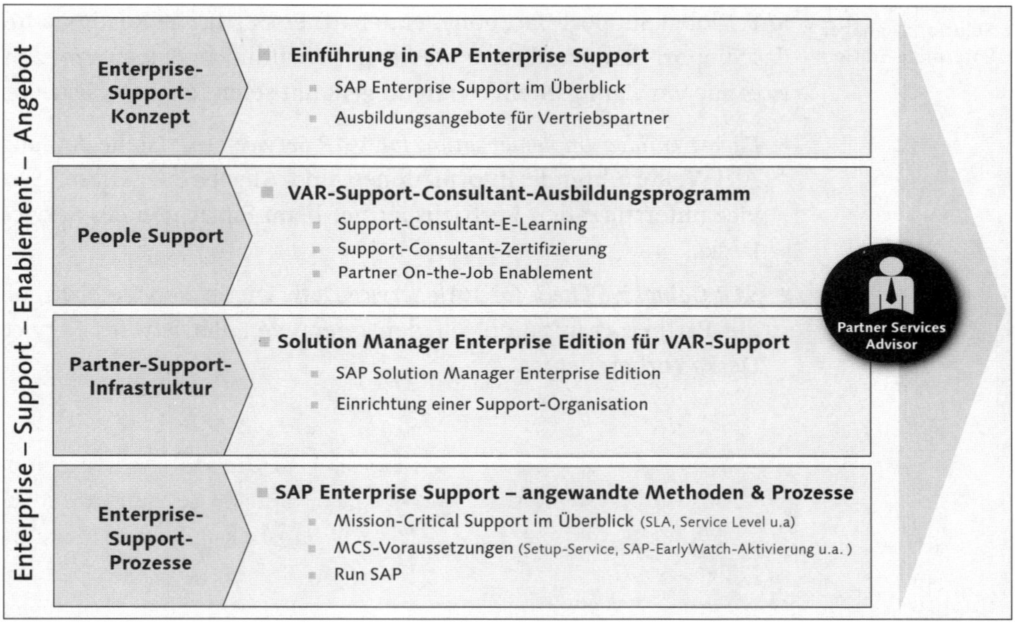

Abbildung 11.4 Partner Enablement Services, geliefert durch Ihren Partner Services Advisor

Anpassung der Organisation an die Enterprise-Support-Lieferprozesse

SAP hat das Modell für Kundenprojekte – das ursprünglich auf den reaktiven Support konzentriert war – bereits dahingehend erweitert, dass der Schwerpunkt stärker auf dem IT-Betrieb liegt. Im Rahmen des SAP Enterprise Supports wurde nun erstmals auch eine Schnittstelle zur Anwendungsverwaltung definiert und eingerichtet. Nach einer erfolgreichen Pilotphase zu Beginn des Jahres 2010 hat SAP ein partnerfähiges COE-Modell für Vertriebspartner und Systemhäuser eingeführt. Das Qualifizierungsprogramm umfasst die Aspekte Investitionsschutz und Qualitätssicherung (durch Prozessoptimierung) sowie Business Continuity (durch Einführung von SAP-Betriebsstandards). Das begleitende Zertifizierungsprogramm ist in SAP PartnerEdge eingebettet. Es stellt einen integralen Bestandteil bei der Beurteilung von SAP PartnerEdge-Systemhäusern hinsichtlich deren Bereitschaft zur Lieferung von Support- und Service-Leistungen dar.

Aufsetzen der IT-Infrastruktur auf Basis der SAP Solution Manager Enterprise Edition

Begleitend stellt SAP für das Aufsetzen der relevanten IT-Infrastruktur, d.h. des SAP Solution Managers und seiner Anbindung an das SAP Global Support Backbone, eine partnerspezifische Roadmap für das Support-Setup und ein umfassendes Portfolio an *Empowering Services* zur Verfügung. Stellvertretend genannt seien folgende Services:

- *Expert Guided Implementation for VAR Service Desk* (siehe Anhang A, »Weiterführende Informationen und Angebote«). Dieser Service unterstützt den Vertriebspartner beim Einrichten des Service Desks.
- *SAP GoingLive Check for VAR Service Desk*. Dieser Service prüft, ob die Partnerorganisation auf den operativen Betrieb des Service Desks vorbereitet ist.

Die Run SAP-Programme für SAP-Partner erleichtern die Zertifizierung von SAP-Partnerunternehmen und ihren Mitarbeitern in den SAP-Standards für Solution Operations.

12 Run SAP-Programme für SAP-Partner

SAP bietet zwei Programme an, die in den Abschnitten 11.2, »Support für Partnerlösungen von Softwarepartnern«, und 11.3, »Nutzen der Partnerintegration für SAP-Kunden«, detailliert erklärt werden:

- das Programm *Run SAP Implementation Partner* für SAP-Servicepartner
- das Programm *SAP Support Partner* für Outsourcing-Partner

Zunächst folgt jedoch ein kurzer Abriss der Run SAP-Methode, die gemeinschaftlich von SAP Consulting und SAP AGS entwickelt wurde.

12.1 Die Run SAP-Methode

Idee des Ansatzes

Der erfolgreiche Betrieb von SAP-Lösungen setzt ein umfassendes Managementkonzept voraus. Dabei müssen zum einen die Auswirkungen auf die Systeme und Komponenten im gesamten Unternehmensnetzwerk berücksichtigt werden, und zum anderen werden bei der Integration von Prozessen und Anwendungen die Wechselwirkungen mit den Systemen Ihrer Kunden und Partner immer wichtiger.

Diese Zusammenhänge stellen vielfältige Anforderungen an den Betrieb der Lösungen. Um diese zu bewältigen, muss sich Ihre Betriebsorganisation häufig mit mehreren Drittanbietern abstimmen. Das Implementierungsteam steht in der Regel nach dem Produktivstart nicht mehr zur Verfügung. Umso wichtiger ist es, über die Implementierungsphase hinaus zu planen. Nur so können Sie aus

Ihren SAP-Lösungen den größtmöglichen Nutzen ziehen. Hier setzt Run SAP an – als eine Methode für den reibungslosen Betrieb Ihrer Geschäftsprozesse.

Phasen der Run SAP-Roadmap

Auf dem Weg von der ersten Planung bis zum kontinuierlichen Betrieb von SAP-Lösungen stellen sich einige wichtige Fragen:

- Verfügen Sie über die richtigen Werkzeuge, Verfahren und Teams, um Ihre SAP-Lösung nach dem Produktivstart effizient unterstützen zu können?
- Wie koordinieren Sie die unterschiedlichen Komponenten, die am Betrieb der Lösung beteiligt sind?
- Wie können Sie sich schon während der funktionalen und technischen Implementierung auf die Anforderungen des späteren Betriebs vorbereiten?

Interne Abteilungen und externe Dienstleister für Hardware sowie für die System- und Betriebsorganisation – sie alle können nur dann sinnvoll zusammenarbeiten, wenn ihre Aktivitäten abgestimmt sind. Insbesondere die Übergabe vom Implementierungsteam an die Betriebsorganisation muss sorgfältig vorbereitet werden. Diese Planungsaufgaben werden durch die Run SAP-Roadmap unterstützt. Diese hilft Ihnen dabei, ein durchgängiges Betriebskonzept zu implementieren und dass Ihre Geschäftsprozesse zuverlässig unterstützt werden. Zudem hilft Ihnen die Roadmap, die passende Strategie und die richtigen Werkzeuge zu finden.

Best Practices

Die Roadmap gibt nicht nur Aufschluss darüber, was zu implementieren ist, sondern auch darüber, wie implementiert werden soll. Dabei stellt sie erfolgreiche Methoden für End-to-End Solution Operations vor. So erfahren Sie unter anderem, wie sich mithilfe des Application Lifecycle Managements (ALM) ein reibungsloser Betrieb während des gesamten Lebenszyklus sicherstellen lässt. Bewährte technische Verfahren zeigen auf, wie Sie den größtmöglichen Nutzen aus Ihren SAP-Anwendungen ziehen. Die Grundlage dieser bewährten Verfahren sind die Erfahrungen tausender Unternehmen.

Die Run SAP-Roadmap finden Sie im SAP Solution Manager und auf dem SAP Service Marketplace (*http://service.sap.com/runsap*). Mit der

Roadmap erhalten Sie wertvolle Hilfestellung während der folgenden Projektphasen:

- Assessment und Planung
- Design des Betriebs
- Einrichten des Betriebs
- Übergabe vom Implementierungsteam in den Produktivbetrieb
- Betrieb und laufende Optimierung

Phase 1: Assessment und Planung

Meistens haben Unternehmen bereits eigene Betriebsorganisationen. Für diese geht es darum, eine neue Lösung oder neue Funktionen in die vorhandenen Strukturen zu integrieren. Andere Unternehmen beginnen allerdings ganz von vorn. Aus diesem Grund muss deren Organisation die Bereiche im bestehenden Betrieb identifizieren, die Verbesserungspotenziale aufweisen, und diese nutzen, um eine hohe Verfügbarkeit der Prozesse und Systeme sicherzustellen. Dies schließt die folgenden Aspekte ein:

- Analyse der Betriebsanforderungen
- Festlegen des Projektumfangs für den Betrieb
- Anforderungen an Technologie und Architektur
- Organisation und Einrichtung des Projekts
- Governance-Modell für den Betrieb
- Vorbereiten oder Anpassen der Lösung für den nahtlosen Übergang in eine serviceorientierte Architektur

Am Ende der Assessment- und Planungsphase wissen Sie, welche Support-Prozesse Sie einführen müssen und welche technische Infrastruktur Sie für den Betrieb benötigen.

Phase 2: Design des Betriebs

In der Designphase erstellen Sie anhand der Ergebnisse aus der Assessment- und Planungsphase ein Abbild Ihrer aktuellen Support-Prozesse und legen fest, wie Sie diese erweitern und anpassen möchten. Die folgenden Aspekte sind daher in erster Linie zu berücksichtigen, Sie konzipieren also:

- den Anwender-Support: Incident Management
- das Change Management: Change Request Management, Change Control Management und Testmanagement

- das SAP Application Management: Lösungsdokumentation, Ursachenanalyse und Remote-Unterstützung
- den Betrieb von Geschäftsprozessen: Geschäftsprozess-Monitoring, Schnittstellen-Monitoring, Ausnahmebehandlung (Exception Handling), Datenvolumenmanagement, Job Scheduling Management, Konsistenz von Transaktionen und Datenintegrität
- den Betrieb kundeneigener Entwicklungen
- den technischen SAP-Betrieb
- das IT-Infrastruktur-Management

Phase 3: Einrichten des Betriebs

Ziel der dritten Phase »Einrichten des Betriebs« ist die Implementierung von End-to-End Solution Operations nach dem in Phase 2 (Design des Betriebs) entwickelten Plan. Dabei unterstützt Sie die Run SAP-Roadmap mit detaillierten Informationen, z.B. in Form von Best-Practice-Dokumenten. Beim Einrichten des Betriebs folgen Sie derselben Struktur wie in Phase 2 (Design des Betriebs). Sie implementieren also Folgendes:

- den Anwender-Support
- das Change Management
- das Application Management
- den Betrieb der Geschäftsprozesse
- das Management von Kundenentwicklungen
- den technischen Betrieb
- das IT-Infrastruktur-Management

Am Ende dieser Phase ist Ihr Support-Betrieb eingerichtet, getestet und bereit für die Unterstützung Ihrer SAP-Lösungen.

Phase 4: Übergabe vom Implementierungs- an das Betriebsteam

In der Übergabephase wird Ihre Betriebsorganisation in die Lage versetzt, die SAP-Lösung sicher zu betreiben. Das schließt auch alle Aktivitäten ein, die noch vor dem Produktivstart erforderlich sind:

- Wissenstransfer, Schulungen, Zertifizierung
- Abschlusstests und Abnahme
- Überführung in den Betrieb
- Übergabe

Bereit für den Betrieb

Am Ende haben Sie die Sicherheit, dass alle Anforderungen erfüllt sind. Sämtliche erforderlichen Prozesse und Werkzeuge für den technischen und den Anwendungsbetrieb sind getestet und stehen zur Verfügung. Sie verfügen über Service-Level-Vereinbarungen, die sich einhalten lassen. Geschäftsprozesse und Software erfüllen die Anforderungen an die gewünschte Leistung. Alle beteiligten Systeme sind integriert.

Phase 5: Betrieb und laufende Optimierung

Während der Phase des Betriebs und der laufenden Optimierung sorgt Run SAP dafür, dass die Geschäftsanforderungen erfüllt werden. Die Lösungslandschaft wird überwacht, Verfahren für die Kontrolle von Prozessen und Systemen werden eingerichtet, und das Wissen Ihrer Betriebsorganisation wird kontinuierlich aktualisiert. Jede Lösung lässt sich weiter verbessern. Um weitere Leistungssteigerungen bei sinkenden Gesamtbetriebskosten zu erreichen, passt SAP AGS die Run SAP-Methode immer wieder an Ihre Bedürfnisse an und reagiert flexibel auf Situationen, die sich im täglichen Betrieb ergeben.

Run SAP im Kontext von ITIL

Haben Sie den Incident-Management-Prozess nach ITIL-Empfehlungen eingeführt? Dann profitieren Sie zusätzlich von der umfassenden Erfahrung von SAP auf diesem Gebiet. Run SAP liefert Ihnen zu ausgewählten Fragestellungen Antworten, die speziell für den SAP-Betrieb gelten.

Teile des ITIL-Frameworks finden sich in Run SAP wieder, so zum Beispiel das Incident Management. Sie haben vielleicht in Ihrer IT-Organisation Empfehlungen aus der ITIL umgesetzt und fragen sich jetzt, wie das Zusammenspiel mit Run SAP funktioniert.

Erweiterung von ITIL

Run SAP baut auf den Empfehlungen von ITIL auf und erweitert diese um für den SAP-Betrieb spezifische Themen. So erhalten Sie Hinweise, wie der SAP Solution Manager gezielt zur Unterstützung der Betriebsprozesse eingesetzt werden kann oder welche Schulungen Ihre Mitarbeiter besuchen sollten.

ITIL beschreibt u.a die Rahmenbedingungen für Ihr IT-Service Management. Es werden anhand von in der Praxis bewährten Verfahren umfangreiche Empfehlungen gegeben – allgemeingültig erklärt, für alle Branchen und unabhängig von der Technologie. Die SAP-Standards für den Betrieb von SAP-Anwendungen basieren auf diesem Rahmenwerk und beinhalten die Erfahrungen aus Tausenden von SAP-Installationen. Diese Standards sind in die Run SAP-Roadmap eingebunden und somit eingebettet in eine erprobte Methodik für den Aufbau eines zuverlässigen Betriebs von SAP-Lösungen.

12.2 Das »Run SAP Implementation Partner Program« für SAP-Servicepartner

Das »Run SAP Implementation Partner Program« für SAP-Servicepartner erleichtert die Zertifizierung von Partnerorganisationen und ihren Mitarbeitern in den SAP-Standards für Solution Operations. Die Schulung und die Zertifizierung bereiten den Partner darauf vor, die Run SAP-Methode in seine SAP-Implementierungsstandards zu übernehmen.

Zertifizierung der Partnermitarbeiter

Für die Teilnahme an diesem Programm muss Ihr Unternehmen ein SAP-Servicepartner sein. Partner sollten mit ihrem Partnermanager im SAP AGS zusammenarbeiten, um zu definieren, welche Zertifizierungsschulungen erforderlich sind und wie viele Mitarbeiter in den einzelnen Schulungsschwerpunkten zertifiziert werden müssen.

Sinnvollerweise sollten die zu zertifizierenden Mitarbeiter die folgenden Voraussetzungen erfüllen:

- Erfahrung mit der Konfiguration und Verwendung von SAP Solution Manager 7.0 oder höher
- Erfahrung mit der Verwaltung von ABAP-/Java-basierten Systemen
- gute Kommunikationsfähigkeit, denn die Standards sollen nicht nur konfiguriert, sondern auch wirkungsvoll präsentiert werden
- Erfahrung mit SAP CRM
- Erfahrung mit Systemen, die auf SAP NetWeaver basieren, sowie mit den entsprechenden Geschäftsprozessen
- direkte Angestellte (keine externen Mitarbeiter)

Zu den Schwerpunktbereichen der Zertifizierung bzw. zur sogenannten rollenbasierten Schulung gehören Sitzungen zu den folgenden Themen:

- Übersicht über die Run SAP-Methode
- Diagnose- und Monitoring-Funktionen des SAP Solution Managers
- Verwaltung von Änderungsanträgen
- Geschäftsprozess-Monitoring

Am Ende jeder Schulung findet eine Zertifizierungsprüfung statt. Nach bestandener Prüfung sind die Teilnehmer SAP-zertifizierte Support-Berater für die Run SAP-Methode.

Zertifizierung der Partnerorganisation

Eine Zertifizierung der Partnerunternehmen ist ebenfalls möglich. Damit ein Partner diese Zertifizierung erhält, müssen die folgenden Voraussetzungen erfüllt sein:

- Die erforderliche Mindestanzahl von Mitarbeitern des Partners muss die Zertifizierung zum SAP-Support-Berater erhalten haben.
- Der Partner muss die Run SAP-Methode in seine eigene SAP-Implementierungsmethode übernehmen.
- Der Partner muss einen Business-Plan für die Run SAP-Methode präsentieren.
- Der Partner muss sein eigenes Run SAP-Verfahren entwickeln. Dazu ist eine bestimmte Anzahl zertifizierter Support-Berater (mit globaler oder lokaler Zertifizierung) erforderlich. Details hierzu finden Sie im *Run SAP Implementation Partner Program Guide*[1]. Der Standort oder das Land eines lokalen SAP-Service-Partners definiert sich danach, wo dessen SAP-Partnervereinbarung abgeschlossen wurde.

Zertifizierungsaudit

Die Partnerorganisation muss einen Zertifizierungsaudit bestehen, der auf den genannten Qualifikationen basiert. Nach der Zertifizierung eines Partners werden jährlich Audits durchgeführt, um die Konformität sicherzustellen.

Wenn Ihre Organisation die Anforderungen für eine SAP-Zertifizierung in der Run SAP-Methode erfüllt hat, können Sie in Ihrem Marketingmaterial für die Region bzw. den Standort, an dem Sie zertifiziert wurden, das offizielle Logo *SAP Certified in Run SAP Implementation* verwenden.

Das Programm »Run SAP Implementation Partner« für SAP-Service-Partner ermöglicht Ihnen, sowohl Neukunden als auch vorhandenen Kunden einen hochwertigen strategischen Service anzubieten, wenn Sie Implementierungen mithilfe der Run SAP-Methode durchführen und hinsichtlich des Umfangs definieren. Außerdem können Sie Ihren Kunden dabei helfen, ihre Betriebskosten zu reduzieren, indem

1 Der *Run SAP Implementation Partner Program Guide* ist im SAP Partner Portal (*http://partner.sap.com/runsapimplementationpartner*) verfügbar.

Sie Standards etablieren und Prozesse vereinheitlichen, mehr Effizienz und Transparenz in die Abläufe bringen, die Risiken mindern und teure Ausfallzeiten reduzieren. Die Run SAP-Methode steigert auch die Fähigkeit des Kunden, eine serviceorientierte Architektur (SOA) für Geschäftsanwendungen zu implementieren.

Kontakt Fragen an SAP zum Programm »Run SAP Implementation Partner« für SAP-Service-Partner richten Sie bitte an die E-Mail-Adresse *SAPAGSRunSAPPartner@sap.com*.

12.3 Das SAP-Support-Partner-Programm

Angesichts der zunehmenden Komplexität der heutigen IT-Umgebungen stellt die Administration von Anwendungen über deren gesamten Lebenszyklus eine große Herausforderung dar. Kunden und ihre Dienstleister müssen die Komplexität einer Anwendung bewältigen und über die Technologie, die Kompetenzen und die Ressourcen verfügen, die für ihre Ausführung erforderlich sind. Kosten und Risiken müssen minimiert und Effizienz, die Verfügbarkeit von kritischen Geschäftsprozessen und Transparenz gleichzeitig erhöht werden. Durch die Implementierung der SAP-Standards für End-to-End Solution Operations können Outsourcer und ihre Kunden diese Herausforderungen erfolgreich meistern.

Discovery Workshop Das SAP-Support-Partner-Programm zertifiziert Ihre Organisation in Bezug auf die Standards für Solution Operations und bereitet Sie darauf vor, die Run SAP-Methode in Ihre eigenen IT-Betriebsstandards zu integrieren. Nach der Bewerbung für das Programm können die Partner eingeladen werden, an einem Discovery Workshop teilzunehmen, den Ihr regionaler SAP-Partnermanager von SAP AGS organisiert. Die Workshops sind interaktive Meetings, bei denen die Partner eine Übersicht über Run SAP und die Standards für End-to-End Solution Operations erhalten. Gleichzeitig geben die Partner SAP einen Überblick über ihre aktuelle Organisation und Strategie in den Bereichen Application Management und Hosting. Wenn der Partner sich entscheidet, die Zertifizierung im Run SAP-Operations-Programm im Rahmen des SAP-Support-Partner-Programms anzustreben, kann er sich an SAP AGS wenden, um Unterstützung beim Erlernen, Einführen und Implementieren der Betriebsstandards zu erhalten. SAP hilft dem Partner dann, die grundlegendsten Standards auf einem Sandbox-System in dessen Umgebung zu installieren, um ihn bei der Implementierung der Standards für einen Pilotkunden zu begleiten, ihm dabei die erforderlichen Fähigkeiten zu vermitteln und seine Mitarbeiter einzuarbeiten. Der Partner muss dann die Standards bei weiteren Kunden implementieren, was zur Qualitätssicherung von SAP geprüft wird. Der Qualitätssicherungsschritt ist ein erforderlicher Bestandteil des Programms und wird im Rahmen einer Vereinbarung zwischen dem Partner und SAP ausgeführt. Es wird geprüft, ob der Partner die Standards für die Kunden erfolgreich implementiert hat, und ihm werden das nötige Feedback und Wissen vermittelt.

Inhalte der Zertifizierung

Um sicherzustellen, dass in der Partnerorganisation die erforderlichen Fähigkeiten vorhanden sind und der Partner die Vorteile von Run SAP optimal ausnutzt, konzentriert sich SAP bei der Zertifizierung auf die folgenden Themenbereiche:

- Anwendung der Run SAP-Methode
- Business PlanZertifizierung und Schulung der Mitarbeiter
- Implementierung der SAP-Standards für Solution Operations bei Kunden
- Governance

Zertifizierung

Für die Einführung der Run SAP-Methode muss der Partner Dokumentationsmaterial bereitstellen und zeigen, wie die Betriebsprozesse und -verfahren des Unternehmens den SAP-Standards für Solution Operations entsprechend angepasst wurden. Dasselbe gilt für die Materialien des Partners zum Business Plan. Die Mitarbeiter des Partners müssen nach dem Curriculum für End-to-End Solution Operations geschult und zertifiziert werden. Darüber hinaus muss ein Governance-Modell etabliert werden.

Der Partner muss eine Audit-Checkliste ausfüllen und dieser die entsprechende Dokumentation hinzufügen, um nachzuweisen, dass die Themenbereiche für die Zertifizierung abgedeckt wurden. Nach einem ersten Feedback von SAP führt das SAP AGS Partner Management einen Audit durch, um zu überprüfen, ob die Mindestanforderungen in den Themenbereichen tatsächlich erfüllt wurden. Sobald der Audit erfolgreich absolviert wurde, kann der Partner das offizielle Logo für die Zertifizierung im Run SAP-Operations-Programm verwenden. Neuzertifizierungsaudits werden alle zwei Jahre durchgeführt.

Weiterführende Informationen zu den Anforderungen und zum Zertifizierungsprozess finden Sie im *SAP Support Partner Program Guide*[2].

Ziel des SAP-Support-Partner-Programms ist es, den Partner durch die End-to-end-Solution-Operation-Standards bei der Steigerung der operativen Effizienz zu unterstützen und ihm dadurch eine Reduzierung der Kosten, Ausfallzeiten und Eskalationen zu ermöglichen. Sie können Ihren Kunden dabei helfen, die Betriebskosten zu reduzieren und Risiken zu mindern, indem Sie Prozesse standardisieren und vereinheitlichen und sowohl die Effizienz als auch die Transparenz der Abläufe steigern. Mit einer Zertifizierung im Run SAP-Operations-Programm können Sie auch die Innovationsfähigkeit Ihrer Kunden steigern.

12.4 SAP-Schulungs- und Zertifizierungsprogramm für End-to-end Solution Operations

Ein effizienter Lösungsbetrieb zahlt sich in Form einer hohen Verfügbarkeit und einer hohen Leistung der Lösungen aus, die in Ihrer SAP-Softwarelandschaft ausgeführt werden. Außerdem gilt: Wenn Sie geschäftskritische Prozesse bei neuen Anforderungen schnell implementieren können, bleiben die Betriebskosten gering. Da jedoch die Geschäftsprozesse an Komplexität zunehmen, sind spezielle Fachkenntnisse erforderlich, um die Prozesse und Lösungen über Anwendungsgrenzen hinweg zu implementieren (zumal häufig auch Drittanbietersoftware in der Lösungslandschaft vorhanden ist).

Strategie für den Lösungsbetrieb

Ohne eine Strategie für den Lösungsbetrieb können die Komplexität und die Anzahl der einzelnen Aufgaben – Festlegung und Dokumentation der Wartungsarbeiten, Verwaltung von Meldungen, Änderungsanträgen, Prozessintegration und Upgrades – eine große Herausforderung darstellen. Um diese zu bewältigen, benötigen Sie zusätzliche Ressourcen und Fähigkeiten. Nur wenn Sie über diese Ressourcen und Fähigkeiten verfügen, können Sie einen effizienten und profitablen Betrieb sicherstellen.

2 Der *SAP Support Partner Program Guide* ist im SAP Partner Portal im Ordner mit den Partnerprogrammen unter »Partnering with SAP« veröffentlicht.

Das Schulungs- und Zertifizierungsprogramm für End-to-End Solution Operations besteht aus einer Reihe von Kursen, die von SAP-Education entwickelt wurden, um Sie bei diesen Aufgaben zu unterstützen. Im Rahmen des Programms lernen Sie bewährte Standards und Verfahren für die Implementierung, Administration und Durchführung Ihrer geschäftskritischen Prozesse kennen. Sie stärken so Ihre Wettbewerbsposition und stellen sicher, dass Ihre Geschäftsprozesse von einer aktuellen, stabilen IT-Landschaft getragen werden.

Business Continuity sicherstellen

Die SAP-Standards für Solution Operations helfen dabei, den stabilen Betrieb Ihrer Lösungslandschaft sicherzustellen, denn sie bieten bewährte Verfahren für die Verwaltung von Verfügbarkeit, Leistung, Prozesstransparenz, Datenkonsistenz und IT-Prozess-Konformität. Wenn Geschäftsprozesse von integrierten Geschäftsanwendungen ausgeführt werden, die SAP-Software und Drittanbietersoftware umfassen, ist es wichtig, für alle Komponenten die richtigen Standards anzuwenden und die technischen Kernkompetenzen zu nutzen.

Ziel des Schulungs- und Zertifizierungsprogramms für Solution Operations ist es, den Teilnehmern die folgenden Kenntnisse und Fähigkeiten zu vermitteln:

- welche Application-Management-Prozesse am besten für SAP-Lösungen funktionieren und wie die SAP-Standards auch auf Drittanbietersoftware angewendet werden können
- wie Sie die verfügbaren Werkzeuge, Ressourcen und Services optimal nutzen
- wie Sie die Verfahren, Funktionen und SAP-Werkzeuge in Ihrem Unternehmen einsetzen, um Herausforderungen im IT- und Geschäftsbereich zu bewältigen
- wie Sie die Aufgaben für unterschiedliche Application-Management-Funktionen koordinieren, z.B. die Festlegung und Dokumentation Ihrer Wartungsarbeiten, die Ursachenanalyse von Fehlern, die Änderungskontrolle von Lösungen, die Automatisierung und Integration von Geschäftsprozessen und die Durchführung technischer Upgrades

Eine Übersicht über die Schulungen und Zertifizierungskurse finden Sie im folgenden Kapitel (Kapitel 13, »Kurs- und Zertifizierungsübersicht«).

Dieses Kapitel gibt Ihnen einen Überblick über das Schulungs- und Zertifizierungsangebot für End-to-End Solution Operations.

13 Kurs- und Zertifizierungsübersicht

In den von SAP angebotenen Kursen für End-to-End Solution Operations lernen Sie, wie Sie die SAP-Standards für Solution Operations[1] in Ihrem Unternehmen einrichten. Zu diesen Standards gehören erstklassige Informationen, bewährte Verfahren und SAP-Werkzeuge, mit deren Hilfe Sie nicht nur die Leistung Ihrer Softwarelandschaft und Ihrer geschäftskritischen Lösungen erhöhen, sondern auch von einer Reduzierung der Gesamtbetriebskosten, einem schnelleren ROI und einer signifikanten Steigerung Ihrer Gewinnspanne profitieren.

Das Schulungs- und Zertifizierungsprogramm für End-to-End Solution Operations vermittelt Ihren IT-Mitarbeitern die folgenden Fähigkeiten und unterstützt Sie somit bei der reibungslosen Ausführung Ihres kritischen Geschäftsbetriebs:

- Sicherung der Qualität für die IT- und Anwendungslandschaft
- Reduzierung der Risiken beim Outsourcing und Outtasking von Geschäftsprozessen
- Zugriff auf erstklassiges Wissen
- Anwendung von Methoden, Werkzeugen und bewährten Geschäftsverfahren gemäß den SAP-Standards

1 Für Systemhäuser und Vertriebspartner (VARs) empfiehlt sich die Teilnahme für sogenannte *Support Professionals*, also Mitarbeiter, die über ein gehobenes Maß an Erfahrung im Support- und Service-Umfeld verfügen. Den inhaltlichen Einstieg und die erforderliche Grundausbildung für einen *VAR Support Consultant* im Rahmen des SAP Enterprise Supports und seiner vielfältigen Lieferaspekte bieten die Ausbildungs- und Zertifizierungsmaßnahmen, wie sie in Abschnitt 11.4, »Einbinden von Vertriebspartnern in das SAP-Ecosystem«, beschrieben sind.

Wenn Sie genauer wissen möchten, wie Ihr Unternehmen von den SAP-Education-Schulungen zum Thema End-to-end Solution Operations profitieren kann, wenden Sie sich an Ihren SAP-Ansprechpartner. Weitere Informationen zu den Schulungsorten, Preisen und Terminen finden Sie außerdem unter *www.sap.com/education* und *www.sap.com/certification*.

13.1 Schulungen

Folgende Schulungen werden angeboten:

- **SAP Solution Manager for Operations and Configuration (SM100)**
  In dieser Schulung werden die Konfigurationsschritte gezeigt, die zur Implementierung der Diagnosewerkzeuge im SAP Solution Manager erforderlich sind. Diese Werkzeuge können Sie nutzen, um Ihren IT-Betrieb zu optimieren.
- **Change Request Management and Service Desk Configuration (SM200)**
  In diesem Kurs lernen Sie, das Change Request Management und den Service Desk so einzurichten und zu konfigurieren, dass Sie Probleme bei der Softwaredistribution korrekt diagnostizieren und dadurch Softwareänderungen besser steuern können.
- **Run SAP End-to-End Solution Operations (E2E040, TE2E04)**
  Dieser Kurs hilft Ihnen, die SAP-Standards für Solution Operations sowie deren Implementierung und Anpassung mithilfe der Run SAP-Methode besser zu verstehen.
- **End-to-End Solution Scope and Documentation (E2E050)**
  Dieser Kurs bildet die Grundlage für die anderen End-to-End-Schulungen (E2E100 bis E2E500) und gibt Ihnen einen Überblick über die Implementierung und Administration von Lösungen. Sie erfahren, wie Sie mithilfe des SAP Solution Manager Geschäftsszenarien und Geschäftsprozesse schnell planen, erstellen und kosteneffizient warten.
- **Customer Center of Expertise – »Implementing SAP Quality Management« (E2E060)**
  Dieser Kurs richtet sich an SAP-Kunden, die Unterstützung beim Einrichten eines umfassenden Qualitätsmanagements mit einem

zentralen Datenpool suchen, um damit kritische Herausforderungen in SAP Solution Operations besser bewältigen zu können.

- **End-to-End Root Cause Analysis (E2E100)**
  Sie lernen, wie Sie mit dem Standard »Root Cause Analysis« Probleme in einer heterogenen IT-Landschaft schnell und permanent lösen können. Außerdem umfasst der Kurs Informationen zur Diagnosefunktion im SAP Solution Manager, die Ihnen dabei hilft, die Leistung Ihrer Software zu steigern und den Aufwand für Ihre IT-Abteilung zu reduzieren.
- **End-to-End Change Control Management (E2E200)**
  Diese Schulung präsentiert Konzepte für ein Change Management, indem sie die Möglichkeiten beschreibt, Änderungen in einer Softwarelandschaft zu koordinieren und zu optimieren. So können Sie Konflikte zwischen einzelnen Änderungen mit den entsprechenden Beeinträchtigungen des laufenden Geschäfts ausschließen, und Sie haben im Voraus die Sicherheit, dass Ihr Change-Management-Programm zu einer kontinuierlichen Verbesserung der Softwarelandschaft führt.
- **Test Management Overview (E2E220)**
  Dieser Kurs stellt die Herausforderungen bei der Testdurchführung in einer SAP-Umgebung dar und bietet einen Überblick über die integrierten Testwerkzeuge von SAP und Drittanbietern, die zur Optimierung der Testprozesse eingesetzt werden können. Nachdem Sie die einzelnen Optionen kennengelernt haben, können Sie an Quality-Gates fundierte Entscheidungen treffen.
- **End-to-End Solution Support – Business Process Integration and Automation Management (E2E300)**
  Dieser Kurs hilft Ihnen, die Planung und Integration geschäftskritischer Prozesse in einer heterogenen IT-Landschaft effizienter zu gestalten. Damit erzielen Sie eine höhere Performance der Geschäftsprozesse, eine höhere Datenkonsistenz, eine optimale Ausschöpfung der Hardwareressourcen und insgesamt eine Reduzierung der Kosten.
- **End-to-End Technical Upgrade Management (E2E400)**
  Dieser Kurs beschreibt die optimale Vorgehensweise bei Upgrade-Projekten. Sie lernen die Herausforderungen bei derartigen Projekten kennen und erwerben die erforderlichen Fähigkeiten, um alle Aufgaben erfolgreich auszuführen und zu verwalten. Anhand

der erworbenen Kompetenzen ergibt sich für zukünftige technische Upgrades eine Reduzierung der Risiken und Kosten. Dies verschafft Ihnen einen entscheidenden Wettbewerbsvorteil.

- **Custom Code Management (E2E500)**
  Dieser Kurs bietet eine ganzheitliche operative Sicht auf Kundeneigenentwicklungen. Sie lernen die vier Dimensionen des Custom Code Managements kennen: Quantität, Qualität, technischer Schweregrad und betriebswirtschaftliche Gewichtung. Darüber hinaus erfahren Sie, wie Sie mithilfe des Custom Development Management Cockpits (CDMC) obsolete kundenspezifische ABAP Workbench-Objekte ermitteln können und herausfinden, welche technischen Auswirkungen ein SAP-Upgrade oder das Einspielen eines Support Packages auf kundeneigene Entwicklungen hat.

13.2 Zertifizierung

Nach erfolgreichem Abschluss des Schulungs- und Zertifizierungsprogramms für End-to-End Solution Operations sowie der zugehörigen Abschlussprüfung verfügen Sie als zertifizierte Spezialisten über fundiertes Wissen zur Implementierung der allgemeinen und der speziellen Aspekte des Lösungsbetriebs nach SAP-Standards. Mit dem erworbenen aktuellen Wissen über die wirksame Verwaltung SAP-orientierter Lösungen liefern Sie zuverlässig hochwertigen Support für geschäftskritische Software.

Diese Zertifizierung ist die einzige von SAP autorisierte Akkreditierung für den durchgängigen Lösungsbetrieb, die auf dem Markt verfügbar ist. Abbildung 13.1 zeigt das Curriculum für End-to-End Solution Operations.

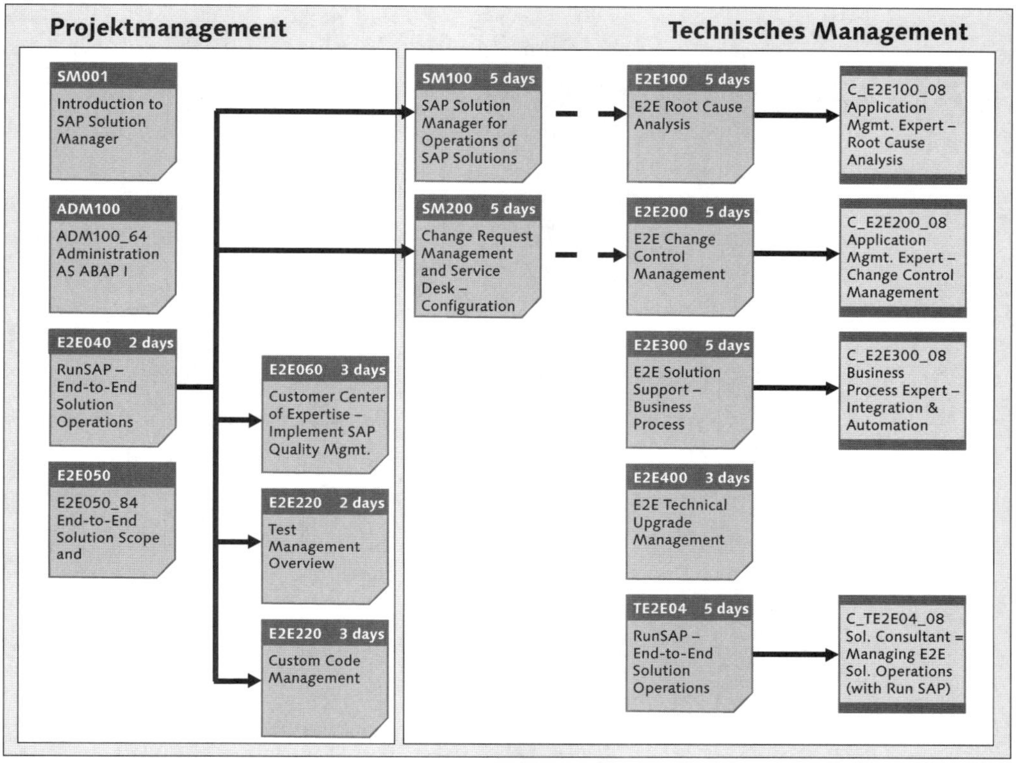

Abbildung 13.1 E2E-Curriculum – Schulungs-Roadmap

A Weiterführende Informationen und Angebote

A.1 Expert Guided Implementation

Der SAP-Service *Expert Guided Implementation* bietet eine Methode, mit der Kunden und Partner bei Implementierungs- und Aktualisierungsprojekten für ihre SAP Solution Manager-Systeme unterstützt werden. Ziel dieses Ansatzes ist es, Kunden und Partner durch alle Konfigurationsschritte zu führen und sicherzustellen, dass nach Abschluss der Service-Lieferung alle Voraussetzungen für den Produktivstart erfüllt sind. Die Projektunterstützung wird beim Expert-Guided-Implementation-Service von SAP-Experten bereitgestellt.

Durch eine optimale Kombination aus Schulungen, Praxisphasen und Expertise on Demand können die Teilnehmer den SAP Solution Manager schnell so einrichten, dass er den Betrieb eines bestimmten Szenarios oder einer bestimmten Funktion unterstützt. Die Funktion kann z.B. aus den Bereichen IT-Administration, Änderungsmanagement oder Datenvolumenmanagement stammen. Bei den Schulungssitzungen am Morgen lernen Sie, wie Sie den SAP Solution Manager für die Durchführung der gewünschten Aufgaben konfigurieren, welche Verfahren eingerichtet werden müssen und wann diese Verfahren auszuführen sind, damit die Aufgabe möglichst effektiv bewältigt wird. Bei den *Lab Sessions* am Nachmittag führen Sie dann genau die Aufgaben aus, die Sie am Morgen gelernt haben. Wenn dabei Fragen auftauchen oder eine Hilfestellung erforderlich ist, steht Ihnen dafür ein Experte zur Verfügung. Die genaue Zusammensetzung der drei zentralen Schulungselemente wird im Folgenden beschrieben.

Schulungen

Während der morgendlichen zwei- bis dreistündigen Web-Sessions erläutert ein SAP-Experte Schritt für Schritt die einzurichtende Funktion sowie das erforderliche Implementierungsverfahren. Die Schulungsunterlagen ergänzen diese Erläuterungen.

Praxisphase

Für einen Zeitraum zwischen zwei und vier Stunden am Nachmittag findet eine Praxisphase statt, in der die Teilnehmer die am Morgen gelernten Schritte in ihrem SAP Solution Manager implementieren.

Expertise on Demand

Während der Praxisphase, die zwischen zwei und drei Stunden dauert, haben Sie direkten Zugriff auf den SAP-Experten, falls eine Implementierungsunterstützung erforderlich ist.

Vorteile

Mit dem Expert-Guided-Implementation-Service sind Sie in der Lage, die Einstellungen, die Sie für ein bestimmtes Projekt benötigen, schnell und ohne langfristige Inhouse-Beratung in Ihrem SAP Solution Manager zu konfigurieren. Was Sie am Vormittag lernen, setzen Sie am Nachmittag in die Praxis um. So konfigurieren Sie Ihre Instanz des SAP Solution Managers innerhalb eines definierten Zeitrahmens und können sicher sein, dass die Konfiguration am Ende der Schulung abgeschlossen ist. Da Sie Ihren Arbeitsplatz nicht verlassen müssen, um die nötige Information und Hilfestellung zu erhalten, sparen Sie Reisekosten und sind vor Ort, um gegebenenfalls dringende Aufgaben des Tagesgeschäfts zu erledigen.

Die Expert Guided Implementation bietet folgende Vorteile:

- schneller Projektstart
- kürzere Projektdauer
- Durchführung der Implementierung direkt im SAP Solution Manager Ihres Unternehmens
- direkter Zugriff auf einen SAP-Experten
- Implementierung von Prozessen und Funktionen, die direkt nach Abschluss der Schulung in Betrieb genommen werden können
- schnelles, kosteneffektives, von Experten durchgeführtes Training on the Job (Weiterbildung am Arbeitsplatz)
- keine Reisekosten

A.1.1 Basisschulungsangebot

Das Basisschulungsangebot umfasst die folgenden Elemente:

- Schulung in Form von Web-Sessions am Vormittag (zwei bis drei Stunden täglich)
- geführtes »Learning by Doing«, d.h., die Teilnehmer führen die Implementierungsschritte selbst durch
- ein On-Demand-Experte für persönlichen Support in den Praxisphasen am Nachmittag

- Standardszenarien und Best Practices für die Konfiguration Ihres SAP Solution Managers
- sofort einsetzbare Basisszenarien, die von den Teilnehmern für die SAP Solution Manager-Umgebung ihres Unternehmens implementiert werden
- feste Terminangebote für die verschiedenen Schulungselemente der Expert Guided Implementation
- an die jeweilige Zeitzone angepasste Schulungszeitpläne
- Remote-Lieferung

Genauer Ablauf der Schulung

Bei einer Expert Guided Implementation bestehen die Vormittagssitzungen darin, dass ein SAP-Experte Ihnen die verschiedenen Implementierungsschritte vorstellt, den Kontext und die Hintergründe erläutert und Ihnen dann Gelegenheit gibt, Anmerkungen zu machen und Fragen zu stellen. In der Praxisphase am Nachmittag führen Sie die Schritte dann in Ihrem SAP Solution Manager durch. Die Einheiten am Vormittag sind vom Umfang und von der Logik her so gestaltet, dass Sie am Nachmittag genügend Zeit haben, die Implementierungsschritte im SAP Solution Manager durchzuführen. In der Nachmittagsphase haben Sie direkten Zugriff auf Backoffice-Experten, die Sie bei Fragen und Problemen unterstützen.

Ziel der Expert-Guided-Implementation-Methode ist es, Ihnen in einem vordefinierten Zeitraum bei der Durchführung aller erforderlichen Implementierungsschritte zu assistieren. Am Ende dieses Zeitraums können die Funktion und die Prozesse, die Sie in Ihrem SAP Solution Manager implementiert haben, in den Produktivbetrieb überführt werden, und Sie verfügen über das erforderliche Wissen, um diesen Betrieb zu verwalten.

A.1.2 Zielgruppe und allgemeine Anforderungen

Eine Expert-Guided-Implementation-Schulung für die Konfiguration der Prozesse und Funktionen im SAP Solution Manager ist ein komfortabler und effektiver Weg, ein praxisorientiertes Grundwissen zu erwerben. Sie lernen, eines der Szenarien einzurichten, die als Schulungsthema in einer expertengeführten Sitzung angeboten werden. Die Schulung führt Sie exakt durch die Einrichtungs- und Konfigurationsschritte, die erforderlich sind, um Ihre Anforderungen schnell und kosteneffektiv zu erfüllen. Durch die zielorientierte Anleitung durch einen SAP-Experten und den direkten Kontakt mit einem dedizierten SAP-Experten in der Praxisphase ist die Zeit, die Sie zum Lernen benötigen, auf ein absolutes Minimum begrenzt.

Allgemeine Zielgruppe

Die Expert Guided Implementation richtet sich an SAP-Kunden und -Partner, die mit dem SAP Solution Manager den Lösungsbetrieb effizient und schnell starten möchten oder die ein Hintergrundwissen über diesen Prozess erwerben möchten. Voraussetzung für die Teilnahme ist ein Grundwissen zur SAP NetWeaver-Technologieplattform, einschließlich Kenntnissen zu Installation und Administration.

Allgemeine technische Anforderungen

Für die Teilnahme an einer Expert-Guided-Implementation-Schulung müssen die folgenden technischen Anforderungen erfüllt sein:

- SAP Solution Manager, Release 7.0, muss installiert sein.
- Der SAP Solution Manager muss über den SAPNet Intranetportal – Web-Frontend Remote Function Call (bisherige Bezeichnung: SAP Online Service System) mit dem SAP-Netzwerk verbunden sein.
- Für den SAP Service Marketplace (Extranet) ist eine S-User-ID mit den entsprechenden Berechtigungen für den SAP Solution Manager erforderlich.
- Zwischen dem SAP Solution Manager und den zu verwaltenden Satellitensystemen muss eine Netzwerkverbindung vorhanden sein.

A.1.3 Lieferung

Expert Guided Implementation wird remote geliefert. Ein SAP-Experte erläutert auf Grundlage der Dokumentation die Implementierungsschritte und illustriert die Schritte anhand von Beispielen. Nachdem Sie von Ihrem Schreibtisch aus den Erläuterungen zugehört haben, führen Sie die Schritte im SAP Solution Manager Ihres Unternehmens durch. Bei Bedarf können Sie Remote-Support durch den SAP-Experten anfordern.

Weitere Informationen

Im SAP Service Marketplace unter *www.service.sap.com* finden Sie alle Expert-Guided-Implementation-Angebote, die für den SAP Solution Manager verfügbar sind. Die Angebote unterstützen Sie bei folgenden Aufgaben:

- Einrichten der Grundfunktionen Ihrer neuen Installation des SAP Solution Managers
- Anpassen des SAP Solution Managers an Ihre Anforderungen, Importieren der aktuellen Support Packages

Wir verbessern unser Angebot kontinuierlich, um Ihre Anforderungen immer besser zu erfüllen. Im SAP Service Marketplace ist ein Kalender mit allen eingeplanten Terminangeboten für Expert-Guided-Implementation-Schulungen verfügbar.

Registrierung

Suchen Sie im SAP Service Marketplace die Schulungsthemen, die Sie benötigen, und wählen Sie die für Sie passenden Termine. Mit folgenden Schritten können Sie sich im SAP Service Marketplace registrieren:

1. Melden Sie sich am SAP Service Marketplace an.
2. Wählen Sie Application Lifecycle Management • Services • Expert Guided Implementation.

Die folgenden Expert-Guided-Implementation-Services stehen zur Verfügung:

- Expert Guided Implementation for Basic Configuration
- Expert Guided Implementation for VAR Service Desk
- Expert Guided Implementation for Business Process Monitoring
- Expert Guided Implementation for Change Request Management
- Expert Guided Implementation for Service Desk
- Expert Guided Implementation for Solution Documentation
- Expert Guided Implementation for CTS+
- Expert Guided Implementation for Data Volume Management Cockpit
- Expert Guided Implementation for Job Scheduling Management
- Expert Guided Implementation for SAP End-User Experience Monitoring
- Expert-Guided Implementation for Quality Gate Management

Tag 1	Tag 2 bis Tag 4	Tag 5
Vermittlungsphase Ein SAP-Experte erläutert das Szenario, die Prozesse und die Funktion, die implementiert werden sollen, und beschreibt die allgemeinen Systemanforderungen. 1–2 Stunden, Vormittag, Web-Session	*Vermittlungsphase* Der SAP-Experte erläutert Schritt für Schritt den Implementierungsprozess. 1–2 Stunden, Vormittag, Web-Session	*Vermittlungsphase* Wenn das Szenario in Betrieb ist, demonstriert der SAP-Experte Best Practices für die Durchführung der Prozesse und der Funktion und gibt praktische Tipps. 1–2 Stunden, Vormittag, Web-Session
Praxisphase Jeder Teilnehmer prüft und erfüllt – unterstützt durch den SAP-Experten – die Bedingungen im SAP Solution Manager des Kunden. Nachmittag, mit Remote-Support	*Praxisphase* Jeder Teilnehmer implementiert – unterstützt durch den SAP-Experten – die Prozesse und Funktionen im SAP Solution Manager des Kunden. Nachmittag, mit Remote-Support	*Praxisphase* Jeder Teilnehmer implementiert – unterstützt durch den SAP-Experten – Best Practices im SAP Solution Manager des Kunden. Nachmittag, mit Remote-Support
Tagesziel Der Teilnehmer installiert den SAP Solution Manager und bereitet ihn auf die Implementierung der ausgewählten Prozesse und Funktionen vor.	*Tagesziel* Der Teilnehmer führt die Implementierung Schritt für Schritt durch. Themen ▶ Grundkonfiguration einschließlich Profilparametern, logischer Systeme, S-user, Portal- und Systemlandschaft, Maintenance-Optimizer-Funktionen, Service-Desk-Grundlagen, Service-Lieferung und Issue Management ▶ Einrichtung der Service-Data-Control-Center-Funktionen, einschließlich Aktivierung des SAP-EarlyWatch Alert-Services ▶ Verbindung der Satellitensysteme und Diagnosefunktionen (Support Package 18 und höher)	*Tagesziel* Der Teilnehmer versteht die Beispiele, weiß, wie das implementierte Szenario bzw. die implementierte Funktion betrieben werden, und ist mit den Möglichkeiten vertraut, wie er die produktiven Prozesse und die produktive Funktion erweitern und anpassen kann. *Gesamtziel* Der Teilnehmer führt die Funktion nach einer entsprechenden Vorbereitung in den Produktivbetrieb ein.

Tabelle A.1 Beispiel: Grundkonfiguration des SAP Solution Managers in fünf Tagen

A.2 Stetige Qualitätsprüfungen (Continuous Quality Checks)

Ziel der Continuous Quality Checks ist es, die IT-Organisationen der SAP Enterprise Support-Kunden zu unterstützen und potenzielle Risiken und Probleme in Bezug auf Verfügbarkeit, Stabilität und Performance zu identifizieren.

Hierzu führen SAP-Service-Techniker standardisierte Analysen remote durch, die die Grundkonfiguration von Systemlandschaften untersuchen. Darüber hinaus stehen automatisierte Analyse-Frameworks, z.B. der SAP EarlyWatch Alert, zur Verfügung.

SAP erstellt die Analysemethode während der Entwicklungs- und der Einführungsphase eines SAP-Produkts. Hierbei werden die optimalen Einstellungskombinationen der Parameter von beispielsweise Betriebssystem, Datenbank, Webbrowser und anderen Plattformkomponenten im Zusammenspiel mit der entsprechenden SAP-Software ermittelt. Die Ergebnisse unterstützen die Kunden dabei, eine Grundkonfiguration der SAP-Lösungslandschaft herzustellen. Auf Basis dieser Grundkonfiguration kann die IT-Organisation des Kunden dann den Fokus auf die Optimierung der unternehmensspezifischen Konfiguration der SAP-Lösungslandschaft legen.

Die Planung von Continuous Quality Checks ist ein wichtiges Element in der Zusammenarbeit im Rahmen des SAP Enterprise Supports. Um diese Remote-Service-Planung durchzuführen, ist es unerlässlich, dass das Support Advisory Center Informationen über die aktuelle Situation der IT-Systemlandschaft aus der SAP Solution Manager Enterprise Edition des Kunden entnehmen kann oder diese Informationen direkt vom Kunden erhält. Somit erfolgt ein kontinuierlicher Austausch von Informationen, und die notwendigen Voraussetzungen zur bestmöglichen Lieferung von Continuous Quality Checks sind gegeben.

Bei der Durchführung der Continuous Quality Checks greifen die SAP-Service-Techniker auf die Beschreibung der SAP-Lösungslandschaft sowie der Kerngeschäftsprozesse zurück, die in der SAP Solution Manager Enterprise Edition des Kunden vorliegen.

A.2.1 Continuous Quality Check für den SAP Solution Manager

Vorbereitungssitzung für den SAP Solution Manager

Bei der Vorbereitungssitzung für den SAP Solution Manager wird die Grundkonfiguration des SAP Solution Managers überprüft, und es werden Empfehlungen zur Optimierung gegeben. Ziel ist es, den SAP Solution Manager auf eine Vor-Ort- oder Remote-Service-Lieferung oder auf die Lieferung weiterer Support-Service-Szenarien vorzubereiten.

A.2.2 Continuous Quality Checks für die Implementierung

GoingLive-Sitzungen

Zu den stetigen SAP-Qualitätsprüfungen für die Implementierung gehören die folgenden GoingLive-Sitzungen: eine GoingLive-Sitzung für die Lösungsanalyse und eine GoingLive-Sitzung für die Lösungsverifizierung. Diese Sitzungen werden über eine Remote-Verbindung durch zertifizierte Berater bereitgestellt. Die Lieferung der einzelnen Sitzungen erfolgt in Schlüsselphasen des Einführungsprojekts. Als Ergebnis der Sitzungen werden Empfehlungen in Form von Berichten ausgesprochen.

Support-GoingLive-Sitzung

Die Support-GoingLive-Sitzung bietet folgende Vorteile:

- System-Monitoring mit der Möglichkeit, bei unvorhersehbaren Ereignissen sofort reagieren zu können und einen reibungslosen Produktivstart zu gewährleisten
- enger Kontakt zwischen dem SAP Active Global Support und dem Projektteam des Kunden
- Bereitstellung eines detaillierten Service-Berichts zu den Aktivitäten, die beim Support-GoingLive-Service ausgeführt wurden, einschließlich eines konsolidierten Aktionsplans

A.2.3 Continuous Quality Checks für die Betriebsphase

Business-Process-Performance-Optimization-Sitzung

Die Business-Process-Performance-Optimization-Sitzung (BPPO) beschleunigt die Kerngeschäftsprozesse des Kunden und hilft ihm dadurch, interne Geschäftsanforderungen und externe Termine einzuhalten, den Bedarf an Hardwareressourcen und Arbeitskräften zu reduzieren und die Zufriedenheit bei den Endanwendern zu erhöhen. Je nach festgelegtem Schwerpunkt kann die BPPO-Sitzung aufwendige SQL- und ABAP-Anweisungen optimieren und analysieren, Geschäftsprozesse im Logistikbereich verbessern und Aufgaben optimieren, die während der Periodenabschlussprozesse eingeplant werden.

Technical-Performance-Optimization-Sitzung

Die Technical Performance Optimization konzentriert sich auf die Aspekte, die sich auf die Leistung und Stabilität des Kundensystems auswirken. Hierbei handelt es sich vor allem um technische Aspekte oder – wenn der Schwerpunkt vor der Auslieferung klar definiert werden kann – um Aspekte der Datenbankperformance. Die Technical Performance Optimization mit dem Schwerpunkt Datenbankperformance kann eine Analyse der Konfiguration von Datenbankparametern und der Datenbankverwaltung umfassen. Auf Grundlage der Auswertung werden Empfehlungen für die Konfiguration Ihrer Datenbank bereitgestellt.

Datenvolumenmanagement-Sitzungen

Das Portfolio der Datenvolumenmanagement-Sitzungen (SAP DVM) unterstützt die Kunden beim Aufbau einer Strategie für das Datenvolumenmanagement. Diese Strategie legt fest, wie das Datenwachstum bewältigt und reduziert werden kann. Sie erhalten Empfehlungen zur Verkleinerung der vorhandenen Datenbank. Der Service verfolgt einen ganzheitlichen Ansatz, der das Vermeiden, Zusammenfassen, Löschen und Archivieren von Daten berücksichtigt und integriert.

SAP EarlyWatch Check-Sitzung

Die SAP EarlyWatch Check-Sitzung dient dem vorausschauenden Analysieren des Betriebssystems, der Datenbank und des gesamten SAP-Systems des Kunden. Dabei werden Performance und Zuverlässigkeit überprüft und Verbesserungsmöglichkeiten aufgezeigt. Der SAP EarlyWatch-Service kann regelmäßig eingeplant werden, um die Trends und Änderungen der Systemperformance frühzeitig erkennen zu können. Mit diesem Wissen kann der Kunde die Hardware-

oder Softwarekonfiguration proaktiv anpassen, bevor das Anwachsen der Systemlast zu einem Problem wird.

OS/DB-Migration-Sitzungen

Die OS/DB-Migration-Sitzungen in den SAP Continuous Quality Checks für Upgrade-Projekte unterstützen den Kunden bei der Bewältigung der Risiken, die mit einem Migrationsprojekt verbunden sind. Das Sitzungspaket besteht aus der OS/DB-Migration-Analysis-Sitzung und der OS/DB-Migration-Verification-Sitzung. Als Ergebnis dieser Sitzungen erhält der Kunde verschiedene Empfehlungen, die ihn bei einer reibungslosen Migration unterstützen.

Remote-Performance-Optimization-Sitzung

Die Remote-Performance-Optimization-Sitzung ist auf die Engpässe fokussiert, die sich deutlich auf die Performance des Kundensystems auswirken können, und hilft so dabei, den Durchsatz der Kerngeschäftsprozesse zu steigern. Diese Sitzung konzentriert sich auf Empfehlungen zur Optimierung von SQL-Anweisungen, Kundenprogrammen oder Anwendungen.

Security-Optimization-Sitzung

Die SAP-Security-Optimization-Sitzung dient der Sicherheitsüberprüfung eines SAP-Systems. Im Rahmen der Sitzung werden die für die interne und externe Sicherheit relevanten Systemeinstellungen analysiert. Um die interne Sicherheit zu verbessern, werden zahlreiche kritische Kombinationen von Berechtigungen überprüft. Die externe Sicherheit wird durch eine Überprüfung der Zugriffsmöglichkeiten auf das System sowie der verwendeten Authentifizierungsmethoden verbessert.

A.2.4 Continuous Quality Checks für Upgrade-Projekte

Upgrade-Assessment-Sitzung

Mit diesem Service erhält der Kunde einen technischen Überblick über das Produktivsystem sowie nützliche Informationen über das Change Management, das relevante Upgrade-Datenvolumen, die Systemlast und -leistung und mögliche Risiken in der Wartungsstrategie. Außerdem erhält der Kunde Empfehlungen zu Indikatoren aus analysierten Schwerpunktbereichen. Die Indikatoren weisen auf besondere Risiken hin, die durch zusätzliche Remote-Services abgedeckt oder weiter erforscht werden können.

Upgrade-Weekend-Support-Sitzung

SAP Upgrade Weekend Support unterstützt das Upgrade-Projekt des Kunden beim Produktivstart an Wochenenden oder Feiertagen – in der schwierigsten Phase eines technischen Upgrades. Die Kunden können sich an Kontaktpersonen bei SAP wenden, die an dem speziellen Wochenende für das Projekt zuständig sind. Wenn das Upgrade-Projektteam Meldungen anlegt, beschleunigen die Kontaktpersonen die Verarbeitung dieser Meldungen, indem sie sie bis zur endgültigen Klärung verfolgen.

Support-GoingLive-Sitzung

Die Support-GoingLive-Sitzung bietet folgende Vorteile:

- System-Monitoring mit der Möglichkeit, bei unvorhersehbaren Ereignissen sofort reagieren zu können und einen reibungslosen Produktivstart zu gewährleisten
- enger Kontakt zwischen dem SAP Active Global Support und dem Projektteam des Kunden
- Bereitstellung eines detaillierten Service-Berichts zu den Aktivitäten, die beim Support-GoingLive-Service ausgeführt wurden, einschließlich eines konsolidierten Aktionsplans

GoingLive-Functional-Upgrade-Check-Sitzungen

Zur Vereinfachung der SAP-Release-Upgrades bietet SAP den SAP GoingLive Functional Upgrade Check an. Mit diesem Service wird das System nach einem Upgrade auf den effizienten Betrieb vorbereitet. Der SAP GoingLive Check besteht normalerweise aus zwei Service-Sitzungen: einer Analysesitzung und einer Verifikationssitzung für Upgrade-Projekte zahlreicher SAP-Produkte.

Downtime-Assessment-Sitzung

Wenn die Ausfallzeiten während des Upgrade-Projekts ein Problem für den Kunden darstellen, identifiziert und priorisiert dieser Service die Ursachen der Ausfallzeiten und erstellt Verbesserungsvorschläge. Der Service verkürzt die Ausfallzeiten Ihrer Produktivumgebung und sorgt dafür, dass die Verfügbarkeit der zentralen Geschäftsprozesse den Projektanforderungen entspricht.

A.3 Services des SAP Active Global Supports

A.3.1 SAP Business Process Management

Der SAP Business Process Management-Service kann Ihnen dabei helfen, den Betrieb Ihrer Geschäftsprozesse zu definieren und zu implementieren. Der Service erleichtert folgende Aufgaben:

- **Überwachung von Geschäftsprozessen und Schnittstellen**
  Auf Grundlage eines Beispielprozesses wird eine Überwachungsstrategie definiert. Die Überwachungsanforderungen werden von Ihren spezifischen technischen oder geschäftlichen Anforderungen abgeleitet. Zusätzlich einfließende Informationen über empfohlene Überwachungsaktivitäten basieren auf Best-Practice-Informationen von SAP.
- **Einplanen von Hintergrundjobs**
  Der Service erläutert die Verwaltung von Jobs im Rahmen der Geschäftsausführung, einschließlich der Anforderungen in Bezug auf Dokumentation, Einplanung und Überwachung.
- **Verwaltung der Datenkonsistenz**
  Auf Grundlage Ihrer Lösung werden die Anforderungen für eine Datenkonsistenzprüfung definiert. Es wird angegeben, welche Prüfungen wie oft ausgeführt werden müssen und wie Dateninkonsistenzen behandelt werden sollten.

Zusätzlich zur Definition dieser Strategien zeigt der Service, wie Funktionen im SAP Solution Manager Ihre Arbeit bei der Ausführung dieser Strategien unterstützen können.

A.3.2 Data Volume Management

Verwaltung des Datenvolumens

Data Volume Management unterstützt Sie dabei, eine Strategie für die Verwaltung des Datenvolumens Ihres Unternehmens über die Zeit einzurichten und zu überwachen. Diese Strategie hilft, Risiken zu reduzieren und die Gesamtbetriebskosten zu senken, da sie die

Möglichkeit bietet, außergewöhnliche Zuwächse beim Datenvolumen zu erkennen. Zu der Strategie gehört auch ein Plan sowie Expertenrat für die Reduzierung des vorhandenen Datenvolumens und die Eindämmung von zukünftigem Datenwachstum. Der ganzheitliche Ansatz von Data Volume Management hilft Ihnen, Daten zu aggregieren, zu löschen und zu archivieren und die Erstellung von neuen Daten sinnvoll einzugrenzen.

A.3.3 SAP EarlyWatch Alert

Um die operative Leistung Ihrer IT-Abteilung zu demonstrieren, kann der Qualitätsmanager für Business Continuity den Betrieb Ihres SAP Technical Operations Teams und Ihres Business-Process-Operations-Teams mit einem Betrieb vergleichen, dessen Leistungsfähigkeit als durchschnittlich gilt. Mit dem SAP EarlyWatch Alert-Service kann der Qualitätsmanager für Business Continuity zeigen, dass der Lösungsbetrieb den von SAP entwickelten Best-Practice-Standard erfüllt und mit hoher Qualität ausgeführt wird.

A.3.4 Vorbereitungssitzung für den SAP Solution Manager

Der SAP Enterprise Support bietet ein Portfolio von Support-Sitzungen, mit denen die Qualität Ihrer SAP-Lösung nachhaltig sichergestellt wird. Sie werden als Remote-Sitzungen von Experten des SAP Active Global Supports ausgeführt. Zu diesen stetigen Qualitätsprüfungen gehört die Vorbereitungssitzung für den SAP Solution Manager. Dabei wird die Grundkonfiguration des SAP Solution Managers überprüft, und es werden Empfehlungen für die Optimierung bereitgestellt. Ziel ist es, den SAP Solution Manager auf eine Service-Lieferung (remote oder vor Ort) oder die Verwendung zusätzlicher Support-Szenarien vorzubereiten. Die Vorbereitungssitzung für den SAP Solution Manager unterstützt Sie dabei,

- die Konfiguration Ihrer SAP Solution Manager-Umgebung zu verifizieren
- die Konfiguration des SAP Solution Managers für die Service-Lieferung zu optimieren
- den SAP Solution Manager als Lieferplattform für unterstützende SAP-Dienste (Remote- und Vor-Ort-Services) vorzubereiten

A.3.5 SAP GoingLive Check

Produktivstart

Der SAP GoingLive Check-Service unterstützt den Produktivstart von SAP-Lösungen. Die SAP-Service-Techniker überprüfen die Lösung auf Risiken hin und stellen Empfehlungen bereit, mit denen eine optimale Performance und hohe Systemverfügbarkeit für die zentralen Geschäftsprozesse der entsprechenden Software erzielt werden können. Der SAP GoingLive Check:

- überprüft die technische Kapazität der Produktivumgebung einschließlich Plausibilitätsprüfung für das Sizing
- überprüft die Systemkonfiguration einschließlich Datenbank und Systemkomponenten
- überprüft die Versions- und Releasekompatibilität einschließlich aller beteiligten SAP-Komponenten und Plug-ins
- analysiert und optimiert die Performance der zentralen Geschäftsprozesse

Der SAP GoingLive Check erfolgt in drei Sitzungen: Analyse, Optimierung und Verifizierung. Alle Sitzungen werden von SAP-Support-Experten über eine Remote-Verbindung ausgeführt.

A.3.6 Optimierungssitzungen

Performance-verbesserung

Die folgenden Remote-Sitzungen des SAP-Service-Portfolios für stetige Qualitätsprüfungen dienen der Performanceverbesserung Ihrer SAP-Lösung und können im Rahmen der Integrationsvalidierung eingesetzt werden.

Business-Process-Performance-Optimization-Sitzung

Die Business-Process-Performance-Optimization-Sitzung (BPPO) beschleunigt die Kerngeschäftsprozesse des Kunden und hilft ihm dadurch, interne Geschäftsanforderungen und externe Termine einzuhalten, den Bedarf an Hardwareressourcen und Arbeitskräften zu reduzieren und die Zufriedenheit bei den Endanwendern zu erhöhen. Je nach festgelegtem Schwerpunkt kann die BPPO-Sitzung aufwendige SQL- und ABAP-Anweisungen optimieren und analysieren, Geschäftsprozesse im Logistikbereich verbessern und Aufgaben optimieren, die während der Periodenabschlussprozesse eingeplant werden.

Technical-Performance-Optimization-Sitzung

Die Technical Performance Optimization konzentriert sich auf die Aspekte, die sich auf Leistung und Stabilität des Kundensystems auswirken. Hierbei handelt es sich vor allem um technische Aspekte oder – wenn der Schwerpunkt vor der Auslieferung klar definiert werden kann – um Aspekte der Datenbankperformance. Die Technical Performance Optimization mit dem Schwerpunkt Datenbankperformance kann eine Analyse der Konfiguration von Datenbankparametern und der Datenbankverwaltung umfassen. Auf Grundlage der Auswertung werden Empfehlungen für die Konfiguration Ihrer Datenbank bereitgestellt.

Remote-Performance-Optimization-Sitzung

Die Remote-Performance-Optimization-Sitzung ist auf die Engpässe fokussiert, die sich deutlich auf die Performance des Kundensystems auswirken können, und hilft so dabei, den Durchsatz der Kerngeschäftsprozesse zu steigern. Diese Sitzung konzentriert sich auf Empfehlungen zur Optimierung von SQL-Anweisungen, Kundenprogrammen oder Anwendungen.

A.3.7 SAP Technical Integration Check

Der Service SAP Technical Integration Check wird üblicherweise vor dem Einführen einer Lösung in die Produktivumgebung ausgeführt. Dieser Service analysiert die durchgängigen Geschäftsprozesse und Schnittstellen der gesamten Lösungslandschaft. Er dient der frühzeitigen Beseitigung bekannter technischer Issues und Problembereiche.

Prüfung vor Produktivstart

Auf der Grundlage bewährter Methoden und Wissensdatenbanken überprüft der SAP Technical Integration Check, ob die Lösung für den Produktivstart bereit ist. Diese technische Prüfung wird kurz vor dem Produktivstart durchgeführt. Bei der Prüfung werden Komplikationen, die den Prozess stören könnten, ermittelt und gekennzeichnet. Gleichzeitig werden die für den Produktivstart und für den zukünftigen Lösungsbetrieb erforderlichen IT-Support-Maßnahmen ermittelt. Alle kritischen Schnittstellen und Geschäftsprozessschritte, die noch keiner detaillierten Analyse unterzogen wurden, werden überprüft. Dabei wird sichergestellt, dass keine Vorgänge ausgelassen werden und alle technischen Risikofaktoren korrekt bewertet sind. Die Ergebnisse werden den Implementierungsteams mitgeteilt. Der Service legt außerdem in SAP Solution Manager eine Mindestdokumentation zu der implementierten Lösung an.

Folgende Leistungen sind nicht im SAP Technical Integration Check enthalten:

- Business-Consulting-Aktivitäten
- detaillierte Funktionsprüfungen
- Implementierung
- Konfiguration der Anwendung

Zeitpunkt Ein SAP Technical Integration Check kann ausgeführt werden, wenn die zentralen Geschäftsprozesse – einschließlich der erforderlichen Änderungen und kritischen Schnittstellen – entworfen sind und der Funktionstest abgeschlossen ist. Die durchgängigen Geschäftsprozessszenarien, die den Integrationstest unterstützen, sollten bereits definiert sein, und die Testumgebung sollte die repräsentativen Daten enthalten. Das Projektteam sollte die Ergebnisse aus dem ersten Integrationstestzyklus kennen und die Risiken und Probleme hinsichtlich Datenkonsistenz, Durchsatz, Lastverteilung und Skalierbarkeit ermittelt haben.

A.3.8 SAP Business Process Performance Optimization

Mit dem Service *SAP Business Process Performance Optimization* liefert SAP Empfehlungen zur Optimierung der zugrunde liegenden Technologie. Mit der Optimierung werden die Performance und die technische Stabilität der implementierten Lösung verbessert. Der Service hat folgende Ziele:

- Ermitteln von Maßnahmen, die den Bedarf an Hardwareressourcen reduzieren
- Erhöhen des Durchsatzes bei ineffizienten Prozessschritten, die Performanceengpässe verursachen
- Kürzung der Berichts- und Verarbeitungszeiten zur Einhaltung interner Geschäftsanforderungen (z.B. Reaktionszeiten bei zentralen Transaktionen) und externer Terminvorgaben für obligatorisches Berichtswesen; ein weiterer Vorteil könnte ein reduziertes Datenvolumen in den jeweiligen Systemen sein

- größere Zufriedenheit der Endanwender durch Verkürzung der Reaktionszeiten bei Dialog- und Hintergrundverarbeitung von zentralen Transaktionen und Berichten
- Wissenstransfer zu Customer-COE-Experten in Bezug auf Performanceüberwachung und Verwendung von Best Practices für die Optimierung

Zeitpunkt

SAP Business Process Performance Optimization kann sowohl vor dem Produktivstart in einem vollständig konfigurierten Qualitätssicherungs- oder Vorproduktivsystem als auch während des Produktivbetriebs ausgeführt werden. Der Service erbringt die größten Vorteile, wenn Performanceengpässe bereits bekannt sind oder wenn sich das Risiko zukünftiger Performanceprobleme durch optimale Nutzung der verfügbaren Hardwareressourcen vermeiden lässt.

A.3.9 SAP Interface Management

Schnittstellen sind häufig die Schwachpunkte in den Geschäftsprozessen und können die Ursache von Störungen mit unvorhersehbaren Kosten sein. Der Service *SAP Interface Management* analysiert und optimiert Design, Konfiguration und Betrieb der für die zentralen Geschäftsprozesse wesentlichen Schnittstellen.

Dieser Service soll unerwartete Kosten vermeiden, die durch Schnittstellenprobleme verursacht werden, und bereits bekannte technische Probleme mit den zentralen Schnittstellen der implementierten Lösung beheben. Er minimiert die Risiken besonders in den Phasen, in denen ein Produktivstart der Software kritisch ist. Der Service erreicht diese Ziele durch Erhöhung der technischen Stabilität, Konsistenz, Performance, des Durchsatzes und der Wartungsfähigkeit der zentralen Schnittstellen. Durch den Wissenstransfer von SAP-Experten führt der Service auch zu einem Kompetenzzuwachs in der Support-Organisation oder im Customer COE des Unternehmens.

Zeitpunkt

SAP Interface Management erbringt die größten Vorteile, wenn eine Lösung Schnittstellen mit bekannten Problemen enthält oder wenn ein hohes Risiko besteht, dass die Lösung folgende Anforderungen nicht erfüllen kann:

- hoher Durchsatz, z.B. mehrere Tausend Belege pro Stunde
- kurze Reaktionszeiten

- hohe Datenkonsistenz
- begrenztes oder fehlendes Know-how bei Schnittstellenüberwachung, Fehlererkennung oder Fehlerbehebung
- komplexes Prozessintegrationsszenario mit der SAP NetWeaver Process Integration

SAP Interface Management ist für Lösungen verfügbar, die sich entweder im Produktivbetrieb oder kurz vor dem Produktivstart befinden (z. B. Lösungen, die für den Integrationstest bereit sind oder ihn gerade durchlaufen).

A.3.10 SAP Solution Management Assessment

Der SAP Solution Management Assessment-Service verwendet die oben beschriebene Methode, um die Geschäftsprozesse zu analysieren und ihr Verbesserungspotenzial zu ermitteln. Dann ordnet der Service die Lösungslandschaft und die zentralen Geschäftsprozesse einander zu und ermittelt Schwachpunkte sowie deren Auswirkungen auf die zentralen Geschäftsprozesse. Es wird ein Aktionsplan mit den von SAP vorgeschlagenen Maßnahmen zur Verbesserung der Lösung aufgestellt.

Reduzierung der Gesamtbetriebskosten (TCO)

SAP Solution Management Assessment reduziert die Gesamtbetriebskosten durch Herstellung einer technisch robusten Lösung. Im Einzelnen liefert die Bewertung folgende Ergebnisse:

- mehr Leistung und Durchsatz der zentralen Geschäftsprozesse
- geringeres Risiko bei Änderungen
- geringerer Zeitaufwand für die Systemwartung
- höhere Systemverfügbarkeit sowohl für aktuelle als auch für zukünftige Geschäftsanforderungen
- höhere Effizienz der zentralen Geschäftsprozesse durch genaue Abstimmung zwischen Geschäfts- und IT-Abteilungen
- Einrichtung von Best Practices für die Verwaltung der SAP-Lösung
- Erweiterung der Mitarbeiterkenntnisse zur kontinuierlichen Verbesserung Ihrer SAP-Lösung durch Weitergabe von Expertenwissen

Art der Lieferung

SAP Solution Management Assessment wird über den SAP Solution Manager vor Ort geliefert und besteht aus drei Phasen: Vorbereitung,

Vor-Ort-Besuch und Nachbereitung. Die Dauer der einzelnen Phasen hängt von der Komplexität Ihres SAP-Projekts ab. Ein Faktor, der die Dauer beeinflusst, ist z. B. die projektspezifische Anzahl der betriebswichtigen Geschäftsprozesse und Schnittstellen.

A.3.11 Modification Justification Check

Der Qualitätsmanager für die Optimierung der Geschäftsprozesse muss entscheiden, ob eine Verbesserung der Geschäftsprozesse, z. B. durch eine kundenspezifische Erweiterung, vorgenommen werden soll. SAP bietet einen Service an, der bei dieser Entscheidung helfen kann: Der Modification Justification Check prüft, ob eine Änderung an der Software sinnvoll ist. Der QM für die Optimierung der Geschäftsprozesse wendet sich gemeinsam mit dem QM für den Investitionsschutz an SAP, um herauszufinden, ob eine SAP-Standardfunktion zur Abdeckung der betreffenden Anforderung existiert. Wenn nicht, wird in einer zweiten Prüfung ermittelt, ob die Änderung mithilfe einer Standarderweiterung von SAP implementiert werden kann.

Das primäre Ziel des Services besteht darin, die Änderungen an der SAP-Standardsoftware auf das Nötigste zu beschränken, um auf diese Weise den Aufwand – und die Kosten – für Upgrades möglichst gering zu halten.

A.3.12 Solution-Architect-Services

Möglicherweise lohnt es sich, zur Verbesserung der Geschäftsprozesse einen SAP Solution Architect heranzuziehen. Der SAP Solution Architect kann wertvolle Dienste leisten, wenn es darum geht, einen strategischen Lösungsplan aufzustellen, Risiken zu ermitteln und die Realisierbarkeit im Rahmen der Anwendung einzuschätzen.

SAP Solution Architects haben folgende Aufgaben:

- Verstehen der vorhandenen Lösungsarchitektur
- Verstehen der zukünftigen Anforderungen (Definition des Lösungsumfangs)
- Abstimmen der Lösungsarchitektur des Kunden auf die von SAP empfohlene Gesamtlösungsstrategie

Der SAP Solution Architect liefert unter anderem folgende Services:

- Prüfung der Dokumentation zu den zukünftigen Anforderungen (Lösungsumfang) der Geschäftsszenarien und Geschäftsprozesse
- Ermittlung der technischen Einschränkungen und Rahmenbedingungen
- Validierung der allgemeinen funktionalen Realisierbarkeit der Lösung
- Validierung der technischen Realisierbarkeit der Lösung aus einer operativen Perspektive

A.3.13 Weitere SAP AGS-Services

SAP AGS bietet mehrere Services, die eine Verbesserung der Geschäftsprozesse aus technischer Sicht ermöglichen. Die folgende Tabelle bietet für eine kleine Auswahl dieser Services eine allgemeine Übersicht sowie eine Beschreibung der Bereiche, auf die sie sich beziehen.

Bereiche	Services
Leistung zentraler Geschäftsprozesse und kritischer Transaktionen	SAP Business Process Performance Optimization SAP Remote Performance Optimization
Leistung und Funktionsfähigkeit von Schnittstellen; Issues durch Dateninkonsistenz	SAP Interface Management
Große Datenmengen mit negativen Auswirkungen auf die Leistung und den Betrieb von Geschäftsprozessen	Data Volume Management
Fehler in Geschäftsprozessen; Verfügbarkeit von Geschäftsprozessen	SAP Business Process Management
Unzureichende Kenntnisse im Bereich der Systemverwaltung	SAP System Administration-Service für Process Integration, Customer Relationship Management, Supply Chain Management und Business Intelligence

Tabelle A.2 Services zur technischen Verbesserung von Geschäftsprozessen

A.4 SAP-Produktstandards

Um zu gewährleisten, dass die gesamte SAP-Lösungslandschaft unserer Kunden einheitlich implementiert und betrieben werden kann, müssen alle SAP-Produkte die internen SAP-Produktstandards einhalten. Alle neuen Produkte und Releases werden vor der Auslieferung anhand dieser 16 Standards überprüft. Zwei der 16 Standards sind als Teil der SAP Enterprise Support-Services für die Kunden von SAP veröffentlicht. Diese beiden Standards werden in den folgenden beiden Abschnitten beschrieben.

A.4.1 SAP-Produktstandard: Business Configuration

SAP bietet für alle Produkte nicht nur den Code und die Dokumentation, sondern auch den integrierten Business Content. Dieser wird über Business-Szenario-Konfigurationsleitfäden und das Business Process Repository im SAP Solution Manager geliefert. Sie haben Zugriff auf die Business-Szenario-Konfigurationsleitfäden auf dem SAP Service Marketplace unter *http://www.service.sap.com/ibc* oder über ein Work Center im SAP Solution Manager: Implementation/Upgrade • Build • Goto Business Process Configuration • Environment • Maintain Configuration Structure.

Der Business-Szenario-Konfigurationsleitfaden beschreibt die Einstellungen, die für die Ausführung des Business-Szenarios konfiguriert werden müssen. Dazu gehören Einstellungen für Datenverteilung, Customizing und Stammdaten. Die Systemlandschaft wird mit dem Master Guide und den Installationsleitfäden der Komponenten installiert.

Weder die Hierarchie der Geschäftsprozesse im SAP Solution Manager noch die Aktivitäten im Einführungsleitfaden (IMG) geben die Reihenfolge wieder, in der die Konfigurationsschritte in den SAP-Anwendungskomponenten auszuführen sind. Nur der Business-Szenario-Konfigurationsleitfaden führt Sie in der korrekten Reihenfolge durch diesen Prozess.

Struktur

Die Business-Szenario-Konfigurationsleitfäden haben folgende Struktur:

- **Allgemeine Einstellungen**
  Allgemeine Informationen, die Sie für den Anfang der Business-Szenario-Konfiguration benötigen
- **Systemverbindungen**
  Informationen über die Vernetzung der Systeme in einer Systemlandschaft. Dazu gehören z.B. folgende Aufgaben:
  - Definieren der logischen Systeme und Zuweisung von Clients im Online-Transaction-Processing-System (OLTP)
  - Festlegen der Systeme, Server, Clients, Verteilungsmodelle usw. in dem System, in dem die SAP-Anwendungskomponente installiert wird
  - Festlegen der Konfigurationseinstellungen und Ausführen anderer Vorgänge, die für die Interaktion in der SAP-Systemlandschaft erforderlich sind
- **Middleware**
  Informationen über das Generieren von *Middleware* (Software, die es einer Anwendung ermöglicht, mit einer anderen Anwendung zu kommunizieren). Die Middleware übernimmt die Switching-, Queuing- und Mapping-Funktionen für den Nachrichtenaustausch. Die Anwendungen können auf verschiedenen Plattformen und Datenmodellen ausgeführt werden. Middleware wird z.B. von der Anwendung SAP Customer Relationship Management verwendet.
- **Datenverteilung**
  Informationen über die Verteilung von Stammdaten, Transaktionsdaten und Customizing-Daten. Dazu gehören z.B. folgende Aufgaben:
  - Erstdatenübertragung vom OLTP-System zum Online-Analytical-Processing-System (OLAP)
  - automatische Verteilung
  - manuelle Verteilung, wenn z.B. keine automatische Verteilung möglich ist
- **Business Configuration**
  Informationen über die Customizing-Einstellungen in den einzelnen Systemen. Beim Customizing richten Sie die unternehmensneutral ausgelieferten Funktionen für die spezifischen Anforderungen Ihres Unternehmens ein. Dazu gehören z.B. folgende Aufgaben:

- Customizing der Organisationseinheit
- Customizing der Stammdaten
- Customizing der Prozesse

Was legt der Standard fest?

Die SAP-Software muss alle wichtigen Geschäftsprozesse in den Geschäftsbereichen oder Branchen unterstützen, für die sie entwickelt ist. Aufgrund der gesetzlichen Anforderungen oder lokalen Geschäftsverfahren können die Geschäftsprozesse von Unternehmen zu Unternehmen unterschiedlich sein. Deshalb müssen die Funktionen in den SAP-Lösungen von den Kunden entsprechend konfiguriert werden.

Allgemein bezieht sich Business Configuration auf Einstellungen mit den folgenden Eigenschaften:

- Einstellungen für Implementierungen und Upgrades von SAP-Lösungen am Kundenstandort
- Einstellungen, die Parameter für technische und geschäftliche Prozessabläufe am Kundenstandort festlegen

Business Configuration gehört zu jedem Einführungsprojekt für Kunden, die ein neues SAP-Produkt gekauft haben. Üblicherweise wird die Erstkonfiguration von IT- und Anwendungsberatern ausgeführt. Ein Experte in der Fachabteilung des Kunden ist für die laufende Wartung verantwortlich.

Die Entwicklungsabteilung von SAP muss die Software so konzipieren, programmieren und für die Implementierung vorbereiten, dass sie am Kundenstandort effizient konfiguriert werden kann.

Grundprinzipien

Mit dem Standard für Business Configuration wird sichergestellt, dass bei allen SAP-Produkten die Konfigurationen und Software-Upgrades konsistent mit Standard-SAP-Werkzeugen durchgeführt werden können.

Einhaltung von Customizing-Standards

SAP muss dafür sorgen, dass die Kunden die einzelnen ABAP- und Nicht-ABAP-Komponenten in einer SAP-Lösungslandschaft an ihre Anforderungen anpassen können. Dies bedeutet auch, dass die Einführungsleitfäden der entsprechenden Komponenten nach den im Customizing-Entwicklungsleitfaden dargelegten SAP-Standards gepflegt werden müssen. Ebenso müssen alle Java- und sonstigen Nicht-ABAP-Entwicklungen den Standards für Business Configuration im Customizing-Entwicklungsleitfaden entsprechen.

Implementierungsinhalte für Business-Szenarios

SAP muss den Kunden die Informationen bereitstellen, die sie für eine schnelle Implementierung der SAP-Lösungen benötigen. Insbesondere muss SAP die typischen Geschäftsszenarien ermitteln und die Materialien bereitstellen, die die Kunden für die Konfiguration der Software im Rahmen dieser Szenarien benötigen.

Diese Materialien beinhalten:

- **Business Process Hierarchy**
  Hierarchische Darstellung aller Stammdaten, Organisationseinheiten, Prozesse und Prozessschritte, die ein Szenario ausmachen, einschließlich der Zuordnung von Transaktionen und Einführungsleitfaden. Beim Durcharbeiten dieser Prozesshierarchie können Sie die Geschäftsprozesse überprüfen und auf die entsprechenden Transaktionen und Customizing-Einstellungen zugreifen. Anhand der Business Process Hierarchy können Sie mühelos einen Business Blueprint für die Szenarien anlegen und die Geschäftsszenarien konfigurieren.
- **Konfigurationsleitfaden**
  Schritt-für-Schritt-Anleitung zum Konfigurieren eines Geschäftsszenarios

Business Process Hierarchy, Konfigurationsleitfaden und andere Materialien, die zum Konfigurieren von Geschäftsszenarien erforderlich sind, werden mit dem SAP Solution Manager gepflegt und ausgeliefert.

Vorteile für Kunden

Mit den standardisierten Customizing-Aktivitäten können die Kunden neue SAP-Produkte effizient und konsistent implementieren. Durch detaillierte Konfigurationsinformationen werden die Einführungsprojekte auch beschleunigt. Die schnelle und reibungslose Implementierung führt stets auch zu einer schnelleren Amortisierung der Investition.

Bei der standardisierten Konfiguration können die Kunden ihre Konfigurationseinstellungen dokumentieren, validieren und wiederverwenden. Sie können z.B. Customizing-Einstellungen durch Speichern und Wiederverwenden in sogenannten Business Configuration Sets (BC-Sets) für folgende Aufgaben nutzen:

- **Validierung**
  Sie können Ihre Softwarekonfiguration dokumentieren und die Übereinstimmung mit den entsprechenden rechtlichen Bestim-

mungen nachweisen (z.B. Validierungsanforderungen der U.S. Food and Drug Administration).

- **Globales Rollout**
  Sie können in der Zentrale Ihres Unternehmens eine ideale Konfiguration festlegen und auf die Filialen übertragen. Diese übernehmen die vorgegebenen Konfigurationseinstellungen.

A.4.2 SAP-Produktstandard: IT Service and Application Management

Der SAP-interne Standard IT Service and Application Management (ITSAM) bildet das Fundament für den effektiven und effizienten Betrieb der IT-Lösungen unserer Kunden.

Was legt der Standard fest?

Dieser Standard legt die Kriterien für ein standardisiertes Managementkonzept fest, das die Geschäftsprozesse und die zugrunde liegende Lösungslandschaft der Kunden unterstützt. Das Managementkonzept sorgt für optimale Verfügbarkeit und Leistungsfähigkeit und gewährleistet die Business Continuity zu akzeptablen Gesamtbetriebskosten (TCO). Zusätzlich legt der Standard die Kriterien fest, die von Softwarekomponenten erfüllt sein müssen, damit für sie ein effizienter Support über standardisierte SAP-Support-Prozesse möglich ist.

Grundprinzipien

Um einen zuverlässigen und sicheren Betrieb zu gewährleisten, enthält die Checkliste für IT Service and Application Management (Solution Management) Regeln und Richtlinien. Diese umfassen folgende Aspekte der Business Continuity und des TCO-Managements:

- **Solution Monitoring**
  Ermöglicht ein zentralisiertes Monitoring, das auch ein Geschäftsprozessüberwachungs-Management der technischen Komponenten umfasst.
- **Management der SAP-Technologie**
  Bietet Routinevorgänge für den täglichen Betrieb, die hohe Verfügbarkeit und sicheres Backup und Recovery ermöglichen.
- **Geschäftsprozessverwaltung**
  Ermöglicht eine optimale Verwaltung von Geschäftsprozessen und eine konsistente Datenintegration; umfasst optimale Verfahren zur Bewältigung des Datenwachstums.

- **Software Change Management**
  Konzipiert für zentralisiertes und konsistentes Customizing und eine solche Entwicklung sowie für minimale Ausfallzeiten.
- **Ursachenanalyse**
  Ermöglicht die effiziente Fehlerbehebung in heterogenen dezentralen Umgebungen zur Einhaltung des Service Level Agreements (SLA) für SAP Enterprise Support.
- **Fernwartung**
  Ermöglicht SAP und SAP-Partnern den sicheren Zugriff auf die Kundenlandschaft über SAProuter mit ausschließlich leseberechtigten Benutzern; bietet eine klare Trennung von Fernwartung und Administration.

Inhalt

Der ITSAM-Standard enthält Betriebs- und Support-Anforderungen und unterstützt die Kunden damit in folgenden Bereichen:

- Pflege oder Erweiterung der Lösung mithilfe standardisierter Wartungsverfahren und Werkzeuge
- vorbeugende Überwachung der kompletten Lösung und frühzeitige Erkennung von kritischen Situationen
- Anpassen der Lösung für große Volumina und hohe Verfügbarkeit
- sicherer Betrieb der Lösung mit durchgängigen Konzepten für Backup und Recovery
- einfache Zusammenarbeit mit dem SAP-Support für Incident Management

Damit die Kunden diese Ziele erreichen können, müssen alle SAP-Produkte die folgenden Anforderungen erfüllen:

Dokumentation

- Für jede Anwendung muss eine Betriebsanleitung enthalten sein:
  - komponentenspezifische Inhalte
  - szenariospezifische Inhalte

Monitoring und Benachrichtigungen

- Für die Echtzeitüberwachung muss CA Wily Introscope verwendet werden:

  - Dabei handelt es sich um das Werkzeug eines Drittanbieters (gehört Computer Associates [CA], darf aber von den Kunden für die von SAP gelieferte Instrumentierung und Dashboards kostenlos verwendet werden).
  - Wird für Kennzahlen zur Echtzeitüberwachung verwendet (Java, Microsoft .NET, ABAP, C/C++).
- Für Benachrichtigungen muss Transaktion RZ20 im Computer Center Management System (CCMS) verwendet werden.

Systemmanagement

- Das Systemmanagement muss für nicht ABAP-basierte Komponenten über das Werkzeug SAP NetWeaver Administrator, für ABAP-basierte Komponenten über CCMS und generell über das Work Center *Systemverwaltung* im SAP Solution Manager bereitgestellt werden.
- Es muss eine Backup-Funktion bereitgestellt werden: Online-Backup und Dokumentation in der Betriebsanleitung für die Anwendung.
- Die Handhabung veralteter Daten muss möglich sein.
- Das Hochverfügbarkeitskonzept muss verwendet werden (und szenarioübergreifend funktionieren).

Software Change Management

- Die technische Landschaft muss in den Informationen für das Produktionsplanungs- und Wartungssystem (PPMS) innerhalb von SAP modelliert werden. Der SAP Solution Manager verwaltet eine Kopie dieser Inhalte mit modellierter Landschaft, die für alle Wartungsverfahren verwendet wird.
- Die Integration in den Maintenance Optimizer (automatisch für ABAP- und SAP-J2EE-Komponenten – Java 2, Enterprise Edition) muss sichergestellt sein.
- Die Integration in das Enhanced Change and Transport System (CTS+/One Transport Order – automatisch für ABAP- und SAP-J2EE-Komponenten) muss folgendermaßen sichergestellt sein: Sämtliche Inhalte, Codes und Konfigurationen müssen in Entwick-

lungsumgebungen ausgeführt werden und mit CTS+ zur Produktion transportierbar sein.

- Die Komponentenkonfiguration muss über ein Standard Application Programming Interface (API) zugänglich sein (J2EE Configuration Manager, ABAP Remote Function Call API, Webservice-API).
- Kundenentwicklung (falls aktiviert: Versionsverwaltung, Integration in einem Transportauftrag, Konfliktlösung).

Integration und Automatisierung

- Die Inhalte für die Geschäftsprozessüberwachung müssen zur Überwachung von Leistung und Verfügbarkeit der Geschäftsprozesse sowie der Datenkonsistenz an den Schnittstellen bereitgestellt werden.
- Standardschnittstellen sind zu verwenden (und müssen überwacht, neu gestartet und wiederhergestellt werden können).
- Hintergrundverarbeitung muss effektiv, skalierbar und parallel ausführbar sein (und muss fehlertolerant und neustartfähig sein und Protokollierung unterstützen).
- Für verteilte oder abhängige Daten in Mehrfachsystemen muss eine Konsistenzprüfung ausführbar sein.
- Alle SAP-Online-Transaktionen müssen so ausgelegt sein, dass die Endanwender keine Inkonsistenzen erzeugen können.

Support-Anforderungen

SAP-Support-Personal, Partner und andere Support-Organisationen müssen darüber hinaus in der Lage sein,

- auf alle für den Support relevanten Informationen von einem entfernten Standort aus sicher zuzugreifen (ohne Änderungsmöglichkeiten)
- bei Störungen eine Ursachenanalyse mit standardisierten Werkzeugen effizient und effektiv auszuführen
- Fehler und Leistungsprobleme in allen Komponenten der Lösungslandschaft zu analysieren
- alle Support-Aufgaben über einen zentralen Knoten auszuführen

Um diese Ziele zu erreichen, müssen alle SAP-Produkte die folgenden Anforderungen erfüllen:

Dokumentation

- Szenarien zur Problemanalyse müssen enthalten sein (Dokumentation zur Fehlerbehebung, kann Teil der Betriebsanleitung für die Anwendung sein).

Problem- und Performanceanalyse

- Protokollierung und Ablaufverfolgung (Tracing) müssen möglich sein und die folgenden Bedingungen erfüllen:
  - Sie müssen semantischen Richtlinien folgen.
  - Sie müssen Standardprotokolle wie das ABAP-Anwendungsprotokoll, Syslog, SAP Logging API, Listlog-Format oder Windows Event Log verwenden.
  - Sie müssen dynamische Protokollierung und Trace-Level-Switching ermöglichen.
- Performance- und Ressourcenstatistiken müssen über CA Wily Introscope (dynamische Instrumentierung für Java, Microsoft .NET; statische Instrumentierung für C/C++) verfügbar sein.
- E2E-Tracing muss möglich sein: SAP Passport-Handhabung und dezentrale Statistikdatensätze (Standalone- und Frontend-Komponenten).
- Online-Aktivitäten- und Ressourcenüberwachung[1] muss möglich sein:
  - Für eigenständige Komponenten, andere nur bei selbstverwalteten Ressourcen
  - Für Windows-basierte Frontends muss Instrumentierung für BMC AppSight für SAP-Client-Diagnose bereitgestellt werden, also entweder ein Third-Party-Tool (Eigentum von BMC), jedoch kostenlos nutzbar für SAP-Frontend-Komponenten, oder ein reines Offline-Analysewerkzeug für Frontend-Probleme (kein Fernzugriff erforderlich).
- Sicherer Fernzugriff muss möglich sein:
  - Alle Support-Werkzeuge müssen über eine grafische SAP-Benutzungsoberfläche oder einen Webbrowser zugänglich sein.
  - Die einzelnen Support-Werkzeuge müssen eine Support-Rolle ohne Änderungsmöglichkeiten bereitstellen.

---

1 Pilotphase mit EHP1 für SAP Solution Manager.

Vorteile für Kunden

Dieser Standard bietet Ihnen folgende Vorteile:

- Berücksichtigung der Gesamtbetriebskosten (TCO) und des Return on Investment (ROI) durch Risikomanagement der technischen Implementierung und Verringerung der Betriebskosten durch Standardisierung
- technisch stabilere Lösung mit besserer Performance
- Investitionsschutz durch kundengesteuerte Wartungsstrategie, Change Management Support und optimale Ressourcennutzung

B Literaturnachweis

- Gerhard Oswald, *SAP Service and Support*, 2. Auflage (Boston: SAP PRESS 2006).
- Marc O. Schäfer, Matthias Melich, *SAP Solution Manager Enterprise Edition*, 2. Auflage (Boston: SAP PRESS 2009).

C Herausgeber

Gerhard Oswald

Vorstandsmitglied der SAP AG

Gerhard Oswald ist Chief Operating Officer (COO) und seit 1996 Vorstandsmitglied der SAP AG. Er verantwortet den Bereich Global Service and Support mit den Teilbereichen SAP Consulting, SAP Education, SAP Custom Development, SAP Active Global Support, Quality Governance and Production und Operations.

Oswald kam 1981 zu SAP und war maßgeblich an der Entwicklung des Vertriebsunterstützungsnetzwerks für SAP R/2 beteiligt und für die Qualitätssicherung zuständig. Anschließend übernahm er die Verantwortung für die Qualitätssicherung im kritischen Entwicklungsprojekt der SAP R/3-Software. Zwischen 1987 und 1993 war Oswald Mitglied des Projektmanagement-Teams, das für die Konzeption, Entwicklung und Bereitstellung von SAPs Flaggschiff, der ERP-Software SAP R/3, verantwortlich war.

Nach Abschluss dieses Projekts im Jahr 1993 wurde Oswald in die erweiterte Geschäftsleitung von SAP berufen. 1994 übernahm er die Verantwortung für den Unternehmensbereich SAP R/3 Services. Zwei Jahre später, im Jahr 1996, wurde Oswald in den Vorstand berufen. Unter seiner Führung haben die Gründung von SAP Active Global Support, der global agierenden Support-Infrastruktur von SAP, sowie die kontinuierlichen Verbesserungen in den innovativen Support-Angeboten SAPs Führungsrolle in der Branche umfassend demonstriert.

Oswald begann seine berufliche Laufbahn bei der Siemens AG als Anwendungsberater für SAP R/2-Geschäftsprozesse von 1977 bis 1980. Zuvor studierte er an der Universität Mainz Betriebswirtschaft.

Uwe Hommel

Executive Vice President,
SAP Active Global Support

Dr. Uwe Hommel leitet SAP Active Global Support – Large Enterprise Organisation im COO-Vorstandsbereich als Executive Vice President und ist dabei direkt Gerhard Oswald unterstellt. Er ist für die Entwicklung und Ausgestaltung eines End-to-End-Solution-Support-Programms und -Portfolios sowie für die Integration der Solution-Services in die Marketing- und Partnerprogramme von SAP verantwortlich. Während seiner langjährigen beruflichen Laufbahn bei SAP war Dr. Hommel in verschiedensten Service-Bereichen tätig. Dazu zählen unter anderem die Remote-Services-Entwicklung (SAP EarlyWatch- und SAP GoingLive-Remote-Services), Schulungen, die Zertifizierung technischer Berater sowie die Entwicklung des Wissenstransfermodells.

Dr. Hommel kam 1988 zu SAP und war maßgeblich am Aufbau technischer Beratungsdienstleistungen in Walldorf beteiligt. Von 1991 bis 1994 leitete er die Entwicklung des Computer Center Management Systems (CCMS) und war für Qualitätssicherung zuständig. Zwischen 1994 und 1999 leitete Dr. Hommel SAP R/3 Services sowie die Abteilung Technical Core Competence. Vor seiner Benennung zum Executive Vice President für SAP Active Global Support hatte Dr. Hommel ab dem Jahr 2000 die Position des Senior Vice President für SAP Global Support inne.

Vor seiner Tätigkeit bei SAP arbeitete Dr. Hommel im Geschäftsbereich Softwareentwicklung bei Honeywell Bull. Er begann seine berufliche Laufbahn als Assistant Professor für Mathematik an der Universität von Chicago. Dr. Hommel erwarb mehrere Diplom- und Doktortitel in Mathematik an der Universität Heidelberg.

D Redaktion und Autoren

D.1 Redaktion

Marc Oliver Schäfer (Chefredakteur)
Senior Product Manager, Application Lifecycle Management
SAP Active Global Support

Suzanne Ullmann
Produktmanager, Application Lifecycle Management
SAP Active Global Support

Brett Bouet
Produktmanager, Application Lifecycle Management
SAP Active Global Support

D.2 Autoren

Kapitel 1

Cay Rademann
Senior Product Manager, Application Lifecycle Management
SAP Active Global Support

Marc Oliver Schäfer
Senior Product Manager, Application Lifecycle Management
SAP Active Global Support

Kapitel 2

Marc Oliver Schäfer
Senior Product Manager, Application Lifecycle Management
SAP Active Global Support

Marc Thier
Senior Vice President, Application Lifecycle Management
SAP Active Global Support

Henrik Zimmermann
Senior Product Manager, Application Lifecycle Management
SAP Active Global Support

Kapitel 3

Andreas Planck
Chief Service Architect
SAP Active Global Support

Kapitel 4

Vivian Lüchau-de la Roche
Chief Service Architect
SAP Active Global Support

Kapitel 5

Andreas Krückendorf
Chief Service Architect, SAP Business Process Integration and Automation Management
SAP Active Global Support

Marc Thier
Senior Vice President, Application Lifecycle Management
SAP Active Global Support

Kapitel 6

Peter Petrenz
Platinum Support Consultant, Global COE Logistics
SAP Active Global Support

Marcus Wefers
Senior Director Product Management, Application Lifecycle Management
SAP Active Global Support

Kapitel 7

Andreas Krückendorf
Chief Service Architect, SAP Business Process Integration and Automation Management
SAP Active Global Support

Vivian Lüchau-de la Roche
Chief Service Architect
SAP Active Global Support

Kapitel 8

Barbara Althoff-Simon
Senior Vice President, Installed Base Maintenance and Support
SAP Active Global Support

Hans-Georg Oberhauser
Quality Expert
SAP Active Global Support

Birgit Grein
Projektmanager, Maintenance and Operations Office
SAP Active Global Support

Jürgen Mahler
Service Architect
SAP Active Global Support

Björn Panter
Service Architect
SAP Active Global Support

Michael Schuhmacher
Vice President, Installed Base Maintenance and Support
SAP Active Global Support

Kapitel 9

Andreas Planck
Chief Service Architect
SAP Active Global Support

Stefan Berndt
Service Architect
SAP Active Global Support

Kapitel 10

Meinolf Kaimann
Vice President, Global Head AGS Business Development
SAP Active Global Support

Kapitel 11

Andreas Graesser
Vice President, Global Software Solution Partner Management
SAP Active Global Support

Dr. Heike Laube
Senior Director, AGS Program Office: SAP Enterprise Support for Midsize Enterprises/Indirect Channel
SAP Active Global Support

Kapitel 12

Anja-Christina Brühling
Head Global Partner Management and Training
SAP Active Global Support

Kapitel 13

Anja-Christina Brühling
Head Global Partner Management and Training
SAP Active Global Support

Dr. Heike Laube
Senior Director, AGS Program Office: SAP Enterprise Support for Midsize Enterprises/Indirect Channel
SAP Active Global Support

Index

T

U

V

W

Z

SAP PRESS

MITMACHEN & GEWINNEN!

Sagen Sie uns Ihre Meinung und gewinnen Sie einen von 5 SAP PRESS-Buchgutscheinen, die wir jeden Monat unter allen Einsendern verlosen. Zusätzlich haben Sie mit dieser Karte die Möglichkeit, unseren aktuellen Katalog und/oder Newsletter zu bestellen. Einfach ausfüllen und abschicken. Die Gewinner der Buchgutscheine werden persönlich von uns benachrichtigt. Viel Glück!

▶ **Wie lautet der Titel des Buches, das Sie bewerten möchten?**

▶ **Wegen welcher Inhalte haben Sie das Buch gekauft?**

▶ **Haben Sie in diesem Buch die Informationen gefunden, die Sie gesucht haben? Wenn nein, was haben Sie vermisst?**

- ☐ Ja, ich habe die gewünschten Informationen gefunden.
- ☐ Teilweise, ich habe nicht alle Informationen gefunden.
- ☐ Nein, ich habe die gewünschten Informationen nicht gefunden.
  Vermisst habe ich:

▶ **Welche Aussagen treffen am ehesten zu?** (Mehrfachantworten möglich)

- ☐ Ich habe das Buch von vorne nach hinten gelesen.
- ☐ Ich habe nur einzelne Abschnitte gelesen.
- ☐ Ich verwende das Buch als Nachschlagewerk.
- ☐ Ich lese immer mal wieder in dem Buch.

▶ **Wie suchen Sie Informationen in diesem Buch?** (Mehrfachantworten möglich)

- ☐ Inhaltsverzeichnis
- ☐ Marginalien (Stichwörter am Seitenrand)
- ☐ Index/Stichwortverzeichnis
- ☐ Buchscanner (Volltextsuche auf der Galileo-Website)
- ☐ Durchblättern

▶ **Wie beurteilen Sie die Qualität der Fachinformationen nach Schulnoten von 1 (sehr gut) bis 6 (ungenügend)?**

☐ 1 ☐ 2 ☐ 3 ☐ 4 ☐ 5 ☐ 6

▶ **Was hat Ihnen an diesem Buch gefallen?**

▶ **Was hat Ihnen nicht gefallen?**

▶ **Würden Sie das Buch weiterempfehlen?**

☐ Ja ☐ Nein

Falls nein, warum nicht?

▶ **Was ist Ihre Haupttätigkeit im Unternehmen?**
(z.B. Management, Berater, Entwickler, Key-User etc.)

▶ **Welche Berufsbezeichnung steht auf Ihrer Visitenkarte?**

▶ **Haben Sie dieses Buch selbst gekauft?**

- ☐ Ich habe das Buch selbst gekauft.
- ☐ Das Unternehmen hat das Buch gekauft.

Katalog & Newsletter

Ja, bitte senden Sie mir kostenlos den neuen **Katalog**. Für folgende SAP-Themen interessiere ich mich besonders: (Bitte Entsprechendes ankreuzen)

- ☐ Programmierung
- ☐ Administration
- ☐ IT-Management
- ☐ Business Intelligence
- ☐ Logistik
- ☐ Marketing und Vertrieb
- ☐ Finanzen und Controlling
- ☐ Personalwesen
- ☐ Branchen und Mittelstand
- ☐ Management und Strategie

➤ Ja, ich möchte den **SAP PRESS-Newsletter** abonnieren. Meine E-Mail-Adresse lautet:

www.sap-press.de

SAP PRESS

Teilnahmebedingungen und Datenschutz:
Die Gewinner werden jeweils am Ende jeden Monats ermittelt und schriftlich benachrichtigt. Mitarbeiter der Galileo Press GmbH und deren Angehörige sind von der Teilnahme ausgeschlossen. Eine Barablösung der Gewinne ist nicht möglich. Der Rechtsweg ist ausgeschlossen. Ihre freiwilligen Angaben dienen dazu, Sie über weitere Titel aus unserem Programm zu informieren. Falls sie diesen Service nicht nutzen wollen, genügt eine E-Mail an **service@galileo-press.de**. Eine Weitergabe Ihrer persönlichen Daten an Dritte erfolgt nicht.

Absender

Firma

Abteilung

Position

Anrede Frau ☐ Herr ☐

Vorname

Name

Straße, Nr.

PLZ, Ort

Telefon

E-Mail

Datum, Unterschrift

Bitte freimachen!

Antwort

SAP PRESS
c/o Galileo Press
Rheinwerkallee 4
53227 Bonn